Emile Bouant

Leçons de Chimie

(Notation Atomique)

Classes de Mathém. Elém.
et de Philosophie

Félix Alcan Editeur
PARIS

LEÇONS

DE CHIMIE

(NOTATION ATOMIQUE)

LEÇONS
DE CHIMIE

(NOTATION ATOMIQUE)

PAR

ÉMILE BOUANT

Ancien élève de l'École normale supérieure
Professeur au Lycée Charlemagne

POUR LES CLASSES

DE MATHÉMATIQUES ÉLÉMENTAIRES ET DE PHILOSOPHIE

(Baccalauréats Lettres-Mathématiques et Lettres-Philosophies)

———

AVEC **216** FIGURES DANS LE TEXTE

———

PARIS

ANCIENNE LIBRAIRIE GERMER BAILLIÈRE ET Cie

FÉLIX ALCAN, ÉDITEUR

108, BOULEVARD SAINT-GERMAIN, 108

———

1893

LEÇONS DE CHIMIE

NOTIONS GÉNÉRALES

CHAPITRE I

LOIS NUMÉRIQUES DES COMBINAISONS

I. — DÉFINITIONS PRÉLIMINAIRES

1. Phénomènes physiques. — Une *barre de fer* placée dans
le feu s'échauffe, augmente de longueur. Si l'élévation de température est suffisante, elle devient lumineuse dans l'obscurité.
Le métal est alors mou comme de la cire, ou tout à fait fluide.
Sous la même influence, un morceau de glace se fond, pour
donner de l'eau ; puis le liquide produit un volume de vapeur plus
de mille fois supérieur au sien.

Ces modifications, et beaucoup d'autres analogues, sont remarquables par un caractère commun : elles sont temporaires. Le
corps revient à sa manière d'être primitive quand la cause en jeu
a cessé d'agir. Le fer, retiré du feu, reprend sa consistance, sa
couleur, sa température initiales. De même la vapeur d'eau,
refroidie, reforme de l'eau, puis de la glace.

Ce sont là des *phénomènes physiques* : ils ne font éprouver aux
corps aucune modification profonde ; ils n'en changent pas le
poids, ils n'en altèrent pas la constitution.

2. Phénomènes chimiques. — Dans un petit ballon de verre
introduisons du *soufre* en poudre et de la limaille de *fer*, puis chauffons doucement. Nous observerons bientôt une ébullition tumul-
tueuse, peut-être même une incandescence soudaine. Puis, la masse
étant refroidie, nous aurons une sorte de pierre noire, dans laquelle
il sera impossible de distinguer ni soufre ni fer. Il s'est réellement

formé un corps nouveau, auquel on donne le nom de *sulfure de fer* : ce corps résulte de la *combinaison* du *soufre* avec le *fer*.

Chauffons maintenant un sel blanc nommé *chlorate de potassium*. Il abandonne une partie de sa substance, sous la forme d'un gaz incolore, que nous étudierons sous le nom d'*oxygène* ; et, d'autre part, un corps nouveau, différent du chlorate de potassium, reste comme résidu dans le ballon. On dit que le chlorate de potassium a été *décomposé*.

Dans l'un et l'autre cas il y a eu une altération profonde, permanente, des corps primitifs. Les phénomènes qui se sont produits sont dits *phénomènes chimiques* : ils sont caractérisés par des modifications durables, par la production de corps nouveaux, différents de ceux sur lesquels on a opéré.

3. Corps simples, corps composés. — Sous l'action de la chaleur le *chlorate de potassium* a donné naissance à un gaz, l'*oxygène*, et à un résidu solide, nommé *chlorure de potassium*. La somme des poids de l'oxygène et du *chlorure de potassium* est égale au poids du *chlorate de potassium* primitif. On en conclut que le chlorate de potassium est complexe, que c'est un *corps composé*.

On peut affirmer aussi que le *sulfure de fer* est un *corps composé*, puisqu'il résulte de l'union, de la combinaison de deux autres corps, le *soufre* et le *fer*.

Au contraire on n'est pas arrivé, jusqu'à ce jour, à décomposer ni l'*oxygène*, ni le *soufre*, ni le *fer*. Ces corps ne peuvent éprouver des modifications permanentes qu'au contact d'autres substances, avec lesquelles ils s'unissent. Ce sont donc des corps jusqu'ici irréductibles, indécomposables, non transformables les uns dans les autres : on les nomme *corps simples* ou *éléments*.

Les composés qu'on rencontre dans la nature, ou que les chimistes savent préparer, sont en nombre à peu près illimité. Il n'en est pas de même des éléments : on en connait actuellement 66, qui, s'unissant deux à deux, trois à trois, quatre à quatre en diverses proportions, constituent tous les autres corps.

4. Objet de la chimie. — La chimie a justement pour objet l'étude des circonstances dans lesquelles les corps simples peuvent se combiner pour donner naissance aux corps composés, et, inversement, l'étude des circonstances dans lesquelles les corps composés peuvent se dédoubler de façon à se réduire, soit en leurs éléments constitutifs, soit en d'autres corps composés.

Dans ses recherches, le chimiste peut employer deux modes différents d'investigation : l'*analyse* et la *synthèse*. Il opère par *analyse* chaque fois qu'il décompose un corps en ses éléments constitutifs, ou en composés moins compléxes. Il fait une *synthèse* quand il combine deux ou plusieurs substances, de façon à en former une troisième.

5. Mélange, combinaison. — Le *soufre* et le *fer*, réduits séparément en une poussière impalpable, puis agités l'un avec l'autre, donnent une poudre grise, dans laquelle il est impossible de distinguer, au premier abord, ni soufre ni fer.

Mais l'œil, armé d'une forte loupe, y reconnaît de suite les parcelles de soufre et celles de fer, placées les unes à côté des autres, ayant conservé leur aspect particulier et leur individualité. Si l'on en approche un aimant, les grains de fer sont attirés et séparés des grains de soufre. Si l'on traite la poudre par du sulfure de carbone, capable de dissoudre le soufre, la séparation s'effectue encore.

Notre poudre grise n'est qu'un *mélange* de soufre et de fer, dans lequel chaque élément a conservé ses caractères distinctifs.

La *combinaison*, au contraire, se reconnaît à la production d'un corps nouveau, qui, par l'ensemble de ses propriétés, diffère essentiellement de chacun de ses éléments constitutifs. Ainsi, quand le mélange de soufre et de fer a été chauffé, comme il a été dit plus haut, il se change en une masse dans laquelle ni la loupe, ni l'aimant, ni le sulfure de carbone ne permettent de distinguer les deux éléments primitifs. Le *sulfure de fer* n'est plus un *mélange*, c'est une *combinaison* de soufre et de fer.

La formation des combinaisons est soumise à un certain nombre de lois numériques, que nous allons énoncer.

II. — LOIS DES COMBINAISONS

6. Loi des poids, ou loi de Lavoisier (1789). — *Le poids d'un composé est égal à la somme des poids de ses composants.*

Lavoisier, en pesant les corps mis en présence dans ses diverses expériences, démontra que les réactions chimiques sont impuissantes à rien créer, ni à rien détruire. Nous n'observons jamais que des transformations, des changements de propriétés, sans que le poids de la matière agissante puisse être ni augmenté ni diminué. Le poids du sulfure de fer obtenu dans l'expérience précédente est égal à la somme des poids du soufre et du fer introduits dans le ballon.

7. Loi des proportions définies, ou loi de Proust (1800). — *Deux ou plusieurs corps, pour former un même composé, se combinent toujours dans les mêmes proportions.*

Si l'on chauffe un mélange de soufre pulvérisé et de limaille de fer, il se forme du sulfure de fer. On a du sulfure de fer pur si l'on met les deux corps dans les proportions pondérales de 7 parties de fer pour 4 de soufre. Mais si les proportions sont différentes de celles-là, on obtient du sulfure de fer *mélangé* avec un excès de celui des deux corps dont on a augmenté la proportion.

De même, l'eau renferme toujours des poids d'*oxygène* et d'*hydrogène* qui sont dans le rapport de 8 à 1.

8. Loi des proportions multiples, ou loi de Dalton (1808). — *Lorsque deux ou plusieurs corps se combinent en plusieurs proportions, les poids de l'un de ces corps qui s'unissent à un même poids de l'autre sont entre eux dans des rapports simples.*

Ainsi le gaz *oxygène* forme, avec un autre gaz, nommé *azote*, six composés différents. Dans ces composés, les poids d'oxygène qui sont unis à un même poids d'azote sont entre eux comme les nombres simples 1, 2, 3, 4, 5, 6. Les six composés oxygénés de l'azote renferment en effet, pour un même poids d'azote égal à 7, des poids d'oxygène qui sont égaux respectivement à 4; 2×4; 3×4; 4×4; 5×4 et 6×4.

9. Loi des nombres proportionnels, ou loi de Berzélius (1810). — *Les poids suivant lesquels les divers corps s'unissent à un même poids d'une même substance, représentent aussi les rapports suivant lesquels ces poids s'unissent entre eux, ou sont des multiples simples de ces rapports.*

Prenons un poids arbitraire d'*oxygène*, par exemple 8 grammes, et combinons-le successivement avec deux autres corps simples, nommés le *chlore* et le *potassium*; il s'unira à $35^{gr},5$ de *chlore* ou à 39 grammes de *potassium*. Or, si nous combinons maintenant entre eux le *chlore* et le *potassium*, nous verrons que le composé formé (*chlorure de potassium*) renfermera précisément ses éléments constituants dans le rapport de $35^{gr},5$ de *chlore* pour 39 grammes de *potassium*.

Et ce fait est général. Si l'on prend un poids arbitraire d'un corps simple, par exemple 8 grammes d'oxygène, et qu'on le combine successivement avec un aussi grand nombre de corps simples qu'il sera possible, les poids de ces corps simples qui entreront dans chaque combinaison seront précisément les poids proportionnellement auxquels ces éléments se combineront entre eux.

10. Lois des combinaisons en volumes des gaz, ou lois de Gay-Lussac (1808). — *1° Lorsque deux gaz se combinent, les volumes des composants sont entre eux dans un rapport simple.* —

2° *Le volume du composé formé, mesuré à l'état gazeux, est dans un rapport simple avec la somme des volumes des composants.*

Les rapports pondéraux suivant lesquels les corps se combinent sont invariables, mais ils ne présentent aucune simplicité. En énonçant les lois qui précèdent, Gay-Lussac a montré que les rapports de volumes à l'état gazeux sont, au contraire, toujours très simples.

Ainsi, les volumes d'hydrogène et d'oxygène qui s'unissent pour constituer l'eau sont entre eux dans le rapport simple de 2 à 1. Le volume de la vapeur d'eau formée est égal à 2.

Il est bien évident que la comparaison de ces trois volumes gazeux doit se faire à la même température et sous la même pression. Cette température et cette pression devront, de plus, être choisies de telle manière que les trois gaz y aient sensiblement le même cœfficient de dilatation, et y suivent à peu près exactement la loi de Mariotte. Les lois de Gay-Lussac ne s'appliquent, en effet, d'une manière rigoureuse, que dans ces conditions.

A ces lois, qui ne présentent aucune exception, Gay-Lussac en a ajouté d'autres, un peu moins générales, relatives au rapport qui existe entre le volume du composé et la somme des volumes des composants.

Quand les gaz se combinent à volumes égaux, le volume du composé est généralement égal à la somme des volumes des composants. Il n'y a pas de condensation. C'est ce qui arrive quand l'*hydrogène* et le *chlore* se combinent pour former l'*acide chlorhydrique*; quand l'*azote* et l'*oxygène* se combinent pour former l'*oxyde azotique*.

Quand les gaz se combinent à volumes inégaux, le volume du composé est plus petit que la somme des volumes des composants. Il y a condensation. Lorsque le rapport des volumes des composants est de 2 à 1, il y a généralement condensation d'un tiers (*eau, oxyde azoteux, peroxyde d'azote*). Lorsque le rapport des volumes des composants est de 5 à 1, il y a généralement condensation de moitié (*ammoniaque*).

III. — POIDS ET VOLUMES ATOMIQUES

11. Nombres proportionnels. — La quatrième loi des combinaisons en poids, ou loi de Berzélius, nous montre qu'entre les quantités des divers éléments qui entrent dans toutes les combinaisons, il y a des rapports pondéraux fixes. Ces rapports pondéraux ont reçu le nom de *nombres proportionnels*.

Les *nombres proportionnels* des divers corps simples sont donc

les poids proportionnellement auxquels ces corps simples se combi-
nent entre eux, conformément à la loi de Berzélius.

Les *rapports* que présentent ces poids entre eux sont seuls déterminés. Mais si l'on choisit arbitrairement l'un des termes de l'un
de ces rapports, tous les autres seront par cela même déterminés.

On est convenu de prendre pour unité le nombre proportionnel
de l'hydrogène, tout simplement à cause de ce fait, que le nombre
proportionnel de l'hydrogène est le plus petit de tous. Le choix de
cette unité étant fait, on peut définir les nombres proportionnels
des corps simples : *les poids de ces corps simples qui se combinent
à un poids d'hydrogène égal à 1.*

Mais, même après le choix de cette unité, toute indétermination
n'a pas encore disparu. L'oxygène, par exemple, est susceptible de
s'unir avec l'hydrogène en deux proportions différentes. Dans l'une
des deux combinaisons qui peuvent se former, 8 unités de poids
d'oxygène s'unissent à 1 unité de poids d'hydrogène; dans l'autre
combinaison, 16 unités de poids d'oxygène s'unissent à 1 unité de
poids d'hydrogène. L'oxygène a donc, vis-à-vis de 1 d'hydrogène,
au moins deux nombres proportionnels, 8 et 16, dont l'un est
double de l'autre.

De même tout corps simple a, vis-à-vis de 1 d'hydrogène ou de
8 d'oxygène, deux ou plusieurs nombres proportionnels, *qui sont
des multiples simples les uns des autres*, conformément à la loi de
Dalton, ou des proportions multiples.

12. Poids atomiques. — Puisque les divers nombres proportionnels d'un même élément sont des multiples simples les
uns des autres, il n'est besoin de connaître qu'un seul de ces nombres proportionnels, les autres étant le double, le triple, le qua-
druple, ou la moitié, le tiers, le quart... de celui-là.

On a donc à choisir, pour chaque corps simple, un nombre proportionnel particulier, destiné à entrer dans tous les calculs
relatifs aux combinaisons et aux décompositions qu'on observe
dans les réactions chimiques. Ce choix a été déterminé par certaines considérations qu'il serait prématuré d'indiquer ici (voy.
paragraphes **591** et suivants). Qu'il nous suffise de dire pour le
moment que celui des nombres proportionnels de chaque corps
simple qui a été ainsi déterminé se nomme son *poids atomique*.
La raison même de cette appellation ne pourra être indiquée uti-
lement que plus tard.

Le choix d'un des nombres proportionnels de chaque élément
présente l'avantage de simplifier le langage, les écritures et les
calculs relatifs aux réactions chimiques. Quand on parle, en effet,

du *poids atomique* d'un corps, il s'agit d'un poids de ce corps *parfaitement déterminé*, et dont chacun doit connaître la valeur. Si on parlait, au contraire, de son *nombre proportionnel*, on serait obligé, dans chaque cas particulier, d'indiquer lequel de ses divers nombres proportionnels on veut désigner.

Nous pouvons donc définir momentanément le *poids atomique* d'un élément, au point de vue purement *pratique* : *l'un des nombres proportionnels de cet élément, choisi dans le but de simplifier le langage, les écritures et les calculs relatifs aux réactions chimiques.*

Ce point de vue *purement pratique et utilitaire*, reposant *uniquement* sur la notion expérimentale des nombres proportionnels, suffira à toutes les exigences de notre cours, jusqu'au moment où il nous sera possible d'indiquer les considérations sur lesquelles est basé, pour chaque élément, le choix du *poids atomique*.

13. Notations symboliques. — La première conséquence de la fixation des nombres proportionnels est la possibilité de représenter les corps simples et les corps composés par des symboles qui abrègent les calculs et les écritures, tout en facilitant singulièrement la compréhension des réactions.

Ainsi l'hydrogène sera représenté symboliquement par la lettre H, qui indiquera non seulement la présence de l'hydrogène, mais encore la présence d'un poids déterminé d'hydrogène, égal à son poids atomique, c'est-à-dire égal à 1.

De même l'oxygène sera représenté symboliquement par la lettre O, qui indiquera, non seulement la présence de l'oxygène, mais encore la présence d'un poids déterminé d'oxygène, égal à son poids atomique, c'est-à-dire égal à 16.

Chaque corps simple sera ainsi symbolisé dans toutes les réactions par la première lettre de son nom (quelquefois, mais rarement, par une autre lettre); et cette lettre indiquera tout à la fois la présence du corps et la présence d'un poids déterminé de ce corps, égal à son poids atomique.

Quant aux corps composés, on les représentera symboliquement en écrivant, les uns à la suite des autres, les symboles des corps simples constituants. On accompagnera ces symboles d'exposants numériques indiquant combien il entre, dans le corps composé, de poids atomiques de chacun des éléments constituants.

Ainsi la formule symbolique H^2O, qui est celle de l'eau, indique que l'eau est une combinaison d'hydrogène et d'oxygène, combinaison qui renferme deux poids atomiques d'hydrogène, pesant 2, et un poids atomique d'oxygène, pesant 16.

La liste suivante indique, par ordre alphabétique, le nom de tous les corps simples actuellement connus, avec l'indication du symbole et du poids atomique correspondant.

Aluminium	Al =	27,5	Manganèse	Mn =	55
Antimoine	Sb =	120	Mercure	Hg =	200
Argent	Ag =	108	Molybdène	Mo =	96
Arsenic	As =	75	Nickel	Ni =	59
Azote	Az =	14	Niobium	Nb =	94
Baryum	Ba =	137	Or	Au =	197
Bismuth	Bi =	210	Osmium	Os =	199,2
Bore	Bo =	11	Oxygène	O =	16
Brome	Br =	80	Palladium	Pd =	106,6
Cadmium	Cd =	112	Phosphore	P =	31
Calcium	Ca =	40	Platine	Pt =	197
Carbone	C =	12	Plomb	Pb =	207
Cérium	Ce =	141	Potassium	K =	39
Césium	Cs =	133	Rhodium	Rh =	104
Chlore	Cl =	35,5	Rubidium	Rb =	85,4
Chrome	Cr =	52,2	Ruthénium	Ru =	104,4
Cobalt	Co =	59	Scandium	Sc =	44
Cuivre	Cu =	63,5	Sélénium	Se =	79
Didyme	Di =	147	Silicium	Si =	28
Erbium	Er =	166	Sodium	Na =	23
Étain	Sn =	118	Soufre	S =	32
Fer	Fe =	56	Strontium	Sr =	87,5
Fluor	Fl =	19	Tantale	Ta =	182
Gallium	Ga =	69,0	Tellure	Te =	126
Germanium	Ge =	72,3	Thallium	Tl =	204
Glucinium	Gl =	13,9	Thorium	Th =	234,5
Hydrogène	H =	1	Titane	Ti =	50
Indium	In =	113,4	Tungstène	Tu =	184
Iode	Io =	127	Uranium	U =	240
Iridium	Ir =	193,2	Vanadium	V =	51,2
Lanthane	La =	139	Yttrium	Yt =	89,5
Lithium	Li =	7	Zinc	Zn =	65
Magnésium	Mg =	24	Zirconium	Zr =	89,5

14. Poids moléculaires des corps composés. — La première loi des combinaisons en poids, ou loi de Lavoisier, nous apprend que *le poids d'un composé est égal à la somme des poids de ses composants.*

Il en résulte que la formule symbolique d'un composé représente un poids déterminé de ce composé, de même que le symbole d'un élément représente un poids déterminé de cet élément.

Ainsi la formule H^2O indique que l'eau renferme 2 unités de poids (par exemple 2 grammes) d'hydrogène et 16 unités de poids (par exemple 16 grammes) d'oxygène. Et, d'après la loi de

Lavoisier, le poids d'eau correspondant à cette formule est de $2 + 16 = 18$ unités de poids (par exemple 18 grammes).

On obtient ainsi le poids d'un composé, dont on connait la formule, en faisant la somme des poids des corps simples constituants. Ce poids du composé, correspondant à sa formule, se nomme son *poids moléculaire.*

Nous pouvons donc définir *pratiquement* le *poids moléculaire* d'un composé : *le poids de ce composé qui correspond à sa formule symbolique.*

15. Volumes atomiques des gaz simples. — Les lois de Gay-Lussac (**10**) nous apprennent que les éléments, pris à l'état gazeux, se combinent toujours dans des rapports de volumes simples.

Si donc nous calculons les volumes occupés, à l'état gazeux, par les poids atomiques des éléments, nous devrons trouver des nombres présentant entre eux des rapports simples.

Ce calcul est aisé à faire. Il repose sur la connaissance d'une formule que nous établirons plus loin (**50**),

$$p = v\,d\,a,$$

formule dans laquelle p représente le poids en grammes d'une masse gazeuse quelconque, v le volume en litres occupé par cette masse gazeuse, d la densité, par rapport à l'air, du gaz considéré, et a le poids, en grammes, d'un litre d'air pris dans les mêmes conditions de température et de pression que celles du gaz.

Cherchons, à l'aide de cette formule, quel est le volume occupé par 1 gramme d'*hydrogène*, c'est-à-dire par un poids atomique d'hydrogène. Il suffit pour cela de faire, dans la formule, $p = 1$ (poids atomique de l'hydrogène); $d = 0,0695$ (densité de l'hydrogène); $a = 1^{\text{cc}},293$ (poids d'un litre d'air à la température de 0 degré et sous la pression de 760 millimètres). On trouve

$$v = 11^{\text{lit}},12.$$

En appliquant la même formule au *chlore* ($p = 35^{\text{gr}},5$; $d = 2,44$; $a = 1^{\text{gr}},293$), on trouve

$$v = 11^{\text{lit}},25,$$

nombre presque rigoureusement égal au premier.

On aurait de la même manière $v = 11^{\text{lit}},19$ pour l'*oxygène*; $v = 11^{\text{lit}},14$ pour l'*azote*....

De ces calculs, effectués pour les divers corps simples dont on connait la densité à l'état gazeux, on conclut que les nombres proportionnels choisis pour représenter les poids atomiques correspondent tous, non pas seulement à des volumes ayant entre eux des rapports simples, mais bien à des volumes égaux.

Il en résulte que les symboles des gaz simples ont une double signification. Chacun d'eux représente un poids déterminé de l'élément considéré (son poids atomique) ; mais il représente tout aussi bien un volume déterminé de cet élément, mesuré à l'état gazeux. Seulement, tandis que le poids varie d'un corps à l'autre, le volume est toujours le même, égal à $11^{lit},14$, si on le suppose mesuré à la température de 0 degré et sous la pression de 760 millimètres. Il n'y a d'exception, parmi les corps dont nous aurons à nous occuper, que pour le *phosphore*, dont le poids atomique correspond à un volume de vapeur deux fois moindre que le précédent.

Le volume de chaque gaz simple occupé par le poids atomique est ce qu'on nomme le volume atomique de ce gaz simple.

Nous venons de voir que tous les gaz simples, sauf la vapeur de phosphore, ont le même volume atomique, $11^{lit},14$. Ce volume, ainsi déterminé, a l'inconvénient d'être représenté par un nombre assez complexe, et d'être, en outre, variable avec les conditions de température et de pression dans lesquelles on le détermine.

Pour obvier à ces inconvénients, on a fixé arbitrairement égal à 1 le volume atomique de l'hydrogène, comme on avait fixé arbitrairement égal à 1 le poids atomique de ce même élément. Et dès lors, tous les volumes atomiques des éléments gazeux étant égaux entre eux, ces volumes sont tous égaux à 1. Il n'y a d'exception, dans les limites de notre cours, que pour le *phosphore*, dont le volume atomique est égal à 1/2.

Chaque symbole d'un élément gazeux correspondra donc à un volume 1 (ou 1/2 pour le phosphore).

Il va de soi que, par suite du changement d'unité ainsi effectué, le volume atomique d'un gaz simple ne représente plus le volume occupé par le poids atomique, mais un volume 11,14 fois plus petit.

Il est bon, toutefois, de retenir le nombre $11^{lit},14$, qui représente le volume occupé à la température de 0 degré et sous la pression de 760 millimètres par le poids atomique d'un gaz simple quelconque.

16. Volumes moléculaires des gaz composés. — Prenons maintenant un gaz composé, l'*acide chlorhydrique*, par exemple. L'expérience montre que ce gaz composé résulte de la combinaison d'un volume d'*hydrogène*, uni à un volume égal de *chlore*, sans condensation, de telle sorte que le volume de gaz *acide chlorhydrique* formé est égal à 2. On serait tout aussi bien en droit de dire que le gaz acide chlorhydrique résulte de la combinaison de deux volumes d'hydrogène, unis à deux volumes de chlore, sans condensation; de telle sorte que le volume de gaz formé soit égal à quatre. Dans le premier cas la formule symbolique de l'acide chlorhydrique s'écrit HCl (H représentant, comme il est dit dans le paragraphe précédent, un volume d'hydrogène, et Cl un volume de chlore); dans le second cas elle s'écrirait H^2Cl^2.

On convient d'écrire toujours la formule des gaz composés de telle manière que cette formule corresponde à un volume égal à 2.

On nomme *volume moléculaire* d'un gaz composé le volume occupé par son poids moléculaire. Ce volume, rapporté à 1 d'hydrogène, est toujours égal à 2, comme nous venons de l'indiquer. Exprimé en litres, il serait égal au double de 11,14, c'est-à-dire qu'il serait $22^{lit},28$.

Rendons ces notions bien claires par un autre exemple.

Deux volumes d'*azote* se combinent à un volume d'*oxygène* pour former deux volumes d'un gaz nommé *oxyde·azoteux*. La formule de ce gaz s'écrira Az^2O.

En effet, le symbole Az correspondant à 1 volume, le symbole Az^2 correspondra à 2 volumes; le symbole O correspond à 1 volume; donc la formule Az^2O indique bien qu'il y a 2 volumes d'azote combinés à 1 volume d'oxygène. Et, en outre, cette formule correspond bien à 2 volumes d'oxyde azoteux, puisque l'expérience montre que 2 volumes d'azote, s'unissant à 1 volume d'oxygène, fournissent 2 volumes d'oxyde azoteux.

17. Poids et volumes moléculaires des gaz simples. — Les volumes moléculaires des gaz composés sont tous égaux à 2. Par extension nous nommerons *volumes moléculaires des gaz simples* les quantités de ces gaz correspondant à 2 volumes.

Le volume atomique de l'oxygène, représenté par le symbole O, est égal à 1; son volume moléculaire est égal à 2, et on le représente par le symbole O^2.

De même le volume atomique de l'hydrogène, représenté par le symbole H, est égal à 1; son volume moléculaire est égal à 2, et on le représente par le symbole H^2.

Pour le phosphore, dont le symbole P représente seulement un volume atomique égal à 1/2, le volume moléculaire, correspondant à 2, est représenté par le symbole P^4.

Par une extension analogue, nous nommerons *poids moléculaires des gaz simples* les poids correspondant aux symboles de leurs volumes moléculaires. Ainsi le poids moléculaire de l'oxygène est $O^2 = 2 \times 16 = 32$; celui de l'hydrogène est $H^2 = 2 \times 1 = 2$; celui du phosphore est $P^4 = 4 \times 31 = 124$.

18. Densité des gaz par rapport à l'hydrogène. — On nomme d'habitude *densité d'un gaz : le rapport qui existe entre le poids d'un certain volume de ce gaz, et le poids d'un égal volume d'air, pris dans les mêmes conditions de température et de pression.*

Il serait tout aussi rationnel, et beaucoup plus simple, de prendre l'hydrogène comme terme de comparaison dans la détermination de ces densités, comme on a pris l'hydrogène comme point de départ de la détermination des poids et des volumes atomiques.

On nommerait alors densité d'un gaz, par rapport à l'hydrogène, e rapport existant entre le poids d'un certain volume de ce gaz et le poids d'un égal volume d'hydrogène, pris dans les mêmes conditions de température et de pression.

Soit à déterminer la densité de l'oxygène, par rapport à l'hydrogène.

Cette densité est donnée par la formule générale

$$p = v \times d \times a$$

dans laquelle p représente le poids atomique 16 de l'oxygène, v le volume occupé par ce poids atomique, d la densité par rapport à l'hydrogène et a le poids d'un litre d'hydrogène :

$$16 = v \times d \times a.$$

La même relation, appliquée à l'hydrogène lui-même, devient

$$1 = v \times 1 \times a,$$

car dans ce cas le poids atomique est celui de l'hydrogène, qui est 1, et la densité est 1, par définition. Quant à la valeur de v, elle est la même dans les deux équations, puisque nous avons démontré (**15**) que le volume correspondant au poids atomique est le même pour tous les gaz.

En divisant ces deux équations l'une par l'autre on a

$$d = 16;$$

la densité de l'oxygène par rapport à l'hydrogène est égale au poids atomique de l'oxygène.

Cette démonstration est générale; elle s'applique à tous les gaz, simples et composés, et conduit aux résultats suivants.

1. *La densité d'un gaz simple, prise par rapport à l'hydrogène, est représentée par le même nombre que son poids atomique* (par le double du poids atomique pour la vapeur de phosphore).

2. *La densité d'un gaz composé, prise par rapport à l'hydrogène, est représentée par la moitié de son poids moléculaire.*

On n'a donc pas à se surcharger la mémoire pour retenir les

densités de gaz, simples ou composés. La densité du chlore, par rapport à l'hydrogène, est 35,5; par rapport à l'air, elle est $35,5 \times 0,0695$ (la densité de l'hydrogène par rapport à l'air étant 0,0695).

De même pour un corps composé tel que l'eau H^2O, dont le poids moléculaire est 18. La densité de la vapeur d'eau par rapport à l'hydrogène $\frac{18}{2}$, par rapport à l'air elle est $\frac{18}{2} \times 0,0695$.

IV. — NOMENCLATURE

19. Origine de la nomenclature. — Jusqu'à la fin du siècle dernier, les chimistes désignaient les divers corps par des noms absolument arbitraires, variant d'un pays à l'autre. Il en résultait une extrême confusion de langage. Guyton de Morveau eut, le premier, l'idée d'établir des règles précises pour la formation des noms des composés. Sur sa proposition, l'Académie des sciences nomma une commission de quatre membres : Guyton de Morveau, Lavoisier, Fourcroy et Berthollet, qui établirent, en 1787, la nomenclature encore universellement adoptée.

Tout au plus cette nomenclature a-t-elle reçu, depuis son origine, quelques modifications nécessitées par les progrès de la science. En particulier une partie de ces modifications résultent de l'adoption des *notations atomiques* qui se sont substituées peu à peu, depuis vingt ans, à l'ancien système de notations, système dans lequel les nombres proportionnels choisis avaient reçu le nom d'*équivalents*.

20. Nomenclature des corps simples. — Les noms donnés aux corps simples sont complètement arbitraires. Pour tous ceux d'entre eux qui étaient connus avant 1787, les noms sont restés les noms anciens. Ceux découverts depuis cette époque ont été généralement nommés, sans règle aucune, par les savants qui les ont isolés les premiers.

Très souvent le nom adopté a son origine dans une des propriétés caractéristiques du corps. Ce mode de dénomination n'est pas sans inconvénient. Ainsi l'oxygène (ὀξύς, acide; γεννάω, j'engendre) n'est pas le seul corps qui engendre les acides, de même que l'azote (ἀ privatif, ζωή, vie) n'est pas le seul qui soit irrespirable.

Nous avons donné plus haut la liste des corps simples actuellement connus.

21. Acides, bases. — Les divers composés se distinguent les uns des autres par un grand nombre de propriétés. Mais on peut les rapprocher de telle manière que les composés placés dans un même groupe présentent un ensemble de propriétés communes caractérisant ce qu'on nomme la *fonction chimique* du groupe.

Nous avons à définir d'abord deux groupes importants.

On nomme *acides* des composés doués d'une saveur aigre, analogue à celle du vinaigre, et possédant la propriété de rougir une matière colorante bleue nommée *teinture de tournesol*.

Au point de vue de leur composition, les acides renferment toujours de l'*hydrogène*, combiné à un corps simple, tel que le chlore, ou à deux corps simples, dont l'un est l'*oxygène*. Nous pouvons donner comme exemples l'*acide chlorhydrique* HCl, l'*acide sulfhydrique* H^2S, l'*acide sulfurique* SO^4H^2, l'*acide azotique* AzO^3H.

On nomme *bases* des composés doués d'une saveur caustique ou styptique très différente de celle des acides, et possédant la propriété de ramener au bleu la teinture de tournesol préalablement rougie par l'action d'un acide.

Au point de vue de leur composition, les bases, comme les acides, renferment toujours de l'*hydrogène*, combiné à deux corps simples, dont un est l'oxygène. Nous pouvons donner comme exemples la potasse caustique KOH, la soude caustique $NaOH$ et la chaux éteinte CaO^2H^2.

22. Métalloïdes, métaux. — La considération des *acides* et des *bases*, ainsi que l'examen des propriétés physiques, ont permis de diviser les corps simples en deux grandes catégories : *métalloïdes* et *métaux*.

Les *métalloïdes*, au nombre de 15, ont en général peu d'éclat, ils conduisent mal la chaleur et l'électricité, ne sont ni ductiles ni malléables.

Ils n'entrent jamais dans la constitution des bases : ce dernier caractère est le plus important.

Les *métaux*, au nombre de 51, ont un éclat particulier, appelé éclat métallique; ils conduisent bien la chaleur et l'électricité; ils sont généralement ductiles et malléables.

Chaque métal entre toujours dans la constitution d'au moins une base.

Les 15 métalloïdes ont été réunis en groupes, ou familles naturelles.

Ces familles sont en effet telles, que deux métalloïdes placés dans le même groupe possèdent entre eux un assez grand nombre d'analogies sur lesquelles nous aurons à revenir.

Ces familles, au nombre de cinq, sont les suivantes, en mettant à part *l'hydrogène*, qui peut être considéré comme un élément intermédiaire entre les métalloïdes et les métaux.

PREMIÈRE FAMILLE

Fluor.
Chlore.
Brome.
Iode.

SECONDE FAMILLE

Oxygène.
Soufre.
Sélénium.
Tellure.

TROISIÈME FAMILLE

Azote.
Phosphore.
Arsenic.

QUATRIÈME FAMILLE

Carbone.
Silicium.

CINQUIÈME FAMILLE

Bore.

Les 51 métaux ont été aussi réunis en groupes, mais en groupes plus artificiels, dans lesquels les analogies sont moins grandes. Nous nous contentons de donner ici la liste des *principaux* métaux, classés autant que possible par ordre *d'affinité* (**453**) décroissante pour l'oxygène.

Potassium.
Sodium.
Baryum.
Calcium.
Magnésium.
Manganèse.
Zinc.
Fer.
Nickel.
Cobalt.

Étain.
Antimoine.
Cuivre.
Plomb.
Bismuth.
Aluminium.
Mercure.
Argent.
Or.
Platine.

Sels. — On nomme *sels* des composés qui résultent du remplacement total ou partiel de l'hydrogène des acides par un métal.

Ainsi, à *l'acide sulfurique* SO^4H^2, correspond un sel SO^4K^2, qui dérive de la substitution du potassium à l'hydrogène : ce sel a reçu le nom de *sulfate de potassium*. De même à *l'acide chlorhydrique* HCl correspond un sel KCl, qui dérive de la substitution du potassium à l'hydrogène : ce sel a reçu le nom de *chlorure de potassium*.

Un sel peut prendre naissance dans plusieurs réactions diverses. Les deux plus importantes sont les suivantes.

Ou bien un acide réagit directement sur un métal; alors le métal chasse l'hydrogène de l'acide et prend sa place. Par exemple, *l'acide sulfurique* SO^4H^2 dissout rapidement le zinc : ce métal prend la place de l'hydrogène, pour former un sel (le *sulfate de zinc*) SO^4Zn. De même l'*acide chlorhydrique* HCl dissout rapidement le *zinc* : ce métal prend la place de l'hydrogène pour former un sel (le *chlorure de zinc*) $ZnCl^2$.

Ou bien un acide réagit sur une base; alors il y a double décomposition, l'acide perdant son hydrogène, et la base perdant son métal. On peut dire qu'il y a eu échange entre l'hydrogène de l'acide et le métal de la base. Ainsi l'*acide sulfurique* SO^4H^2 et la *potasse caustique* KOH, mis en présence, se décomposent mutuellement : il se forme un sel SO^4K^2, nommé *sulfate de potassium*, et la potasse se transforme en *eau* H^2O, par suite du remplacement de son métal par de l'hydrogène.

Dans les substitutions qui se produisent ainsi, quelques métaux (*potassium, sodium, argent*) remplacent l'hydrogène *dans les proportions de 1 poids atomique d'hydrogène pour 1 poids atomique du métal*. Ces métaux sont dits *monovalents*.

Les autres, dits *bivalents*, remplacent l'hydrogène *dans les proportions de 2 poids atomiques d'hydrogène pour 1 poids atomique du métal*.

23. Nomenclature des composés oxygénés binaires. — Frappé du rôle considérable que joue l'oxygène dans les combustions et la respiration, Lavoisier crut que ce corps occupait une place à part dans la nature, et qu'il ne se comportait pas comme les autres, aussi établit-il pour les composés une nomenclature spéciale. En réalité, des règles uniformes, s'appliquant à tous les corps, seraient préférables.

On nomme composés oxygénés *binaires* les composés renfermant de l'oxygène, uni à un autre corps simple. Ces composés ont reçu le nom général d'*oxydes*; nous distinguerons trois catégories d'oxydes.

1. *Oxydes acidifiables ou anhydrides.* — Certains oxydes ont la propriété de se combiner à l'eau pour donner naissance à des *acides*. Ainsi l'*oxyde* SO^3, se combinant à l'*eau* H^2O, donne le composé ternaire SO^3, H^2O, ou SO^4H^2, qui est l'*acide sulfurique*.

Ces oxydes susceptibles de se combiner à l'eau pour former des acides ont reçu le nom d'*anhydrides*.

Pour dénommer un semblable composé, on fait suivre le mot *anhydride* du nom de l'élément combiné à l'oxygène, et on ajoute la terminaison *ique*. Par exemple, le composé Az^2O^5 se nomme *anhydride azotique*.

Quand l'oxygène et un corps simple, se combinant en plusieurs proportions différentes, donnent naissance à deux anhydrides, on désigne ces composés en attribuant la terminaison *ique* à celui qui renferme la plus forte proportion d'oxygène, et *eux* à celui qui renferme la moins forte proportion d'oxygène.

Exemples : anhydride arsénieux. . . . . . As^2O^3
anhydride arsénique. . . . . As^2O^5

Si le nombre des anhydrides est supérieur à deux, on les désigne en faisant précéder le nom de l'élément des préfixes *hypo* (moins d'oxygène), ou *per* (plus d'oxygène).

Exemples : anhydride hypochloreux . . . Cl^2O
anhydride chloreux.. . . . . Cl^2O^3
anhydride chlorique. . . . . Cl^2O^5 (non connu)
anhydride perchlorique.. . . Cl^2O^7 (non connu)

2. *Oxydes basiques*. — On nomme *acides basiques* les oxydes métalliques susceptibles de se combiner à l'eau pour donner naissance à des bases. Ainsi l'*oxyde* K^2O, se combinant à l'*eau* H^2O, donne le composé ternaire K^2O, H^2O, ou KOH, qui est une base, la *potasse caustique*.

Pour dénommer un oxyde basique, on fait suivre le mot *oxyde* du nom du métal combiné à l'oxygène. Par exemple, l'oxyde basique CuO se nomme *oxyde de cuirre*.

Quand un même métal forme avec l'oxygène plusieurs oxydes basiques, on les distingue les uns des autres à l'aide des terminaisons qui servent à distinguer les acides.

Exemples : oxyde ferreux . . . . FeO
oxyde ferrique . . . . Fe^2O^3.

3. *Oxydes neutres*. — Les métalloïdes et les métaux, en s'unissant à l'oxygène, forment fréquemment des oxydes qui ne sont susceptibles de se combiner à l'eau ni pour donner des oxydes, ni pour donner des bases.

Ces oxydes se dénomment en employant les mêmes règles que pour les oxydes basiques.

Exemples : oxyde azoteux. . . . . Az^2O
oxyde azotique.. . . . . . . AzO
peroxyde d'azote . . . . AzO^2

24. Nomenclature des composés oxygénés ternaires. — Ces composés, renfermant de l'oxygène, uni à deux autres corps simples, constituent trois groupes : les *acides oxygénés*, les *bases oxygénées* et les *sels oxygénés* (ou *oxysels*).

1. *Acides oxygénés*. — Les acides oxygénés se nomment, comme les anhydrides correspondants, par la simple substitution du mot *acide* au mot *anhydride* :

$$\text{l'anhydride hypochloreux} \ldots \ldots \quad Cl^2O$$
$$\text{forme l'acide hypochloreux} \ldots \ldots \ldots \quad Cl^2O^2H^2 \text{ ou } ClOH.$$

$$\text{l'anhydride chloreux} \ldots \ldots \ldots \quad Cl^2O^3$$
$$\text{forme l'acide chloreux} \ldots \ldots \ldots \quad Cl^2O^4H^2 \text{ ou } ClO^2H.$$

2. *Bases oxygénées.* — Les bases oxygénées se nomment, comme les oxydes basiques correspondants, par la substitution du mot *hydrate* au mot *oxyde* :

$$\text{l'oxyde de calcium} \ldots \ldots \ldots \quad CaO$$
$$\text{forme l'hydrate de calcium} \ldots \ldots \quad CaO^2H^2$$

$$\text{l'oxyde de potassium} \ldots \ldots \quad K^2O$$
$$\text{forme l'hydrate de potassium} \ldots \ldots \quad K^2O^2H^2 \text{ ou } KOH.$$

3. *Sels oxygénés.* — On forme le nom d'un sel oxygéné en remplaçant, dans le nom de l'acide, la terminaison *ique* par la terminaison *ate*, ou la terminaison *eux* par la terminaison *ite*, et faisant suivre le mot ainsi obtenu du nom du métal contenu dans le sel.

Ainsi l'*acide azotique* AzO^3H donne, par substitution du *cuivre* à l'hydrogène, le sel $(AzO^3)^2Cu$, qu'on nomme *sulfate de cuivre*.

Il arrive qu'un métal peut se substituer à l'hydrogène d'un acide en de   proportions différentes, pour donner naissance à deux sels. On distingue ces deux sels l'un de l'autre en terminant le nom du métal par *eux* (moins de métal) ou par *ique* (plus de métal). Par exemple, l'*acide sulfurique* SO^4H^2 donne, par substitution du *fer* à l'hydrogène, les deux sels SO^4Fe et $(SO^4)^3Fe^2$, qu'on désigne par les noms de

$$\text{Sulfate ferreux.} \ldots \ldots \ldots \quad SO^4Fe$$
$$\text{Sulfate ferrique} \ldots \ldots \ldots \quad (SO^4)^3Fe^2.$$

Remarquons enfin que, pour certains acides, la substitution du métal à l'hydrogène peut être soit complète, soit seulement partielle. L'acide sulfurique SO^4H^2 donne naissance à un sulfate de formule SO^4K^2 par substitution totale, et à un sulfate de formule SO^4HK^2 par substitution partielle. On nomme ces composés

$$\text{Sulfate neutre de potassium.} \ldots \quad SO^4K^2$$
$$\text{Sulfate acide de potassium} \ldots \ldots \quad SO^4HK.$$

Le nom de sulfate acide donné au second sel exprime ce fait : que ce sel jouit encore de propriétés acides, puisqu'il renferme encore un atome d'hydrogène susceptible d'être remplacé par un autre atome de potassium.

25. Nomenclature des composés non oxygénés. — Les règles sont encore plus simples, mais différentes.

1. *Acides non oxygénés.* — Les acides non oxygénés résultent de l'union de *l'hydrogène* avec un *métalloïde*. On les désigne en faisant suivre le nom du métalloïde de la terminaison *hydrique.*

Exemple :   Acide chlorhydrique HCl.

2. *Sels non oxygénés.* — Quand un métal se substitue à l'hydrogène dans un acide non oxygéné, pour donner un sel, on forme le nom de ce sel en remplaçant, dans le nom du métalloïde, la terminaison *hydrique* par la terminaison *ure*, et en faisant suivre du nom du métal. Par exemple, l'*acide chlorhydrique* HCl donne naissance au *chlorure de potassium* KCl.

3. *Autres composés binaires non oxygénés.* — Le plus souvent deux corps simples se combinent entre eux pour donner un composé qui ne peut pas être considéré comme un sel, car il n'existe pas d'acide correspondant.

Les composés ainsi formés se nomment comme les sels non oxygénés, c'est-à-dire qu'on donne la terminaison *ure* à l'un des éléments, et qu'on ajoute à la suite le nom de l'autre élément. C'est ainsi que le *soufre* et le *carbone* forment le *sulfure de carbone* CS².

Quand le composé renferme un métalloïde et un métal, c'est toujours le nom du métalloïde qu'on met le premier, et auquel on ajoute la terminaison *ure.* Mais, par suite d'une habitude générale, le nom du métal est au contraire écrit le premier dans la formule. On dit *chlorure de zinc,* et on écrit ZnCl.

Quand ce sont deux métalloïdes qui se combinent, on nomme le premier celui qui est *électro-négatif* par rapport à l'autre, c'est-à-dire celui qui se rendrait au pôle positif dans la décomposition du composé sous l'influence du courant électrique (71). La liste suivante a été dressée de telle manière que, dans la combinaison de deux métalloïdes, on doive toujours placer le premier celui qui est le premier sur cette liste :

1. Fluor.	6. Soufre.	11. Arsenic.
2. Chlore.	7. Sélénium.	12. Carbone.
3. Brome.	8. Tellure.	13. Silicium.
4. Iode.	9. Azote.	14. Bore.
5. Oxygène.	10. Phosphore.	15. Hydrogène.

On dira donc *chlorure de soufre, sulfure de carbone, carbure d'hydrogène.*

Fréquemment l'union se fait en deux ou plusieurs proportions différentes. On distingue, là encore, les divers composés en faisant intervenir les terminaisons *eux* et *ique*, comme dans les oxydes, les acides et les sels.

Exemples : Chlorure cuivreux . . . . CuCl
Chlorure cuivrique. . . . . . . $CuCl_2$.

D'autres fois on fait précéder le nom du premier élément des préfixes *proto, sesqui, bi, tri, penta, per* qui indiquent les nombres d'atomes qui sont entrés en combinaison.

Exemples : Trichlorure de phosphore. . . $PhCl_3$
Pentachlorure de phosphore. . $PhCl_5$.

4. *Alliages.* — Les combinaisons des *métaux* entre eux, encore peu connues et mal définies au point de vue chimique, ne suivent pas les règles de la nomenclature; on les nomme simplement *alliages*.

Exemple :   Alliage de cuivre et d'or.

Les alliages qui renferment du mercure s'appellent *amalgames*.

26. Exceptions aux règles de la nomenclature. — L'usage a conservé, par exception aux règles que nous venons de résumer, un certain nombre de dénominations anciennes.

L'hydrate de potassium et l'hydrate de sodium sont ordinairement appelés potasse et soude caustiques; l'oxyde de calcium, l'oxyde de baryum, l'oxyde de strontium se nomment chaux, baryte, strontiane. Les sels de potassium, de sodium, de calcium, de baryum sont dénommés sels de potasse, de soude, de chaux, de baryte.... Ces petites exceptions et quelques autres, consacrées par l'usage, n'ont pas de graves inconvénients.

Mais en outre il règne actuellement dans la nomenclature une certaine confusion. Les règles de la nomenclature sont surtout appropriées à un système de notations dit *notations en équivalents* (**19**), aujourd'hui presque partout remplacé par le système dit des *notations atomiques*. Le changement du système de *notations* a été accompagné, nécessairement, du changement de certaines règles de la nomenclature; et la confusion qui existe actuellement sur certains points tient à ce que les nouvelles règles ne sont pas encore devenues d'un usage tout à fait général.

27. Réactions chimiques. — Les notations symboliques permettent d'écrire à l'aide de quelques lettres la formule d'un composé. Elles permettent en outre de représenter les réactions chimiques par des égalités algébriques.

Ainsi l'équation

$$Zn + SO_4H_2 = SO_4Zn + 2H$$

signifie que le *zinc*, agissant sur *l'acide sulfurique*, donne un dégagement *d'hydrogène* et une production de *sulfate de zinc*.

Toute égalité analogue à celle-là ne devra jamais faire autre chose que traduire des résultats d'expérience, des réactions obtenues dans les laboratoires. Elle devra contenir : dans le premier membre, tous les corps qu'on a mis en présence, et, dans le second, tous les corps qui ont pris naissance dans la réaction. On devra toujours retrouver dans le second membre tous les corps simples qui étaient dans le premier, et en même quantité.

Enfin, *on ne devra jamais écrire une égalité chimique sans indiquer dans quelles circonstances expérimentales s'accomplit la réaction qu'elle représente.*

Quand on établit une égalité chimique répondant à ces conditions, on peut la faire servir à la solution des problèmes numériques relatifs à la réaction symbolisée par l'égalité.

L'égalité ci-dessus, par exemple, signifie qu'un poids atomique de zinc (65 grammes), réagissant sur un poids moléculaire d'acide sulfurique (98 grammes), dégage deux poids atomiques d'hydrogène (2 grammes), et laisse pour résidu un poids moléculaire de sulfate de zinc (161 grammes).

Lorsque la réaction a lieu entre des gaz ou des corps susceptibles de prendre l'état gazeux, les notations peuvent aussi bien représenter des volumes atomiques ou moléculaires que des poids. Le symbole O représente indifféremment 16 grammes ou 1 volume d'oxygène.

De même la formule AzH^3 du gaz ammoniac nous indique que ce composé est formé de 14 grammes d'azote pour 3 grammes d'hydrogène, ou bien d'un volume d'azote pour 3 volumes d'hydrogène. Elle nous indique en outre que le volume occupé par le gaz ammoniac est égal à 2, puisque nous savons que les formules des composés gazeux sont établies de manière à correspondre à 2 volumes (**16**).

Un exemple va nous permettre d'indiquer quel parti on peut tirer de la considération des volumes gazeux.

On sait que l'ammoniaque et l'oxygène forment un mélange qui détone quand on l'enflamme. Il se produit de l'azote et de l'eau; l'équation de la réaction est donc la suivante

$$2AzH^3 + 3O = 2Az + 3H^2O.$$

Elle montre que : deux volumes moléculaires d'ammoniaque, égaux à 4, réagissent sur trois volumes atomiques d'oxygène, valant 3, pour donner 2 volumes d'azote et 6 volumes de vapeur d'eau.

CHAPITRE II

PROPRIÉTÉS PHYSIQUES DES CORPS

I. — CHANGEMENTS D'ÉTAT PHYSIQUE

28. Les trois états de la matière. — La matière pondérable se présente à nous sous trois états physiques différents : *l'état solide*, *l'état liquide* et *l'état gazeux*. La plupart des corps sont susceptibles de prendre successivement les trois états, quand on les place dans des conditions convenables.

Pour opérer ces changements, à partir de l'état solide, il suffit généralement d'élever la température. Parmi les solides non décomposables par l'action de la chaleur, il n'en est qu'un très petit nombre qui n'aient pu encore être liquéfiés : tels sont le *charbon* et l'*oxyde de calcium (chaux vive)*.

Si l'on part, au contraire, de l'état gazeux ou de l'état liquide, on peut, par un refroidissement suffisant, réaliser les passages inverses. Tous les gaz connus ont été liquéfiés; presque tous les liquides ont été solidifiés.

Les froids intenses nécessaires dans ces expériences sont obtenus à l'aide de mélanges réfrigérants, ou bien par l'évaporation rapide des liquides, ou encore par la détente des gaz fortement comprimés.

Ainsi on peut déterminer la solidification du mercure en utilisant le froid produit par l'évaporation de l'anhydride sulfureux La figure ci-dessus indique la disposition la plus simple à donner

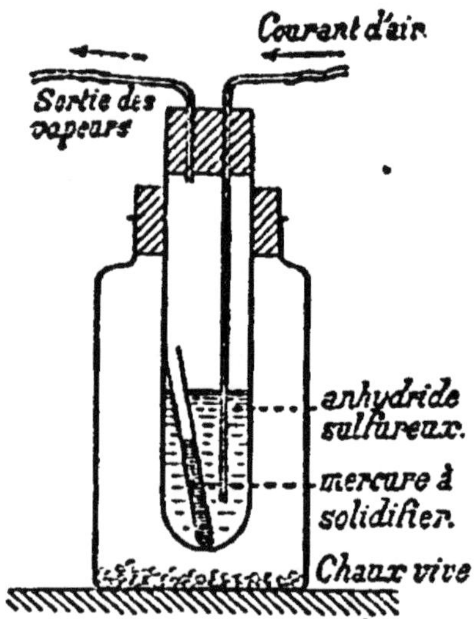

SOLIDIFICATION DU MERCURE. — L'*anhydride sulfureux* liquide, rapidement évaporé par l'action d'un courant d'air, produit un refroidissement suffisant pour déterminer la solidification du *mercure*. — De la chaux vive placée dans un flacon qui sert de support à l'éprouvette, dessèche l'air et empêche ainsi l'éprouvette de se recouvrir d'un givre qui empêcherait de voir à l'intérieur.

à l'appareil : le courant d'air qui, sous l'influence d'un soufflet, traverse vivement le liquide, détermine une évaporation très rapide, et par suite un abaissement considérable de la température.

29. Continuité des trois états de la matière. — Les formes *solide*, *liquide* et *gazeuse* ne sont pas des formes essentielles et bien distinctes de la matière; ce ne sont que des termes éloignés d'un même état, et l'on peut passer de l'un à l'autre par une série de changements non interrompus.

Nous savons, en effet, que beaucoup de solides, soumis à l'action de la chaleur, éprouvent un ramollissement progressif, qui les conduit, par degrés insensibles, de l'état solide à l'état liquide. Nous verrons aussi que le passage de l'état liquide à l'état gazeux peut de même s'effectuer sans solution de continuité, par gradations insensibles.

30. Fusion et solidification. — Pour un grand nombre de solides, les limites de température entre lesquelles se produit le ramollissement progressif sont tellement rapprochées l'une de l'autre, qu'il semble que la liquéfaction soit brusque. On nomme alors *point de fusion*, ou *température de fusion*, la température à laquelle a lieu le changement d'état. Le passage inverse de l'état liquide à l'état solide, ou *solidification*, a lieu par refroidissement, à la même température.

Le point de fusion ou de solidification est une constante spécifique, variable dans de très larges limites d'une substance à l'autre, mais caractéristique pour chaque corps.

La quantité de chaleur nécessaire pour accomplir le travail de la liquéfaction, ou *chaleur latente de fusion*, est aussi une constante spécifique propre à caractériser une substance. On la mesure par la méthode des mélanges, à l'aide des appareils en usage en *calorimétrie*.

31. Solubilité des solides dans les liquides. — Il est ordinairement possible de produire la liquéfaction d'un solide sans en élever la température. Le contact avec un liquide convenablement choisi suffit à déterminer le changement d'état : on dit alors qu'il y a *dissolution* du solide dans le liquide.

C'est ainsi qu'un grand nombre de *sels* sont solubles dans l'*eau*, que l'*iode* est soluble dans l'*éther*, le *phosphore* dans le *sulfure de carbone*, l'*or* dans le *mercure*.

La dissolution ne se produit pas à température fixe; elle diffère en cela de la fusion. Mais elle s'en rapproche par ce fait que le so-

lide, pour se dissoudre, absorbe autant de chaleur que pour se
fondre.

Dans des circonstances déterminées, la solubilité d'un solide
dans un liquide n'est pas indéfinie. Le *coefficient de solubilité* est
*le rapport qui existe entre le poids du solide susceptible de se dis-
soudre et le poids de liquide employé à la dissolution.*

Chaque solide a, dans chaque liquide, un coefficient de solubilité propre et caractéristique, qu'il est important de connaître. Ce

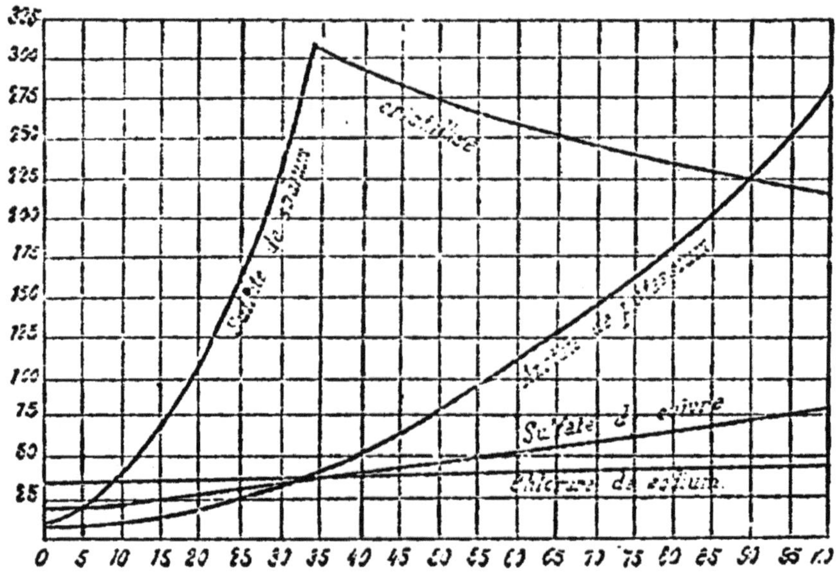

COURBES DE SOLUBILITÉ DE QUELQUES SELS. — Les nombres alignés horizontalement
indiquent les températures ; les nombres alignés verticalement, les poids des
divers sels qui peuvent se résoudre dans 100 grammes d'eau. Ainsi, à 70°,
100 grammes d'eau peuvent dissoudre 118 grammes d'*azotate de potassium*.
La solubilité du *sulfate de sodium* présente un maximum à la température
de 33 degrés.

coefficient de solubilité augmente d'habitude quand la température s'élève. Les courbes ci-jointes montrent parfaitement le phénomène de la variation de la solubilité.

Inversement, tout corps en dissolution peut reprendre l'état
solide, soit par un abaissement suffisant de la température, qui
diminue la solubilité, soit par évaporation du liquide. Les particules du solide, en se séparant du liquide, se groupent alors de
façon à constituer des *cristaux* à arêtes vives, dont les formes sont
géométriquement déterminées. Nous y reviendrons.

Vaporisation et condensation. — Le passage de l'état
liquide à l'état gazeux est complexe. Il se produit, soit à tempé-

rature variable, par *évaporation*, soit à température fixe et constante, par *ébullition*. Chaque corps peut, en effet, dans des limites de température assez étendues, exister simultanément à l'état liquide et à l'état gazeux.

Quel que soit le mode de vaporisation, la quantité de chaleur nécessaire pour effectuer le travail du passage de l'état liquide à l'état gazeux est la même : on la nomme *chaleur latente de vaporisation*. C'est une nouvelle constante spécifique.

Très fréquemment on utilise en Chimie la fixité du point d'ébullition pour maintenir pendant longtemps un corps à un degré de chaleur constant et connu. On se sert surtout, dans ce but : de l'éther, qui bout à 35 degrés ; de l'eau, qui bout à 100 degrés ; de l'aniline, du mercure, du soufre, du cadmium, du zinc, dont les températures d'ébullition sont respectivement 185, 360, 440, 860 et 930 degrés.

Le passage inverse de l'état gazeux à l'état liquide a, en Chimie, une telle importance, que nous l'examinerons à part.

II. — LIQUÉFACTION DES GAZ

32. Principes théoriques de la liquéfaction des gaz. Point critique. — Tout gaz peut être considéré comme étant la vapeur d'un certain liquide. Or l'étude des vapeurs nous apprend qu'on en détermine la condensation soit en les refroidissant, soit en les soumettant à une pression de plus en plus grande, soit en faisant intervenir à la fois le refroidissement et l'augmentation de pression. Ce sont là en effet les trois procédés mis en œuvre pour obtenir la liquéfaction des gaz.

Les premières expériences systématiques de liquéfaction des gaz sont dues à Faraday (1823 à 1845). Elles le conduisirent à la liquéfaction de tous les gaz connus, sauf six : *hydrogène, oxygène, azote, oxyde azotique, oxyde de carbone* et *formène.*

Toutes les tentatives faites sur ces six gaz, qu'on avait appelés les *gaz permanents*, échouèrent jusqu'en 1877. Leur liquéfaction, obtenue à cette époque par M. Cailletet, à Paris, et par M. Raoul Pictet, à Genève, fut la conséquence d'un principe nouveau, établi à la suite des expériences anciennes de Cagniard de Latour, de Drion, et surtout des expériences de M. Andrews (1869).

Ce principe nouveau est celui du *point critique : il y a, pour chaque substance, une température au-dessus de laquelle cette substance ne peut exister qu'à l'état gazeux, quelque grande que soit la pression qu'on exerce sur elle.*

Au-dessous de la *température critique* un gaz est liquéfiable ; au-dessus il ne l'est pas. De même un liquide volatil, enfermé en vase clos, et porté à une température supérieure à celle du point critique, se vaporise entièrement, aussi petite que soit la capacité du vase dans lequel il est contenu.

Cette conséquence du point critique est mise aisément en évidence à l'aide d'un appareil très simple, le tube de Natterer. C'est un tube de verre long de 20 centimètres, à section étroite, très résistant, et renfermant de l'acide carbonique liquide. Lorsqu'on plonge ce tube dans de l'eau tiède, on voit l'acide se dilater considérablement; bientôt la surface libre n'est plus représentée que par une zone nébuleuse indécise, à peine visible, qui disparaît enfin complètement. Alors le tube paraît absolument vide. Si ensuite on l'abandonne au refroidissement, on voit se former, à la partie supérieure, des stries ondoyantes; le liquide apparaît brusquement, avec son ménisque terminal.

L'état d'un fluide fortement comprimé, soit un peu au-dessus, soit un peu au-dessous du point critique, est comme intermédiaire entre l'état gazeux et l'état liquide. Un peu au-dessus du point critique, il a l'apparence d'un gaz, mais d'un gaz déjà en grande partie privé de sa compressibilité. Un peu au-dessous du point critique, le fluide est condensé à l'état liquide, si la pression est suffisante; mais ce liquide participe déjà aux propriétés des gaz : il a une grande dilatabilité.

Il n'y a donc pas de solution de continuité entre les deux états fluides. Au point critique, la densité, le coefficient de dilatation, l'indice de réfraction, etc., sont les mêmes pour le liquide et pour sa vapeur comprimée au-dessus de lui. Et c'est pour cette raison que, la surface de séparation disparaissant, on ne sait plus si on a un liquide ou un gaz, comme on le remarque dans l'expérience de Natterer.

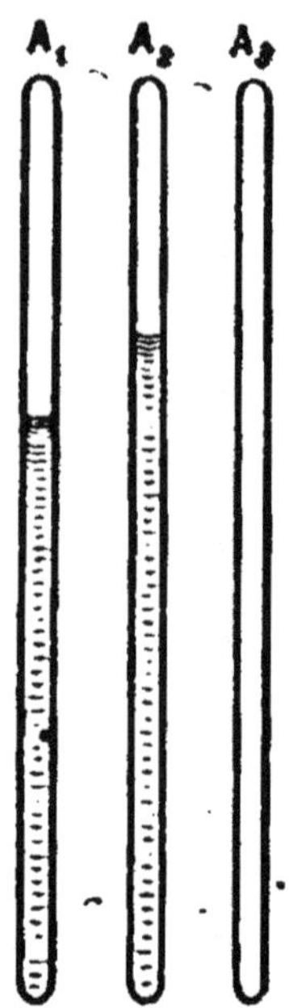

TUBE DE NATTERER. — En A₁, le tube renferme l'*anhydride carbonique* liquide à la température ordinaire, sous pression. En A₂, la température s'approche de 31 degrés; le volume du liquide est plus grand, la surface terminale moins nette. En A₃, la température est supérieure à 31 degrés : il n'y a plus de liquide.

33. Liquéfaction par simple refroidissement. — Pour liquéfier un gaz par simple refroidissement, il faut abaisser sa

température au-dessous de la température normale d'ébullition
du liquide correspondant.

Ainsi l'anhydride sulfureux (SO^2) liquide bout à —10 degrés; il
suffira donc de faire passer le gaz anhydride sulfureux dans un
tube refroidi au-dessous de cette température pour en obtenir la
condensation.

Pour obtenir une température comprise entre —10 degrés et
—20 degrés on se sert d'un mélange réfrigérant de glace et de
sel marin. Pour les températures plus basses on utilise le froid
produit par l'évaporation rapide, dans l'air ou dans le vide, d'un

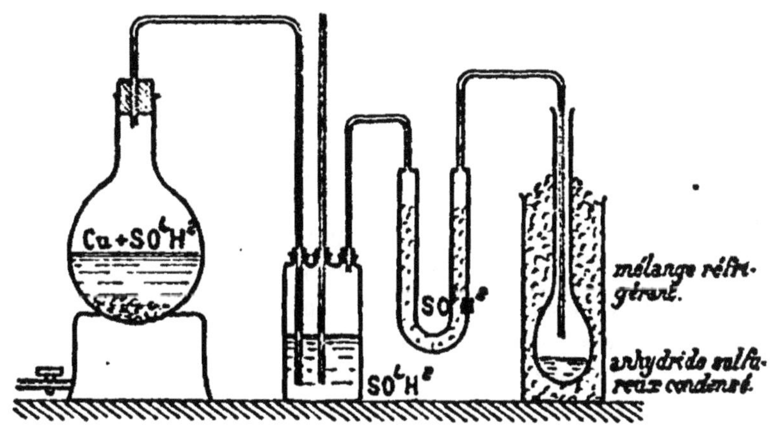

LIQUÉFACTION DE L'ANHYDRIDE SULFUREUX PAR REFROIDISSEMENT. — Le *gaz*, préparé
dans le ballon, desséché dans le flacon et dans le tube en U, arrive dans un
matras refroidi, où il se condense.

liquide très volatil. On se sert surtout du *chlorure de méthyle* et de
l'*anhydride carbonique* qu'on trouve dans le commerce à l'état
liquide, enfermés dans des réservoirs de laiton ou d'acier très
résistants.

Nous indiquons seulement ici la disposition adoptée dans les
laboratoires pour les liquéfactions qui n'exigent que l'emploi d'un
mélange réfrigérant de glace et de sel.

34. Liquéfaction par compression. — Un gaz n'est liquéfiable par compression, à la température ordinaire, que si son
point critique est supérieur à cette température. L'anhydride carbonique, dont le point critique est de +31 degrés, l'oxyde azoteux (+35 degrés), l'acétylène (+37 degrés), l'acide chlorhydrique
(+51 degrés), le chlore (+141 degrés), l'anhydride sulfureux
(+155)..., sont liquéfiables par la pression seule, sans refroidissement.

La compression s'obtient aisément à l'aide d'une pompe puissante, qui permet d'introduire dans un réservoir très résistant une quantité de plus en plus grande de gaz. C'est le procédé que l'on emploie pour liquéfier industriellement l'oxyde azoteux, l'anhydride carbonique.

Dans les Cours, où l'on veut seulement montrer le gaz liquéfié en petite quantité, on adopte une méthode plus simple, imaginée

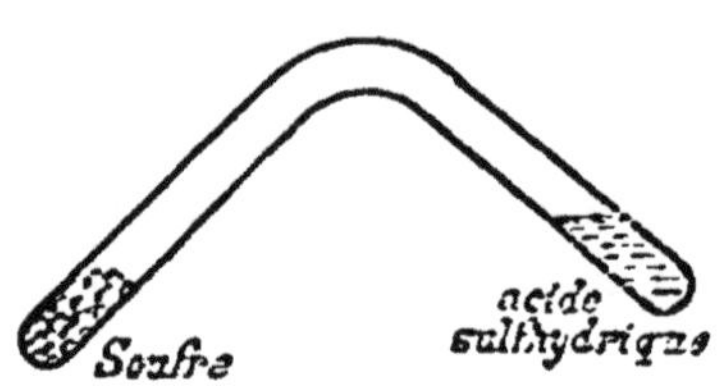

Liquéfaction de l'acide sulfhydrique dans le tube de Faraday. — Le *bisulfure hydrogène* se dédouble en soufre, qui est solide, et *acide sulfhydrique*, qui se comprime de lui-même, jusqu'à liquéfaction.

par Faraday. Dans l'une des branches d'un tube de verre très résistant, courbé à angle droit, on introduit une substance capable de produire un abondant dégagement du gaz; puis on ferme le tube à la lampe. Le gaz, se comprimant ainsi de lui-même en vase clos, à mesure qu'il prend naissance, ne tarde pas à se liquéfier.

C'est ainsi que l'on peut mettre dans le tube une certaine quantité de *persulfure d'hydrogène* H^2S^2. Ce composé, qui est liquide, se dédouble spontanément en *soufre* et *acide sulfhydrique* gazeux. Le volume d'acide sulfhydrique dégagé étant considérable, il s'établit dans l'appareil une pression suffisante pour

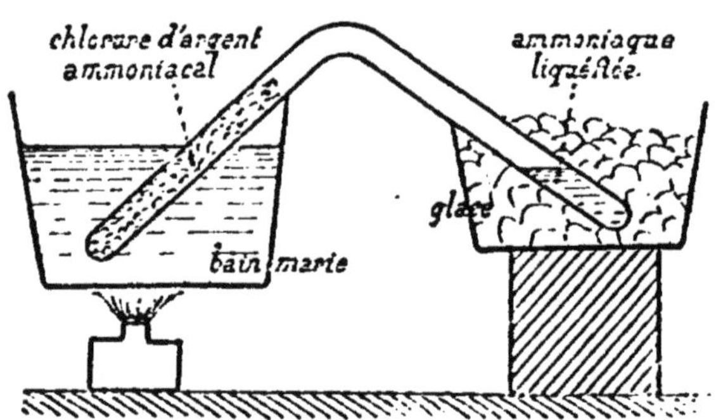

Liquéfaction du gaz ammoniac dans le tube de Faraday. — Le *chlorure d'argent ammoniacal* se dédouble, sous l'action du bain-marie, en *chlorure d'argent*, qui reste, et *gaz ammoniac*, qui va se condenser dans la partie refroidie.

déterminer la liquéfaction. En inclinant le tube doucement on fait passer le liquide dans la seconde branche, tandis que le soufre provenant de la décomposition du persulfure reste dans la première.

35. Liquéfaction par refroidissement et compression

combinés. — Le plus souvent on combine les deux procédés précédents.

Au lieu de comprimer, à l'aide d'une pompe, le gaz dans un récipient résistant maintenu à la température ordinaire, on entoure ce récipient d'un mélange réfrigérant qui facilite la condensation. Dès lors la pression n'a plus besoin d'être aussi considérable.

Le tube de Faraday peut aussi être refroidi. Pour liquéfier le *gaz ammoniac*, par exemple, on enferme dans l'une des branches du *chlorure d'argent ammoniacal*, composé complexe qui se dédouble sous l'action de la chaleur en dégageant du *gaz ammoniac*, et laissant un résidu solide de *chlorure d'argent*. Si donc on chauffe au bain-marie la branche qui renferme le chlorure d'argent ammoniacal, tandis qu'on refroidit l'autre branche avec de la glace ou un mélange réfrigérant, on obtient une condensation d'ammoniaque liquide dans la branche froide.

36. Expériences de M. Cailletet. — Pour les gaz difficilement liquéfiables, il importe d'abaisser beaucoup la température, de façon à atteindre le *point critique.*

En 1877 M. Cailletet réalisa un appareil permettant de soumettre une très petite masse de gaz à la fois à une forte pression et à une très basse température.

Le gaz, préalablement préparé parfaitement pur et sec, est introduit dans un réservoir de verre ayant la forme d'un gros thermomètre ouvert par en bas. Ce réservoir est placé dans un cylindre d'acier très résistant, rempli de mercure, de telle sorte que la tige thermométrique sorte du cylindre. On refroidit fortement cette tige, en l'entourant d'un liquide très volatil, dont on active l'évaporation à l'aide d'un courant d'air, ou de la machine pneumatique. On obtient ainsi un refroidissement considérable, qui peut dépasser de beaucoup — 100 degrés, selon le liquide volatil employé.

En même temps, en faisant agir une pompe de compression très puissante, on injecte de l'eau à la surface du mercure du cylindre d'acier, de façon à refouler ce mercure dans le réservoir thermométrique. Le gaz est donc soumis à la fois à un grand refroidissement et à une pression qui peut atteindre plusieurs centaines de fois la pression atmosphérique. Il se condense alors, en petite quantité, à la surface du mercure refoulé par la pompe.

Dans cet appareil tous les gaz liquéfiés par Faraday se condensent très aisément. Le *formène* et l'*oxyde azotique*, qui avaient jusque-là résisté à tous les efforts (**32**), se liquéfièrent à une température très basse et sous une pression très forte.

Mais les quatre autres gaz considérés comme permanents ne quittèrent pas l'état gazeux.

M. Cailletet eut alors l'idée d'utiliser la *détente* pour abaisser davantage encore la température.

Tout gaz fortement comprimé éprouve, si on l'abandonne à une détente brusque, un refroidissement qui, d'après les calculs de Poisson, peut dépasser 200 degrés.

Ayant donc supprimé brusquement la pression dans son appareil, l'opérateur vit apparaître immédiatement dans le tube un brouillard intense, résultant de la condensation du gaz. Bientôt après, le brouillard disparaissait, par suite de l'élévation de la température au contact des parois relativement chaudes du tube.

L'oxygène, l'oxyde de carbone, l'hydrogène, l'azote et l'air furent ainsi amenés, pendant quelques instants, à l'état de gouttelettes liquides formant brouillard.

Nous voyons que, dans ces expériences, la condensation s'était produite par le froid seul, la pression n'intervenant que comme moyen d'obtenir un grand abaissement de température.

Les travaux de M. Cailletet ont été poursuivis et complétés par M. Olszewski et principalement par M. Wroblewski. Ce dernier, en refroidissant de plus en plus la partie supérieure du tube, a obtenu tous les gaz, sauf l'hydrogène, à l'état de liquide permanent. Il a pu déterminer le point critique d'un grand nombre de gaz, et en particulier de l'oxyde azotique (—93°), de l'oxygène (— 118°), de l'azote (— 146°) et de l'hydrogène (—220°).

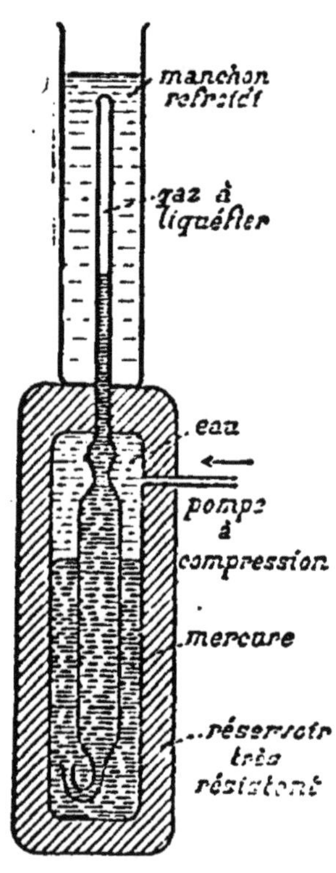

LIQUÉFACTION DE TOUS LES GAZ DANS L'APPAREIL DE M. CAILLETET. — Le gaz, très fortement refroidi et très fortement comprimé, se condense. S'il résiste à ces deux actions combinées, il se liquéfie en brouillard, pendant quelques instants, au moment de la *détente* brusque.

37. Expériences de M. Pictet. — M. Pictet, en 1877 également, a pu liquéfier l'oxygène.

Sa méthode était celle de Faraday. Le gaz se produisait en vase clos, de manière à se comprimer fortement de lui-même, puis se condensait dans un tube très froid. Les matières destinées à fournir le gaz pur et sec étaient enfermées dans un obus de fer forgé, qu'on pouvait chauffer. De cet obus partait un tube de laiton, étroit et long, qu'on refroidissait par l'évaporation rapide d'un mélange d'anhydride carbonique liquide et d'éther.

L'oxygène parait avoir été condensé dans cet appareil, quoiqu'on ne l'ait pas vu, le tube n'étant pas transparent. Quant à l'hydrogène, il est douteux que sa liquéfaction ait été obtenue, comme on l'a cru.

III. — PROPRIÉTÉS PHYSIQUES DES CORPS A L'ÉTAT SOLIDE

38. Propriétés générales des corps à l'état solide. — A l'état solide les corps sont caractérisés par l'invariabilité de la forme.

Le degré de solidité est déterminé par quatre propriétés, qui varient dans de larges limites de l'un à l'autre : la *malléabilité*, la *ductilité*, la *ténacité* et la *dureté*. Ces quatre propriétés sont importantes à étudier, surtout pour les métaux, car la plupart de leurs usages en dépendent directement.

Il en est de même de la *dilatabilité* sous l'influence de la chaleur, de la *conductibilité calorifique* et *électrique*, de la *chaleur spécifique*, de la *densité*, des circonstances et de la température de la *fusion*, de la *solubilité* dans l'eau ou dans les autres liquides, de la composition de la *lumière émise*, étudiée au spectroscope.

L'examen des propriétés organoleptiques, *odeur*, *saveur*, *couleur*, a aussi son intérêt.

L'étude générale de chacune de ces propriétés est plus particulièrement du domaine de la physique. Nous nous occuperons seulement ici de la forme géométrique que peuvent affecter un grand nombre de solides.

Cristallisation. — Les corps solides sont *amorphes* ou *cristallins*. A l'état amorphe ils ne présentent que des formes accidentelles, sans aucune disposition géométrique régulière. Si le solide amorphe est homogène, il y a identité de propriétés dans toutes les directions. Si, de plus, il est transparent, il offre l'aspect vitreux d'un liquide figé; le verre, l'anhydride arsénieux vitreux, le sucre de pomme, la silice fondue, puis solidifiée, sont des solides transparents amorphes.

Les corps cristallins se distinguent, au contraire, par des formes géométriques déterminées, limitées toujours ou presque toujours par des faces planes. A cet arrangement extérieur des particules correspond une disposition intérieure également particulière : dans les cristaux, la chaleur ne se propage pas également dans toutes les directions; la marche des rayons lumineux subit des modifications et des déviations variables avec le trajet à parcourir; sous l'influence d'un choc brusque, la rupture s'effectue suivant des directions déterminées et des faces planes. Il sera donc toujours possible de distinguer un solide amorphe d'un solide cristallisé, alors même que la forme géométrique de ce dernier aurait disparu par le fait d'une usure superficielle.

39. Divers modes de cristallisation. — La disposition qui caractérise la cristallisation prend naissance dans diverses circonstances.

1. *Cristallisation par fusion.* — Les solides, d'abord fondus, puis abandonnés à un refroidissement lent, cristallisent ordinairement au moment de la solidification. Si l'on veut obtenir des cristaux nets, qui ne soient pas trop enchevêtrés les uns dans les autres, il faut, avant que la solidification soit complète, enlever la croûte supérieure et décanter ce qui reste de liquide à l'intérieur. Les cristaux tapissent alors les parois du vase.

L'expérience réussit très bien avec le *soufre* et aussi avec le *bismuth*.

2. *Cristallisation par sublimation.* — La sublimation des solides volatils donne souvent de beaux cristaux, surtout lorsqu'elle est conduite assez lentement.

Dans l'industrie, on fait cristalliser par ce procédé l'*iode*, l'*arsenic*, le *chlorure mercurique (sublimé corrosif)*, le *chlorure d'ammonium* et beaucoup de substances organiques.

3. *Cristallisation par dissolution et évaporation.* — Une dissolution saturée, abandonnée à l'évaporation spontanée, laisse déposer à l'état cristallin le solide qu'elle renfermait. C'est la méthode par évaporation, appliquée en grand à l'extraction du *sel marin*.

Cette méthode, convenablement dirigée, est susceptible de donner des cristaux extrêmement volumineux.

4. *Cristallisation par dissolution et refroidissement.* — Les sels métalliques sont généralement plus solubles dans l'eau à chaud qu'à froid. Leur dissolution saturée à chaud laissera donc déposer des cristaux par refroidissement.

La cristallisation de la plupart des sels est industriellement obtenue par ce procédé.

40. Classification des formes cristallines. — L'observation a démontré que chaque corps, cristallisant dans des circon-

stances déterminées, affecte toujours la même forme : cette forme
est donc capable de caractériser le corps. Il en résulte que la
détermination et la description de la disposition cristalline de
chaque substance a une grande importance.

Pour rendre cette détermination plus aisée, les minéralogistes
ont rangé en six catégories ou *systèmes* les nombreuses formes
cristallines que l'on observe dans les laboratoires et dans la nature.

Leur classification est basée sur l'existence d'un centre et de
plusieurs axes de symétrie dans chaque cristal supposé complet et
parfait.

On trouve, en effet, dans tout cristal, un point tel que les droites
qui y passent et se terminent aux faces planes sont divisées en ce
point en deux parties égales : c'est le *centre* du cristal. Par ce
centre on peut toujours mener certaines lignes autour desquelles
les faces sont placées symétriquement : ces lignes ont reçu le
nom d'*axes*.

Les systèmes cristallins se distinguent les uns des autres par le
nombre, la longueur relative et l'orientation des axes. Les différents corps appartenant à un même système, c'est-à-dire dont les
cristaux possèdent des axes pareillement disposés, diffèrent les
uns des autres par le nombre des faces et leur arrangement autour
des axes.

41. Énumération des systèmes cristallins. — On nomme
donc *système cristallin* l'ensemble des formes qui ont des systèmes
d'axes semblables. Chacun des six systèmes a reçu le nom de
l'une de ses formes les plus simples.

Premier système, ou système cubique : caractérisé par trois axes
perpendiculaires entre eux, égaux. Le *cube*, l'*octaèdre régulier*, le

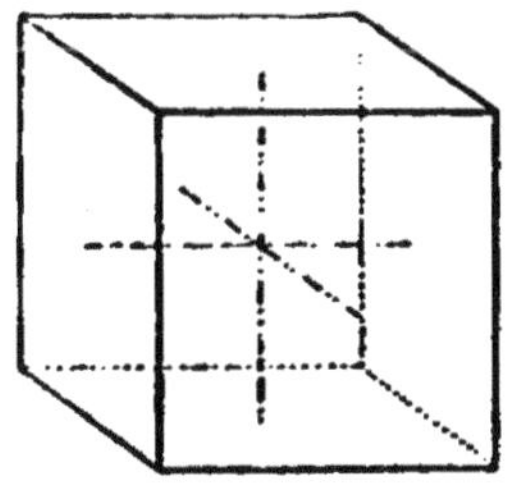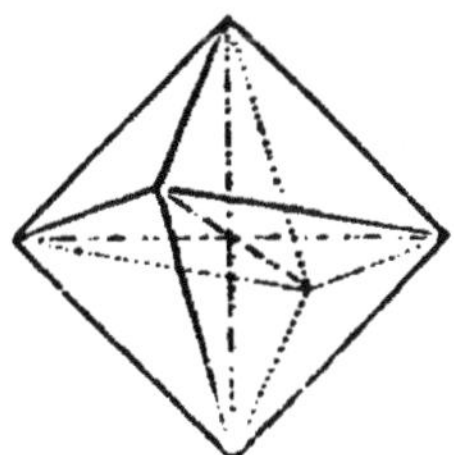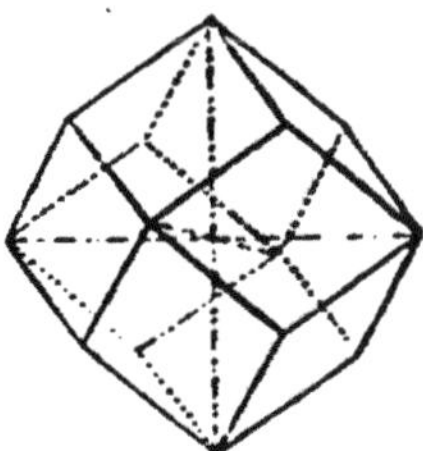

Système cubique (Exemples : *cube, octaèdre régulier, dodécaèdre rhomboïdal.*)

tétraèdre régulier, le *dodécaèdre rhomboïdal* en sont les formes les
plus fréquentes. Dans le premier système cristallisent le *sel marin*,
l'*alun*, le *diamant*, l'*anhydride arsénieux*, le *phosphore*.

Deuxième système, ou système du prisme droit à base carrée :

caractérisé par trois axes perpendiculaires, dont deux égaux et le troisième inégal. Le *prisme* et l'*octaèdre droit à base carrée*, le *prisme* terminé par les faces de l'octaèdre, en sont les formes les

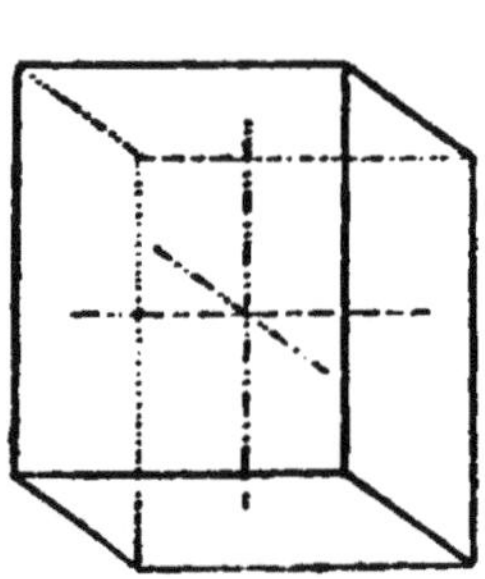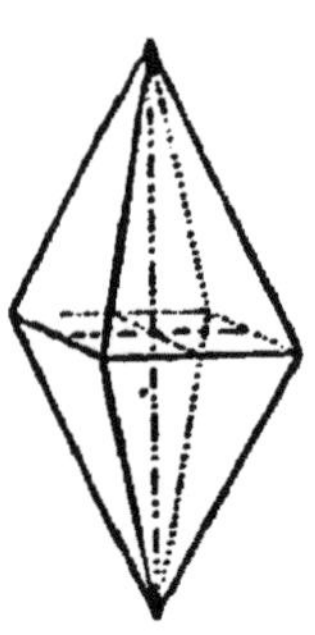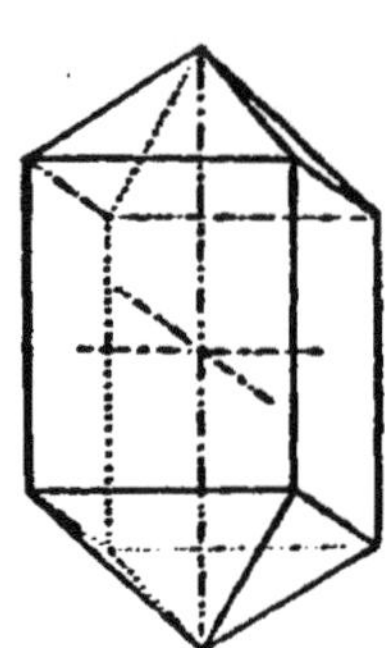

SYSTÈME DU PRISME DROIT A BASE CARRÉE. (Exemples : *prisme droit à base carrée, octaèdre droit à base carrée, prisme terminé par les faces de l'octaèdre.*)

plus simples. L'*oxyde stannique* cristallise dans le deuxième système.

Troisième système, ou système du prisme rectangulaire droit : caractérisé par trois axes rectangulaires inégaux. Les formes suivantes dépendent de ce système : le *prisme droit à base rec-*

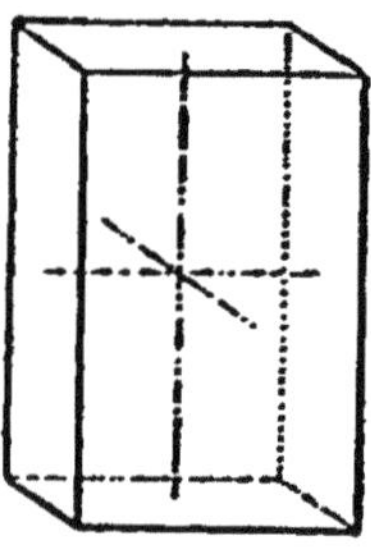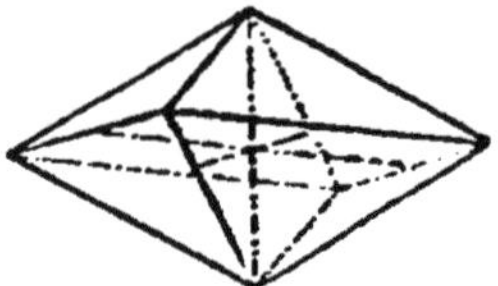

SYSTÈME DU PRISME RECTANGULAIRE DROIT. (Exemples: *prisme rectangulaire droit, octaèdre droit à base rectangulaire*).

tangle, le *prisme droit à base losange*, l'*octaèdre droit à base de rectangle* ou *à base de losange*.

Le *soufre* cristallise dans ce système quand on le fait dissoudre dans le sulfure de carbone et qu'on abandonne la dissolution à une évaporation lente.

Quatrième système, ou système du prisme hexagonal régulier : caractérisé par quatre axes, dont trois sont égaux entre eux, situés dans le même plan et inclinés à 60 degrés, le quatrième étant perpendiculaire au plan des trois autres. Le *prisme hexagonal* droit, le *dodécaèdre hexagonal*, le *rhomboèdre* (constitué par six faces qui sont des losanges égaux) rentrent dans ce système. Le

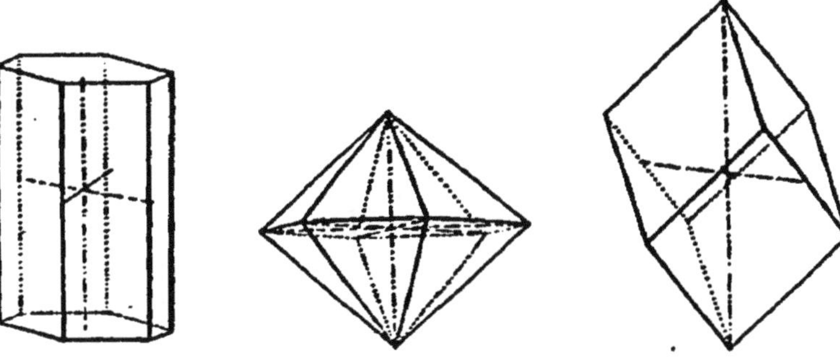

Système du prisme hexagonal régulier. (Exemples : *prisme hexagonal régulier, dodécaèdre hexagonal, rhomboèdre*.)

carbonate de calcium, le *quartz*, l'*alumine*, le *sesquioxyde de fer* en affectent les formes.

Cinquième système, ou système du prisme simplement oblique : caractérisé par trois axes, dont deux sont perpendiculaires entre eux, et le troisième oblique au plan des deux autres. Les *prismes*

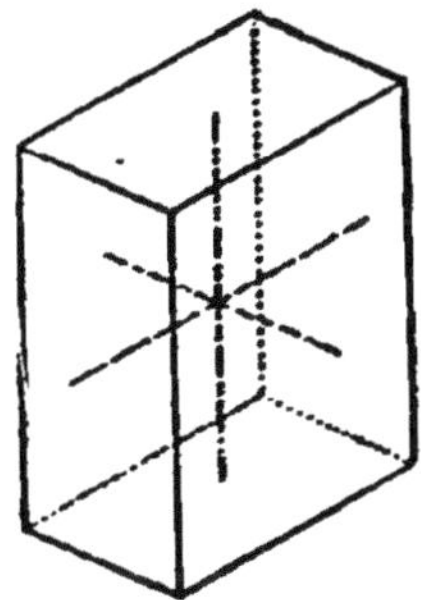
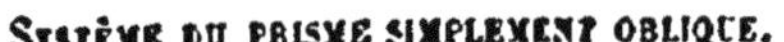
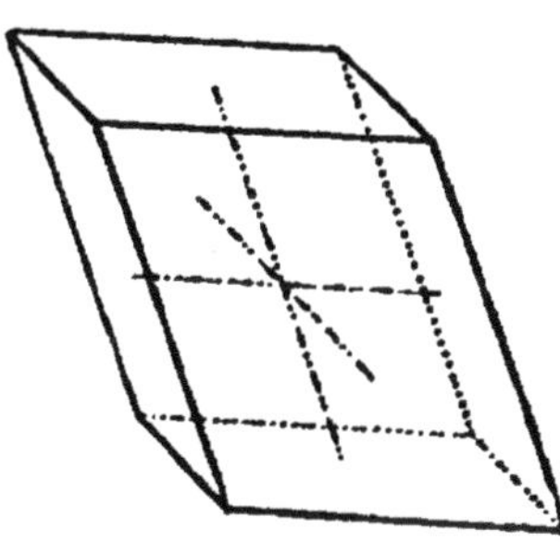

Système du prisme simplement oblique.   Système du prisme doublement oblique.

obliques et les *octaèdres obliques à base carrée, à base de rectangle, à base de losange*, font partie de ce système. Le *sulfate de calcium*, le *sulfate de fer*, le *soufre* par fusion Ᵹ cristallisent.

Sixième système, ou système du prisme doublement oblique : caractérisé par trois axes obliques inégaux et inégalement inclinés les uns sur les autres. Le *prisme* et l'*octaèdre oblique à base de parallélogramme* en sont les formes les plus simples. Le *sulfate de cuivre* cristallise dans ce système.

42. Irrégularité des cristaux. — Dans l'indication de la classification précédente, nous n'avons envisagé que des formes idéales, supposées géométriquement parfaites. Ces individualités complètes, isolées et régulièrement développées, ne se rencontrent qu'exceptionnellement dans la pratique.

Les cristaux, qui, par exemple, se forment au sein d'une dissolution, sont accolés les uns aux autres, appuyés contre les parois du vase qui les renferme. Ils ne peuvent donc croître librement, et les faces qui les limitent sont inégalement développées. Ils

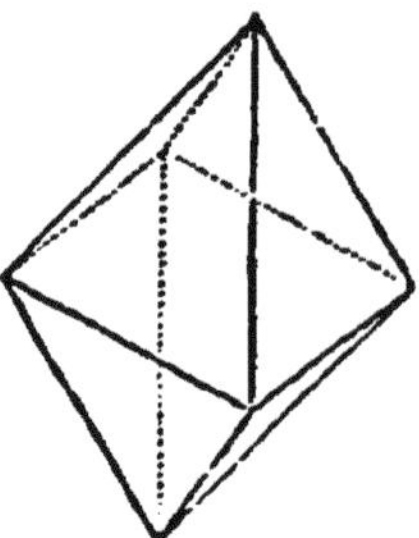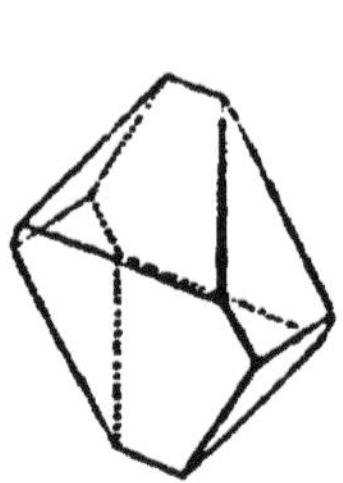

IRRÉGULARITÉ DES CRISTAUX. — Les trois polyèdres ci-dessus sont considérés comme des *octaèdres réguliers*, car leurs angles dièdres sont ceux qui caractérisent l'octaèdre régulier.

offrent dès lors des formes souvent très différentes de celles d'un cristal isolé; ils ne se ressemblent pas entre eux. Mais ce qui reste immuable, ce sont les angles que les faces forment les unes avec les autres. La régularité des inclinaisons se conserve toujours, et permet de remonter à la forme régulière dont le cristal dérive.

43. Dimorphisme. — Quelques substances peuvent cristalliser dans deux formes incompatibles, c'est-à-dire appartenant à des systèmes différents. Ces substances sont appelées *dimorphes.*

Les corps dimorphes n'affectent pas indifféremment l'une ou l'autre des formes qu'ils sont susceptibles d'acquérir. Chacune d'elles prend naissance, à l'exclusion de l'autre, dans des circonstances parfaitement déterminées. C'est ainsi que le soufre cristallise par fusion en prismes obliques, qui dépendent du cinquième système, et, par dissolution dans le sulfure de carbone, en octaèdres droits à base de losange, qui dépendent du troisième.

Le *carbonate de calcium* se rencontre dans la nature sous la forme de rhomboèdres du quatrième système (*spath d'Islande*), et sous la forme de prismes droits à base de losange du troisième système (*aragonite*).

L'*anhydride arsénieux*, le *carbone*, le *phosphore* sont aussi des corps dimorphes.

44. Isomorphisme. — Lorsqu'on fait dissoudre dans l'eau chaude deux substances différentes appartenant au même système cristallin, et qu'on abandonne la dissolution au refroidissement, les deux substances sont généralement séparées par le travail de la cristallisation. Chacun des cristaux formés renferme une des substances à l'exclusion de l'autre.

Il existe cependant des corps qui, présentant la même forme cristalline, peuvent entrer à la fois dans la composition d'un même cristal. Les corps qui jouissent de cette propriété sont dits *isomorphes*. C'est ainsi que l'*alun ordinaire* et l'*alun de chrome*, qui tous deux cristallisent en octaèdres réguliers, fournissent, quand on fait évaporer leurs dissolutions mélangées, des octaèdres renfermant de l'alun ordinaire et de l'alun de chrome. Ces deux aluns sont isomorphes.

L'*alun* et le *sel marin* donneraient, dans les mêmes conditions, des cristaux séparés d'alun et de sel marin : ils ne sont pas isomorphes.

On peut donc définir *corps isomorphes* des corps qui, *cristallisant dans un même système, sous des formes dérivant d'une même forme fondamentale, sont susceptibles de se remplacer en toutes proportions dans un même cristal.*

La découverte de l'isomorphisme est due à Mitscherlich (1819). Ce savant a établi de plus, par un assez grand nombre d'observations, que *les corps isomorphes ont toujours la même composition chimique.* Cette loi, connue sous le nom de *loi de l'isomorphisme,* ou *loi de Mitscherlich,* a une grande importance (**601**).

Parmi les corps simples, le *soufre* et le *sélénium* sont isomorphes; de même, l'*arsenic,* l'*antimoine* et le *phosphore* rouge.

Parmi les corps composés, le *chlorure de potassium* KCl est isomorphe avec le *chlorure de sodium* Na Cl; le *carbonate de calcium* CO^3Ca est isomorphe avec le *carbonate de magnésium* CO^3Mg; le *sulfate hydraté de zinc* $SO^4Zn + 7H^2O$ est isomorphe avec le *sulfate hydraté de magnésium* $SO^4Mg + 7H^2O$. On retrouve la même identité de composition chimique : dans les *arséniates* et les *phosphates* correspondants, qui sont isomorphes; dans les *sulfates, séléniates, manganates* et *chromates* isomorphes, dans les *aluns*.

45. Propriétés générales des corps à l'état liquide. — Les liquides se distinguent principalement par leur extrême mobilité. Ils ont, comme les solides, une compressibilité très faible, mais leur élasticité est parfaite.

Nous savons que presque tous ont été solidifiés par le froid. Presque tous sont aussi susceptibles d'être amenés à l'état gazeux, soit par évaporation, soit par ébullition. Ils sont généralement mauvais conducteurs de la chaleur et de l'électricité; le mercure seul, qui est un métal liquide à la température ordinaire, a une conductibilité assez grande.

Presque tous les corps ont, à l'état liquide, une densité moindre qu'à l'état solide, et un coefficient de dilatation plus considérable.

L'étude de ces propriétés étant du ressort de la [physique, nous ne nous en occuperons pas ici. Nous parlerons seulement de la diffusion des liquides entre eux et de leur pouvoir dissolvant.

46. Diffusion des liquides. — Lorsque deux liquides non susceptibles de se mélanger, tels que l'eau et le mercure, sont introduits dans un vase, ils se superposent par ordre de densité.

Si, au contraire, ils sont capables de se mélanger, sans avoir cependant d'action chimique l'un sur l'autre, la superposition peut encore être obtenue, mais elle ne dure pas. Chacun des liquides tend à se répandre dans la masse entière; après un temps suffisant, on a un liquide homogène, ayant la même composition dans toutes ses parties. On dit qu'il y a *diffusion*.

Quand on évite toute agitation, et même toute variation de température, la diffusion se fait avec une grande lenteur. Les dissolutions salines, cristallisables, se diffusent beaucoup plus rapidement que les substances incristallisables, telles que les dissolutions d'albumine, de caramel, de gomme. On a donné aux premières le nom de *cristalloïdes*, aux autres le nom de *colloïdes*.

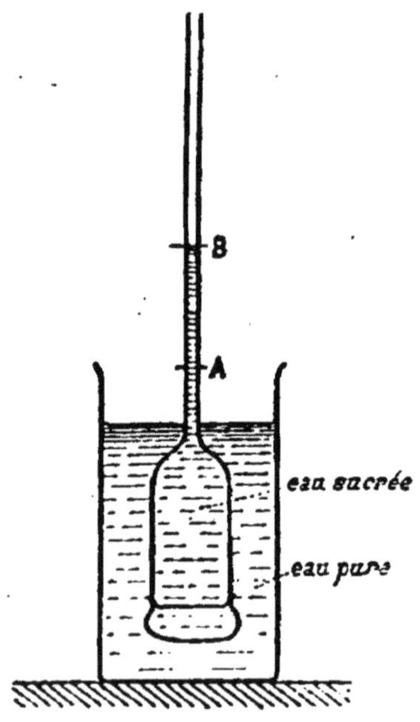

ENDOSMOMÈTRE. — *L'eau pure* traverse la membrane plus vite que ne le fait *l'eau sucrée*; aussi le niveau du liquide s'élève-t-il progressivement dans le tube, de A en B.

La diffusion s'effectue même à travers certaines membranes poreuses. Il s'établit, à travers la plaque de séparation des deux liquides, deux courants de vitesses inégales et marchant en sens contraire; le niveau monte peu à peu du côté de la cloison vers lequel est dirigé le courant le plus fort.

A ce mode particulier de diffusion on a donné le nom d'*endosmose*.

Si, par exemple, au moyen d'une feuille de papier-parchemin, on sépare une dissolution de sel marin d'une dissolution d'albumine, la première substance, qui est cristalloïde, passe à travers la membrane, et va se mélanger à l'albumine. L'albumine, au contraire, qui est colloïde, ne traverse pour ainsi dire pas la membrane.

Mettons maintenant de l'eau pure d'un côté de la membrane, et, de l'autre, un mélange de deux dissolutions d'un cristalloïde et d'un colloïde. Le cristalloïde traversera la membrane pour aller se mêler à l'eau qui est de l'autre côté, tandis que le colloïde ne traversera pour ainsi dire pas. Les deux corps seront donc séparés. C'est là un nouveau procédé d'analyse ou de purification, appelé *dialyse*.

47. Solubilité des solides dans les liquides. — Nous avons déjà parlé de la solubilité des solides dans les liquides (**31**); nous n'y reviendrons pas.

48. Solubilité des gaz dans les liquides. — Les gaz et les vapeurs peuvent se dissoudre dans les liquides, comme le font les solides.

Dans le cas des solides, la dissolution correspond à une sorte de fusion : ceci explique pourquoi la solubilité des solides augmente, en général, quand la température s'élève.

Dans le cas des gaz, la dissolution est, au contraire, une véritable condensation, une liquéfaction : aussi devons-nous nous attendre à voir la solubilité des gaz diminuer quand la température s'élève.

Pour la même raison, le fait de la dissolution d'un solide est le plus souvent accompagné d'une absorption de chaleur, d'un abaissement de température, tandis que le fait de la dissolution d'un gaz dégage de la chaleur, élève la température.

Les lois de la dissolution des gaz dans les liquides, pour le cas où il n'y a pas d'action chimique, ont été énoncées en 1803 et 1805 par Henry et par Dalton.

Définissons d'abord ce qu'on nomme *coefficient de solubilité.* — *Le coefficient de solubilité, à la température t et à la pression Π, est le rapport entre le volume du gaz dissous (mesuré à la température t et sous la pression Π que le gaz non dissous exerce à la surface du liquide) et le volume du liquide employé à la dissolution.*

Loi de Henry. — *Il existe un rapport constant, à une température déterminée, entre le volume du gaz absorbé, mesuré sous la pression finale, et le volume du liquide absorbant.*

En rapprochant cette loi de la définition du coefficient de solubilité, on voit qu'elle signifie que *le coefficient de solubilité est indépendant de la pression.*

En faisant intervenir la loi de Mariotte, on voit que la loi de Henry signifie également que *le poids du gaz dissous est proportionnel à la pression supérieure, après l'absorption.*

Si l'on désigne par V le volume du gaz dissous, mesuré sous la pression Il que le gaz non dissous exerce à la surface du liquide, par *v* le volume du liquide employé à la dissolution, par *c* le coefficient de solubilité, le premier énoncé de la loi de Henry se traduit algébriquement par l'expression simple

$$V = c\,v.$$

Le coefficient de solubilité, indépendant de la pression, dépend au contraire de la température : il diminue rapidement quand la température s'élève.

Loi de Dalton. — *Lorsqu'un mélange gazeux se trouve en présence d'un liquide, chaque gaz se dissout comme s'il était seul, et comme s'il possédait une pression égale à celle qu'il présente dans le mélange, après l'absorption.*

Il résulte de ces lois qu'un liquide doit perdre tout le gaz qu'il tient en dissolution : 1° quand on le place dans le vide ; 2° en présence d'une atmosphère indéfinie d'un autre gaz ; 3° par une ébullition prolongée qui crée, au-dessus du liquide, une atmosphère constamment renouvelée des vapeurs du liquide.

V. — PROPRIÉTÉS PHYSIQUES DES CORPS A L'ÉTAT GAZEUX

49. Propriétés générales des corps à l'état gazeux. — Les gaz se distinguent par leur extrême mobilité et par leur tendance à occuper toujours un espace plus considérable. Leur compressibilité est très grande, et leur élasticité parfaite ; les variations de volume qu'ils éprouvent sous l'influence de la pression sont régies par la *loi de Mariotte.*

Leur dilatabilité par la chaleur est supérieure à celle des liquides et des solides. De plus, *elle est la même pour tous les gaz :* c'est la *loi de Gay-Lussac.*

50. Densité des gaz. — Pour exprimer la *densité des gaz,* au lieu de prendre l'eau pour terme de comparaison, ce qui donnerait des nombres très petits, on compare le poids des gaz à celui de l'air. Nous avons vu (**18**) qu'il serait plus commode de prendre la densité de l'hydrogène comme unité.

On appelle donc *densité d'un gaz* le *rapport du poids d'un certain volume de ce gaz au poids d'un égal volume d'air, pris dans les mêmes conditions de température et de pression.*

Si le gaz et l'air suivaient tous les deux rigoureusement la *loi de Gay-Lussac* et la *loi de Mariotte* (49), il est clair que la densité ainsi définie serait indépendante de la température et de la pression choisies.

En réalité la densité des gaz facilement liquéfiables diminue quand on la détermine, sous pression constante, à une température de plus en plus élevée. Mais, à partir d'une certaine température, au-dessus de laquelle le gaz peut être considéré comme suivant presque rigoureusement la loi de Mariotte, la densité cesse de diminuer et prend une valeur fixe, qu'on nomme la *densité normale* du gaz.

Dans la pratique ordinaire des calculs de la Chimie, on considère la densité de chaque gaz comme constante.

Quand on connait le volume v (exprimé en litres) occupé par un gaz, et la densité d de ce gaz, le poids p de la masse gazeuse s'obtient, d'après la définition même de la densité, en multipliant le volume par la densité, et multipliant le produit obtenu par le poids d'un litre d'air, pris dans les mêmes conditions de température et de pression.

A la température de 0 degré, et sous la pression de 760 millimètres, le poids d'un litre d'air est 1gr,293. Dans ces conditions le poids p, exprimé en grammes, est donc

$$p = v \times d \times 1^{gr},293.$$

Si la température est de t degrés, et la pression de H millimètres, on a, d'après une formule qu'on démontre en Physique,

$$p = v \times d \times 1^{gr},293 \times \frac{1}{1 + \alpha t} \times \frac{H}{760},$$

formule dans laquelle α représente le coefficient de dilatation commun à tous les gaz, égal à 0,00367.

Ce que nous disons ici de la densité des gaz s'applique aussi à la densité des vapeurs.

51. Condensation des gaz par les solides. — Nous avons vu (48) que les gaz ont la propriété de se dissoudre dans les liquides. Très souvent aussi ils sont absorbés par les solides; tantôt ils se condensent seulement à la surface, tantôt ils pénètrent dans les pores. Cette absorption est ordinairement accompagnée d'un assez grand dégagement de chaleur, comme cela a lieu pour la dissolution d'un gaz dans un liquide.

C'est surtout par les matières en poudre que s'observe la condensation. Le cas du *charbon* est particulièrement remarquable. En introduisant, dans une éprouvette de gaz sec recueilli sur le mercure, un morceau de charbon de bois éteint sous le mercure, on constate que 1 centimètre cube de charbon absorbe 178 centimètres cubes d'*ammoniaque*, 166 centimètres cubes d'*acide chlorhydrique*, 105 centimètres cubes d'*anhydride sulfureux*, 97 centimètres cubes d'*anhydride carbonique*, 90 centimètres cubes d'*oxyde azoteux*. Cet ordre est à peu près celui de la solubilité dans l'eau.

Comme dans le cas de la dissolution dans l'eau, le poids du gaz absorbé diminue quand la température s'élève ; il est sensiblement proportionnel à la pression. Ainsi, un morceau de charbon imprégné d'ammoniaque perd tout son gaz quand on le chauffe ou qu'on le place dans le vide. Les métaux jouissent aussi, à un assez haut degré, du pouvoir absorbant. Ainsi la *mousse de platine*, l'*argent* spongieux absorbent l'*oxygène* ; le *fer*, au rouge sombre, absorbe l'*oxyde de carbone* ; l'*aluminium* et le *magnésium* dissolvent surtout l'*hydrogène*. Les métaux non pulvérulents possèdent le même pouvoir, mais à un degré généralement moindre.

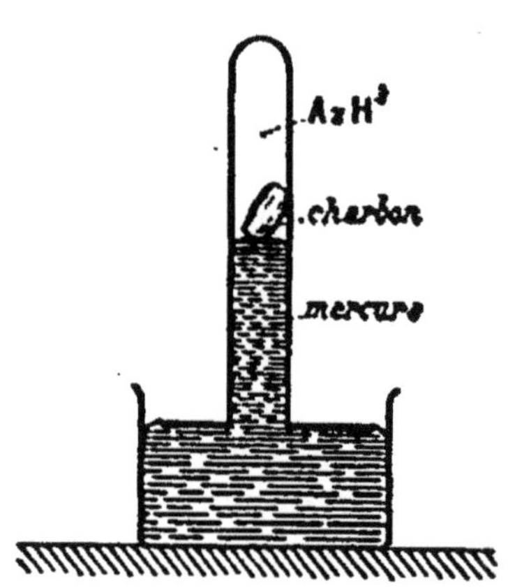

ABSORPTION DES GAZ PAR LE CHARBON. — Le *gaz ammoniac* est très rapidement absorbé par un morceau de charbon de bois.

52. Diffusion des gaz. — Deux gaz sans action chimique l'un sur l'autre, superposés par ordre de densité, se mélangent à la longue comme le font deux liquides ; mais le temps nécessaire pour que la diffusion soit complète est beaucoup moindre que dans le cas des liquides.

Le mélange s'effectue même à travers des ouvertures capillaires, et par suite à travers des cloisons poreuses, telles qu'une plaque de *plombagine*, de *terre cuite*, de *plâtre*, de *stuc*, de *craie*.

Ce passage des gaz à travers les membranes poreuses a reçu le nom d'*endosmose*, comme la diffusion des liquides (**46**).

L'endosmose des gaz obéit à une loi mathématique simple établie par Graham (1832) : *les vitesses de passage (c'est-à-dire les volumes de gaz qui passent dans des temps égaux) sont inversement proportionnelles aux racines carrées des densités des gaz.*

L'hydrogène, le plus léger de tous les gaz, doit donc avoir le plus grand pouvoir endosmotique ; il traverse une membrane poreuse quatre fois plus vite que ne le fait l'oxygène. Le gaz d'éclairage passe moins vite que l'hydrogène, l'ammoniaque moins vite encore.

Le pouvoir endosmotique des gaz peut être mis en évidence par un grand nombre d'expériences, dont une des plus simples est indiquée dans la figure ci-contre.

59. Diffusion à travers les membranes non poreuses et les métaux. — Certaines membranes n'ont aucune porosité apparente, et laissent cependant passer les gaz; le *caoutchouc* est dans ce cas, mais alors la loi de Graham sur la vitesse du passage ne s'applique plus du tout. A travers une mince membrane de *caoutchouc*, l'*hydrogène* passe plus vite que l'*azote*, que l'*oxygène*, mais beaucoup moins vite que l'*anhydride carbonique*, dont la densité est cependant considérable.

Un ballon de caoutchouc, gonflé d'hydrogène ou d'anhydride carbonique, et abandonné à l'air, diminue rapidement de volume : le gaz sort plus vite que n'entre l'air. Au contraire, un ballon rempli d'air et plongé dans une atmosphère d'hydrogène ou d'anhydride carbonique se gonfle de plus en plus.

H. Sainte-Claire Deville et M. Troost ont montré que les métaux à très haute température sont eux-mêmes perméables aux gaz. En particulier, la *fonte* se laisse aisément traverser par l'*hydrogène* et aussi par l'*oxyde de carbone*. Un poêle de fonte, chauffé au rouge, répand constamment dans l'atmosphère de l'oxyde de carbone provenant du foyer. Par cette diffusion de l'oxyde de carbone se trouve expliqué le malaise qu'éprouvent les personnes placées dans une salle qui renferme un poêle trop fortement chauffé.

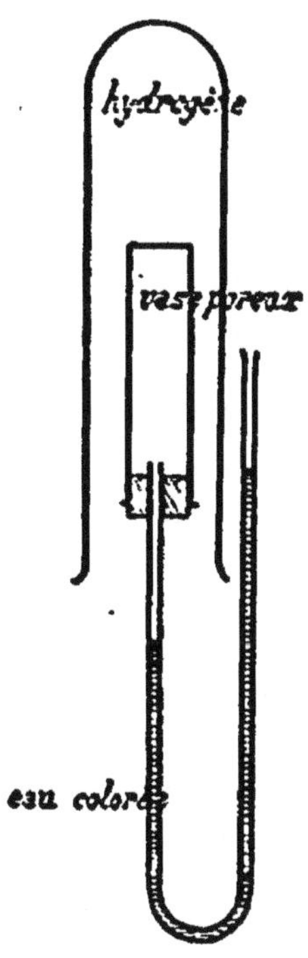

DIFFUSION DES GAZ. — L'hydrogène contenu dans l'éprouvette entre rapidement dans le vase poreux, ce qui détermine une forte augmentation de la pression intérieure. Puis l'air du vase sort, plus lentement, et la pression redevient égale à la pression atmosphérique.

———

CHAPITRE III

PROPRIÉTÉS CHIMIQUES DES CORPS

54. Phénomènes thermiques qui accompagnent les réactions chimiques. — L'observation montre que les réactions chimiques les plus simples, celles que nous voyons le plus souvent se produire sous nos yeux, dégagent de la chaleur.

C'est le cas de toutes les combustions qui ont lieu à l'air, le cas de la combinaison de la *chaux vive* avec l'eau, du *chlore* avec le *phosphore*, le cas de la dissolution du *zinc* dans l'*acide sulfurique*.

Et le dégagement de chaleur est souvent si grand, si rapide, que les corps en réaction s'échauffent jusqu'à l'incandescence.

Ce dégagement de chaleur est même lié si intimement à la plupart des combinaisons observées, qu'il semble en être un des éléments essentiels, au même titre que le changement des propriétés générales des corps qui participent aux réactions.

Aussi devons-nous étudier de près les phénomènes thermiques qui accompagnent les réactions chimiques.

55. Mesure des quantités de chaleur. — L'*élévation de température* qu'éprouve un corps, dans telle ou telle circonstance, est mesurée exactement à l'aide du thermomètre. Mais la *quantité de chaleur* qui a déterminé cette élévation de température est d'autant plus grande que la masse du corps chauffé est plus considérable. Il faut une quantité de chaleur plus grande pour échauffer dix kilogrammes d'eau que pour en échauffer du même nombre de degrés un seul kilogramme.

Le thermomètre ne saurait donc suffire pour effectuer la mesure des quantités de chaleur. Cette mesure se fait à l'aide d'une unité nommée *calorie* : *la calorie est la quantité de chaleur nécessaire pour élever de 1 degré la température de 1 kilogramme d'eau.*

Si un corps chaud plongé dans une masse d'eau pesant trois kilogrammes lui fait éprouver un échauffement de 15 degrés, on en conclut que ce corps chaud a abandonné à l'eau une quantité de chaleur égale à $3 \times 15 = 45$ calories.

On peut, en employant des méthodes expérimentales basées sur ce principe, mesurer les quantités de chaleur dégagées dans les réactions chimiques. Les appareils qui servent à faire cette mesure se nomment *calorimètres*; les diverses formes que peuvent affecter les calorimètres, selon les circonstances, ainsi que la manière de les employer, sont l'objet d'une étude spéciale dans la partie de la Physique qu'on nomme la *calorimétrie*.

Quoi qu'il en soit de ces méthodes, il nous suffit de savoir qu'elles ont permis de mesurer les quantités de chaleur dégagées (ou absorbées) dans un très grand nombre de réactions. Les nombres que nous aurons l'occasion de citer seront tous relatifs aux quantités de matière qui interviennent dans les équations symboliques des réactions (le gramme étant pris pour unité de poids).

Ainsi, quand on dit que la formation de la vapeur d'eau, par combinaison de l'oxygène à l'hydrogène, dégage 58cal,2, cela signifie que ce dégagement de chaleur correspond à la formation de 18 grammes de vapeur d'eau, répondant à l'équation symbolique

$$2H + O = H^2O.$$

On fait même, très souvent, intervenir le dégagement de chaleur dans l'équation elle-même. On écrit

$$2H + O = H^2O + 58^{cal},2,$$

pour indiquer que 2 grammes d'hydrogène s'unissant à 16 grammes d'oxygène produisent 18 grammes de vapeur d'eau, avec un dégagement de chaleur de 58cal,2.

Il importe d'ailleurs d'observer que la chaleur dégagée dans les actions chimiques varie avec les changements d'état physique, avec la pression extérieure, avec la température. De là la nécessité de définir toutes ces conditions, pour chacun des corps mis en expérience.

Quand, par exemple, on combine de l'oxygène à de l'hydrogène pour former de l'eau, la quantité de chaleur dégagée est différente, selon qu'on la mesure quand l'eau formée est encore à l'état de vapeur, ou quand elle s'est condensée à l'état liquide, ou quand, après s'être condensée, elle s'est solidifiée, de là les trois équations suivantes :

$$2H + O = H^2O \ (\text{gaz}) \ + 58^{cal},2$$
$$2H + O = H^2O \ (\text{liquide}) + 69^{cal},0$$
$$2H + O = H^2O \ (\text{solide}) + 71^{cal},5.$$

56. Réactions exothermiques; réactions endothermiques. — Toutes les réactions ne dégagent pas de chaleur.

Remarquons d'abord qu'on peut concevoir la possibilité d'effectuer expérimentalement une réaction, quelle qu'elle soit, dans deux sens différents.

L'hydrogène et l'oxygène s'unissent, sous certaines influences, pour former de l'eau, d'après la réaction

$$(1) \qquad 2H + O = H^2O;$$

mais on peut concevoir que, sous d'autres influences, l'eau puisse être décomposée en ses éléments constituants, d'après la réaction inverse

$$(2) \qquad H^2O = 2H + O.$$

Et l'expérience montre que si la réaction (1) est accompagnée d'un *dégagement* de chaleur de a calories, la réaction (2) est accompagnée d'une *absorption* de chaleur justement égale à a calories. Le renversement de la réaction est accompagné du renversement de la quantité de chaleur dégagée ou absorbée.

A toute réaction qui dégage ou absorbe de la chaleur correspond donc une réaction inverse, plus ou moins facile à réaliser expérimentalement, qui en absorbe ou dégage une quantité égale.

En général, les réactions qui dégagent de la chaleur sont faciles à réaliser expérimentalement; celles qui en absorbent sont plus difficiles à réaliser.

Ainsi l'oxygène et l'hydrogène se combinent aisément pour former de l'eau. Mais, inversement, la décomposition de l'eau, qui est accompagnée d'une absorption de chaleur, est relativement difficile. Au contraire, la combinaison de l'azote avec l'oxygène, combinaison qui absorbe de la chaleur, est difficile; mais la décomposition des oxydes de l'azote, décomposition qui dégage de la chaleur, est facile.

On donne le nom de *réactions exothermiques* à toutes les réactions qui dégagent de la chaleur, et le nom de *réactions endothermiques* à toutes celles qui en absorbent.

<h2 style="text-align:center">II. — PRINCIPES DE THERMOCHIMIE</h2>

57. Objet de la thermochimie. — La *thermochimie* est l'étude des phénomènes thermiques qui accompagnent les réactions. Cette étude comprend d'abord la mesure expérimentale des dégagements ou des absorptions de chaleur, puis l'interprétation des résultats obtenus. De cette interprétation M. Berthelot a tiré trois principes généraux qui permettent de prévoir, dans un grand nombre de cas, les actions réciproques des corps que l'on met en présence.

Nous allons examiner successivement ces trois principes expérimentaux.

58. Principe des travaux moléculaires. — *La quantité de chaleur dégagée ou absorbée dans une réaction quelconque mesure la somme des travaux physiques et chimiques accomplis dans cette réaction.*

En langage plus élémentaire, ce principe signifie que : la quantité de chaleur dégagée ou absorbée dans une réaction est égale à la somme algébrique des quantités de chaleur dégagées ou absorbées dans chacune des transformations physiques ou chimiques qui ont eu lieu dans la réaction.

Quand, par exemple, on prend de l'oxygène et de l'hydrogène à la température de 0 degré, et qu'on détermine leur combinaison, il se forme de la vapeur d'eau, d'abord très chaude, qu'on peut ramener à la température initiale de 0 degré. La chaleur dégagée dans cette réaction est de $58^{cal},2$; elle correspond à une simple transformation chimique, combinaison de l'oxygène avec l'hydrogène.

Mais si on opère de telle manière que la vapeur d'eau, en se refroidissant à 0 degré, se condense à l'état liquide, il s'ajoute une transformation physique (condensation de la vapeur) à la transformation chimique précédente. Et l'on voit que le dégagement de chaleur devient plus grand, 69 calories; et l'accroissement de $10^{cal},8$ correspond justement à la chaleur que dégagent 18 grammes de vapeur d'eau en se condensant à l'état liquide.

Si enfin on opère de telle manière que l'eau condensée se congèle, on observe une nouvelle augmentation de $1^{cal},5$, qui correspond à la chaleur que dégagent 18 grammes d'eau en se congelant.

59. Principe de l'état initial et de l'état final. — *Si un système de corps, simples ou composés, pris dans des conditions déterminées, éprouve des changements physiques ou chimiques capables de l'amener à un nouvel état, sans donner lieu à aucun effet mécanique extérieur au système, la quantité de chaleur dégagée ou absorbée par l'effet de ces changements dépend uniquement de l'état initial et de l'état final du système; elle est la même, quelles que soient la nature et la suite des états intermédiaires.*

Ce principe, vérifié expérimentalement dans un grand nombre de circonstances, a la signification suivante. Si on part d'un ensemble de corps bien déterminé, pour arriver, après une série de transformations physiques et chimiques, à un autre ensemble de corps bien déterminé, la somme algébrique des dégagements ou des absorptions de chaleur qui ont accompagné ces transformations dépend uniquement du point de départ et du point d'arrivée. Les transformations intermédiaires qui conduisent de l'état initial à l'état final peuvent changer, le dégagement total de chaleur (positif ou négatif) reste toujours le même.

De même que la somme des poids des éléments, la chaleur dégagée dans une transformation chimique demeure constante.

60. Principe du travail maximum. — *Tout changement chimique accompli sans l'intervention d'une énergie étrangère tend vers la production du corps ou du système de corps qui dégage le plus de chaleur.*

Pour bien comprendre ce principe, il convient tout d'abord de préciser très exactement ce qu'on entend par une *énergie étrangère*.

61. Dans un mélange d'*oxygène* et d'*hydrogène* on fait passer une seule *étincelle électrique* ; les deux gaz aussitôt se combinent *dans toute leur masse*, pour former de l'eau. Aussi petite que soit l'étincelle, elle suffit pour déterminer la combinaison totale des deux gaz, quand bien même la quantité de chacun d'eux est très considérable.

On est forcé d'admettre, dès lors, que l'étincelle a été la *circonstance déterminante* de l'explosion, mais que les gaz avaient en eux-mêmes l'énergie nécessaire à la combinaison. Il n'y a en effet aucune proportionnalité possible à établir entre une si petite cause — une seule étincelle — et un si grand effet, la combinaison de plusieurs litres, ou de plusieurs mètres cubes d'oxygène et d'hydrogène.

On ferait la même remarque relativement au rayon lumineux qui détermine la détonation d'un mélange de *chlore* et d'*hydrogène*, à la capsule qui enflamme la charge d'un canon, à l'allumette qui met le feu à une meule de paille.

Dans chacun de ces cas il s'agit simplement d'une *circonstance déterminante*, sans laquelle la réaction n'aurait pu commencer ; mais, dans chacun de ces cas, la réaction, une fois commencée, s'est continuée d'elle-même jusqu'à la fin, sans intervention d'aucune énergie étrangère.

Si au contraire on fait passer, pendant plusieurs heures, une longue série d'*étincelles électriques* dans un tube renfermant du *gaz ammoniac* AzH^3, ce gaz se décompose peu à peu en *azote* et *hydrogène*. Dès que les étincelles cessent de passer, la décomposition s'arrête ; elle reprend quand de nouvelles étincelles jaillissent. Il faut des milliers d'étincelles pour achever la séparation des éléments. Ici l'étincelle n'agit plus seulement en *circonstance déterminante*; elle est bien la cause même de la décomposition : c'est l'*énergie étrangère* (c'est-à-dire étrangère au gaz ammoniac, l'énergie venue du dehors) qui a non seulement déterminé le commencement de la réaction, mais accompli toute la réaction.

De même le *rayon lumineux* qui arrive sur un papier sensible au *chlorure d'argent* détermine la décomposition de ce chlorure et le noircissement du papier. Mais ce noircissement est incapable de se continuer seul quand la lumière cesse d'arriver. L'intervention de la lumière est nécessaire pendant toute la durée de la réaction. La lumière, en cette circonstance, agit en *énergie étrangère*, et non plus en *circonstance déterminante*.

La *chaleur*, plus souvent encore que l'étincelle électrique et la lumière, agit comme énergie étrangère. Elle le fait quand elle décompose en ses éléments le *gaz ammoniac* qui traverse un tube de porcelaine *maintenu* au rouge blanc pendant toute la durée du passage. Elle le fait encore lorsque de l'*hydrogène*, passant sur de l'*oxyde de fer maintenu* à la température du rouge vif, lui enlève son oxygène pour former de l'eau et mettre le fer en liberté.

Ceci posé, le *principe du travail maximum* prend un sens très net, qui va être mis en évidence par les exemples suivants.

62. *Premier exemple.* — Nous savons, d'une part, qu'il existe deux *composés oxygénés* de l'*hydrogène* : l'eau H^2O, dont la chaleur de formation est de 69 calories (pour l'eau liquide), et l'eau oxygénée H^2O^2, dont la chaleur de formation, correspondant aussi à l'état liquide, est de $47^{cal},4$. Nous savons, d'autre part, que l'on obtient la combinaison de l'oxygène et de l'hydrogène sans intervention d'aucune énergie étrangère, par la simple action d'une étincelle ou d'une allumette, agissant comme circonstance déterminante.

Le principe du travail maximum nous indique que, dans ces circonstances, il se formera de l'eau, et non de l'eau oxygénée, car c'est la production de l'eau qui correspond au plus grand dégagement de chaleur.

63. *Second exemple.* — L'*oxygène* est capable de se combiner directement, sans intervention d'aucune énergie étrangère, soit à l'*hydrogène* pour former de la vapeur d'eau $2H^2O(+2\times58^{cal},2)$, soit à la vapeur de *soufre* pour former de l'anhydride sulfureux à l'état gazeux $SO^2(+69^{cal},2)$.

Le principe du travail maximum nous indique que l'oxygène, mis en présence d'un mélange d'hydrogène et de vapeur de soufre, dans des circonstances telles que les deux réactions puissent avoir lieu, s'unira à l'hydrogène et non au soufre, parce que la formation de l'eau dégage plus de chaleur que la formation de l'anhydride sulfureux.

64. Il faut bien dire toutefois que ce principe du travail maximum semble en opposition avec un fort grand nombre de faits, et qu'il est souvent impossible de décider si dans une réaction il y a eu ou non intervention d'une énergie étrangère.

Aussi ne retiendrons-nous de ce principe que quelques règles pratiques, qui seront loin d'être sans exceptions :

1° Les réactions qui se produisent le plus aisément sont celles qui dégagent le plus de chaleur ;

2° Les composés qui ont pris naissance avec le plus grand dégagement de chaleur sont les plus stables ;

3° Un composé est ordinairement détruit, dans des circonstances convenables, par les corps simples qui peuvent, en se combinant avec un ou plusieurs de leurs éléments constitutifs, fournir un dégagement de chaleur supérieur à celui qui résulte de la formation du composé.

Ainsi la connaissance de la chaleur de combinaison du chlore, du brome et de l'iode avec l'hydrogène et avec les métaux, permet de prévoir les déplacements réciproques de ces trois métalloïdes.

On a :
$$H + Cl = HCl + 22^{cal},0$$
$$H + Br = HBr + 13^{cal},5$$
$$H + Io = HIo - 0^{cal},8.$$

Ce tableau fait soupçonner que, dans les conditions convenables, le chlore décomposera l'acide bromhydrique et l'acide iodhydrique, car la décomposition de l'acide bromhydrique et de l'acide iodhydrique, suivie de la formation de l'acide chlorhydrique, constitue une réaction qui développe de la chaleur :

$$Cl + HBr = HCl + Br + (22,0 - 13,5) \text{ calories.}$$

De même il est à croire que le brome décomposera l'acide iodhydrique.

Mais le principe du travail maximum nous permet de penser que les réactions inverses seront possibles si on fait intervenir une énergie étrangère.

L'application de ce principe est rendue plus incertaine encore par ce fait, qu'il indique seulement (quand il s'applique) la *possibilité* des réactions, mais ne démontre en rien leur *nécessité*.

C'est ainsi que la formation du *gaz ammoniac* par combinaison de l'*azote* et de l'*hydrogène* correspond à un dégagement de chaleur très notable ($+ 12^{cal},2$), qui semblerait devoir indiquer que la combinaison directe de l'azote et de l'hydrogène est aisée sans l'intervention d'aucune énergie étrangère. Et, en fait, on ne connaît aucune circonstance déterminante dont l'influence produise cette combinaison.

III. — CIRCONSTANCES DANS LESQUELLES SE PRODUISENT LES RÉACTIONS

65. Circonstances déterminantes et énergies étrangères. — Il suffit souvent de mettre deux corps en présence, dans l'état où ils se rencontrent ordinairement, pour qu'il se produise une réaction entre eux.

Une dissolution de *potasse caustique* KOH, versée dans de l'*acide sulfurique* SO^4H^2, donne immédiatement naissance à du *sulfate de potassium* SO^4K^2 et à de l'*eau* H^2O.

Un morceau de *phosphore* s'enflamme de lui-même dès qu'on l'introduit dans un flacon plein de *chlore*; un morceau de *potassium* jeté sur l'*eau* en détermine la décomposition, avec dégagement d'*hydrogène*, et formation de *potasse caustique* KOH.

Mais plus souvent on doit faire intervenir une *circonstance déterminante*, sans laquelle les corps mis en présence resteraient mélangés, ne réagissant pas les uns sur les autres.

A ces circonstances déterminantes s'ajoute ou ne s'ajoute pas, selon les circonstances, l'intervention d'une énergie étrangère.

Nous allons examiner successivement les principales influences déterminantes des réactions.

66. Influence de l'état physique des corps; lois de Berthollet. — Les réactions ont lieu plus généralement entre corps liquides ou gazeux qu'entre corps solides. Beaucoup de corps incapables de réagir les uns sur les autres quand ils sont solides, le font, au contraire, dès qu'ils sont liquéfiés par fusion ou par dissolution. L'*acide tartrique* et le *bicarbonate de sodium*, mélangés à l'état de poussière impalpable, ne donnent aucun dégagement d'*anhydride carbonique*; le gaz se produit dès qu'on les arrose d'eau.

L'influence de l'état physique est souvent si prépondérante, que Berthollet a pu en tirer des lois grâce auxquelles il est possible de prévoir un grand nombre de réactions. Ces lois s'appliquent à l'action des *acides*, des *bases* ou des *sels* sur les *sels* en dissolution.

67. *Première loi. — Quand on fait agir un acide, une base ou un sel sur une dissolution d'un sel, il y a réaction complète et formation d'un nouveau sel, chaque fois qu'un corps insoluble dans l'eau peut prendre naissance.*

Donnons quelques exemples:

1° Versons de l'*acide sulfurique* dans une dissolution de *borate de sodium* : il se formera du sulfate de sodium, et l'acide borique, *insoluble*, se précipitera :

$$2BoO^3Na + SO^4H^2 = 2BoO^3H + SO^4Na^2.$$

Il en serait de même pour le silicate de sodium, traité par l'acide sulfurique.

2° Versons une dissolution de *potasse caustique* dans une dissolution de *sulfate de zinc* : il se formera du sulfate de potassium, et l'oxyde de zinc, qui est *insoluble*, se précipitera :

$$SO^4Zn + 2KOH = SO^4K^2 + ZnO + H^2O.$$

On peut préparer tous les oxydes insolubles dans l'eau en s'appuyant sur cette réaction.

3° Versons une dissolution de *baryte* dans une dissolution de *sulfate de potassium* : il se formera du sulfate de baryum, *insoluble*; la potasse restera en dissolution :

$$SO^4K^2 + BaO^2H^2 = SO^4Ba + 2KOH.$$

Le précipité blanc de sulfate de baryum qui se forme ici sert toujours à faire reconnaître la présence de l'acide sulfurique ou des sulfates dans les dissolutions, et notamment dans les eaux potables.

4° Versons une dissolution de *chlorure de sodium* dans une dissolution *d'azotate d'argent* : il y aura double décomposition des deux sels; il se formera de l'azotate de sodium et du chlorure d'argent, *insoluble*, qui se précipitera :

$$AzO^3Ag + NaCl = AgCl + AzO^3Na.$$

Cette réaction permet de reconnaître la présence des chlorures dans les dissolutions, et particulièrement dans les eaux potables.

68. *Seconde loi.* — *Quand on fait agir un acide, une base ou un sel sur une dissolution d'un sel, il y a réaction complète et formation d'un nouveau sel, chaque fois qu'un corps volatil peut prendre naissance.*

1° Versons de l'*acide sulfurique* sur du *carbonate de calcium* : l'anhydride carbonique, *volatil*, sera chassé :

$$CO^3Ca + SO^4H^2 = CO^2 + SO^4Ca + H^2O.$$

2° Mettons de la *chaux* dans une dissolution de *sulfate d'ammonium* : le *gaz* ammoniac sera chassé :

$$SO^4(AzH^4)^2 + CaO = SO^4Ca + 2AzH^3 + H^2O.$$

La préparation de l'ammoniaque est fondée sur cette loi, de même que la préparation de l'anhydride carbonique.

3° Chauffons un mélange d'*acide sulfurique* et d'*azotate de sodium*; l'acide azotique, *volatil* à la température à laquelle on chauffe, sera chassé :

$$Az O^3 Na + SO^4 H^2 = Az O^3 H + SO^4 H Na.$$

4° Chauffons fortement un mélange de *sulfate de sodium* et d'*acide silicique* : l'acide sulfurique, *gazeux* à la température du rouge, sera chassé.

REMARQUE. — Lorsque, par suite du groupement des éléments en présence, il ne peut se former ni corps volatil, ni corps insoluble, les lois de Berthollet ne s'appliquent plus. Il y a encore réaction dans ce cas, mais réaction incomplète (**518**).

69. Influence de la chaleur. — Dans un grand nombre de cas, les corps en présence ne peuvent réagir que s'ils sont portés à une température assez élevée. La *chaleur* est l'agent provocateur le plus important des réactions.

L'*oxygène* et l'*hydrogène* restent indéfiniment en présence, sans se combiner, si on ne les chauffe pas ; il en est de même du *chlore* et de l'*hydrogène*, dans l'obscurité. L'union de ces éléments n'a lieu qu'à partir d'une température assez élevée.

L'élévation de la température est, en général, favorable à la production des combinaisons *exothermiques*. Or ces combinaisons développent elles-mêmes de la chaleur ; si donc elles commencent à s'effectuer à la suite d'un échauffement préalable, elles se continueront naturellement jusqu'à ce qu'elles soient complètes. La chaleur fournie au début en un point aura agi seulement comme circonstance déterminante.

Dans bien des cas, cependant, il est nécessaire de continuer à chauffer, sous peine de voir la combinaison s'arrêter : c'est qu'alors la chaleur dégagée par la réaction ne suffit pas à maintenir la température assez élevée. L'*oxydation du cuivre* dans un courant d'air cesse d'avoir lieu dès qu'on ne chauffe plus le tube qui renferme le métal.

Les composés qui ont pris naissance dans ces réactions exothermiques ne peuvent être détruits que si on leur restitue une quantité de chaleur égale à celle qui a été dégagée pendant leur formation. Lorsque ces composés sont dédoublés par la chaleur, l'agent agit d'abord comme circonstance déterminante, pour élever la température au degré où la séparation commence, puis il fournit l'énergie calorifique nécessaire à la décomposition. La réaction cesserait forcément dès qu'on ne chaufferait plus.

Quant aux combinaisons endothermiques, elles n'ont jamais lieu directement sous l'influence d'une simple élévation de température. Mais la destruction, par la chaleur, des corps auxquels elles donnent naissance, est toujours facile. Cette destruction présente les mêmes caractères que les combinaisons exothermiques; elle se continue d'elle-même dès qu'elle a commencé en un point.

70. Influence de l'électricité. — L'*électricité* est, après la chaleur, l'agent le plus fréquemment employé pour produire des réactions chimiques. Ses effets varient selon qu'on la fait intervenir sous forme de *courant continu*, d'*étincelle*, d'*arc* ou de *décharge silencieuse*.

L'*étincelle* et l'*arc*, développant sur leur passage une température extrêmement élevée, ont une action souvent identique à celle de la chaleur.

Le *courant* et la *décharge silencieuse*, à laquelle on a donné le nom d'*effluve*, ne déterminent, au contraire, presque aucun échauffement; ils agissent par l'effet propre de l'électricité, soit simplement comme conditions déterminantes, soit comme sources d'énergie. On sait, du reste, que l'électricité est susceptible de transporter l'énergie calorifique empruntée à la source qui lui a donné naissance, et de fournir par cela même les quantités de chaleur nécessaires à l'accomplissement des réactions.

71. Avec les *courants*, traversant des corps suffisamment conducteurs, on réalise principalement des décompositions. S'il s'agit d'un composé binaire, l'un des éléments se rend au pôle positif, l'autre au pôle négatif. Le premier est dit *électro-négatif*, parce qu'on admet qu'il s'est chargé d'électricité négative au moment où il est devenu libre, et qu'il a pu dès lors être attiré par le pôle positif; inversement, le second est dit *électro-positif*.

L'hydrogène et les métaux sont électro-positifs par rapport à tous les métalloïdes. Les métalloïdes sont tantôt électro-positifs, tantôt électro-négatifs, suivant les composés dans lesquels ils entrent. Nous avons donné (**20**) une liste des métalloïdes, dressée dans un ordre tel que chaque métalloïde qui s'y trouve inscrit est électropositif par rapport à ceux qui précèdent, électronégatif par rapport à ceux qui suivent.

Les sels oxygénés sont aussi décomposés. Le métal, électropositif, se rend au pôle négatif, tandis que l'acide et l'oxygène se rendent au pôle positif. Les phénomènes secondaires, tels que l'oxydation des métaux alcalins au contact de l'eau, viennent souvent compliquer le phénomène.

72. L'*étincelle* produit des effets plus variés, décompositions, combinaisons et transformations allotropiques (**88**). Elle n'agit jamais que sur son passage, c'est-à-dire sur de très faibles quantités de matières. Mais, sur ce trajet, elle développe à la fois une température excessive et des effets électrolytiques. En tant que condition déterminante, elle suscite la détonation des mélanges exothermiques, *oxygène* et *hydrogène*, *oxygène* et *ammoniaque*, *chlore* et *hydrogène*, comme le ferait une rapide élévation de température en un point de la masse.

Inversement, les composés résultant d'une combinaison exothermique peuvent être détruits; mais la séparation des éléments exige l'intervention d'une longue série d'étincelles, capable de fournir l'énergie calorifique nécessaire à la décomposition. Les étincelles décomposent à la longue, mais jamais complètement, l'*anhydride sulfureux*, l'*ammoniaque*, l'*acide chlorhydrique*.

A côté de ces effets, dus à la température élevée de l'étincelle, il faut placer ceux qui résultent d'une action propre de l'électricité. Tandis que la chaleur semble généralement incapable de provoquer les combinaisons endothermiques, l'étincelle en produit partiellement quelques-unes : union de l'*oxygène* et de l'*azote*, du *carbone* et de l'*azote*. Elle opère enfin des *modifications allotropiques*, telles que la transformation de l'*oxygène* en *ozone*.

73. L'*arc électrique* a les plus grandes analogies avec l'étincelle; il détermine des combinaisons que ne produit pas la chaleur (formation de l'*acétylène* par l'union directe du *charbon* et de l'*hydrogène*), et des *modifications allotropiques* (transformation du *charbon de cornue* en *graphite*).

74. L'*effluve* agit différemment. C'est une décharge silencieuse, caractérisée par une grande dissémination de l'étincelle, accompagnée d'une lueur à peine visible et d'une très faible élévation de température.

Comme l'étincelle, elle tend à résoudre en leurs éléments les gaz composés; elle est apte à opérer des *modifications allotropiques*; mais on l'utilise surtout pour réaliser des oxydations qu'on ne peut obtenir ni par l'action de la chaleur, ni par l'action de l'étincelle : grâce à l'effluve, on a pu *suroxyder le soufre* et l'*azote*, de façon à obtenir l'*anhydride persulfurique* et l'*anhydride perazotique*.

75. Influence de la lumière. — Comme la chaleur et l'électricité, la *lumière* produit des *décompositions*, des *combinaisons* et des *modifications allotropiques*.

Lorsque la réaction due à l'action de la lumière est exothermique, combinaison ou décomposition, cet agent agit seulement comme circonstance déterminante; le travail principal, dans ce cas, est toujours effectué par la chaleur que dégage la réaction. Le rayon lumineux remplace seulement l'allumette qui met le feu à une substance combustible (combinaison du *chlore* et de l'*hydrogène*).

Au contraire, la lumière agit en quantité, comme source d'énergie, effectuant le travail de la réaction, lorsque celle-ci est endothermique. Comme exemple de ces réactions, citons la décomposition du *chlorure d'argent* par la lumière, la décomposition de l'*anhydride carbonique* par l'action combinée de la lumière et de la chlorophylle des végétaux.

En somme, la lumière a souvent une action chimique propre, bien différente de celle de la chaleur.

76. Influence de la pression, des corps poreux, de l'état naissant. — D'autres influences agissent sur les réactions.

La *pression* arrête certaines décompositions, surtout lorsque ces décompositions donnent naissance à un dégagement gazeux (**77** et suivants). Les combinaisons inverses sont au contraire facilitées par l'accroissement de la pression. D'une façon générale, l'accroissement de la pression active les réactions, sans doute en rendant plus intime le contact des corps. Sous pression, le *chlorure* et l'*azotate d'argent* sont détruits par l'*hydrogène*; l'argent est déplacé, et il se forme de l'*acide chlorhydrique* ou de l'*acide azotique*.

77. Souvent les *corps poreux* ou *pulvérulents* déterminent des réactions: ainsi un jet d'*hydrogène* s'enflamme dans l'*air* quand on le fait arriver sur du platine très poreux, préparé par un procédé chimique spécial (*mousse de platine*).

Dans un grand nombre de cas l'action du corps poreux s'explique par la condensation des gaz dans leurs pores (**51**), condensation qui agit comme une forte augmentation de pression, en même temps qu'elle est accompagnée d'une élévation de température souvent considérable.

78. Enfin plusieurs réactions se produisent sous l'influence de ce qu'on nomme l'*état naissant*. Quand on fait passer dans un tube chauffé un mélange d'*hydrogène* et de vapeurs d'*acide azotique*, il y a décomposition de l'acide, avec formation d'azote et de vapeur d'eau :

$$5H + AzO^3H = Az + 5H^2O.$$

Si, au contraire, on verse un peu d'*acide azotique* dans un appareil à préparation d'*hydrogène*, la réduction de l'acide azotique a encore lieu, mais, en outre, un excès d'*hydrogène* se combine à l'*azote* pour donner de l'*ammoniaque* :

$$8H + AzO^3H = AzH^3 + 3H^2O.$$

On en conclut que l'hydrogène, pris à l'*état naissant*, c'est-à-dire au sein même de la dissolution dans laquelle il se forme, a la propriété de s'unir à l'azote, propriété qu'il n'a plus dès qu'il est sorti de l'appareil. Il s'est produit là une combinaison que la chaleur est impuissante à déterminer.

Nous nous bornerons à constater ce fait, dont les exemples sont nombreux, sans chercher à l'expliquer.

IV. — DISSOCIATION

79. Décomposition complète et dissociation. — Un grand nombre de corps sont décomposés par la chaleur. Nous verrons qu'à une température suffisamment élevée, l'*oxyde azoteux* Az^2O se dédouble en azote et oxygène ; que le *chlorate de potassium* ClO^3K se dédouble en chlorure de potassium et oxygène ; que le *carbonate de calcium* CO^3Ca se dédouble en oxyde de calcium et anhydride carbonique ; que le *gaz ammoniac* AzH^3 se dédouble en azote et hydrogène.

Dans ces décompositions sous l'influence de la chaleur, deux cas bien distincts peuvent se présenter.

Ou bien le phénomène n'est pas *réversible*, c'est-à-dire que les corps qui résultent du dédoublement ne sont pas susceptibles de se combiner, dans les circonstances de l'expérience, pour reformer le composé primitif. Ce cas est celui du *chlorate de potassium* ClO^3K qui donne, à la température du rouge, de l'oxygène et du chlorure de potassium, non susceptibles de s'unir pour reformer le chlorate de potassium. C'est aussi le cas du *gaz ammoniac* AzH^3, puisque l'azote et l'hydrogène, qui résultent de l'action de la chaleur, ne peuvent se combiner directement pour reformer l'ammoniaque.

Dans ces cas la destruction du composé est complète, si l'on prolonge assez l'action de la chaleur. La pression, en particulier, n'a aucune influence sur la décomposition. Ainsi l'oxygène se dégage en entier du chlorate de potassium chauffé, même quand le composé est enfermé en vase clos, et que le gaz provenant de l'action de la chaleur, ne pouvant sortir du vase, y prend une pression de plus en plus grande.

Ou bien le phénomène est *réversible*, c'est-à-dire que les corps qui résultent du dédoublement sont susceptibles de se combiner, dans les circonstances de l'expérience, pour reformer le composé primitif. Ce cas est celui du *carbonate de calcium* CO^3Ca, qui donne, au rouge vif, de l'oxyde de calcium et de l'anhydride carbonique, susceptibles de s'unir, à la même température, pour reformer le carbonate de calcium primitif.

Dans ces cas de phénomènes réversibles, les deux réactions inverses sont limitées l'une par l'autre. La décomposition est toujours incomplète; elle s'arrête quand la tendance à la recombinaison des corps séparés fait *équilibre* à l'action de décomposition de la chaleur.

Ces décompositions *incomplètes*, limitées par une tendance inverse à la recombinaison, ont été étudiées d'abord par Henri Sainte-Claire Deville, qui a donné au phénomène le nom de *dissociation*.

On nomme donc *dissociation : la décomposition partielle que subit un corps, maintenu en présence de ses produits de décomposition, lorsque ces produits peuvent se recombiner, dans les conditions mêmes où s'est produite la décomposition.*

La dissociation a été principalement étudiée par H. Sainte-Claire Deville, puis par Debray, Isambert, M. Troost, M. Hautefeuille, M. Lemoine....

80. Dissociation de systèmes hétérogènes. — Les phénomènes sont très simples, et obéissent à des lois très nettes, quand la décomposition porte sur un *solide* qui donne naissance à un produit *solide* et à un produit *gazeux*. On dit qu'on a, dans ce cas, un système *hétérogène*, parce que, par suite de l'état physique des corps qui résultent de la décomposition, on a une séparation complète de ces produits, sans mélange de l'un avec l'autre.

Nous allons examiner deux de ces cas simples.

81. *Dissociation du carbonate de calcium.* — Au rouge le *carbonate de calcium* se dédouble en chaux vive et anhydride carbonique :

$$CO^3Ca = CaO + CO^2;$$

et, inversement, à la même température, l'anhydride carbonique se combine à la chaux vive pour donner du carbonate de calcium :

$$CaO + CO^2 = CO^3Ca.$$

Les deux réactions inverses étant également possibles, aucune d'elles ne saurait être complète, et on aura, pour une température déterminée, un équilibre chimique, avec existence simultanée de chaux vive, d'anhydride carbonique et de carbonate de calcium.

Les conditions de cet équilibre ont été indiquées par Debray.

Il a placé des cristaux de *carbonate de calcium (spath d'Islande)* dans une nacelle de platine contenue elle-même dans un tube de porcelaine. Ce dernier, par l'une de ses extrémités, communiquait avec un manomètre, et, par l'autre, avec une machine pneumatique à mercure, qui permettait d'y faire le vide. Lorsque le tube était porté à la température de 860 degrés, qui est celle de la vapeur du cadmium bouillant, la décomposition s'arrêtait quand la pression de l'anhydride carbonique avait atteint 85 millimètres.

Venait-on à abaisser la température, il y avait régénération d'une partie du carbonate de calcium; la tension de l'anhydride carbonique prenait une nouvelle valeur, inférieure à 85 millimètres.

Chauffait-on jusqu'à 930 degrés, dans la vapeur de zinc à l'ébullition, la décomposition était plus complète, et la pression du gaz s'élevait à 520 millimètres.

La pression correspondant à l'équilibre était indépendante de la proportion de spath d'Islande décomposé. Elle se maintenait fixe quand on enlevait lentement l'anhydride.

De là la loi suivante : *l'équilibre s'établit quand la pression de l'anhydride carbonique atteint une valeur déterminée, d'autant plus grande que la température est plus élevée.*

82. *Dissociation des chlorures ammoniacaux.* — L'ammoniaque forme, avec divers chlorures métalliques, des composés définis, dont la dissociation a été étudiée par Isambert.

Le chlorure ammoniacal était placé dans un tube de verre fermé à l'une de ses extrémités, et communiquant par l'autre extrémité avec une machine pneumatique à mercure, qui pouvait à volonté servir à retirer le gaz ou à en mesurer la pression.

Le tube, renfermant, par exemple, le *chlorure d'argent ammoniacal* de formule AgCl, 3AzH³, fut maintenu pendant quelque temps à la température de 24 degrés. On vit la tension de l'ammoniaque dégagé augmenter peu à peu, puis, après un temps assez long, atteindre une valeur maximum égale à 937 millimètres. Si on enlève alors un peu d'ammoniaque, la matière en laisse échapper de nouveau; si on en introduit davantage, le chlorure l'absorbe, jusqu'à ce que la pression marquée par le manomètre redevienne égale à 937 millimètres.

Cette *tension de dissociation* croît rapidement avec la température : à 57 degrés elle est égale à 4880 millimètres.

Dans ce cas encore, l'expérience conduit donc à la loi énoncée ci-dessus. On est arrivé aux mêmes conséquences en étudiant la dissociation des composés que forme l'hydrogène avec le potassium, le sodium et le palladium, et celle des sels hydratés qui, sous l'influence de la chaleur, émettent de la vapeur d'eau.

Nous pouvons donc énoncer la loi générale de la *dissociation des systèmes hétérogènes* : *l'équilibre de dissociation est établi quand la pression du gaz produit atteint une valeur déterminée, appelée tension de dissociation, qui dépend de la température.*

83. Dissociation des systèmes homogènes. — On dit qu'on a un système homogène quand le corps composé et les produits de sa décomposition sont tous gazeux, et forment, à tous les instants de la décomposition, un mélange homogène.

L'étude des phénomènes est, dans ces cas, beaucoup plus difficile. L'équilibre ne dépend plus uniquement de la *tension de dissociation*, c'est-à-dire de la pression des gaz mis en liberté, mais aussi de la pression, dans le mélange, du gaz primitif non décomposé. En un mot, il n'y a plus, pour chaque température, une tension fixe de dissociation.

D'ailleurs le fait même de la dissociation est alors difficile à mettre en évidence. Les produits de la décomposition restant en présence, mélangés avec le gaz non décomposé, s'unissent de nouveau dès que la température s'abaisse. Il faut donc chercher à les isoler l'un de l'autre par des procédés détournés, alors qu'ils sont encore chauds.

Pour y arriver, Deville a réalisé plusieurs dispositions expérimentales ingénieuses. Nous indiquons seulement les plus importantes.

84. *Méthode de diffusion.* — Supposons qu'on veuille constater la dissociation de l'*eau*. On fait passer sa vapeur dans un tube de porcelaine poreuse, entouré d'un tube plus gros, de porcelaine vernie, traversé par un courant d'anhydride carbonique. On chauffe l'ensemble des deux tubes, à une température très élevée, dans un fourneau à réverbère, et on recueille les gaz, à la sortie, dans une éprouvette reposant sur une dissolution de potasse caustique, destinée à absorber l'anhydride carbonique. On obtient ainsi une petite quantité d'un mélange détonant d'oxygène et d'hydrogène.

Dans la région la plus chaude, l'eau a subi une décomposition partielle; l'hydrogène, devenu libre, a passé par diffusion dans l'espace annulaire et a été entraîné par le gaz carbonique, tandis que l'oxygène est resté, et a été entraîné par la vapeur d'eau. Les deux gaz, ainsi séparés, n'ont pas pu se recombiner dans les parties moins chaudes.

85. *Méthode par refroidissement.* — Un rapide courant d'anhydride carbonique très humide traverse un tube de porcelaine rempli de fragments de porcelaine, et fortement chauffé. Si l'on reçoit le gaz, à sa sortie, dans une éprouvette retournée sur une dissolution de potasse, on voit qu'il n'est pas totalement absorbé. Il reste un résidu renfermant de l'oxygène et de l'hydrogène.

Ici les éléments n'ont pas été séparés l'un de l'autre; mais leur état de dilution dans un très grand excès d'un gaz inerte a empêché qu'ils ne se recombinent en totalité dans les parties

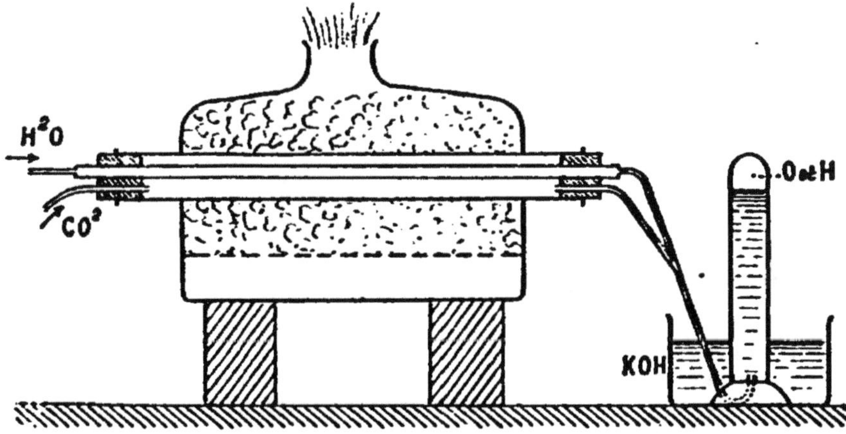

DISSOCIATION DE L'EAU (MÉTHODE DE DIFFUSION). — Un courant de *vapeur d'eau* traverse le tube intérieur, qui est poreux ; un courant d'anhydride carbonique traverse le tube enveloppe, non poreux. Une partie de l'*hydrogène* provenant de la dissociation de l'eau traverse le tube poreux, et est entraîné par le courant d'anhydride carbonique : la plus grande partie de l'*oxygène* reste dans le tube poreux. A la sortie, le gaz carbonique est absorbé par une dissolution de potasse, la vapeur d'eau non dissociée se condense, et on recueille dans l'éprouvette une petite quantité de mélange détonant.

froides de l'appareil. Remarquons, en outre, que leur refroidissement a été presque instantané, à cause de la rapidité du courant d'anhydride carbonique.

Ce procédé donne beaucoup moins d'oxygène et d'hydrogène que le précédent.

86. *Méthode du tube chaud et froid.* — Cette dernière disposition expérimentale est utilisée dans un grand nombre de cas.

Un tube mince et étroit, en laiton argenté, est traversé par un rapide courant d'eau froide. Il est contenu dans un tube de porcelaine, de plus grand diamètre, qu'on peut chauffer très fortement. Dans ces conditions, le tube de laiton, entouré d'une atmosphère incandescente, reste tout à fait froid. Deville l'a montré en l'enduisant de teinture de tournesol, très altérable sous l'action de la chaleur, et constatant que cette teinture n'était pas décomposée.

Si l'on fait passer dans l'appareil un courant d'*anhydride sulfureux* pur, on remarque la production d'un dépôt de soufre sur le tube froid, tandis que l'anhydride sulfureux qui sort renferme un peu d'anhydride sulfurique. La dissociation a donc lieu ; le soufre, immédiatement refroidi par son contact avec le tube froid, a été soustrait ainsi à l'action de l'oxygène, qui, à la sortie,

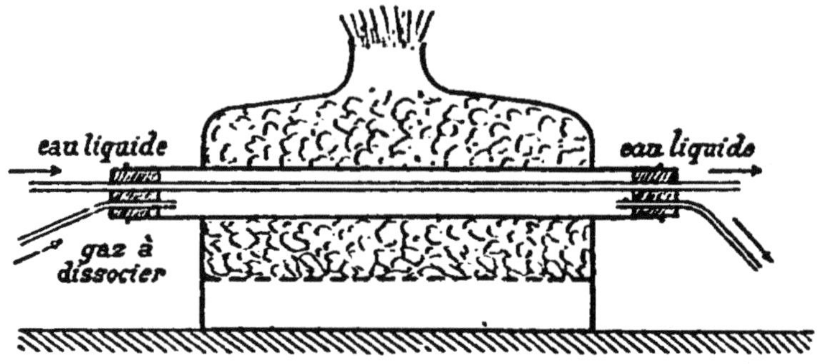

DISSOCIATION PAR LE TUBE CHAUD ET FROID. — Le gaz à dissocier, par exemple l'*acide chlorhydrique*, traverse le tube chaud. Le *chlore* résultant de la dissociation se combine avec l'argent qui recouvre le tube froid, et l'hydrogène se dégage à la sortie, avec l'acide chlorhydrique non dissocié.

s'est combiné à l'anhydride sulfureux pour former de l'anhydride sulfurique.

Ces divers procédés, et surtout le dernier, ont permis de constater la dissociation de beaucoup de gaz, et particulièrement de l'eau, de l'*anhydride carbonique*, de l'*oxyde de carbone*, de l'*anhydride sulfureux*, de l'*acide chlorhydrique*.

87. Dissociation sous l'influence de l'étincelle électrique. — L'étincelle électrique, passant à travers un gaz, produit sur son trajet une forte élévation de température, susceptible de déterminer une dissociation. Les éléments ainsi séparés se trouvent instantanément refroidis par le contact de l'atmosphère ambiante, qui est à la température ordinaire, et ne peuvent se recombiner. Une longue série d'étincelles devra donc dissocier à la longue l'*anhydride sulfureux*, l'*acide chlorhydrique*, l'*oxyde de carbone*, l'*ammoniaque*,... comme le fait le tube chaud et froid. C'est ce que l'expérience vérifie.

L'équilibre s'établit, la dissociation cesse, lorsque la tendance, que les éléments répandus dans la masse gazeuse ont à se recombiner sous l'influence de l'étincelle, compense exactement le phénomène inverse.

Entre les effets produits par l'étincelle, d'une part, et par le tube chaud et froid, de l'autre, il y a donc une analogie frappante, les corps éprouvant dans les deux cas un refroidissement brusque, après avoir été portés à une température très élevée.

Transformations allotropiques. — Certains corps peuvent, sans changer de composition chimique, subir des modifications plus profondes que celles qui constituent le passage de l'état solide à l'état liquide ou à l'état gazeux : ces modifications ont reçu le nom de *modifications allotropiques*.

Les agents provocateurs de ces transformations sont les mêmes que les agents provocateurs des réactions chimiques : chaleur, lumière, étincelle et effluve électriques. Sur ce point, l'analogie est complète avec les phénomènes chimiques et particulièrement avec les phénomènes de dissociation.

Comme les réactions chimiques, les transformations allotropiques sont accompagnées d'un dégagement ou d'une absorption de chaleur; mais le changement, au lieu de se révéler par la production de deux corps distincts aux dépens d'un seul, ou d'un seul aux dépens de deux corps distincts, ne réside que dans le passage d'un corps unique à un corps unique.

C'est ainsi que l'on connait le phosphore sous l'état de *phosphore ordinaire* et de *phosphore rouge*; l'oxygène sous l'état d'*oxygène ordinaire* et d'*ozone*; le soufre, sous l'état de *soufre cristallisé* (deux formes cristallines distinctes) et de *soufre amorphe*....

On connait généralement les circonstances dans lesquelles se fait le passage d'un état allotropique à un autre, mais, dans le plus grand nombre des cas, on ignore à quelles lois obéissent ces transformations.

Cependant, pour le cas simple où un corps solide fixe se convertit en un corps gazeux ou volatil (*système hétérogène*), la loi de la transformation est la même que la loi de dissociation d'un système hétérogène (**81**), comme l'ont montré MM. Troost et Hautefeuille. La production du gaz est limitée par une tension maximum de transformation.

CHAPITRE IV

NOTIONS PRATIQUES GÉNÉRALES

88. Ordre adopté dans l'étude des corps. — Les faits que l'on a à étudier en chimie sont fort nombreux ; ils exigent, pour être retenus, un assez grand effort de mémoire.

Mais ces faits ne sont pas isolés ; les liaisons qui existent entre eux permettent d'introduire dans leur exposition un classement logique, presque rigoureux. Quand on arrive à se bien pénétrer de l'enchaînement des phénomènes, le rôle de la mémoire se trouve singulièrement diminué.

Pour cette raison nous adopterons, dans la suite de ces leçons,

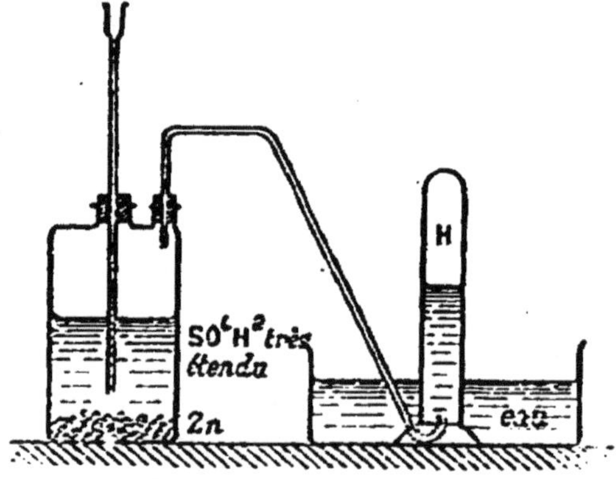

PRÉPARATION PAR RÉACTION A FROID. — Le tube droit plonge dans le liquide, ce qui empêche le gaz produit de se dégager par là ; il sert à introduire progressivement *l'acide sulfurique* (si l'on prépare l'hydrogène) qui doit réagir sur le *zinc*. Il fait en même temps fonction de *tube de sûreté* : si le tube à dégagement s'obstruait, la pression augmenterait dans l'appareil, et l'on en serait averti par l'ascension du liquide dans le tube de sûreté ; si au contraire il se produisait une diminution de la pression intérieure (ce qui n'arrive généralement pas dans les réactions à froid), l'air extérieur rentrerait par le tube de sûreté.

un ordre toujours le même, qu'il est bon d'indiquer dès le début.

D'autre part, les dispositions expérimentales employées, aussi variées qu'elles paraissent au premier abord, se ramènent presque toutes à un petit nombre de types, que nous allons décrire.

Préparations. — Après quelques mots d'*historique*, nous étudierons les *procédés de préparation* du corps considéré.

Les métalloïdes et les composés qu'ils forment entre eux sont en majorité gazeux. Nous aurons donc surtout à préparer et à manipuler des gaz. Les principaux appareils de préparation sont les suivants.

89. *Préparation par réaction à froid.* — Dans la préparation de l'*hydrogène*, de l'*oxyde azotique*, de l'*acide sulfhydrique*, de l'*anhydride carbonique*,... la réaction des corps mis en présence a lieu à la température ordinaire. Dans ces circonstances on se sert d'un flacon à deux tubulures. L'une de ces tubulures, est munie d'un long tube droit, terminé en entonnoir à son extrémité supérieure, et plongeant par le bas dans le liquide que contient le flacon. La seconde tubulure porte un *tube à dégagement*, par lequel sort le gaz que l'on prépare. Le tube droit sert à introduire progressivement dans l'appareil l'une des substances employées dans la préparation.

90. *Préparation par réaction à chaud.* — Plus souvent encore,

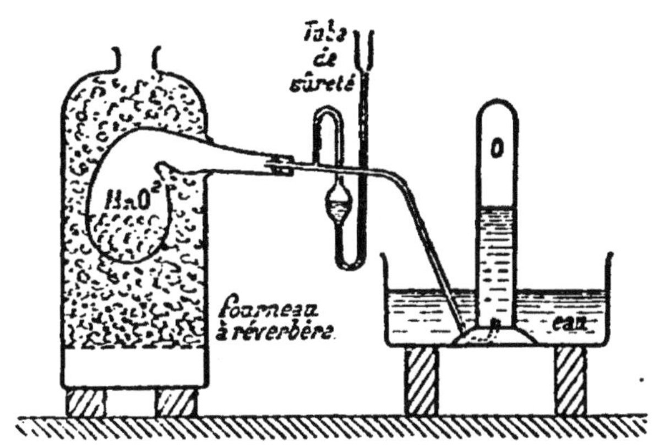

PRÉPARATION PAR RÉACTION A TEMPÉRATURE TRÈS ÉLEVÉE. — La *cornue* est en grès. Le *tube de sûreté* est presque indispensable. Si le feu baisse, et que la pression intérieure diminue, l'air rentre par le tube de sûreté, et l'on n'est pas exposé à voir l'eau de la cuve remonter par *absorption* dans la cornue.

on doit élever la température pour déterminer la réaction qui donne naissance au gaz à préparer. Les substances réagissantes sont alors introduites soit dans un ballon, soit dans une cornue, dont le col est muni d'un tube à dégagement. On chauffe plus ou moins fortement.

Si l'on a besoin d'une température très élevée, comme cela a lieu dans la préparation de l'*oxygène* par calcination du *bioxyde de manganèse*, on se sert d'une cornue en grès. On chauffe à

l'aide d'un fourneau fermé, dit *fourneau à réverbère*, qui permet
d'entourer complètement la cornue de charbons incandescents.

Quand une température inférieure à celle du rouge est suffisante, on se contente d'un ballon ou d'une cornue de verre,

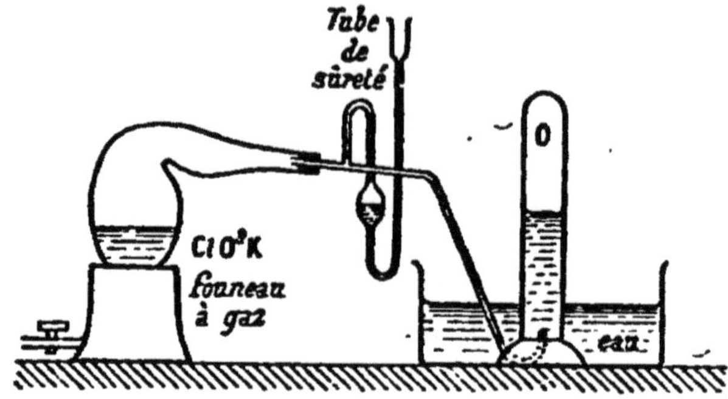

PRÉPARATION PAR RÉACTION A UNE TEMPÉRATURE INFÉRIEURE A CELLE DU ROUGE. — La
cornue est en verre ; on chauffe au gaz (ou au charbon, avec un petit *fourneau à main*). Le tube de sûreté empêche l'absorption, comme dans l'appareil employé pour les températures très élevées.

chauffé à l'aide d'un fourneau à gaz, ou d'un petit fourneau à
charbon, dit *fourneau à main*.

91. *Préparation par réaction à chaud d'un gaz sur un solide.* —
Il arrive assez fréquemment qu'on a à faire réagir, à température
élevée, un gaz ou une vapeur sur un corps solide. On introduit

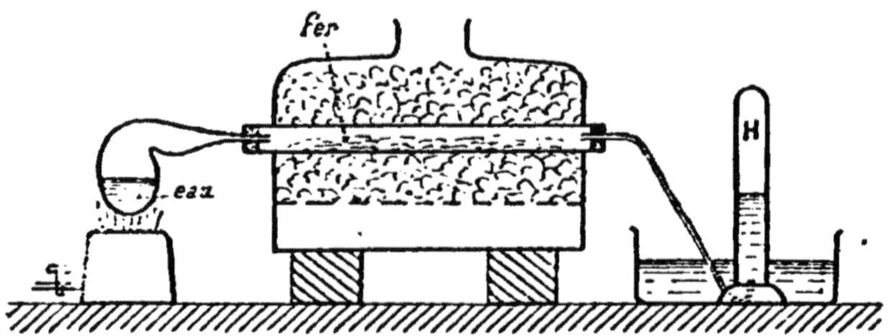

PRÉPARATION PAR RÉACTION A CHAUD D'UN GAZ SUR UN SOLIDE. — De la *vapeur d'eau*
passe sur du *fer* chauffé au rouge ; elle est décomposée par le fer, qui retient
l'oxygène, et de l'hydrogène se dégage.

alors le solide dans un long tube de porcelaine, chauffé par un
fourneau à réverbère, qui permet de l'entourer complètement de
feu. Dans ce tube on fait passer le gaz ou la vapeur qui doit être
mis en contact avec le solide chaud.

La même disposition est encore employée lorsque deux gaz

(ou deux vapeurs) doivent agir l'un sur l'autre à température élevée.

92. *Comment on recueille les gaz.* — Quel que soit le mode de préparation adopté, on doit recueillir le gaz qu'on vient de préparer.

Pour les gaz peu solubles dans l'eau, le tube à dégagement, convenablement recourbé, se rend dans une terrine ou une *cuve* pleine d'eau. Au-dessus de l'ouverture du tube est un flacon ou une éprouvette, préalablement rempli d'eau ; le gaz monte dans le flacon ou l'éprouvette.

Si le gaz est soluble dans l'eau, on opère sur la *cuve à mercure.*

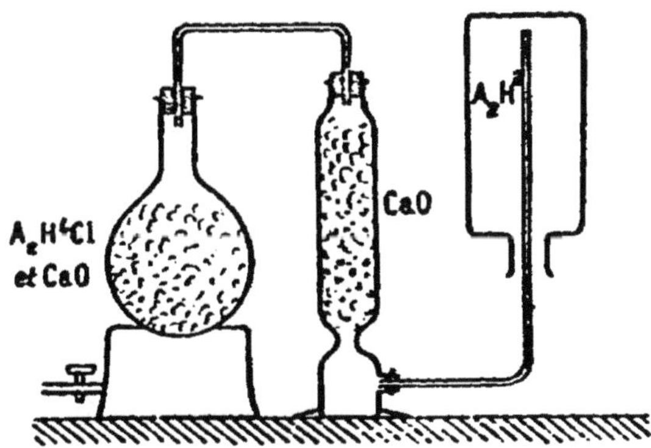

RECUEILLIR UN GAZ LÉGER PAR DÉPLACEMENT. — Le gaz léger (ammoniaque) se dessèche dans une éprouvette à pied contenant de la chaux vive ; il se rend dans un flacon dont l'ouverture est dirigée vers le bas.

C'est encore sur la cuve à mercure qu'on recueille les gaz qu'on a pris soin de dessécher.

A défaut d'eau ou de mercure, on utilise la différence de densité du gaz avec l'air : c'est la méthode dite *par déplacement.*

Ainsi l'ammoniaque, gaz moins lourd que l'air, se rend dans un flacon placé l'ouverture en bas. L'air est progressivement chassé par l'arrivée du gaz léger, qui monte en haut du flacon.

Le chlore, au contraire, très lourd, se rend, par déplacement de l'air, dans un flacon placé l'ouverture en haut.

93. *Purification et dessiccation des gaz.* — Les procédés de préparation adoptés produisent ordinairement un gaz impur et humide. On purifie et on dessèche en faisant intervenir des substances capables d'absorber les impuretés et la vapeur d'eau.

Si ces substances sont solides, on les met en petits fragments, dans des tubes en U que doit traverser le gaz avant de sortir de l'appareil. Si ces substances sont liquides, on les verse en petite quantité sur des fragments de pierre ponce remplissant les tubes en U.

Dans le cas où les substances destinées à purifier ou à dessécher le gaz sont liquides, on peut encore les mettre dans des flacons à trois tubulures, dits flacons de Woolf, disposés à la suite les uns des autres, entre l'appareil producteur et le tube à dégagement.

Les composés employés à la dessiccation des gaz sont nombreux. Les principaux sont l'*acide sulfurique* concentré, qui est liquide, le *chlorure de calcium* et la *chaux vive*, qui sont solides. Dans chaque cas

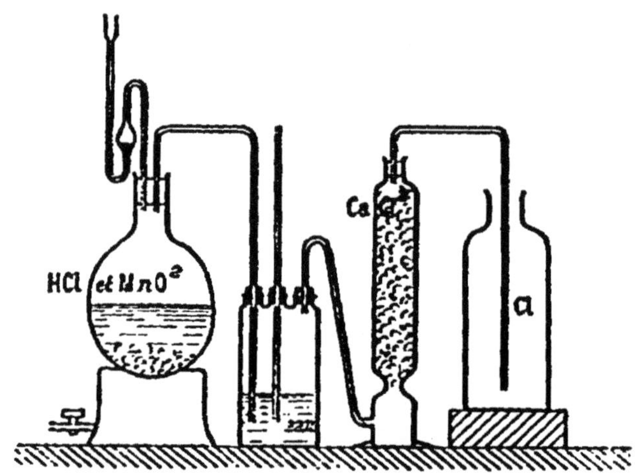

RECUEILLIR UN GAZ LOURD, PAR DÉPLACEMENT. — Le gaz lourd (*chlore*) se lave dans un *flacon laveur* renfermant de l'eau, puis se dessèche dans une éprouvette à pied contenant du chlorure de calcium ; il se rend dans un flacon dont l'ouverture est dirigée vers le haut.

particulier, la matière desséchante est choisie de telle manière qu'elle soit sans action chimique sur le gaz à dessécher. Ainsi l'acide sulfhydrique ne peut être desséché ni avec la chaux vive, qui l'absorbe, ni avec l'acide sulfurique, qui le décompose ; mais il peut être desséché avec le chlorure de calcium.

94. *Tubes de sûreté.* — Tout appareil employé à la préparation d'un gaz doit être rigoureusement clos, de manière que le gaz ne puisse sortir que par le tube à dégagement. Mais il résulterait des dangers de cette disposition si l'on n'y prenait garde.

Supposons qu'on chauffe au rouge sombre du chlorate de potassium dans une cornue de verre munie d'un tube à dégagement. L'oxygène résultant de la décomposition du sel se rend dans l'éprouvette placée sur la cuvette pleine d'eau. Mais si le feu vient à baisser, le dégagement d'oxygène cesse, le gaz renfermé dans la cornue se refroidit progressivement, et sa pression devient inférieure à la pression atmosphérique. L'eau de la cuvette, pressée par la pression extérieure, va donc monter peu à peu dans le tube à dégagement, et arriver enfin jusque dans la cornue, encore assez chaude, pour en déterminer une évaporation très rapide. De là une rupture de l'appareil, avec projection, sur les opérateurs, de débris de verre et de matières souvent très corrosives; on dit qu'il y a *absorption*.

On évite à coup sûr l'absorption en munissant tous les appareils de tubes droits, ou recourbés, dits *tubes de sûreté*. Ces tubes sont disposés de manière à ne pas permettre la sortie du gaz pendant la marche normale de l'expérience. Mais, si la pression intérieure vient à diminuer, ils permettent la rentrée de l'air extérieur, de façon à rétablir la pression primitive.

La plupart des appareils représentés dans les pages précédentes renferment des tubes de sûreté, dont le fonctionnement est aisé à saisir.

95. Propriétés physiques. — Dans le paragraphe portant ce titre, nous donnerons d'abord une description rapide du corps (état physique, couleur, odeur, saveur, densité, solubilité dans l'eau). Nous étudierons les changements d'état physique (fusion, solidification, liquéfaction), avec indication des températures auxquelles ont lieu ces changements.

Parmi les nombres qui seront cités dans l'examen des propriétés physiques, il en est un qui a, presque toujours, une grande importance : c'est la densité à l'état gazeux. Nous avons vu (**18**) que ce nombre donné par l'expérience peut être calculé aisément quand on connaît la formule symbolique du corps considéré.

96. Propriétés chimiques. — L'étude des propriétés chimiques d'un corps, simple ou composé, est l'étude des diverses réactions dans lesquelles ce corps peut intervenir. Cette étude, ainsi définie, ne saurait jamais être complète, et nous n'examinerons, dans chaque cas particulier, que les réactions les plus essentielles.

Dans un grand nombre de cas, ces réactions essentielles sont encore assez nombreuses pour qu'il soit indispensable de les classer dans un ordre rigoureux, toujours le même.

L'ordre adopté sera le suivant :

Action de la chaleur.

Action de l'électricité.

Action de la lumière.

Action des corps simples : métalloïdes.

Action des corps simples : métaux.

Action des composés minéraux : acides, basiques, neutres.

Action des composés organiques.

Action sur les êtres vivants.

Dans ce cadre général, nous tâcherons de faire rentrer toutes les réactions étudiées, en omettant, bien entendu, dans chaque cas, ceux de ces alinéas auxquels ne correspondrait aucun fait intéressant.

Souvent une propriété essentielle, mise en évidence dès le début, nous servira de guide logique pour l'examen de la plupart des réactions particulières.

97. Recherche de la composition. Analyse, synthèse. — Dans les cas les plus simples, nous indiquerons les méthodes qui ont servi à établir la composition des composés.

Ces méthodes sont toutes basées sur l'*analyse* et sur la *synthèse.*

L'*analyse* est la décomposition d'un corps en ses éléments constituants; la *synthèse*, au contraire, est l'union des éléments donnant naissance au composé.

Pour qu'une analyse ou une synthèse conduise à la composition d'un corps, elle doit être dirigée de telle manière qu'elle fournisse, non seulement l'indication qualitative des éléments qui entrent dans la constitution du composé, mais encore les proportions exactes de ces éléments.

Ces proportions peuvent être fixées par les poids des éléments, ou, s'il s'agit de gaz, par leurs volumes. Nous verrons, par exemple, que l'eau résulte de la combinaison de l'oxygène avec l'hydrogène, dans les proportions de 8 grammes d'oxygène pour 1 gramme d'hydrogène (indication en poids), ou de 1 litre d'oxygène pour 2 litres d'hydrogène (indication en volumes) : ces deux manières d'exprimer la composition de l'eau ont d'ailleurs la même signification.

Les procédés d'analyse et de synthèse varient d'un composé à l'autre. Mais quand il s'agit de rechercher la composition d'un gaz, on se sert surtout de deux appareils très simples, l'*eudiomètre* et la *cloche courbe.*

98. Eudiomètre. — Le premier eudiomètre a été imaginé par Gay-Lussac. Tel qu'on l'emploie aujourd'hui, l'eudiomètre est constitué par un tube de verre, à parois résistantes, long de 40 à 50 centimètres. Ce tube, fermé à l'une de ses extrémités, et ouvert à l'autre, est exactement cylindrique, divisé en parties d'égales longueurs, et en même temps d'égales capacités. A son extrémité fermée aboutissent deux fils de platine, qui traversent les parois de verre, pour se terminer, dans l'intérieur, à une très petite distance l'un de l'autre. Entre les deux extrémités de ces fils on peut faire jaillir des étincelles électriques, à l'aide d'un électrophore, d'une bouteille de Leyde ou d'une bobine Ruhmkorff.

L'eudiomètre se manœuvre sur une cuvette à mercure profonde, dans laquelle on peut l'enfoncer presque complètement. Les volumes gazeux qu'on y introduit sont mesurés à l'aide de la graduation. Cette mesure est faite à la température du laboratoire, qu'on peut supposer invariable pendant la durée

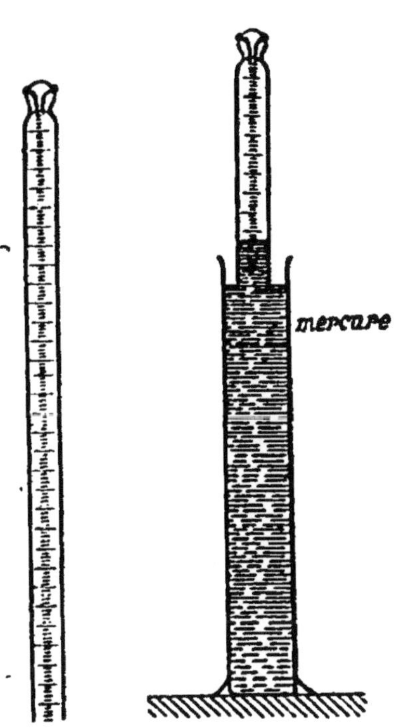

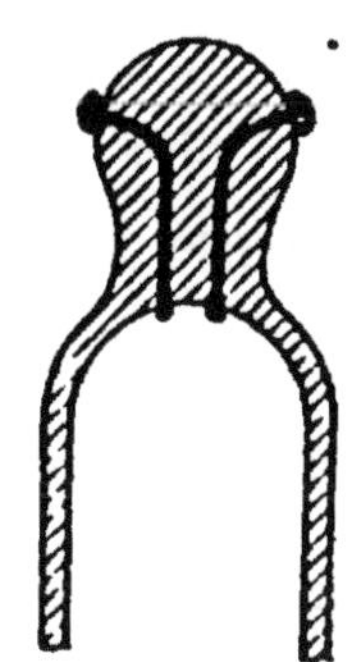

ECDIOMÈTRE A MERCURE. — Il se manœuvre sur une cuvette à mercure profonde.

ECDIOMÈTRE A MERCURE. — Disposition des fils de platine à la partie supérieure du tube.

d'une expérience. Elle est faite sous la pression atmosphérique (également invariable pendant la durée d'une expérience) si l'on a soin d'enfoncer toujours le tube dans la cuvette, de telle manière qu'au moment de la lecture du volume, le niveau du mercure soit constamment le même à l'intérieur et à l'extérieur. De cette manière, tous les volumes gazeux mesurés dans le courant d'une expérience sont comparables entre eux, car ils sont pris dans les mêmes conditions de température et de pression.

Voici, à titre d'exemple, la synthèse de l'eau par l'eudiomètre.

L'appareil, préalablement rempli de mercure, et retourné sur la cuvette profonde, reçoit par exemple 25 centimètres cubes d'oxygène, puis 50 centimètres cubes d'hydrogène, mesurés l'un et l'autre à la température du laboratoire, et sous la pression atmosphérique, comme nous venons de l'indiquer.

A l'aide d'un électrophore, on fait jaillir dans le tube une étincelle électrique. Le mélange détonant d'oxygène et d'hydrogène prend feu ; il se forme de l'eau, qui se condense immédiatement, et le mercure, poussé par la pression atmosphérique, remonte jusqu'au sommet de l'eudiomètre. On en conclut que tout l'oxygène, introduit d'abord, s'est uni à tout l'hydrogène, pour former de l'eau. Par suite l'eau résulte de la combinaison de l'oxygène (25 centimètres cubes) avec un volume d'hydrogène deux fois plus grand (50 centimètres cubes).

Mais on peut se demander, en outre, quel volume de vapeur d'eau *non condensée* résulte de la combinaison. Un procédé de calcul très simple, et d'un usage fréquent, permet de résoudre la question.

99. Équation des poids. — Écrivons, en effet, que le poids de la vapeur d'eau, représenté par le produit $x \times 0{,}622 \times a$, est égal à la somme des poids de l'oxygène $25 \times 1{,}1056 \times a$ et de l'hydrogène $50 \times 0{,}0695 \times a$, et nous aurons l'équation

$$x \times 0{,}622 \times a = 25 \times 1{,}1056 \times a + 50 \times 0{,}0695 \times a.$$

Dans cette équation les nombres $0{,}622$; $1{,}1056$; $0{,}0695$ représentent les densités de la vapeur d'eau, de l'oxygène et de l'hydrogène : x est le volume cherché de la vapeur d'eau ; a représente le poids d'un centimètre cube d'air, pris dans des conditions de température et de pression telles que l'eau puisse y exister à l'état de vapeur.

De cette équation on tire $x = 50$ centimètres cubes.

Le volume de la vapeur d'eau est donc égal à celui de l'hydrogène.

L'équation précédente, qu'on peut nommer *équation des poids*, est d'un usage constant. Elle a lieu entre 6 quantités.

$$VD = vd + v'd'.$$

Cinq de ces quantités étant données, l'équation permet de déterminer la sixième.

100. Cloche courbe. — La *cloche courbe*, dont la forme est représentée ci-contre, se manœuvre aussi sur le mercure. On la remplit complétement de ce liquide, puis on la retourne sur une cuvette à mercure, ou simplement sur un verre. On y introduit un volume gazeux mesuré à part, dans un tube gradué; puis on fait pénétrer, à l'aide d'un fil de fer, un fragment d'un corps capable de décomposer, à chaud, le gaz dont on cherche la composition.

Prenons pour exemple la recherche de la composition de l'oxyde azoteux. On introduit dans la cloche courbe 25 centimètres cubes de ce gaz, puis un fragment de *potassium* ; on chauffe pendant quelques minutes avec une lampe à alcool. L'oxyde azoteux est décomposé ; son oxygène est absorbé par le potassium, qui se transforme en oxyde de potassium, et il ne reste bientôt plus dans la cloche qu'un résidu d'azote pur. Après refroidissement, on fait passer ce résidu dans le tube mesureur, et on constate que son volume est de 25 centimètres cubes. De là la conclusion suivante : l'oxyde azoteux renferme un volume d'azote égal au sien.

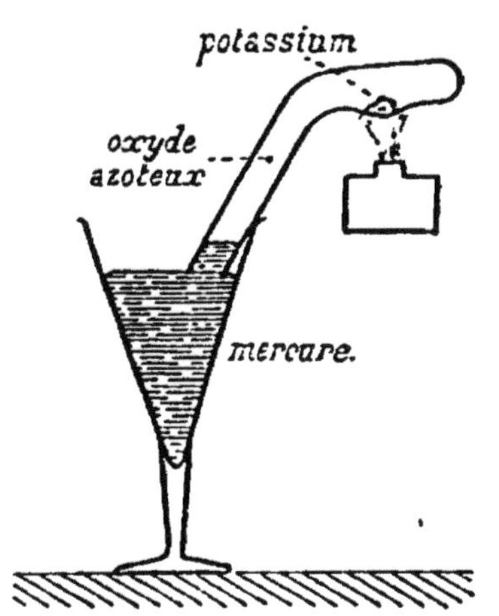

CLOCHE COURBE. — Elle se manœuvre sur le mercure. On doit d'abord chauffer doucement, pour éviter la rupture du tube.

Il reste à connaître le volume x de l'oxygène qui a été absorbé par le sulfure de baryum. Ce volume est donné par l'*équation des poids*, en écrivant que le poids de l'oxyde azoteux est égal à la somme des poids de l'azote et de l'oxygène,

$$25 \times 1,527 = 25 \times 0,972 + x \times 1,1056.$$

On en tire $x = 12,5$. Par suite le volume de l'oxygène est la moitié de celui de l'azote.

101. Détermination de la formule d'un composé. — La composition d'un corps ayant été donnée par l'analyse ou la synthèse, il reste à déterminer sa formule. Les exemples suivants font comprendre comment on arrive à cette détermination.

102. La méthode eudiométrique a montré qu'un volume d'oxygène, se combinant à deux volumes d'hydrogène, fournissent deux volumes de vapeur d'eau.

Or le symbole O représente justement un volume d'oxygène, et le symbole H un volume d'hydrogène (**15**). La formule la plus simple qu'on puisse adopter pour l'eau est donc H²O, qui correspond à deux volumes de vapeur d'eau. Les formules H⁴O² ou

H^6O^3 traduiraient tout aussi bien les résultats de la synthèse eudiométrique.

Mais nous savons que l'on convient de prendre toujours, pour formule d'un gaz composé, celle qui correspond à deux volumes de ce gaz : on adoptera donc la formule H^2O.

Les mêmes considérations conduisent à la formule Az^2O pour l'oxyde azoteux.

103. Les expériences de Dumas, effectuées par une méthode plus complexe, mais plus précise que la méthode eudiométrique, ont montré que l'eau renferme *en poids* 11,11 pour 100 d'hydrogène, et 88,89 pour 100 d'oxygène.

Or nous savons que le poids atomique de l'hydrogène est 1, et que celui de l'oxygène est 16; il y a donc, dans 100 grammes d'eau,

$$\frac{11,11}{1} = 11,11 \text{ poids atomiques d'hydrogène,}$$

et

$$\frac{88,89}{16} = 5,56 \text{ poids atomiques d'oxygène,}$$

soit un nombre de poids atomiques d'hydrogène double du nombre de poids atomiques d'oxygène, ce qui conduit à l'une des formules, H^2O, H^4O^2, H^6O^3....

On choisit la formule H^2O parce que, d'après ce qui vient d'être dit, elle correspond à deux volumes de vapeur.

Si le composé formé n'est pas gazeux, on trouve de la même manière sa formule brute quand on connait sa composition en poids. Mais on se base alors, pour le choix à faire entre les diverses formules possibles, sur des considérations tirées de la théorie des poids atomiques.

MÉTALLOÏDES

CHAPITRE I

EAU ET AIR; COMBUSTIONS

I. — HYDROGÈNE

$$H = 1$$

104. — L'hydrogène entre dans la composition de toutes les matières organiques animales et végétales ; il constitue la neuvième partie du poids de l'eau.

Il fut étudié pour la première fois par Cavendish (1766), puis par Lavoisier, qui lui donna le nom d'hydrogène (du grec : *udor*, eau, *gennaô*, j'engendre).

105. Préparation. — On prépare l'hydrogène de diverses manières dans les laboratoires.

Décomposition de l'eau par le fer au rouge. — Un courant de

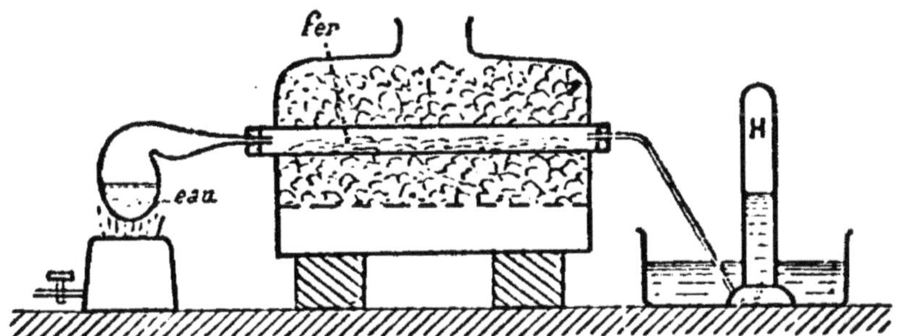

PRÉPARATION DE L'HYDROGÈNE : DÉCOMPOSITION DE L'EAU PAR LE FER AU ROUGE. — La vapeur d'eau passe sur des fils de fer chauffés au rouge; on recueille l'hydrogène sur l'eau ou bien *par déplacement.*

vapeur d'eau, traversant un tube de porcelaine rempli de faisceaux de *fil de fer*, et chauffé au rouge, donne un dégagement régulier d'hydrogène. L'oxygène de l'eau se combine au fer, pour donner de l'*oxyde salin de fer* Fe³O⁴, et l'hydrogène, mis en liberté, se dégage à l'autre extrémité du tube :

$$3Fe + 4H^2O = Fe^3O^4 + 8H.$$

106. *Décomposition de l'acide sulfurique ou de l'acide chlorhydrique par le fer ou le zinc.* — On préfère ordinairement décomposer *à froid* l'acide sulfurique SO⁴H² ou l'acide chlor-

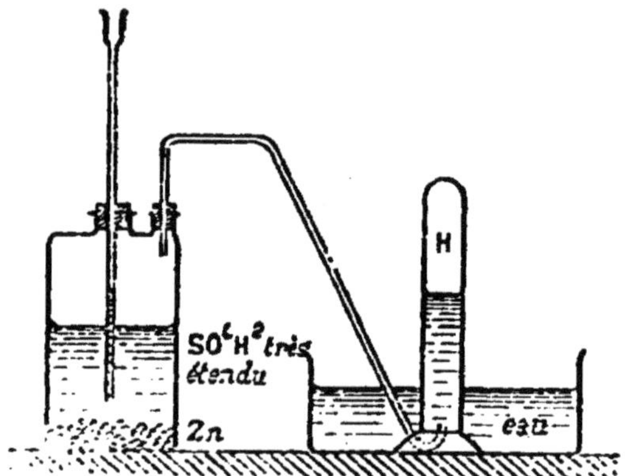

PRÉPARATION DE L'HYDROGÈNE : DÉCOMPOSITION DE L'ACIDE SULFURIQUE PAR LE ZINC. — L'acide sulfurique est introduit *progressivement* par le tube droit, pour éviter une réaction trop vive.

hydrique HCl, par un métal facilement oxydable, comme le *fer* ou le *zinc*. Le métal chasse l'hydrogène de l'acide, pour former un sulfate ou un chlorure

$$SO^4H^2 + Zn = SO^4Zn + 2H,$$
$$2HCl + Zn = ZnCl^2 + 2H.$$

L'opération se fait dans un flacon à deux tubulures. Le zinc, en grenaille ou en lame, est introduit *avec de l'eau* dans l'appareil ; on verse peu à peu l'acide par un tube droit. Le fer irait tout aussi bien.

Le zinc et l'acide sulfurique employés sont toujours impurs. Aussi l'hydrogène obtenu renferme-t-il des substances étrangères, *acide sulfhydrique, hydrogène arsénié, hydrogène carboné,* qui lui communiquent une mauvaise odeur.

On le purifie, quand il en est besoin, en le faisant passer dans une série des tubes en U contenant de la pierre ponce imprégnée : pour le premier, d'une dissolution d'*azotate de plomb* qui retient l'acide *sulfhydrique* ; pour le second, d'une dissolution de *sulfate d'argent,* qui retient l'*hydrogène arsénié* ; pour le troisième, d'une dissolution de *potasse caustique,* qui retient l'*hydrogène carboné.*

Un quatrième tube renferme de la pierre ponce imbibée d'*acide sulfurique* concentré, qui retient l'humidité.

La purification est obtenue d'une façon plus simple et plus parfaite par le passage du gaz dans un tube de verre rempli de *tournure de cuivre* chauffée au rouge. Toutes les impuretés sont retenues par le cuivre.

On ne peut préparer directement l'hydrogène pur par l'action du zinc pur sur l'acide sulfurique également pur, le dégagement gazeux n'ayant pas lieu dans ces circonstances.

07. *Fabrication industrielle.* — L'hydrogène serait susceptible d'applications assez importantes si on pouvait l'obtenir industriellement par un procédé économique. Les deux modes de préparation indiqués ci-dessus sont trop coûteux.

Peut-être arrivera-t-on prochainement à utiliser, dans des conditions avantageuses, la décomposition de l'eau par le courant d'une machine dynamo-électrique. Cette décomposition fournit simultanément de l'oxygène et de l'hydrogène, utilisables l'un et l'autre ; mais il n'existe encore aucune installation industrielle fondée sur cette décomposition électrolytique de l'eau.

CONDUCTIBILITÉ DE L'HYDROGÈNE POUR LA CHALEUR. — Une *spirale de platine* incandescente, recouverte d'une éprouvette remplie d'hydrogène, redevient obscure.

108. Propriétés physiques. — L'hydrogène pur est un gaz incolore, inodore, insipide.

Sa densité est égale à 0,0695 : c'est le plus léger de tous les gaz. Des bulles de savon, gonflées à l'aide d'une vessie remplie d'hydrogène, s'élèvent rapidement dans l'air. Cette légèreté peut être utilisée pour recueillir l'hydrogène sec *par déplacement,* sans opérer sur la cuve à mercure.

Le coefficient de solubilité de l'hydrogène dans l'eau est très faible ; à la température ordinaire, il est égal à 0,019.

Ce gaz semble notablement conducteur de la chaleur. Une spirale de platine, maintenue au rouge par un courant électrique, cesse d'être incandescente quand on la recouvre d'une éprouvette remplie d'hydrogène, sans doute parce que le gaz lui enlève, par conductibilité, une notable partie de sa chaleur.

L'hydrogène est le seul gaz qu'on n'a pu encore obtenir à l'état de liquide statique, visible au moins pendant quelques instants. Fortement refroidi et comprimé dans l'appareil de M. Cailletet, il fournit, au moment de la *détente*, un brouillard qui se dissipe aussitôt. Sa température critique semble être voisine de — 220 degrés.

109. *Propriété endosmotique.* — L'hydrogène doit à sa faible densité de passer plus rapidement que tout autre gaz à travers les cloisons poreuses (**52**). Il traverse aussi les membranes non poreuses (**53**), telles que le caoutchouc, les métaux chauffés au rouge; mais dans ce cas sa faible densité n'intervient pas.

110. Propriétés chimiques. — Les affinités chimiques de l'hydrogène sont peu énergiques. A froid, ce gaz ne s'unit immédiatement qu'au *fluor*. L'action de la *lumière* suffit pour déterminer sa combinaison avec le *chlore*. Des réactions indirectes, ou l'intervention de l'électricité, ont permis de l'obtenir combiné avec presque tous les autres métalloïdes.

Nous examinerons seulement ici l'action d'un seul métalloïde, l'*oxygène*.

111. *Combinaison de l'hydrogène avec l'oxygène.* — L'*hydrogène*

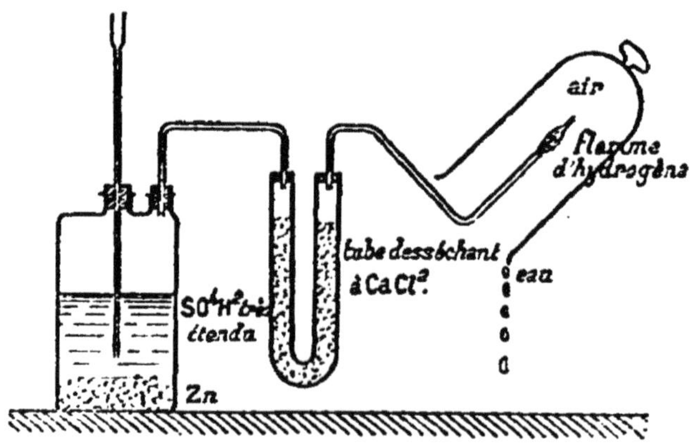

COMBUSTION DE L'HYDROGÈNE. — Le gaz, bien desséché, vient brûler dans l'air, à l'extrémité du tube à dégagement. La vapeur d'eau produite se condense sur les parois froides d'une cloche de verre.

est *combustible*, c'est-à-dire qu'il s'enflamme au contact de l'air sous l'influence d'une allumette. Dans cette combustion, il se combine à l'*oxygène* de l'air pour former de la vapeur d'eau, avec un grand dégagement de chaleur :

$$2H + O = H^2O \text{ (vapeur)} + 58^{cal},2.$$

La manière la plus simple de faire l'expérience consiste à allumer l'hydrogène à la sortie du tube à dégagement, venant directement de l'appareil de production. On a une petite flamme pâle, à peine visible quand l'extrémité du tube à dégagement est munie d'un petit ajutage en platine; mais cette flamme pâle est très chaude.

Si l'on recouvre la flamme d'une cloche de verre froide et bien sèche, on ne tarde pas à voir ruisseler des gouttelettes d'eau à la surface de cette cloche; c'est l'eau résultant de la combinaison, qui s'est condensée sur la surface froide du verre.

Lorsqu'on introduit une bougie dans une éprouvette d'hydrogène renversée, le gaz brûle lentement à l'ouverture de l'éprouvette, et la bougie qui a pénétré dans l'intérieur s'éteint. L'hydrogène n'entretient donc pas la combustion; il n'entretient pas davantage la respiration, bien qu'il ne soit pas vénéneux.

Si l'on mélange l'hydrogène et l'oxygène dans les proportions volumétriques indiquées par l'équation précédente : 2 volumes du premier, pour 1 volume du second, la combustion a lieu tout d'un coup, quand on enflamme, et avec une violente explosion. On a un *mélange détonant.* Pour effectuer l'expérience sans danger, on introduit successivement les deux gaz dans une vessie, et on fait passer le mélange à travers de l'eau de savon, contenue dans un mortier; on enflamme ensuite l'amoncellement de bulles qui remplit le mortier.

Si l'on avait remplacé l'oxygène par de l'air, l'explosion aurait été encore assez violente. On ne devra donc pas enflammer l'hydrogène, à la sortie d'un tube à dégagement, avant que tout l'air ait été chassé de l'appareil.

112. Le mélange d'air ou d'oxygène avec l'hydrogène s'enflamme aussi sous l'influence de la *mousse de platine.*

Une spirale formée d'un fil de *platine, préalablement portée au rouge sombre,* produit encore le même effet. Lorsqu'on l'introduit au milieu d'un jet d'hydrogène, on la voit devenir rapidement incandescente, puis déterminer l'inflammation. Si on la place à une assez grande distance de l'ouverture du tube à dégagement, elle peut rester indéfiniment lumineuse sans que la flamme jaillisse. Il se produit autour de la spirale une véritable combustion lente de l'hydrogène, dégageant assez de chaleur pour maintenir l'incandescence.

Cette expérience, dite de la *lampe sans flamme,* est facile à répéter avec un bec de Bunsen alimenté au gaz d'éclairage (ce gaz étant un mélange dans lequel il y a beaucoup d'hydrogène).

113. *Harmonica chimique.* — La flamme de l'hydrogène, introduite dans un tube de verre, se rétrécit, augmente de longueur, et fait entendre un son intense, dont la hauteur dépend princi-palement de la longueur et du diamètre du tube.

Le son est dû aux vibrations rapides qu'éprouve la flamme sous

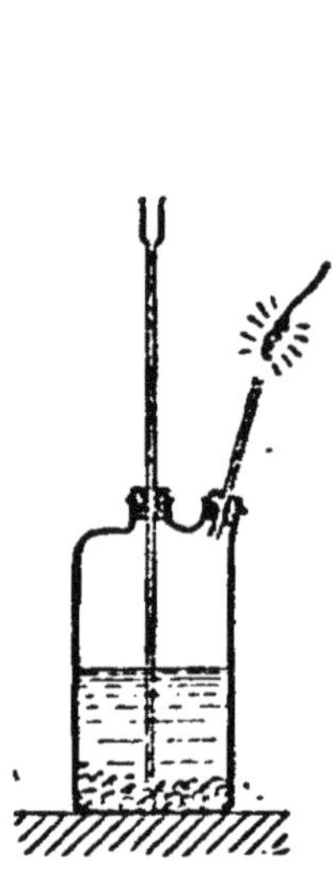

LAMPE SANS FLAMME. — Une *spirale de platine*, préalablement por-tée au rouge, reste incandes-cente dans un mélange d'hy-drogène et d'air.

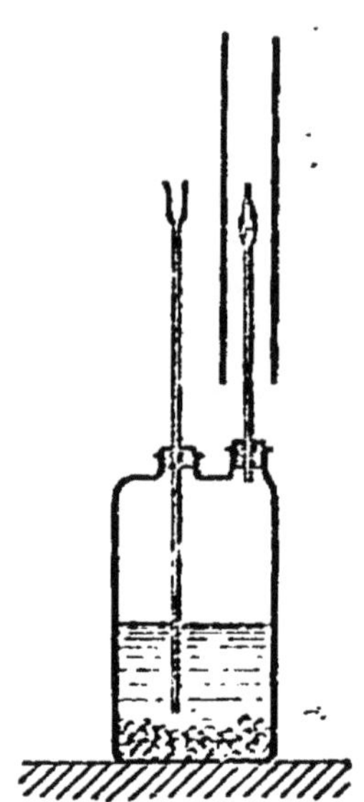

HARMONICA CHIMIQUE. — La flamme de l'hydrogène, brûlant dans l'axe d'un gros tube de verre, fait entendre un son très fort.

l'influence du tirage déterminé dans le tube par l'ascension de l'air chaud.

Dans les mêmes circonstances, tout autre gaz combustible se comporterait de la même manière.

114. *Combinaison de l'hydrogène avec les métaux.* — Plusieurs métaux peuvent se combiner avec l'hydrogène pour former de véritables alliages.

Le *potassium*, maintenu vers 350 degrés dans une atmosphère d'hydrogène, absorbe 126 fois son volume de gaz, et donne nais-sance au composé K^2H. C'est un solide brillant, cassant, qui n'a une tension de dissociation appréciable qu'à partir de la tempé-rature de 200 degrés; il s'enflamme immédiatement au contact de l'air.

Le *sodium* se comporte de la même manière, et donne le com-posé Na^2H.

Le *palladium*, pris comme pôle négatif dans l'électrolyse de l'eau, absorbe l'hydrogène : on obtient le composé Pd^2H. Ce corps prend naissance lorsqu'on chauffe le métal en présence du gaz, puis qu'on le laisse refroidir lentement dans la même atmosphère. La dissociation de l'hydrure Pd^2H commence à 100 degrés.

Le *fer*, enfin, absorbe aussi l'hydrogène.

115. *Propriétés réductrices.* — La combustion de l'hydrogène dégage beaucoup de chaleur; on en conclut que l'hydrogène a pour l'oxygène une grande affinité. Aussi décompose-t-il un grand nombre de composés oxygénés, en leur enlevant leur oxygène. On dit que ces composés sont *réduits* par l'hydrogène.

Ces désoxydations ont toujours lieu à chaud.

Nous verrons, par la suite, que l'hydrogène réduit, avec l'aide de la chaleur, les *composés oxygénés de l'azote*, du *soufre*.

Il réduit aussi un grand nombre d'*oxydes métalliques*, tels que

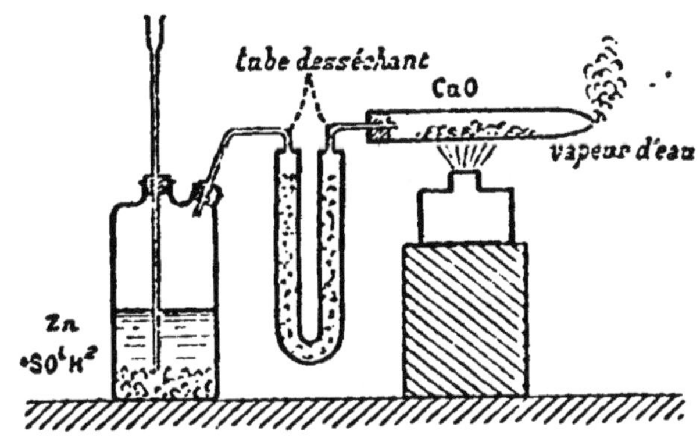

RÉDUCTION DE L'OXIDE DE CUIVRE PAR L'HYDROGÈNE. — L'hydrogène, préalablement desséché, arrive sur l'oxyde de cuivre chauffé au rouge sombre : il se dégage de la vapeur d'eau.

les *oxydes d'argent*, de *mercure*, de *cuivre*, de *fer*, de *zinc*.

Avec l'*oxyde de cuivre*, la réaction commence au rouge sombre; elle dégage assez de chaleur pour produire ensuite une vive incandescence :

$$CuO + 2H = Cu + H^2O.$$

Avec le *sesquioxyde de fer*, il faut chauffer un peu plus, et il ne se produit pas d'incandescence. Le fer, en poussière impalpable, qui reste dans l'appareil, est si facilement oxydable, qu'il devient incandescent quand on le projette dans l'air : on dit qu'il est *pyrophorique*.

$$Fe^2O^3 + 6H = 2Fe + 3H^2O.$$

La décomposition de l'*oxyde de zinc* n'a lieu qu'au rouge vif.

Beaucoup de *chlorures métalliques* sont aussi détruits par l'hydrogène, qui s'empare du chlore et laisse le métal en liberté.

116. *Hydrogène à l'état naissant.* — Pris à l'*état naissant*, l'hydrogène a des affinités plus vives. Lorsqu'on introduit un composé oxygéné dans un appareil à préparation d'hydrogène, la réduction a souvent lieu immédiatement à froid.

Il arrive même que le gaz s'unit alors à des éléments avec lesquels il ne se combine directement à aucune température.

Ainsi l'acide azotique AzO^3H, introduit dans un appareil à hydrogène, est complétement désoxydé, et l'azote est transformé en ammoniaque AzH^3,

$$AzO^3H + 8H = AzH^3 + 3H^2O.$$

117. *Rôle chimique de l'hydrogène.* — Un grand nombre de propriétés de l'hydrogène rapprochent ce gaz des métaux; c'est tout au moins un élément intermédiaire entre les métalloïdes et les métaux.

C'est le seul gaz qui ait pour la chaleur une conductibilité notable. Il se combine avec un certain nombre de métaux pour former des composés absolument comparables aux alliages métalliques.

Les acides ne diffèrent des sels qu'en ce que l'hydrogène y remplace un métal. Quand on traite l'acide sulfurique SO^4H^2 par le zinc, il y a substitution du métal à l'hydrogène, et formation du sulfate de zinc SO^4Zn. Cette réaction est en tout comparable à celle qui se produit quand on traite une dissolution de sulfate d'argent SO^4Ag^2 par le zinc : il y a substitution du zinc à l'argent, et formation de sulfate de zinc SO^4Zn.

Inversement, d'ailleurs, l'hydrogène, sous pression, déplace l'argent de ses combinaisons :

$$SO^4Ag^2 + 2H = SO^4H^2 + 2Ag.$$

118. *Caractères de l'hydrogène.* — Les caractères distinctifs de l'hydrogène sont les suivants.

C'est un gaz incolore, combustible, brûlant avec une flamme bleu pâle, souvent à peine visible, qui forme un dépôt de rosée sur un corps froid. Les produits de la combustion, agités avec de l'eau de chaux, ne la troublent pas; agités avec de la teinture de tournesol, ils n'en changent pas la nuance.

Ces derniers caractères servent à distinguer l'hydrogène de l'oxyde de carbone et de certains carbures d'hydrogène, qui brûlent aussi avec une flamme très pâle, mais en donnant naissance à de l'anhydride carbonique, qui trouble l'eau de chaux et rougit la teinture de tournesol.

119. Applications de l'hydrogène. — Parmi les applications de l'hydrogène, les unes sont dues à sa légèreté, les autres à sa grande chaleur de combustion ou à ses propriétés réductrices.

Quatorze fois et demie plus léger que l'air, l'hydrogène est parfaitement propre au gonflement des aérostats. Il donne une force ascensionnelle de 1200 grammes par mètre cube. Mais la facilité avec laquelle il traverse les membranes, poreuses ou non poreuses, exige que les plus grands soins soient apportés à la fabrication de l'enveloppe.

La température élevée de la flamme de l'hydrogène, alimentée par de l'oxygène, ou simplement de l'air, est souvent utilisée dans les laboratoires et aussi dans l'industrie, en particulier pour la fusion du platine.

Cette flamme, rendue éclairante par divers artifices, est également employée, surtout dans les laboratoires et les cours publics, pour éclairer les lanternes à projection.

Enfin les propriétés réductrices de l'hydrogène, et surtout de l'hydrogène naissant, ont de nombreuses applications dans les laboratoires et aussi dans l'industrie.

II. — Oxygène

$$O = 16$$

120. — L'*oxygène* est, de tous les corps, le plus abondamment répandu dans la nature; il fait partie d'un nombre considérable de composés, et existe, en outre, à l'état de liberté dans l'air. Grâce à son activité chimique, il intervient, à chaque instant, dans la plupart des réactions dont la matière animale, végétale et minérale est le siège.

Il a été découvert, en 1774, par Priestley, en Angleterre, et, à la même époque, par Scheele, en Suède. Lavoisier établit, en 1776, son rôle dans les phénomènes de la combustion et de la respiration ; il lui donna le nom d'*oxygène* (du grec *oxus*, acide, *gennaô*, j'engendre).

121. Préparation. — Les réactions qui permettent d'obtenir l'oxygène sont nombreuses. Celles réellement employées dans les laboratoires reviennent toutes à décomposer par la chaleur un corps oxygéné.

Calcination du bioxyde de manganèse. — Le *bioxyde de manganèse naturel*, MnO^2, se décompose sous l'influence d'une température très élevée. Il abandonne le tiers de son oxygène, et se trouve réduit à l'état d'*oxyde salin*, brun, indécomposable par la chaleur :

$$3 MnO^2 = 2O + Mn^3O^4.$$

L'opération se fait dans une cornue de grès, qu'on chauffe fortement dans un four à réverbère.

Le gaz obtenu par ce procédé est impur. Le bioxyde naturel renferme toujours du carbonate et de l'azotate de calcium qui, sous l'influence de la chaleur, fournissent un dégagement

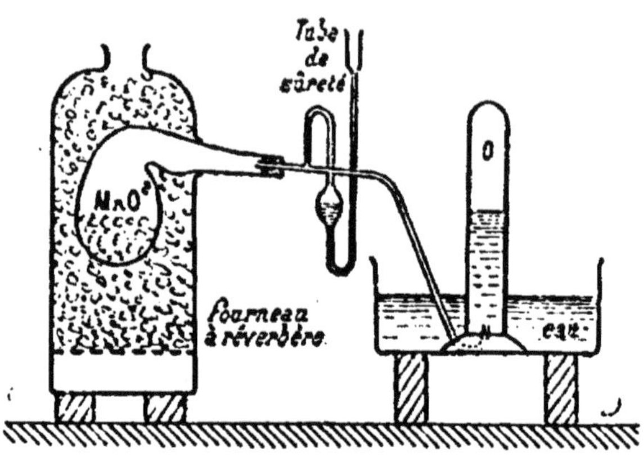

PRÉPARATION DE L'OXYGÈNE PAR CALCINATION DU BIOXYDE DE MANGANÈSE. — Le *bioxyde*, chauffé fortement dans une cornue de grès, fournit un dégagement d'*oxygène*, qu'on recueille sur la cuve à eau.

d'anhydride carbonique et d'azote. En faisant passer le gaz dans un flacon laveur renfermant une dissolution de potasse caustique, on retient l'anhydride carbonique ; mais il reste toujours de 3 à 6 pour 100 d'azote qu'on ne peut enlever.

122. *Calcination du chlorate de potassium.* — La calcination du *chlorate de potassium* ClO^3K, sel industriel facile à obtenir à l'état de pureté, donne de l'oxygène exempt de toute matière étrangère.

On opère dans une cornue de verre.

L'application d'une chaleur modérée fond d'abord le chlorate, puis le décompose en donnant un résidu de perchlorate ClO^4K et de chlorure de potassium KCl. Si on élève davantage la température, le perchlorate, à son tour, est décomposé :

$$2 ClO^3K = KCl + ClO^4K + 2O ;$$
$$ClO^4K = KCl + 4O.$$

A la fin de l'opération, le fond de la cornue se ramollit, se boursoufle et se crève, ce qui arrête le dégagement.

Si l'on mélange le chlorate de potassium avec certains corps
pulvérulents, tels que le *bioxyde* ou *l'oxyde brun de manganèse*,
l'oxyde noir de cuivre, on rend la décomposition plus facile. Elle
se produit à une température inférieure à celle de la fusion, sans
qu'il se forme de perchlorate de potassium. Quant aux oxydes
ainsi ajoutés au chlorate de potassium, ils n'éprouvent, dans ces
circonstances, aucune modification; leur genre d'action n'a pas,
jusqu'ici, été déterminé d'une façon satisfaisante.

Ce mode de préparation, quoique plus coûteux que le précédent,

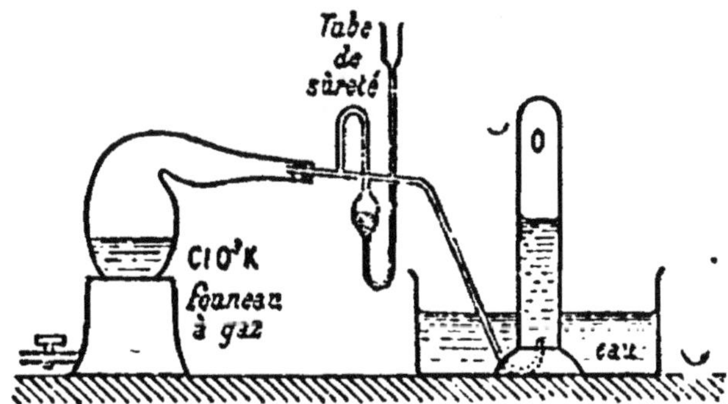

PRÉPARATION DE L'OXYGÈNE PAR CALCINATION DU CHLORATE DE POTASSIUM. — *Le chlorate
de potassium*, chauffé dans une cornue de verre, donne de l'oxygène.

est le plus employé dans les laboratoires. Pour avoir de grandes
quantités d'oxygène, on opère dans une marmite de fer munie
d'un couvercle, qu'on lute avec de l'argile.

123. *Fabrication industrielle.* — On a cherché, depuis longtemps, à retirer industriellement l'oxygène soit de l'air, soit de
l'eau.

La décomposition électrolytique de *l'eau* fournit à la fois de
l'oxygène et de l'hydrogène, utilisables l'un et l'autre. Peut-être ce
procédé, aujourd'hui encore trop coûteux, deviendra-t-il un jour
économique.

Actuellement un seul procédé industriel fonctionne normale-
ment, c'est le procédé Boussingault, perfectionné par MM. Brin
frères.

Sur de la *baryte caustique*, maintenue à la température de
700 degrés, on fait passer un courant d'air, préalablement desséché et débarrassé de l'anhydride carbonique qu'il renferme toujours en petite quantité. L'oxygène est absorbé par la baryte, qui
passe à l'état de bioxyde de baryum,

$$BaO + O = BaO^2.$$

Quand l'oxydation est complète, on supprime le courant d'air, et on fait agir une pompe puissante, qui fait un vide partiel dans l'appareil. A la température de 700 degrés, et sous cette pression fortement diminuée, le bioxyde de baryum se dissocie et fournit un dégagement d'oxygène :

$$BaO^2 = BaO + O.$$

L'oxygène, ainsi extrait par la pompe, est refoulé dans des cylindres en acier, où il est comprimé à 120 atmosphères. C'est à cet état qu'on le livre au commerce.

On voit que la baryte, régénérée par suite du départ de l'oxygène, est apte à se transformer de nouveau en bioxyde de baryum, sous l'action d'un courant d'air. L'opération est donc continue, la même baryte pouvant être soumise, pendant plusieurs années, à l'action alternative du courant d'air et de la pompe, tout en restant constamment maintenue à la température de 700 degrés.

124. Propriétés physiques. — L'oxygène est un gaz incolore, inodore, insipide. Sa densité, par rapport à l'air, est égale à 1,1056; par rapport à l'hydrogène, elle est égale à 16.

Il est très peu soluble dans l'eau. Son coefficient de solubilité est de 0,011 à 0 degré.

Certains solides à l'état de fusion (*argent, or, litharge*) peuvent le dissoudre en grande quantité. L'argent fondu en absorbe 22 fois son volume. Le gaz se dégage brusquement au moment de la solidification.

L'oxygène a été condensé, en 1877, par M. Cailletet, et par M. Pictet, en un liquide incolore, dont la densité est un peu inférieure à celle de l'eau. Ce liquide bout à — 181 degrés, sous la pression de 740 millimètres. La température critique est de — 118 degrés.

125. Propriétés chimiques. — L'oxygène est le plus électronégatif de tous les éléments : la décomposition de ses composés par la pile le porte toujours au pôle positif.

Son activité chimique est telle, qu'il peut entrer en combinaison avec tous les corps simples, sauf le fluor. L'union est susceptible de se produire directement avec tous les métalloïdes, sauf le fluor, le chlore, le brome et l'iode, avec tous les métaux, sauf l'or, le platine et les métaux de la même famille. Dans le plus grand nombre des cas, la combinaison est accompagnée d'un dégagement de chaleur.

Lorsque le développement de chaleur est considérable, que, de plus, la réaction a une courte durée, la température s'élève beaucoup, une incandescence se manifeste : on a ce qu'on nomme une *combustion vive*.

Si, au contraire, la quantité de chaleur produite est faible, ou si la durée de la réaction est assez grande pour que cette chaleur se perde progressivement par rayonnement, la température s'élève peu ; il n'y a point d'incandescence : la *combustion* est dite *lente*.

Dans l'un et l'autre cas, combustion vive ou lente, les phénomènes ont lieu tout aussi bien dans l'air que dans l'oxygène. Ils ont toutefois, dans l'oxygène, une activité plus grande.

126. *Action sur les métalloïdes.* — La plupart des métalloïdes sont combustibles ; préalablement enflammés, ils brûlent avec incandescence dans l'air ou dans l'oxygène. L'*hydrogène* donne de l'eau H^2O ; le *soufre* donne l'anhydride sulfureux SO^2 ; le *phosphore*, l'anhydride phosphorique Ph^2O^5 ; le *carbone*, l'anhydride carbonique CO^2.

Le *soufre*, le *phosphore* et le *carbone*, notamment, brûlent très vivement dans un flacon plein d'oxygène. La flamme du phosphore est surtout éblouissante.

Dès la température ordinaire, ce dernier corps éprouve dans l'air une combustion lente, qui le rend lumineux dans l'obscurité. Avec la fine poussière qu'on obtient en arrosant une feuille de papier avec une dissolution de phosphore dans le sulfure de carbone, l'élévation de la température qui résulte de la combustion lente est suffisante pour déterminer rapidement une inflammation spontanée.

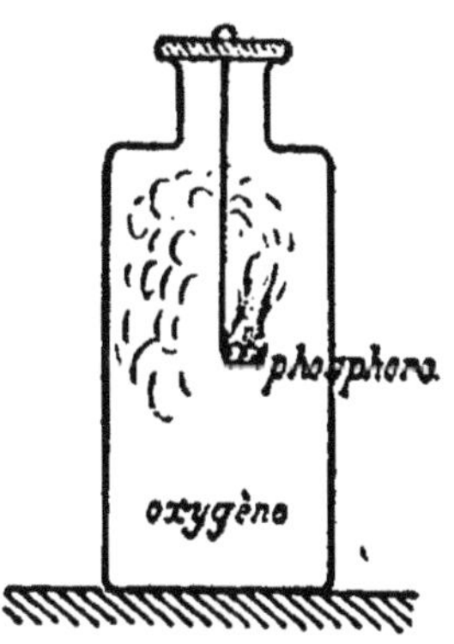

COMBUSTION DU PHOSPHORE DANS L'OXYGÈNE. — Le *phosphore* brûle très vivement dans l'oxygène, avec une flamme très éclatante : il se produit de l'anhydride phosphorique.

127. *Action sur les métaux.* — Les métaux sont aussi combustibles ; beaucoup brûlent avec incandescence dans l'air, et surtout dans l'oxygène. C'est le cas du *potassium*, du *sodium*, du *zinc*, du *fer*, du *magnésium*. Il se forme toujours des oxydes.

Un fragment de *potassium*, placé dans une coupelle, puis enflammé et introduit dans un flacon plein d'oxygène, y brûle très vivement.

Un ressort de montre enroulé en spirale se comporte de même. Pour faire l'expérience, il suffit de tremper l'extrémité de la spirale dans du soufre fondu, d'allumer le soufre et d'introduire le tout dans l'oxygène. Le *fer* s'allume, et brûle en lançant des milliers d'étincelles; l'oxyde Fe^3O^4, qui prend naissance, fond et tombe en gouttelettes assez chaudes pour s'incruster dans le fond du flacon. La combustion a lieu encore dans l'air, lorsque le métal est porté au rouge blanc et martelé sur l'enclume.

Le *zinc*, l'*antimoine*, chauffés au rouge vif dans un creuset, et versés d'une certaine hauteur sur le sol, brûlent avec incandescence. Un fil de *magnésium* enflammé à son extrémité se comporte de même : la flamme a un éclat éblouissant.

D'autres métaux, *plomb, cuivre, mercure,* s'oxydent rapidement, mais sans incandescence, lorsqu'on les maintient à température élevée dans un courant d'oxygène ou d'air.

Dans l'air humide, la plupart des métaux subissent à la température ordinaire une combustion lente, sans élévation appréciable de la température. Telle est l'oxydation du *fer*, de laquelle résulte la rouille $2Fe^3O^4,3H^2O$, celle du *plomb*, de l'*étain*, du *zinc*, du *cuivre*, dans laquelle intervient l'anhydride carbonique de l'air, et qui donne naissance au carbonate de cuivre hydraté, ou *vert-de-gris*.

Quelques métaux enfin qui, dans les circonstances ordinaires, ne se ternissent que très lentement à l'air, se combinent énergiquement avec l'oxygène, même avec incandescence, lorsqu'ils sont dans un grand état de division. Ils sont alors *pyrophoriques*. C'est le cas du *plomb* obtenu par la calcination en vase clos de son tartrate; c'est le cas du *fer* pulvérulent qu'on prépare en décomposant au rouge l'oxyde de fer par un courant d'hydrogène.

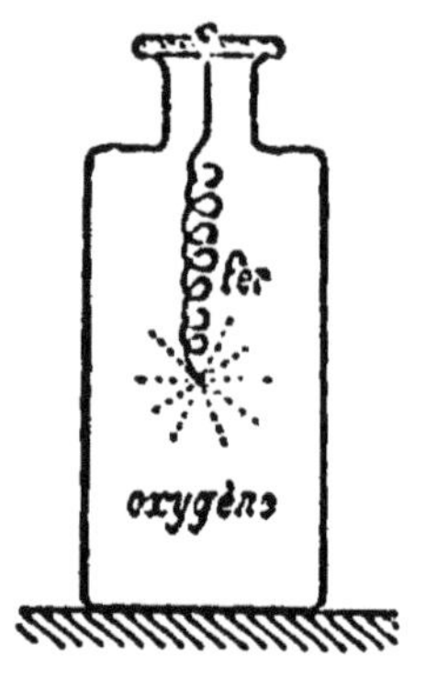

COMBUSTION DU FER DANS L'OXYGÈNE. — Le *fer* brûle vivement dans l'oxygène, avec de brillantes étincelles : il se forme de l'oxyde magnétique de fer.

128. *Action sur les corps composés.* — Un nombre considérable de corps composés sont combustibles.

On peut dire, d'une manière générale, que tout composé dont les deux éléments sont combustibles est lui-même combustible. Chaque élément brûle comme s'il était seul. C'est le cas des *sulfures métalliques*, de l'*acide sulfhydrique*, des *hydrogènes phosphorés*, des *carbures d'hydrogène*.

Les *matières organiques*, renfermant du charbon, de l'hydrogène et de l'oxygène, sont dans le même cas : leur combustion complète donne de l'anhydride carbonique et de l'eau.

Beaucoup de composés sont combustibles, quoiqu'un seul de

leurs éléments le soit. Tels sont l'*ammoniaque*, l'*oxyde de carbone*.

Les oxydations lentes des corps composés au contact de l'air se produisent à chaque instant dans la nature et dans les laboratoires. L'*oxyde azotique* AzO se transforme en *peroxyde d'azote* AzO²; les *sulfures* produisent des *sulfates*; l'*alcool* se transforme en *acide acétique*.

Ces réactions sont souvent activées par l'intervention de l'effluve électrique ou de la mousse de platine.

120. *Caractères et dosage de l'oxygène dans les mélanges gazeux.* — L'oxygène, à l'état de pureté, ou mélangé d'une faible proportion d'un gaz inerte, se reconnaît à la propriété qu'il a de rallumer un charbon ne présentant plus que quelques points en ignition.

La présence d'une petite quantité de ce gaz dans un mélange est mise en évidence par l'introduction de quelques bulles d'oxyde azotique : on remarque alors une coloration rouge, due à la formation de peroxyde d'azote.

Si l'on veut déterminer la proportion qui s'en trouve dans le mélange, on le traite par un corps capable d'absorber l'oxygène, sans réagir sur les autres gaz.

Parmi les absorbants le plus souvent employés, citons la *tournure de cuivre* arrosée *d'ammoniaque*; le *phosphore*, à froid ou à chaud; la solution *alcaline de pyrogallate de potassium*.

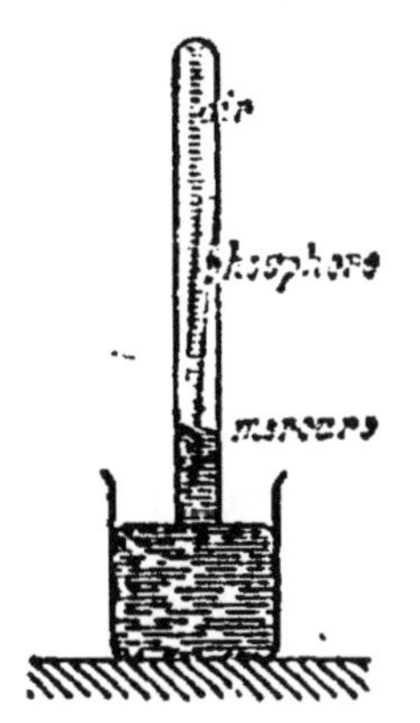

DOSAGE DE L'OXYGÈNE DANS LES MÉLANGES GAZEUX. — On absorbe l'oxygène par le phosphore.

130. Rôle et usages de l'oxygène. — Le rôle de l'oxygène de l'air est prépondérant dans la nature. La plupart des altérations, désagrégations, fermentations, putréfactions des matières organiques d'origine animale ou végétale, sont accompagnées d'oxydations lentes, desquelles résultent un dégagement d'anhydride carbonique ou de vapeur d'eau, ou la formation de composés plus complexes.

L'oxydation des matières organiques est généralement favorisée par la lumière; plus souvent elle est la conséquence de l'action des *ferments* vivants, animaux ou végétaux.

L'oxygène est donc, dans tous les cas, l'agent essentiel de la destruction des matières organiques, mais il n'est pas moins indispensable à leur formation. Dans la germination des graines, comme dans la respiration des animaux, il se porte sur une partie des matières alimentaires, les brûle lentement, et produit la chaleur nécessaire à la vie.

Lavoisier a établi, en 1777, le rôle de l'oxygène dans la *respiration*. Le sang arrive dans les poumons; il y trouve l'oxygène de l'air, qu'il traîne avec lui dans le torrent de la circulation. Grâce à cet oxygène, il se produit dans toutes les parties des corps une combustion lente de l'hydrogène et du charbon, combustion qui a pour premier rôle de faire disparaître les cellules vieillies et de les rejeter à l'extérieur à l'état de vapeur d'eau et d'anhydride carbonique. Lorsque le sang revient aux poumons, il abandonne ces impuretés pour prendre une nouvelle provision d'oxygène.

La chaleur développée dans cette combustion lente maintient le corps à une température notablement supérieure à la température extérieure. Elle fournit l'énergie nécessaire à l'accomplissement de tous les travaux intérieurs et extérieurs.

Enfin nous utilisons directement l'oxygène de l'air. C'est l'agent principal de toutes les combustions vives, desquelles nous retirons la chaleur et la lumière artificielles.

Nous le faisons intervenir dans la fabrication de divers composés : anhydride sulfureux, anhydride carbonique, acide sulfurique, acide acétique, oxyde de zinc, oxyde de plomb....

A l'état de pureté il est employé en médecine; il sert, dans l'industrie et les laboratoires, à entretenir la combustion de l'hydrogène et du gaz d'éclairage, en vue d'obtenir des températures très élevées. Ces usages de l'oxygène deviendraient plus importants si on pouvait préparer ce gaz à très bas prix.

131. Ozone. — L'oxygène, qui est ordinairement inodore, acquiert, dans certaines circonstances, une odeur caractéristique. On a donné à cette *modification allotropique* de l'oxygène le nom d'*ozone* (du grec ὄζω, je sens).

L'ozone prend naissance dans un grand nombre de circonstances. Il s'en forme de petites quantités dans l'oxydation lente du phosphore au contact de l'air, dans la décomposition de l'eau par la pile, dans l'action des étincelles électriques sur l'oxygène. L'odeur particulière qui se répand autour d'une machine électrique en plein fonctionnement est celle de l'ozone.

Mais c'est par l'action de l'*effluve électrique* que l'on obtient la plus grande quantité d'ozone. Un courant d'oxygène, circulant entre deux lames de verre mises en communication avec les deux pôles d'une bobine d'induction, acquiert une très forte odeur.

L'ozone n'a pas été préparé à l'état de pureté. Il est toujours mélangé à une très forte proportion d'oxygène. On a pu cependant constater que c'est un gaz comme l'oxygène. Mais il est odorant, légèrement bleu, liquéfiable par l'action combinée d'un grand froid et d'une forte pression. Il est fort instable; la chaleur le détruit, en donnant naissance à de l'oxygène ordinaire, avec *augmentation de volume* : l'ozone est donc de *l'oxygène condensé.*

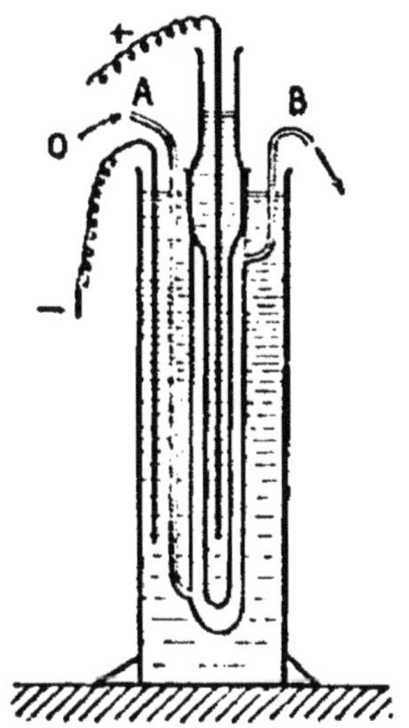

PRÉPARATION DE L'OZONE. — *L'oxygène* entre par le tube A et sort par le tube B, *ozonisé* par l'action de *l'effluve.* L'effluve est produit par une bobine *d'induction*, communiquant avec deux lames de platine plongées dans l'acide sulfurique qui remplit l'éprouvette intérieure et l'éprouvette extérieure.

Il est remarquable surtout par ses propriétés oxydantes. Tandis que l'oxygène ne se combine le plus souvent aux matières combustibles que sous l'influence d'une température élevée, l'ozone, au contraire, réagit à la température ordinaire. Ainsi le soufre, le phosphore, certains métaux, se combinent rapidement avec l'ozone sans qu'on soit forcé de les chauffer. De même beaucoup de matières organiques sont oxydées et détruites par l'ozone; si on fait passer de l'ozone dans un tube de caoutchouc, ce tube est rapidement percé.

Il existe de l'ozone dans l'air, résultant de l'action de l'électricité atmosphérique, et des combustions lentes dont la surface du globe est constamment le siège. On constate la présence de l'ozone dans l'air à l'aide d'un morceau de papier humide imprégné *d'oxyde de thallium*; ce papier brunit peu à peu au contact de l'air, par suite d'une oxydation due à l'ozone, oxydation qui donne du *peroxyde de thallium* noir.

Le rôle de l'ozone de l'air est peut-être considérable. Il contribue sans doute à la destruction des germes au moyen desquels se propagent certaines fermentations et diverses maladies épidémiques.

III. — EAU

$$H^2O = 18$$

132. Jusqu'au xviiie siècle on a considéré l'eau comme un corps simple, un des quatre *éléments.* De 1776 à 1784, un grand nombre de chimistes (Macquer, Priestley, Cavendish, Watt, Monge,...) constatèrent que l'eau prend naissance dans la combustion de l'hydrogène, et que l'oxygène est indispensable à cette combustion. Lavoisier, enfin, établit définitivement que l'eau est une combinaison d'oxygène et d'hydrogène. Les travaux de Gay-Lussac, de Humboldt, de Dumas fixèrent les rapports volumétriques et pondéraux suivant lesquels se fait la combinaison.

Aucun corps composé n'est aussi répandu dans la nature.

133. Propriétés physiques. — Nous insisterons peu sur les propriétés physiques de l'eau, qu'on étudie d'ordinaire très longuement dans les cours de physique.

L'eau se rencontre dans la nature sous les trois états : solide, liquide, gazeux. Elle est sensiblement insipide, inodore et incolore, à moins qu'elle ne renferme des traces de matières étrangères, qui lui communiquent une coloration appréciable, sans altérer sa limpidité.

Sous les trois états, elle possède une chaleur spécifique considérable, égale à 0,50 pour la glace, à 1 pour l'eau, à 0,48 pour la vapeur.

Même par les froids les plus vifs, l'eau possède une tension maximum de vapeur appréciable. Aussi rencontre-t-on la vapeur d'eau sur tous les points du globe, au-dessous comme au-dessus de la température en congélation.

134. *Eau solide.* — Refroidie à 0 degré, l'eau se prend généralement en glace. On peut cependant la maintenir liquide, en surfusion, jusqu'à — 17 degrés.

La glace est plus légère que l'eau : sa densité est égale à 0,918. Elle flotte à la surface du liquide.

Malgré son homogénéité, la glace est un corps cristallin, formé par un enchevêtrement de cristaux, qu'on rencontre quelquefois isolés au sein des eaux courantes. Le givre, la neige, les arborescences cristallines qui recouvrent parfois les vitres de nos appartements, nous montrent que la forme de ces cristaux dépend du quatrième système cristallin, le système hexagonal.

135. *Eau liquide.* — La fusion de la glace, qui se produit à 0 degré, consomme une quantité de chaleur égale à 80 calories par kilogramme. Aucun autre corps n'a une chaleur latente de fusion aussi considérable.

Jusqu'à la température de 4 degrés, la contraction qui avait accompagné la fusion se continue. A cette température, l'eau présente un maximum de densité. Le poids de 1 centimètre cube d'eau à 4 degrés a été pris pour unité de poids dans notre système métrique.

Un grand nombre de solides et de gaz sont capables de se dissoudre dans l'eau en plus ou moins grandes proportions.

136. *Eau gazeuse.* — A toute température, l'eau peut exister à l'état gazeux; la tension maximum de sa vapeur croît très rapidement quand la température s'élève. Le passage de l'état liquide à l'état gazeux s'effectue, soit par évaporation, à toute température, soit par ébullition, à température fixe sous pression constante.

Mais, dans tous les cas, la quantité de chaleur nécessaire pour effectuer la transformation est sensiblement la même, voisine de 540 calories par kilogramme.

La densité de la vapeur d'eau, prise par rapport à l'air, est égale à 0,622. Par rapport à l'hydrogène elle est égale à 9.

137. Propriétés chimiques. — L'eau est décomposable par la *chaleur* et par l'*électricité*.

La décomposition par la chaleur est difficile et toujours très

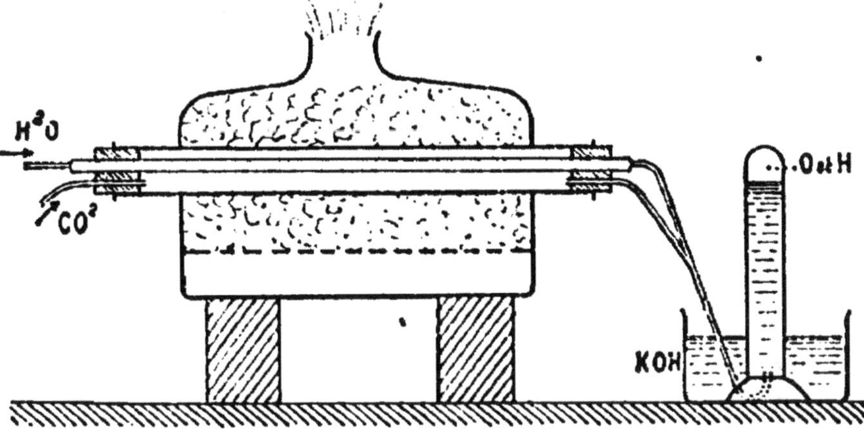

DISSOCIATION DE L'EAU. — Un courant de *vapeur d'eau* traverse le tube intérieur, qui est poreux; un courant d'anhydride carbonique traverse le tube enveloppe, non poreux. Une partie de l'*hydrogène* provenant de la dissociation de l'eau traverse le tube poreux, et est entraîné par le courant d'anhydride carbonique; la plus grande partie de l'*oxygène* reste dans le tube poreux. A la sortie, le gaz carbonique est absorbé par une dissolution de potasse, la vapeur d'eau non dissociée se condense, et on recueille dans l'éprouvette une petite quantité de mélange détonant.

incomplète : c'est une *dissociation*, qu'on ne peut mettre en évidence que par des dispositions particulières (**84**).

Une dissociation analogue se produit quand on fait passer une longue série d'étincelles électriques à travers la vapeur d'eau.

Nous verrons que, au contraire, la décomposition par le courant voltaïque est complète.

138. *Action des métalloïdes.* — Plusieurs métalloïdes décomposent l'eau, à une température plus ou moins élevée.

Les uns, comme le *charbon*, agissent en vertu de leur affinité pour l'oxygène :

$$H^2O + C = CO + 2H.$$

Les autres, comme le *chlore*, mettent l'oxygène en liberté et se combinent avec l'hydrogène :

$$H^2O + 2Cl = 2HCl + O.$$

Les autres, enfin, s'unissent à la fois aux deux éléments de l'eau. Tels sont le *soufre* et le *phosphore*.

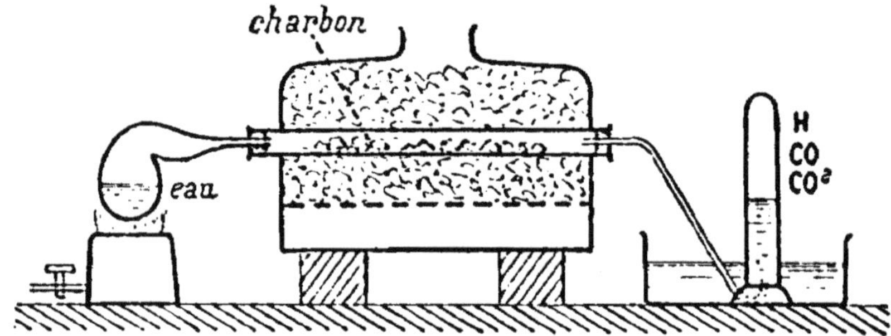

Décomposition de l'eau par le charbon. — *La vapeur d'eau* passe sur du *charbon* contenu dans un tube de porcelaine chauffé au rouge. On obtient un mélange d'hydrogène et d'oxyde de carbone, avec un peu d'anhydride carbonique.

Nous reviendrons sur ces décompositions dans l'étude du *charbon*, du *chlore*....

139. *Action des métaux.* — Les métaux ont peu de tendance à s'unir à l'hydrogène ; ils agissent uniquement en vertu de leur affinité pour l'oxygène. Ceux dont la chaleur d'oxydation est supérieure à la chaleur de combustion de l'hydrogène décomposent surtout l'eau facilement, à une température qui n'est pas très élevée.

Pour les *métaux alcalins*, la réaction se traduit par un grand dégagement de chaleur ; elle a lieu dès la température ordinaire.

$$K + H^2O = KOH + H.$$

Un fragment de *potassium* introduit dans une éprouvette pleine de mercure, retournée sur le mercure, et renfermant un petit peu d'eau à sa partie supérieure, fournit aussitôt un dégagement d'hydrogène, avec de la potasse caustique KOH, qui se dissout dans l'excès d'eau.

Si on se contente de jeter le fragment de potassium sur l'eau contenue dans une terrine, la réaction est la même; mais l'hydrogène qui se dégage s'enflamme au contact de l'air, et brûle avec une flamme à laquelle des vapeurs de potassium communiquent une vive coloration rouge.

Le *magnésium*, légèrement chauffé, brûle avec éclat dans un courant de vapeur d'eau.

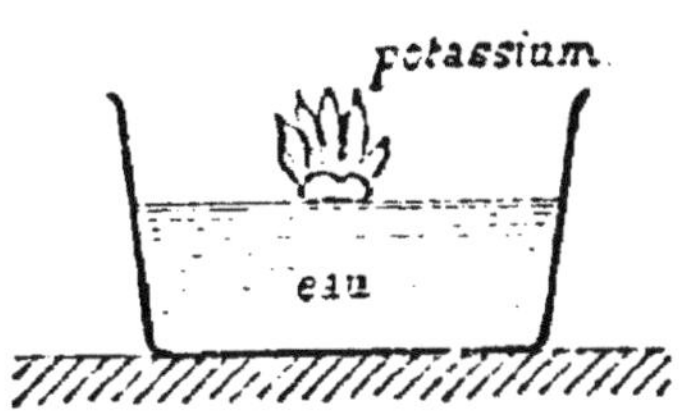

Décomposition de l'eau par le potassium. — Le *potassium*, placé sur l'eau, en détermine immédiatement la décomposition, avec un grand dégagement de chaleur.

Avec le *fer* et le *zinc*, la décomposition n'a lieu qu'à la température du rouge.

Enfin l'eau peut être décomposée au rouge blanc par les

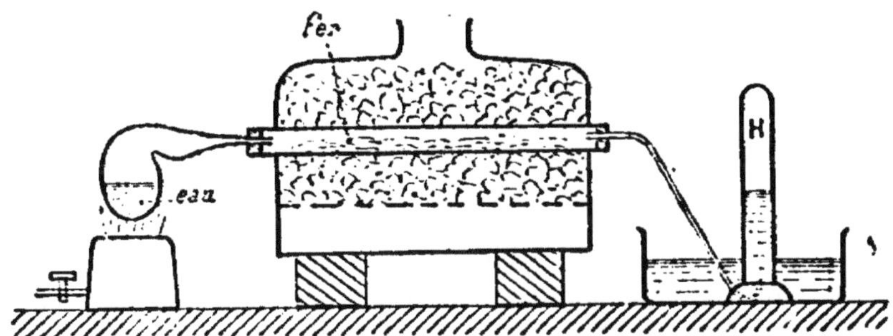

Décomposition de l'eau par le fer. — La *vapeur d'eau* est décomposée au rouge par le fer. Il se dégage de l'*hydrogène*, et il reste dans le tube de l'oxyde de fer.

métaux moins avides d'oxygène, comme l'*étain*, le *cuivre*, le *plomb*.

140. *Rôle chimique de l'eau.* — L'eau est le type des composés indifférents. Elle se combine avec les corps les plus divers pour former des hydrates.

Vis-à-vis des *anhydrides*, elle joue le rôle de base, et transforme ces anhydrides en acides; la combinaison a lieu le plus souvent avec dégagement de chaleur :

$$SO^3 + H^2O = SO^4H^2.$$

Vis-à-vis des *oxydes basiques*, l'eau joue, au contraire, le rôle d'acide, et transforme les oxydes basiques en bases ; là encore l'union se fait avec dégagement de chaleur :

$$CaO + H^2O = CaO^2H^2.$$

L'eau entre aussi fréquemment dans la constitution des sels, soit à l'état d'*eau de cristallisation*, chassée à la température de 100 degrés, soit à l'état d'*eau de constitution*, ne partant qu'à une température plus élevée.

141. Analyse de l'eau. — En 1784, Lavoisier et Meusnier établirent pour la première fois la composition de l'eau, par l'analyse, en décomposant sa vapeur par le fer chauffé au rouge.

En 1800, Carlisle et Nicholson décomposèrent l'eau par la pile. L'expérience peut être aisément répétée, à l'aide du *voltamètre*, dans lequel on place de l'eau, rendue conductrice par adjonction d'un peu d'acide sulfurique. Le courant d'une pile de quelques éléments décompose l'eau en *oxygène*, qui se rend au pôle positif, et *hydrogène*, qui se rend au pôle négatif. Le volume de l'hydrogène est double de celui de l'oxygène.

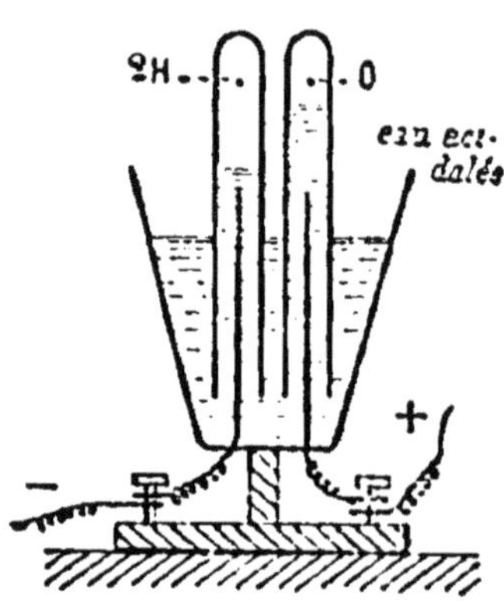

DÉCOMPOSITION DE L'EAU PAR LA PILE. — *L'hydrogène* se rend au pôle négatif, et l'oxygène au pôle positif.

L'*équation des poids* montre que le volume de la vapeur d'eau est égal au volume de l'hydrogène qu'elle renferme :

$$x \times 0,622 = 1 \times 1,1056 + 2 \times 0,0695 ;$$

d'où l'on tire sensiblement $x = 2$.

142. Synthèse de l'eau. — Lavoisier et Laplace d'abord, puis Lavoisier et Meusnier, établirent que la combustion de l'hydrogène dans l'air ou l'oxygène fournit de l'eau, et pesèrent les gaz qui entrent dans la combinaison.

Des recherches plus précises furent entreprises en 1804 par Gay-Lussac et Humboldt à l'aide de la *méthode eudiométrique*. Nous avons indiqué (**98**) comment on répète aujourd'hui la synthèse eudiométrique de l'eau. On démontre ainsi que 2 volumes d'hydrogène se combinent à 1 volume d'oxygène pour former de l'eau.

L'équation des poids permet de calculer le volume de la vapeur d'eau formée, volume qui est égal à 2.

Mais on peut aussi montrer expérimentalement ce fait, en opérant dans des conditions telles que la vapeur ne se condense pas, et qu'on puisse, par suite, mesurer son volume.

Pour cela on n'a qu'à entourer l'eudiomètre d'un manchon de verre, dans lequel on fait circuler un courant de vapeur d'*alcool amylique*, qui maintient l'eudiomètre à la température de 130 degrés. On mesure les volumes de gaz à cette température élevée, et sous une pression inférieure à la pression atmosphérique, mais la même pour les deux. On y arrive aisément en enfonçant l'eudiomètre dans une cuvette profonde, de telle manière que la hauteur de la colonne de mercure soulevée soit invariable. Lorsque l'étincelle fait détoner le mélange, la vapeur d'eau ne se condense pas ; son volume, mesuré à la température du manchon, et sous la pression primitive, se trouve égal à celui de l'hydrogène.

143. *Synthèse par les poids.* — Les pesées sont généralement susceptibles d'une précision plus grande que les mesures de volumes. C'est par les pesées qu'ont opéré d'abord Berzélius et Dulong, puis Dumas.

On fait arriver un courant d'hydrogène sur de l'oxyde de cuivre porté au rouge. L'oxyde est réduit ; la diminution de poids qu'il éprouve donne le poids de l'oxygène qui s'est combiné avec l'hydrogène.

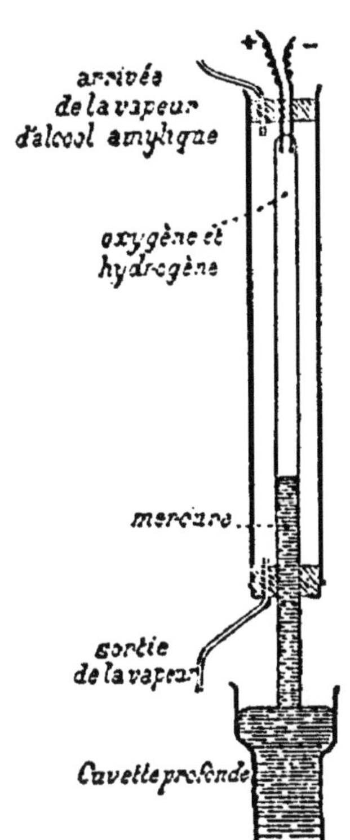

ANALYSE DE L'EAU PAR L'EUDIOMÈTRE, AU-DESSUS DE 100 degrés. — En opérant au-dessus de 100 degrés, la *vapeur d'eau* ne se condense pas, et l'on constate que son volume est égal à celui de l'*hydrogène*.

On recueille, d'autre part, l'eau formée et on la pèse : le poids de l'hydrogène est obtenu par différence.

L'hydrogène, préparé par l'action de l'acide sulfurique sur le zinc, est préalablement purifié et desséché (**106**). Le gaz pur et sec se rend dans un ballon contenant de l'oxyde de cuivre, chauffé avec une lampe à alcool. A la suite vient un second ballon, froid, et des tubes dessiccateurs, destinés à condenser et à absorber la totalité de l'eau produite.

Pour opérer, on fait passer un courant d'air sec dans l'appareil, afin d'en chasser l'humidité, puis on fait la tare, sur une balance de précision : 1° du ballon à oxyde de cuivre, après y avoir fait le vide ; 2° de l'ensemble des appareils à condensation, pleins d'air sec. Les diverses pièces étant ensuite ajustées, on fait passer l'hydrogène, on chauffe l'oxyde de cuivre, et la réduction s'opère : elle dure de 10 à 12 heures. On laisse alors l'appareil se refroidir dans un courant d'air sec.

On reporte le ballon à oxyde de cuivre, après y avoir fait le vide, sur la balance : sa diminution de poids donne le poids de l'oxygène. On reporte sur la balance les appareils à condensation, pleins d'air sec : leur augmentation de poids donne le poids de l'eau. On a le poids de l'hydrogène par différence.

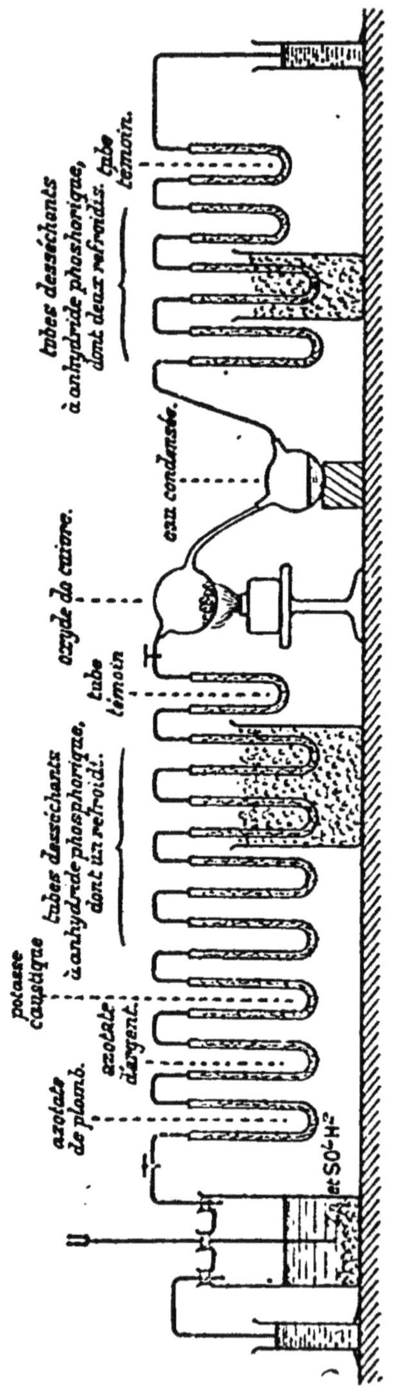

SYNTHÈSE DE L'EAU PAR LES POIDS. — L'hydrogène, purifié dans les tubes en U, ne doit pas faire varier le poids du premier tube témoin à anhydride phosphorique, ce qui indique qu'il est parfaitement sec. Quand il a traversé la seconde partie de l'appareil, il ne doit pas faire varier le poids du second tube témoin, ce qui indique que toute la vapeur d'eau produite a bien été arrêtée dans les tubes desséchants qui suivent les ballons.

144. Composition de l'eau. — Les expériences de Gay-Lussac et de Humboldt ont montré que 2 volumes de vapeur d'eau renferment 2 volumes d'hydrogène et 1 volume d'oxygène.

Les travaux de Dumas ont fait voir que 9 grammes d'eau contiennent 1 gramme d'hydrogène et 8 grammes d'oxygène.

Ces deux manières d'exprimer la composition de l'eau se déduisent naturellement l'une de l'autre. Pour s'en convaincre, il suffit de se rappeler que la densité de l'oxygène est seize fois plus grande que celle de l'hydrogène.

145. Eau à la surface du sol. — On ne rencontre jamais d'eau pure à la surface du sol. L'eau de pluie tient en dissolution ou en suspension des matières empruntées à l'air : *oxygène, azote, anhydride carbonique, ammoniaque, azotate d'ammonium*, et diverses *poussières organiques* ou *minérales.*

S'infiltrant alors dans la terre, elle dissout les substances qu'elle y rencontre, substances qui varient avec la nature des terrains traversés, mais parmi lesquelles on trouve ordinairement des *carbonates* et des *sulfates de calcium*, de *magnésium*, des *chlorures de potassium*, de *sodium* et de *magnésium*, de la *silice.*

146. Gaz en dissolution dans l'eau. — On recherche et on dose les gaz en dissolution par un procédé très simple.

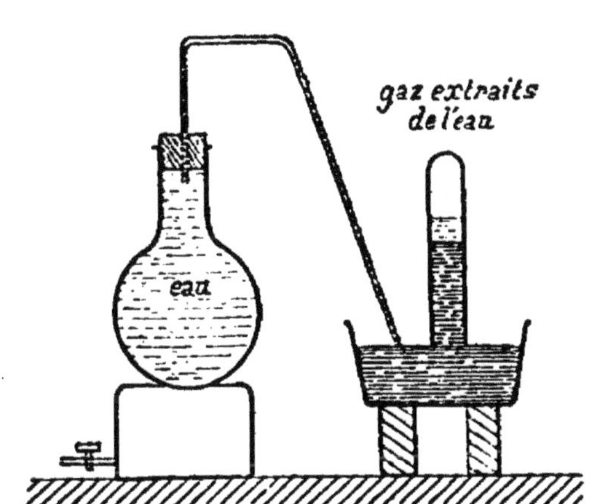

GAZ EN DISSOLUTION DANS L'EAU. — L'eau, chauffée dans un ballon entièrement rempli, laisse dégager les gaz, qu'on recueille sur le mercure.

Un ballon de 1 à 2 litres de capacité est fermé par un bouchon muni d'un tube à dégagement. Le tube est entièrement rempli de liquide, comme le ballon, et débouche dans une éprouvette placée sur la cuve à mercure. On chauffe jusqu'à l'ébullition; les gaz se dégagent et se rendent dans l'éprouvette, en même temps qu'un peu d'eau chaude qui est incapable de les dissoudre.

On analyse le mélange obtenu. L'*anhydride carbonique* est absorbé par des fragments de potasse, l'*oxygène* par le phosphore ou le pyrogallate de potassium; l'*azote* reste.

Les résultats varient dans de très larges limites avec la nature de l'eau. Un litre d'eau de pluie renferme 25 centimètres cubes de gaz, contenant 15 centimètres cubes d'azote, 7 cc. 5 d'oxygène et 0 cc. 5 d'anhydride carbonique ; un litre d'eau de Seine, 54 centimètres cubes de gaz, dont 21 d'azote, 10 d'oxygène et 23 d'anhydride carbonique.

La proportion d'oxygène en dissolution est plus forte que la proportion d'oxygène dans l'air ; l'oxygène est, en effet, plus soluble dans l'eau que l'azote.

Au point de vue de la quantité d'anhydride carbonique, il y a une différence profonde entre l'eau de pluie et l'eau courante. C'est que dans l'eau courante ce gaz se trouve non seulement à l'état de dissolution, mais encore à l'état de combinaison avec le carbonate de calcium, formant du carbonate acide soluble, que l'ébullition décompose en anhydride carbonique, qui se dégage, et en carbonate de calcium, qui se précipite.

147. Solides en dissolution dans l'eau. — Évaporée à siccité, une eau courante laisse toujours un résidu solide, qui dépasse rarement 5 centigrammes par litre, et qui est constitué par les diverses substances énumérées plus haut.

Des réactions simples permettent de constater la présence de ceux de ces sels qui se rencontrent en plus grande abondance.

Carbonates. — Les *carbonates*, et principalement le *carbonate de calcium*, se reconnaissent à l'aide d'une *solution alcoolique de bois de Campêche*, qui communique au liquide une teinte améthyste s'il y a peu de carbonate, et une teinte violette s'il y en a beaucoup. De plus, une eau riche en carbonate de calcium se *trouble par l'ébullition*, à cause du départ de l'anhydride carbonique en excès, qui seul rendait le carbonate soluble.

Sulfates. — Les *sulfates* sont dénoncés par une dissolution d'*azotate de baryum*, qui donne un précipité blanc de *sulfate de baryum*.

Chlorures. — Les *chlorures* sont mis en évidence par l'*azotate d'argent*, qui donne un précipité blanc de *chlorure d'argent*, soluble dans l'ammoniaque.

Chaux. — Les *sels de calcium*, quels qu'ils soient, se reconnaissent à l'aide de l'*oxalate d'ammonium*, qui produit un précipité blanc d'oxalate de calcium, soluble dans l'acide azotique. La présence du calcium est également mise en évidence par l'adjonction d'une *solution alcoolique de savon*. S'il y a peu de chaux, l'eau se trouble et devient opaline ; s'il y en a beaucoup, il se forme des grumeaux de savon calcaire, insoluble.

L'eau distillée ne se trouble sous l'action d'aucun de ces réactifs ; elle ne laisse aucun résidu lorsqu'on la fait évaporer à siccité.

148. Eaux potables. — Les eaux potables sont celles qui peuvent servir de boisson journalière, sans qu'il résulte de leur emploi aucun trouble dans l'économie.

Une eau absolument pure, ne contenant en dissolution ni gaz ni solides, serait une eau potable.

Cependant l'observation a montré que certaines substances dissoutes, loin d'être nuisibles, rendent l'eau d'une digestion plus facile, lui communiquent un goût plus agréable, lui permettent de contribuer dans une certaine mesure à la nutrition, ce qu'elle ne ferait pas si elle était pure. Tels sont les gaz, et particulièrement l'anhydride carbonique, et, parmi les solides, le carbonate de calcium. Les eaux peu aérées sont d'une digestion difficile, elles sont dites *lourdes.*

Voici les conditions auxquelles doit satisfaire une eau pour être potable.

Une eau peut être considérée comme bonne et potable quand elle est fraîche, limpide, sans odeur; quand sa saveur est très faible, qu'elle n'est surtout ni désagréable, ni fade, ni douceâtre; quand elle contient peu de matières étrangères; quand elle renferme suffisamment d'air en dissolution; quand elle dissout le savon sans former de grumeaux, et qu'elle cuit bien les légumes.

Il faut insister sur ces deux derniers caractères. Toute eau qui laisse par la dessiccation complète un résidu solide supérieur à 5 décigrammes par litre est d'une digestion difficile : c'est une eau *dure* ou *crue.* Ces défauts s'accentuent si le dépôt renferme une notable proportion de sulfate de calcium, qui semble être particulièrement nuisible aux usages domestiques; l'eau est alors appelée *séléniteuse.*

Les eaux dures, et plus encore les eaux séléniteuses, sont impropres à la cuisson des légumes, parce que les sels calcaires se déposent pendant l'ébullition, incrustent la *légumine*, et la durcissent. Elles ne peuvent servir au savonnage, parce qu'elles décomposent le savon et forment des sels calcaires (stéarate, margarate et oléate de calcium), qui sont insolubles et se précipitent sous forme de grumeaux.

On reconnaît qu'une eau n'est ni dure ni séléniteuse lorsqu'elle cuit bien les légumes, dissout le savon sans former de grumeaux, conserve sa transparence pendant qu'on la fait bouillir, ne laisse qu'un léger résidu par l'évaporation, et n'est troublée que faiblement par les réactifs.

Les eaux séléniteuses sont tout aussi impropres aux usages industriels qu'aux usages domestiques : elles forment dans les chaudières des machines à vapeur des *incrustations* dangereuses.

Enfin, et c'est là le caractère le plus essentiel, une eau, pour être potable, doit être le plus possible exempte de matières organiques, et surtout organisées. Ces substances, en se décomposant, communiquent au liquide une odeur fétide, et le rendent pernicieux. Les organismes vivants qu'elles renferment si souvent sont l'origine d'un grand nombre de maladies épidémiques.

La présence des *matières organiques* se reconnaît à l'aide de quelques gouttes de *chlorure d'or*, qui, par l'ébullition, donnent un trouble brun, dû à la précipitation du métal pulvérulent.

149. Les eaux potables ont des qualités différentes selon leur origine.

L'eau de pluie est bien aérée; elle renferme toujours moins d'un centigramme de matières solides par litre, matières solides empruntées aux poussières de l'atmosphère. Elle contient un peu d'ammoniaque et d'acide azotique, venant aussi de l'atmosphère. Conservée dans des citernes fermées, elle peut être prise sans inconvénients comme boisson.

Les eaux provenant de la fonte des neiges, à peu près pures, sont de qualité bien inférieure, car elles sont peu aérées.

Les *eaux de sources*, ordinairement fraîches, limpides, bien aérées, sont préférables quand elles ne renferment pas trop de matières solides en dissolution.

Les *eaux de rivières* ne valent pas les eaux de sources. Elles ont une température bien plus variable, trop élevée en été, trop basse en hiver; elles sont souvent souillées de matières organiques.

Enfin les *eaux de puits* sont généralement les moins bonnes. Il leur arrive souvent d'être fortement séléniteuses. De plus, les puits sont souvent creusés trop près des habitations; ils reçoivent alors des infiltrations venant des fosses d'aisance, des écuries, des étables, et leurs eaux sont alors tout à fait malsaines.

150. Purification des eaux. — On a souvent besoin de purifier l'eau pour la rendre potable, propre aux usages domestiques et industriels.

Si elle est simplement rendue trouble par des substances terreuses en suspension, comme cela a lieu pour l'eau des rivières, on la filtre à travers des matières poreuses. Lorsqu'elle contient des substances gazeuses et organiques putrides, on les élimine par une filtration sur du charbon de bois en poudre, qui doit être renouvelé dès que son pouvoir absorbant commence à diminuer.

Le filtre Chamberland, formé de tubes en porcelaine dégourdie, que l'eau traverse quand elle est soumise à une pression suffisante, arrête tous les microbes susceptibles de donner naissance aux maladies infectieuses, et fournit par suite une boisson absolument inoffensive.

L'ébullition avec un peu de chaux permet de rendre potables les eaux trop riches en carbonate acide de calcium ; la base, saturant l'anhydride carbonique en excès, précipite le sel calcaire.

Si la matière minérale en excès est le sulfate de calcium, on traite par une dissolution de carbonate de sodium, qui donne un

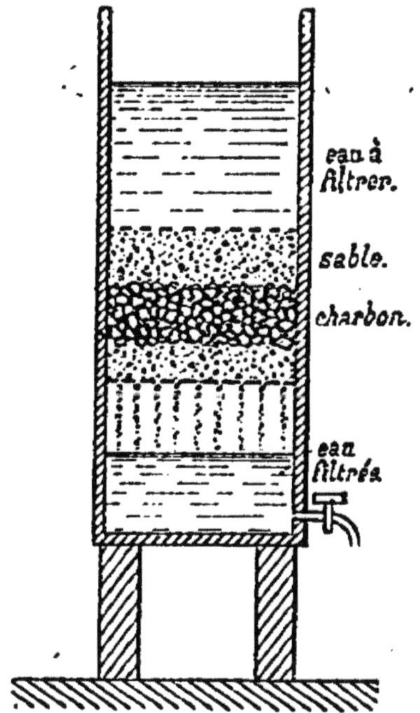

FILTRE A CHARBON. — L'eau passe à travers une couche de *charbon de bois*, comprise entre deux couches de sable. Elle est clarifiée, en même temps que les gaz infects sont absorbés.

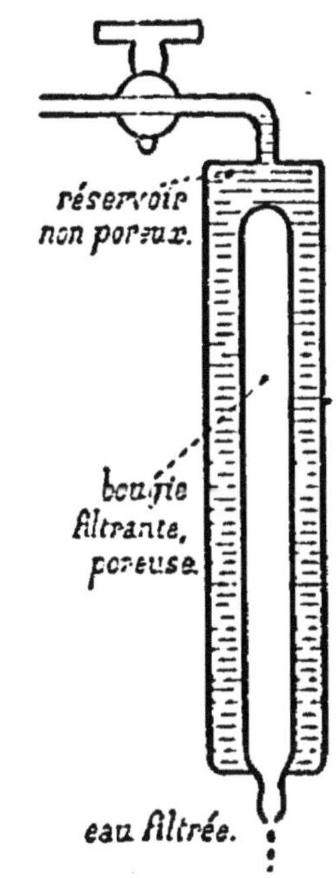

FILTRE CHAMBERLAND. — L'eau arrive dans un tuyau non poreux, qui renferme une *bougie filtrante poreuse* ; elle traverse les pores de la bougie, abandonnant les *microbes.*

précipité de carbonate de calcium, en même temps que du sulfate de sodium qui reste en dissolution : ce sel empêchera le liquide d'être potable, mais lui permettra d'être employé au savonnage.

Enfin on a toujours la ressource de la *distillation* dans l'alambic. Cette opération fournit une eau pure qui, préalablement agitée au contact de l'air, constitue une bonne boisson, fort usitée sur les navires et dans les pays où manquent les eaux potables.

151. Eaux minérales. — Sous le nom d'*eaux minérales*, on comprend toutes celles qui contiennent assez de substances salines pour être sapides, exercer une action marquée sur l'économie animale et devenir de puissants moyens de guérison.

La température, comme la composition chimique des eaux minérales, varie beaucoup. On y rencontre presque toutes les substances appartenant aux formations géologiques qu'elles traversent.

On les divise en *eaux minérales froides*, dont la température est inférieure à 20 degrés, et *eaux minérales chaudes*, ou *thermales*.

L'eau de mer contient plus de 36 grammes de matières solides en dissolution par litre (chlorure de sodium, sulfates de magnésium et de calcium, bromures et iodures de potassium et de sodium, etc.). C'est la plus importante des eaux minérales.

IV. — AZOTE

$$Az = 14.$$

152. L'azote se rencontre à l'état libre dans l'air. Il entre dans la constitution d'un grand nombre de matières organiques végétales et surtout animales.

Il a été isolé et étudié en 1722 par Rutherford. Lavoisier lui a donné son nom (du grec : *a*, privatif, *zoè*, vie).

153. Préparation. — On peut extraire l'azote de certains corps composés qui le renferment; mais on le retire le plus souvent de l'air, dont on absorbe l'oxygène par le phosphore ou le cuivre.

Par l'air et le phosphore. — Dans une coupelle, flottant sur l'eau au moyen d'un bouchon de liège qui la supporte, on place un peu de *phosphore*. On allume et on recouvre la coupelle d'une grande cloche pleine d'air. Le phosphore brûle, produisant des fumées blanches d'anhydride phosphorique. Lorsqu'il est éteint, et que les fumées se sont dissoutes dans l'eau, il ne reste plus sous la cloche que de l'azote à peu près pur.

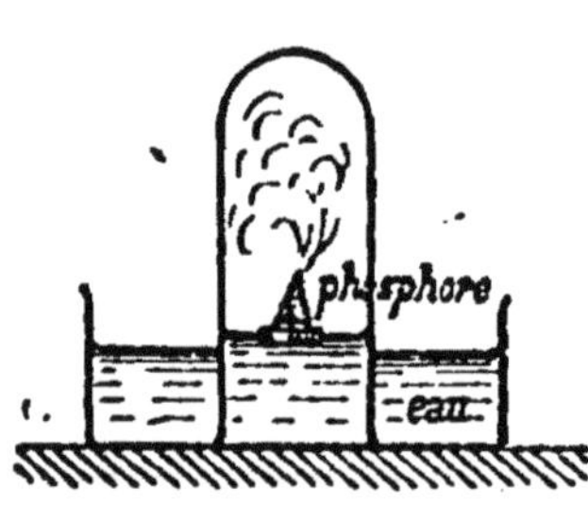

PRÉPARATION DE L'AZOTE PAR L'AIR ET LE PHOSPHORE. — Le phosphore, en brûlant sous une cloche, absorbe l'oxygène et laisse de l'azote.

154. *Par l'air et le cuivre au rouge.* — Quand on a besoin d'un courant régulier d'azote, on absorbe l'oxygène de l'air par le *cuivre* chauffé au rouge.

L'air renfermé dans un gazomètre ou dans un grand flacon en est chassé par l'eau d'une fontaine. Il passe dans un tube en V renfermant une dissolution de potasse destinée à retenir l'anhydride carbonique, puis traverse un tube de verre peu

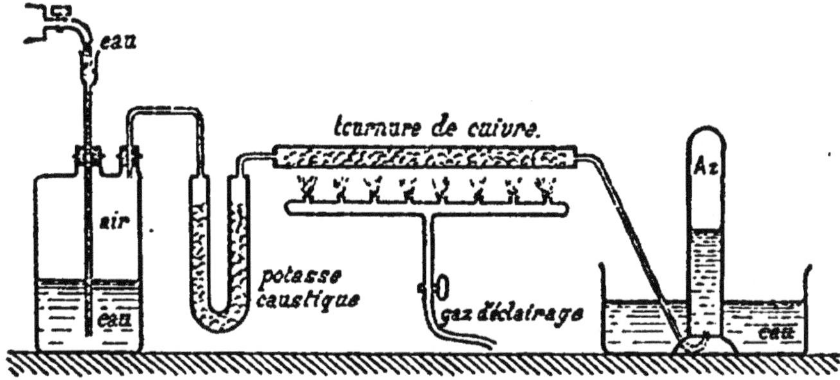

PRÉPARATION DE L'AZOTE PAR L'AIR ET LE CUIVRE. — L'air, chassé du flacon par un courant d'eau, est débarrassé de son anhydride carbonique par un tube à potasse, puis de son oxygène par le cuivre chauffé au rouge. L'azote seul arrive dans l'éprouvette.

fusible, plein de tournure de cuivre, et chauffé au rouge. Ce tube est entouré de clinquant, pour éviter qu'il ne se déforme. L'oxygène est absorbé, et l'azote se dégage.

155. *Décomposition de l'azotite d'ammonium par la chaleur.* — L'azotite d'ammonium, que l'on trouve dans le commerce à l'état

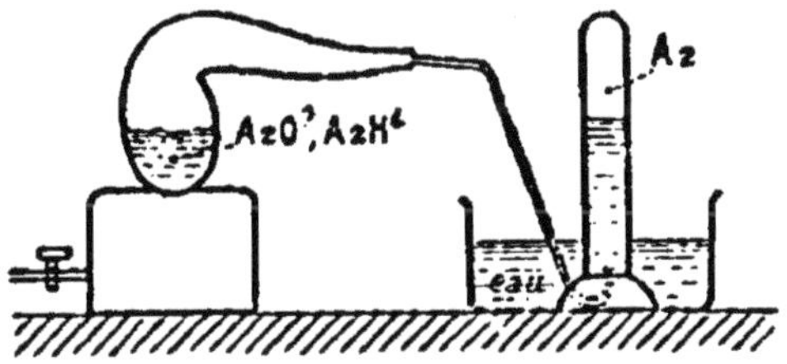

PRÉPARATION DE L'AZOTE PAR L'AZOTITE D'AMMONIUM. — L'azotite d'ammonium, doucement chauffé dans une cornue de verre, se dédouble en *eau* et *azote.*

de dissolution concentrée, donne de l'azote lorsqu'on le décompose par la chaleur dans une cornue de verre :

$$AzO^2(AzH^4) = 2Az + 2H^2O.$$

Cette décomposition par la chaleur est très facile, car elle est exothermique.

156. Propriétés physiques. — L'azote est un gaz incolore, inodore, insipide. Sa densité est 0,971 ; son coefficient de solubilité dans l'eau, à 0 degré, est égal à 0,020.

Il a été liquéfié pour la première fois par M. Cailletet. Sa température critique est —146 degrés. Il donne un liquide incolore, qui se solidifie à —214 degrés, et bout à —194 degrés sous la pression atmosphérique.

157. Propriétés chimiques. — L'azote n'est pas *combustible*. Il n'entretient ni la combustion ni la respiration. Il se distingue de l'anhydride carbonique, qui jouit des mêmes propriétés, en ce qu'il ne trouble pas l'eau de chaux, ni ne rougit la teinture de tournesol.

Quoique l'azote ne soit pas combustible, on peut cependant le combiner avec l'*oxygène*, sous l'influence de l'électricité. Un mélange de ces deux gaz, soumis à l'action d'une longue série d'étincelles électriques, donne naissance à des traces de *peroxyde d'azote* AzO^2 ; en présence d'une base, il se formerait un *azotate*. Avec l'effluve, on aurait de l'*anhydride perazotique* AzO^3.

Les étincelles électriques, agissant sur un mélange d'*azote* et d'*hydrogène*, déterminent de même la formation d'un peu d'*ammoniaque* AzH^3.

A la température ordinaire, l'azote ne se combine directement avec aucun corps. Sous l'influence de la chaleur, ses affinités sont à peine plus vives. La plupart de ses composés s'obtiennent par des réactions indirectes. Toutefois le *bore* parmi les métalloïdes, le *magnésium* parmi les métaux, s'unissent directement à l'azote quand on les chauffe dans un courant de ce gaz. Avec le bore, la combinaison est accompagnée d'une vive incandescence.

L'azote est caractérisé par ce fait qu'il est incolore, inodore, insipide, qu'il n'entretient pas la combustion, ne brûle pas, ne trouble pas l'eau de chaux et ne rougit pas la teinture de tournesol.

158. Rôle et usages de l'azote. — Malgré ses affinités si faibles, l'azote entre dans la constitution de corps de la plus haute importance, tels que l'ammoniaque et l'acide azotique. Il est aussi l'un des éléments des matières animales et végétales dites *albuminoïdes.*

L'azote, nécessaire à la formation des substances albuminoïdes, est emprunté par les animaux aux végétaux qui leur servent d'aliments ; et les végétaux le puisent dans les engrais et dans l'atmosphère.

Les usages directs de l'azote sont très restreints. Ce gaz est employé, dans quelques rares circonstances, pour soustraire les substances organiques au contact de l'air; ainsi plongées dans une atmosphère inerte, ces matières, ne pouvant fermenter, se conservent sans altération.

V. — AIR

159. Au point de vue physique, l'air est un gaz incolore, inodore, insipide, aussi difficile à liquéfier que l'oxygène et que l'azote. A 0 degré et sous la pression de 760 millimètres, il est 773 fois plus léger que l'eau; dans ces conditions, un litre d'air pèse 1^{gr},293.

Au point de vue chimique, c'est un mélange fort complexe, qui procède de tous les corps qu'il renferme. Il a surtout les propriétés distinctives de l'oxygène, qui constitue plus du cinquième de son poids.

Jusqu'à la fin du xviiie siècle, l'air fut considéré comme un élément. En 1775 Lavoisier, en France, et Scheele, en Suède, démontrèrent que l'air est principalement formé de deux gaz, l'azote et l'oxygène, qui venaient d'être découverts et isolés.

160. Expérience de Lavoisier. — Nous indiquerons la méthode d'analyse de Lavoisier, à cause de son importance historique.

Dans un petit matras à long col étaient renfermés 120 grammes de mercure; ce mercure était en contact avec un volume connu d'air, renfermé dans le matras et dans une éprouvette.

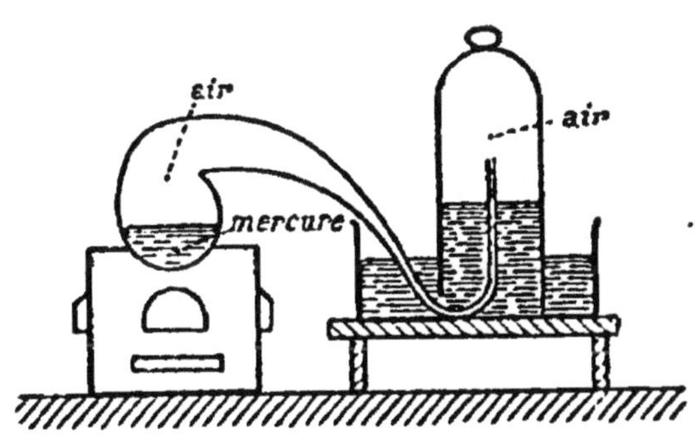

EXPÉRIENCE DE LAVOISIER. — L'*air* longtemps chauffé au contact du mercure perd tout son oxygène, qui forme de l'oxyde de mercure, et il ne reste plus que de l'azote.

Le mercure fut porté à une température voisine de l'ébullition, et maintenu longtemps à cette température. Après deux jours de chauffe, il commença à se former, à la surface du mercure, de petites parcelles rouges, qui augmentèrent rapidement en nombre et en grosseur. Au bout de douze jours, on mit fin à l'expérience. Le volume de l'air enfermé dans l'appareil, mesuré après refroidissement, fut trouvé notablement inférieur au volume primitif. Le gaz restant présentait toutes les propriétés de l'azote.

Quant aux parcelles rouges, elles furent rassemblées, puis introduites dans une très petite cornue de verre munie d'un tube à dégagement, et chauffées jusqu'au rouge. L'oxyde de mercure, décomposé, laissa dégager l'oxygène qui avait été absorbé dans l'expérience précédente.

Lavoisier vérifia enfin que les deux gaz obtenus, mélangés l'un à l'autre, reproduisaient l'air ordinaire avec toutes ses propriétés.

161. Éléments constitutifs de l'air. — L'air est un mélange fort complexe.

L'*oxygène* et l'*azote* constituent la presque totalité de son poids.

La *vapeur d'eau* et l'*anhydride carbonique* s'y trouvent aussi, d'une manière constante, mais en quantité beaucoup moindre.

La présence de la vapeur d'eau est aisée à mettre en évidence. Un vase rempli d'un mélange réfrigérant se recouvre extérieurement d'une buée provenant de l'humidité atmosphérique; les substances avides d'eau (potasse caustique, chlorure de calcium) se liquéfient quand on les abandonne à l'air, dont elles absorbent l'humidité.

La présence de l'*anhydride carbonique* se montre en abandonnant à l'air une assiette pleine d'*eau de chaux* limpide. Il se forme à la surface une croûte blanche de carbonate de calcium.

Enfin on trouve dans l'air, mais en quantité presque infiniment petite : de l'*ammoniaque*, de l'*acide sulfhydrique*, de l'*acide azotique*, de l'*ozone*, des *poussières minérales*, des *débris de matières organiques*, des *germes d'animaux* et de *végétaux microscopiques*.

Chacun des éléments si nombreux dont est constituée notre atmosphère joue certainement un rôle, plus ou moins important, dans l'équilibre de la nature.

L'oxygène intervient principalement dans la respiration des animaux et des plantes, les combustions lentes et vives; l'azote et l'acide carbonique, directement absorbés par les tissus des végétaux, servent à leur nutrition; la vapeur d'eau produit la pluie, indispensable à la végétation.

L'ammoniaque, l'acide azotique, ramenés sur le sol par les eaux pluviales, entretiennent la fertilité des terres. L'ozone, par ses propriétés comburantes énergiques, brûle et détruit une partie des miasmes qui infecteraient l'atmosphère.

Certains germes sont les agents nécessaires des fermentations et des putréfactions; d'autres déterminent et propagent les maladies infectieuses.

Nous nous occuperons uniquement, ici, de la détermination des proportions de l'azote, de l'oxygène, de la vapeur d'eau et de l'anhydride carbonique.

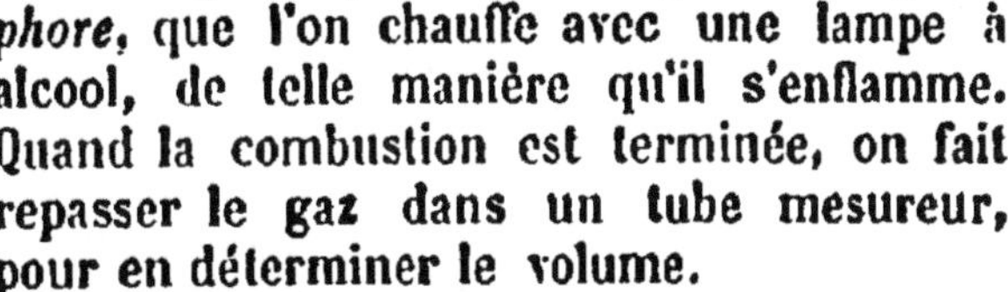

ANALYSE DE L'AIR PAR LE PHOSPHORE A CHAUD. — L'*air* chauffé au contact du *phosphore*, dans la cloche courbe, perd son oxygène ; il ne reste plus que l'azote.

162. Dosage de l'oxygène et de l'azote par les absorbants. — Toute substance capable d'absorber l'oxygène dans des circonstances convenables, sans absorber l'azote, sera susceptible de conduire à l'analyse volumétrique de l'air. Tels sont le *phosphore à froid et à chaud*, et le *pyrogallate de potassium*.

Dans la pratique de ces procédés, on néglige généralement la petite quantité d'anhydride carbonique et de vapeur d'eau qui se trouve mélangée à l'air.

Analyse par le phosphore à chaud. — Un volume connu d'air est introduit dans une cloche courbe reposant sur le mercure. On y fait passer un fragment de *phosphore*, que l'on chauffe avec une lampe à alcool, de telle manière qu'il s'enflamme. Quand la combustion est terminée, on fait repasser le gaz dans un tube mesureur, pour en déterminer le volume.

Ce procédé est d'une exécution rapide, mais il est peu précis. Le phosphore s'étein avant d'avoir absorbé complétement l'oxygène ; de plus, il est nécessaire d'opérer deux transvasements, ce qui augmente les chances d'erreur.

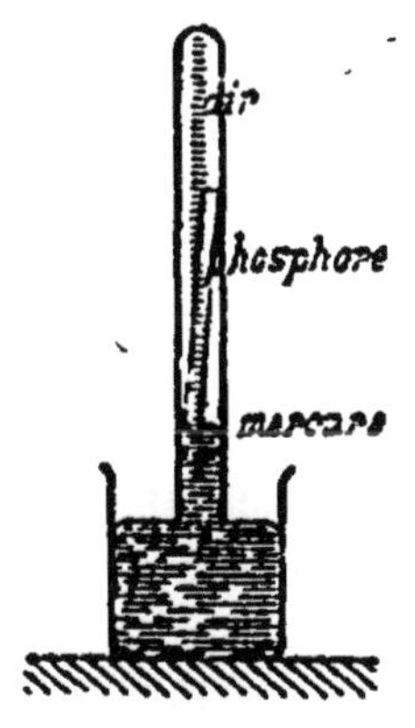

ANALYSE DE L'AIR PAR LE PHOSPHORE A FROID. — Le *phosphore* à froid absorbe lentement l'oxygène, et laisse l'azote.

163. *Analyse par le phosphore à froid.* — Dans un tube gradué, placé sur le mercure, on introduit un volume d'air, que l'on mesure. Puis on y fait passer un bâton de *phosphore* humide, et l'on abandonne l'expérience à elle-même jusqu'au lendemain. A ce moment l'absorption est terminée ; on retire le bâton et l'on mesure le volume de gaz restant.

Les résultats obtenus par cette méthode sont généralement

bons. Il n'y a pas de transvasement de gaz, et, de plus, la totalité de l'oxygène est éliminée. Quand on veut opérer avec toute la précision possible, il convient de faire subir au volume d'azote mesuré les corrections exigées par les changements de température et de pression survenus pendant la durée de l'expérience.

164. *Analyse par le pyrogallate de potassium.* — L'*acide pyrogallique*, en présence d'un *excès de potasse*, absorbe très rapidement l'oxygène, en prenant une teinte brune très foncée.

Un tube gradué, reposant sur le mercure, renferme un volume d'air déterminé. On y introduit, à l'aide d'une pipette, une dissolution de potasse caustique, puis une dissolution d'acide pyrogallique récemment préparée. On ferme le tube avec le doigt, on l'agite pendant quelques instants, et on va l'ouvrir sur la cuve à eau, pour que la dissolution brune de pyrogallate de potassium, plus lourde que l'eau, puisse s'écouler et permettre la lecture du volume restant.

C'est là la manière la plus aisée, la plus rapide et la plus exacte d'analyse par les absorbants.

165. Dosage de l'oxygène et de l'azote par l'eudiomètre. — Le corps absorbant est ici l'hydrogène. Dans l'eudiomètre on introduit 100 centimètres cubes d'*air*, puis 50 centimètres cubes d'*hydrogène*, et l'on fait passer l'étincelle électrique. On constate qu'après la détonation il ne reste plus que 87 centimètres cubes de gaz.

63 centimètres cubes de gaz ont donc disparu, formés d'oxygène et d'hydrogène, dans les proportions qui constituent l'eau, c'est-à-dire renfermant 21 centimètres cubes d'oxygène, pour 42 centimètres cubes d'hydrogène. Il y avait donc 21 centimètres cubes d'oxygène et 79 centimètres cubes d'azote dans 100 centimètres cubes d'air.

Comme vérification, on peut montrer que les 87 centimètres cubes de gaz restant sont constitués par 79 centimètres cubes d'azote et 8 centimètres cubes d'hydrogène. Pour cela, on n'a qu'à faire passer dans le tube 20 centimètres cubes d'oxygène, à lancer de nouveau l'étincelle dans le mélange, et à absorber l'excès d'oxygène à l'aide d'un bâton de phosphore. Il ne reste plus alors que 79 centimètres cubes de gaz, qui est de l'azote pur.

166. Dosage de l'oxygène et de l'azote par les poids. — Les méthodes précédentes ne sont pas très précises. Elles forcent à opérer sur des quantités d'air très petites, de telle sorte que les erreurs faites dans la lecture des volumes ont une grande valeur relative. Les variations qu'éprouvent, pendant la durée des expériences, la pression atmosphérique, la température et l'état hygrométrique du gaz intérieur, ne sont pas mesurées avec une exactitude suffisante, et deviennent aussi des causes d'erreur.

Aussi a-t-on plus de précision avec la méthode par les poids, mise en pratique par Dumas et Boussingault. On y absorbe l'oxygène par le *cuivre* chauffé au rouge.

Un ballon à robinet, vide d'air, communique avec un long tube à robinets, vide d'air aussi, mais contenant de la *tournure de cuivre*. Ce tube communique lui-même avec une série de tubes à potasse et à ponce sulfurique, destinés à retenir les petites quan-

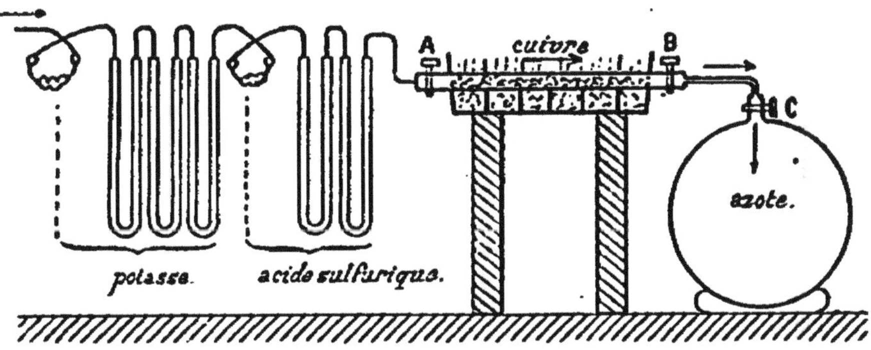

ANALYSE DE L'AIR PAR LE CUIVRE A CHAUD. — Le ballon, préalablement vide d'air, fait office d'*aspirateur*. L'air, traversant les tubes en U, y perd son anhydride carbonique et sa vapeur d'eau. L'oxygène est absorbé par le cuivre chauffé au rouge, l'azote arrive dans le ballon.

tités de vapeur d'eau et d'anhydride carbonique que renferme l'air.

On chauffe la tournure de cuivre avec une grille à charbon, et l'on ouvre progressivement, très peu, les robinets. L'air, aspiré, entre dans le tube et dans le ballon vide, abandonnant son oxygène au cuivre chauffé. La rentrée de l'air doit être assez lente pour durer plusieurs heures. Quand elle est terminée, on referme les robinets et on démonte l'appareil.

On avait taré le ballon quand il était vide; on le reporte sur la balance, plein d'azote : son augmentation de poids p représente le poids de l'azote qui est entré.

On avait taré le tube vide; on le reporte sur la balance, plein d'azote, puis on le vide de nouveau par la machine pneumatique, et on le reporte sur la balance. On a ainsi le poids p' d'azote qu'il contenait, et le poids p'' d'oxygène fixé par l'oxyde de cuivre.

Donc le poids $p + p' + p''$ d'air qui a traversé l'appareil renferme un poids $p + p'$ d'azote, et un poids p'' d'oxygène.

167. Composition de l'air en poids et en volumes. —
Les travaux de Dumas et Boussingault ont montré que l'air, privé
de sa vapeur d'eau et de son acide carbonique, renferme :

$$\text{en poids : oxygène.} \dots \dots \quad 23$$
$$\text{azote.} \dots \dots \dots \quad \underline{77}$$
$$100$$

On peut tirer de là la composition en volumes. Si, en effet, nous
désignons par x et y les volumes d'oxygène et d'azote contenus
dans 100 litres d'air, nous aurons les équations

$$x + y = 100 \quad \text{et} \quad \frac{x \times 1,1056}{y \times 0,9716} = \frac{23}{77},$$

desquelles on tire pour la composition

$$\text{en volumes : oxygène.} \dots \dots \quad 20,8$$
$$\text{azote.} \dots \dots \dots \quad \underline{79,2}$$
$$100,0$$

résultat parfaitement conforme à celui que l'on obtient directement par les absorbants et par l'eudiomètre.

Ajoutons que la composition de l'air, déterminée à diverses
époques, en divers lieux et à diverses hauteurs, s'est toujours
trouvée sensiblement la même ; on n'a observé que des variations
très faibles.

L'air est donc un mélange *homogène* et de *composition sensiblement constante*.

**168. Dosage de l'anhydride carbonique et de la vapeur
d'eau.** — Ce dosage, qui porte sur des quantités très faibles de
matières, doit être par suite très précis. Le meilleur procédé est
celui de Boussingault.

Un aspirateur en fer-blanc, d'une capacité de 50 litres au
moins, porte, à sa partie inférieure, un tuyau d'écoulement muni
d'un robinet. A sa partie supérieure, il livre passage à un long
tube, qui plonge presque jusqu'au fond, et communique avec une
série de tubes en U, renfermant : le premier, de la pierre ponce
imbibée d'*acide sulfurique* concentré (il est destiné à empêcher
l'humidité de l'aspirateur de remonter dans les autres tubes) ; les
deux suivants contiennent de la *potasse*, qui arrêtera l'anhydride
carbonique ; enfin les trois autres sont remplis de *ponce sulfurique*, pour absorber la vapeur d'eau.

L'aspirateur étant plein d'eau, on ouvre les robinets. Le liquide
s'écoule, tandis que l'air est aspiré à travers les tubes en U. Quand

l'écoulement, qui doit être très lent, est terminé, on sait qu'un volume d'air égal à la capacité de l'aspirateur a traversé les tubes absorbants. On recommence plusieurs fois la même opération.

Les tubes à potasse, tarés avant puis après l'absorption, donnent le poids p de l'anhydride carbonique; les tubes à ponce sulfurique donnent de même le poids p' de la vapeur d'eau. Le poids P de l'air soumis à l'analyse est donné par la formule :

$$P = V \times 1{,}293 \times \frac{1}{1 + 0{,}00367 \times t} \times \frac{H - F}{760},$$

dans laquelle V est la capacité de l'aspirateur, t la température

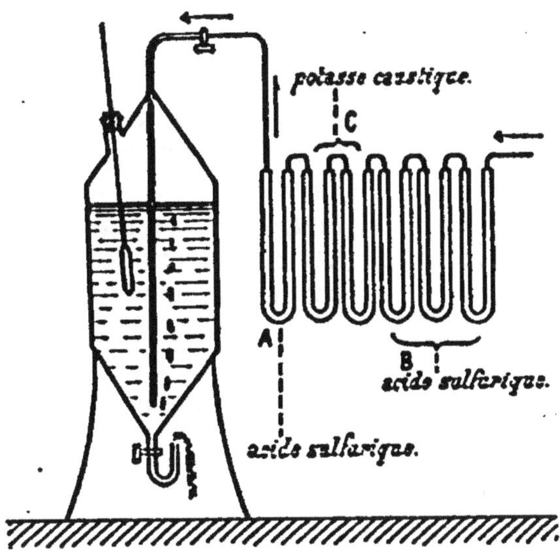

DOSAGE DE LA VAPEUR D'EAU ET DE L'ANHYDRIDE CARBONIQUE DANS L'AIR. — L'air, en pénétrant dans l'aspirateur, abandonne sa *vapeur d'eau* dans les tubes B, à acide sulfurique, et son *anhydride carbonique* dans les tubes C, à potasse caustique.

intérieure de l'aspirateur, H la pression atmosphérique et F la tension maximum de la vapeur d'eau à la température t (la différence H — F représente alors la pression de l'air sec qui s'est introduit dans l'aspirateur, où il s'est saturé d'humidité).

169. Proportions de vapeur d'eau et d'anhydride carbonique contenues dans l'air. — La quantité de vapeur d'eau que renferme l'atmosphère varie d'un point à un autre à la surface du globe; elle varie en chaque point avec la température et les conditions météorologiques. Par les grands froids, l'air peut ne renfermer que $\frac{1}{2000}$ de son poids de vapeur d'eau; dans les régions très chaudes et très humides, il y en a cent fois plus.

La proportion d'anhydride carbonique est beaucoup plus faible et beaucoup moins variable ; elle est toujours voisine de $\frac{1}{1000}$ en poids et de $\frac{1}{1000}$ en volume. Les variations sont légères. Il y a un peu plus de gaz carbonique dans les villes que dans les campagnes, à cause des respirations et des combustions qui s'y produisent. Il y en a un peu plus la nuit que le jour : on se l'explique si l'on songe que, pendant le jour, sous l'influence des rayons du soleil, les feuilles des végétaux réduisent le gaz carbonique pour fixer le charbon et·rejeter l'oxygène. Enfin on trouve moins d'anhydride carbonique dans le voisinage des mers qu'à l'intérieur des continents, après les fortes pluies que pendant les époques de sécheresse, sans doute à cause de la solubilité relativement grande du gaz carbonique dans l'eau.

170. Invariabilité de la composition de l'air. — De ce qui précède, il résulte que, relativement à l'azote, l'oxygène et l'anhydride carbonique, la composition de notre atmosphère est à peu près invariable. Les recherches les plus anciennes, comme les plus récentes, s'accordent pour démontrer que cette composition n'a pas varié d'une façon sensible depuis quarante ans.

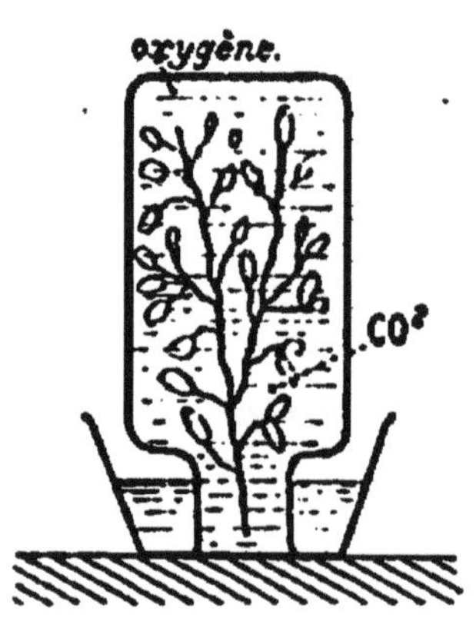

EXPÉRIENCE DE SAUSSURE. — Sous l'action de la lumière solaire, les feuilles décomposent l'anhydride carbonique de la dissolution, et dégagent de l'oxygène.

Il semble cependant que bien des causes interviennent pour diminuer les proportions d'oxygène et augmenter celles du gaz carbonique.

Ce dernier gaz existe à l'état libre dans le sol, et il se dégage par le cratère des volcans, par de nombreuses fissures, principalement dans les exploitations souterraines ; nombre d'eaux minérales en laissent échapper.

Les combustions vives de nos foyers, la respiration des hommes et des animaux, les combustions lentes qui accompagnent la fermentation et la décomposition des matières organiques, produisent chaque jour plusieurs milliards de mètres cubes d'anhydride carbonique, au détriment de l'oxygène de l'air.

Toutes ces causes réunies ne tarderaient pas à altérer la composition de l'air, si d'autres influences n'agissaient en sens inverse. Nous citerons la principale. Les parties vertes des plantes décomposent le gaz carbonique sous l'action de la lumière solaire : elles s'emparent du charbon et dégagent l'oxygène.

L'expérience de Saussure montre ce phénomène. Une branche couverte de feuilles vertes est introduite sous une cloche remplie d'une dissolution d'anhydride carbonique, et exposée au soleil. On voit les feuilles se couvrir rapidement de bulles de gaz, qui grossissent et montent. Au bout de quelques heures on a recueilli, au sommet de la cloche, plus d'un décilitre d'un gaz qui n'est autre que l'oxygène.

Il est impossible de décider si ces actions inverses se font exactement équilibre, ou si la composition de l'air varie lentement. Des analyses précises, répétées pendant une longue suite d'années, permettront seules de résoudre la question.

171. L'air est un mélange. — Bien que, au point de vue de ses deux éléments prépondérants, oxygène et azote, l'air ait une composition constante, on doit le considérer comme étant un mélange, et non une combinaison définie.

Et d'abord le rapport des volumes d'oxygène et d'azote qui entrent dans la composition de l'air n'est pas un rapport simple.

Quand on mélange l'oxygène et l'azote dans les proportions qui constituent l'air, on n'observe ni le dégagement de chaleur, ni la production d'électricité qui accompagnent d'habitude l'acte de la combinaison; on obtient cependant un gaz qui ne diffère en rien de l'air atmosphérique.

Enfin, toutes les propriétés physiques et chimiques de l'air, et notamment sa réfringence, sa faculté de liquéfaction, sa solubilité dans l'eau, sont celles d'un mélange d'oxygène et d'azote.

VI. — COMBUSTION, FLAMME

172. Combustions dans l'oxygène et dans l'air. — D'une façon générale, on désigne sous le nom de *combustion* toute combinaison chimique accompagnée d'incandescence. Mais, dans le langage ordinaire, le mot combustion est plus spécialement réservé aux combinaisons de l'oxygène avec les autres éléments. Nous emploierons ici le mot combustion dans ce sens restreint.

Les combustions dont l'oxygène est un des éléments sont très fréquentes, car elles ont lieu à chaque instant dans l'air. De plus, elles nous fournissent la chaleur et la lumière artificielles, dont nous avons besoin en maintes circonstances.

De tous temps les hommes ont connu le phénomène de la combustion, car de tout temps ils ont su faire du feu. Mais le phénomène chimique qui accompagne la combustion n'a été expliqué qu'à la fin du xviiie siècle, par Lavoisier. Pendant toute la durée du xviiie siècle, les savants adoptaient universellement la théorie de Stahl, d'après laquelle toute combustion était une *décomposition*. Pour Stahl, un métal est un corps composé; quand ce métal est calciné à l'air, qu'il brûle, il *perd* un de ses éléments, le *phlogistique*, et se transforme en un corps simple terreux : le corps que nous nommons aujourd'hui l'oxyde de cuivre était donc, pour Stahl, du cuivre *déphlogistiqué*.

Une semblable manière d'expliquer les phénomènes ne tenait aucun compte du fait de l'augmentation de poids qui accompagne toujours la combustion; car le départ du phlogistique aurait dû, au contraire, être accompagné d'une diminution de poids.

En 1774, Lavoisier démontra, par des expériences précises, que le changement des métaux en *terre* est accompagné d'une absorption de l'air. Et bientôt, fort de la découverte de l'oxygène et de la connaissance de la composition de l'air, il put établir d'une manière irréfutable que toute combustion est une oxydation : c'est l'oxygène qui alimente les combustions, comme aussi la respiration des animaux.

173. Utilisation de la chaleur de combustion. — Quand un corps combustible brûle dans l'air ou dans l'oxygène, il y a dégagement de chaleur. Cette chaleur est utilisée par nous à chaque instant.

Le tableau suivant indique la chaleur de combustion des principaux combustibles usuels. Pour l'évaluation de ces quantités de chaleur, nous avons pris le gramme comme unité de poids, et nous avons défini la calorie la quantité de chaleur nécessaire pour élever de 1 degré la température de 1 kilogramme d'eau.

Un gramme de matière développe dans sa combustion :

	Cal.		Cal.
Hydrogène.	29, 1	Alcool	7 à 10
Oxyde de carbone	2, 4	Houille.	7, 2 à 8, 6
Gaz des marais.	13, 3	Bois sec.	2, 8 à 3, 0
Éthylène.	12, 2	Tourbe.	5, 2 à 5, 4
Carbone.	8, 0	Coke.	6, 8 à 7, 0

174. Élévation de température produite par la combustion. — La thermochimie nous apprend que la quantité de chaleur développée dans une combustion est indépendante des conditions dans lesquelles elle se produit. Mais il n'en est pas de même de l'élévation de la température.

Ainsi le charbon est lentement brûlé dans le corps des animaux; la chaleur de combustion se répand dans la masse entière du corps. Elle se perd à l'extérieur par rayonnement, elle se transforme en travail, et la température ne s'élève beaucoup en aucun point.

Que la même quantité de charbon soit, au contraire, enflammée dans l'oxygène, la combustion sera complète au bout de quelques instants, la chaleur se portera presque entièrement sur l'élément en ignition, et le rayonnement ne suffira pas à la faire dissiper à l'extérieur. La température s'élèvera beaucoup plus.

On comprend tout aussi bien pourquoi la combustion dans l'oxygène doit produire une température plus élevée que la combustion dans l'air. Dans ce second cas, en effet, la chaleur de combinaison est employée à échauffer non seulement le charbon et l'oxygène qui s'unissent, mais encore tout l'azote mélangé avec l'oxygène.

Quand on voudra obtenir une température aussi élevée que possible, on devra donc produire une combustion très rapide, alimentée par l'oxygène plutôt que par l'air, et déterminer cette combustion dans un espace aussi restreint que possible.

Nous allons indiquer comment ces conditions sont satisfaites dans les divers fourneaux à gaz utilisés dans les laboratoires.

175. Chalumeau oxhydrique. — La chaleur de combustion de l'hydrogène est considérable ; aussi sa flamme, à peine visible, est-elle assez chaude pour que l'or et l'argent y fondent avec la plus grande rapidité.

La température s'élève encore quand on remplace l'air par l'oxygène. Supposons qu'un tube, muni d'un bec à dégagement, reçoive de l'hydrogène par un tuyau et de l'oxygène par un autre : si les deux gaz arrivent dans les proportions de deux volumes d'hydrogène pour un volume d'oxygène, et qu'on allume leur mélange, on aura une flamme capable de fondre immédiatement le platine.

Deville a donné à ce chalumeau à gaz oxhydrique une disposition commode, qui le rend d'un usage facile.

L'hydrogène arrive par un tuyau assez gros, et l'oxygène par un tuyau beaucoup plus petit, placé dans l'axe du premier. On ouvre d'abord le robinet à hydrogène et on allume ce gaz, qui se met à brûler dans l'air. Puis on ouvre peu

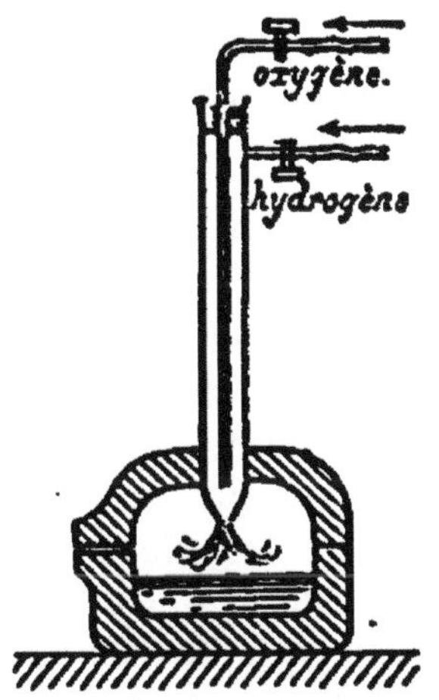

CHALUMEAU OXHYDRIQUE. — L'hydrogène arrive par le gros tube, l'oxygène par le tube central. La flamme est assez chaude pour fondre le platine.

à peu l'autre robinet, de manière à injecter l'oxygène au milieu de la flamme.

Le chalumeau, suivant l'usage qu'on en veut faire, est, ou tenu à la main, ou porté par un support. Quand il doit servir à la fusion du platine, on le fixe à l'ouverture d'un four de chaux vive, dans lequel on introduit peu à peu le métal. Les gaz destinés à alimenter le chalumeau sont contenus dans des sacs de caoutchouc, ou dans des *gazomètres*; ou bien ils viennent de réservoirs en acier, dans lesquels ils ont été préalablement comprimés.

176. Chalumeau à gaz. — On peut remplacer, dans le chalumeau Deville, l'hydrogène par le gaz d'éclairage; on obtient alors une température un peu moins élevée.

L'oxygène même peut être remplacé par l'air, que l'on injecte

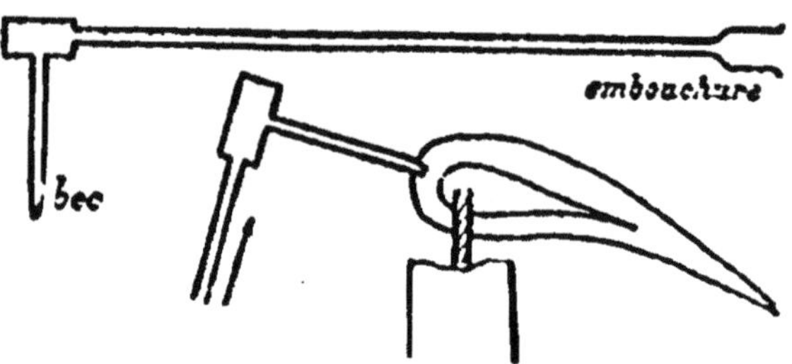

CHALUMEAU DES GÉOLOGUES. — Il sert à insuffler l'air dans la flamme d'une bougie, pour élever la température de cette flamme.

au centre de la flamme à l'aide d'un soufflet manœuvré avec le pied.

Le chalumeau, ainsi simplifié, suffit encore parfaitement à fondre la plupart des métaux, et à ramollir le verre qu'on veut travailler; il est d'un usage constant dans les laboratoires.

Le chalumeau ordinaire des géologues est basé sur le même principe. Un tuyau coudé est muni à l'une de ses extrémités d'une embouchure d'ivoire, à l'autre d'un petit bec, dont le trou est très fin. On souffle par l'embouchure, pendant que le bec est plongé dans la flamme d'une bougie. Sous l'influence de ce courant d'air intérieur, qui active la combustion, la flamme s'incline, perd son éclat, mais devient en même temps beaucoup plus chaude. Les orfèvres se servent de cet outil admirablement simple pour souder l'or et l'argent.

177. Bec de Bunsen. Fourneau à gaz. — Les chalumeaux précédents ne peuvent servir d'appareils de chauffage continu, car l'expérimentateur a besoin d'être constamment présent pour insuffler l'air au sein de la flamme du gaz ou de la bougie. Bunsen a imaginé une disposition ingénieuse qui permet à l'appareil de fonctionner seul.

Prenons un tube de verre d'un centimètre de diamètre intérieur, percé sur les côtés de deux petites ouvertures. A son extrémité inférieure fixons, au moyen d'un bouchon, un tube plus étroit, communiquant avec une conduite de gaz d'éclairage, et réglons ce tube étroit de manière que son bout supérieur soit juste à la hauteur des ouvertures du gros tube.

Faisons arriver le gaz. Le jet qui s'élance par l'extrémité effilée du tube étroit, à une pression un peu supérieure à la pression atmosphérique, produit sur l'air extérieur une sorte d'aspiration, et détermine son entrée par les ouvertures latérales. Nous avons donc, dans tout le gros tube, un mélange intime de gaz et d'air, qu'on peut enflammer à la sortie.

Le chalumeau fonctionne ainsi de lui-même, et fournit une flamme à température très élevée.

Le *bec de Bunsen* ne diffère de cette disposition théorique que par l'adjonction d'une virole, qui permet de régler l'ouverture des trous inférieurs, suivant la force du courant de gaz d'éclairage. Les ouvertures étant fermées, et le bec allumé, on tourne la virole jusqu'à ce que la flamme cesse d'être éclairante : si on l'ouvrait davantage, on aurait un excès d'air qui abaisserait la température.

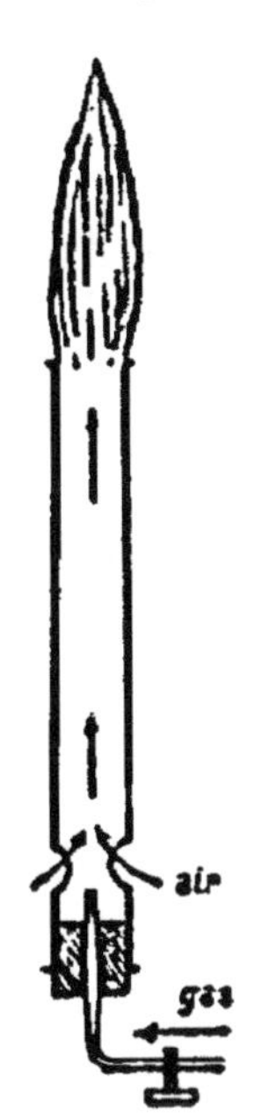

CHALUMEAU AUTOMATIQUE A GAZ ET A AIR. — Le *gaz d'éclairage* arrive par le tube inférieur ; l'*air* pénètre, par aspiration, par les ouvertures latérales.

Tous les fourneaux à gaz, qui ont remplacé presque complètement dans les laboratoires les anciens fourneaux à charbon, et qui tendent de plus en plus à les remplacer aussi dans les usages domestiques, ne sont autre chose que des becs de Bunsen. Une ouverture pratiquée près du manche permet à l'air aspiré de se mélanger au gaz avant sa sortie par les petits trous du fourneau.

178. Remarque sur les mots comburant et combustible. — Pour qu'une combustion se produise, deux corps au moins doivent être en présence, capables de réagir l'un sur l'autre. La cause de la combinaison, quelle qu'elle soit, est mutuelle :

elle ne réside pas dans l'un des corps plutôt que dans l'autre. Le soufre en poudre et la limaille de fer, étant chauffés au contact de l'un de l'autre, il se forme du sulfure de fer, sans qu'on puisse dire si le soufre s'est uni au fer ou le fer au soufre.

Il en est de même lorsqu'on enflamme le mélange détonant d'oxygène et d'hydrogène : de l'eau résulte de la combinaison, et l'on n'a aucune raison d'affirmer que l'oxygène a fait brûler l'hydrogène, plutôt que d'affirmer que l'hydrogène a fait brûler l'oxygène.

La distinction des corps en *comburants* et *combustibles* est donc purement artificielle ; elle n'a de raison d'être que dans le langage usuel.

Cela est si vrai, qu'on peut souvent renverser la disposition ordinaire de la combustion et faire brûler, par exemple, l'oxygène dans le gaz d'éclairage.

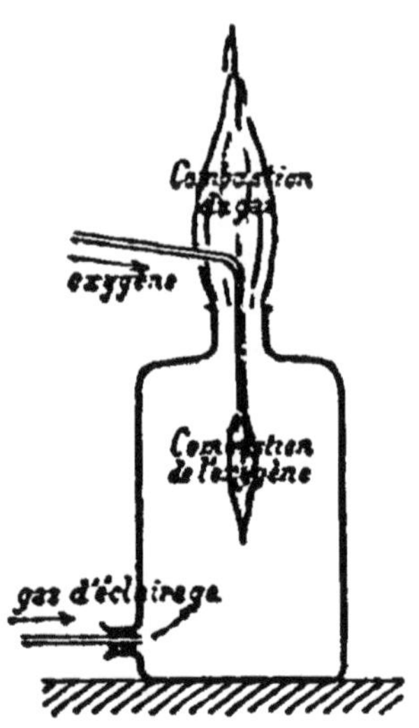

RENVERSEMENT D'UNE COMBUSTION. — Dans le flacon, l'*oxygène brûle* dans le gaz d'éclairage ; au dehors, le *gaz d'éclairage brûle* dans l'air.

179. Lumière produite dans les combustions.

— Lorsque la température développée dans une combustion est assez élevée, il y a production de lumière.

Tantôt cette lumière est due à l'incandescence d'un corps solide, tantôt elle est envoyée par une flamme plus ou moins brillante.

Le charbon de bois brille d'un vif éclat quand il brûle. Cependant aucune flamme n'accompagne le phénomène : il y a seulement incandescence du solide. La combustion du fer présente les mêmes caractères.

Le soufre, le phosphore, le magnésium, le zinc brûlent, au contraire, avec flamme.

Or le charbon et le fer sont des solides non volatils, tandis que le soufre, le phosphore, le magnésium, le zinc sont volatils. Nous en pouvons conclure que la flamme est due à la vapeur de soufre, de

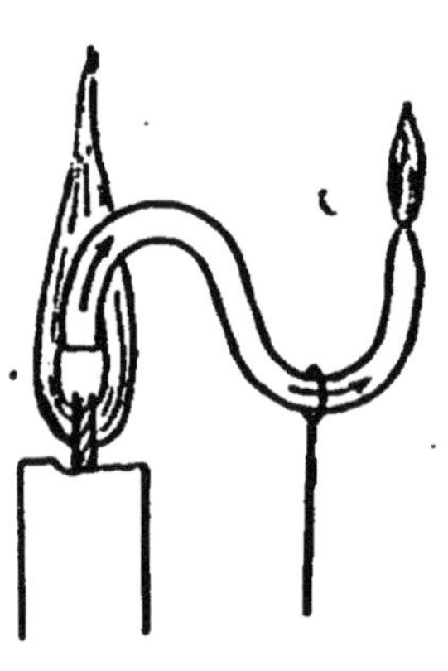

EXPÉRIENCE DE FARADAY. — Les gaz combustibles qui sont au-dessus de la mèche se dégagent par le tube recourbé ; on peut les enflammer à la sortie.

phosphore, de magnésium ou de zinc, portée à l'incandescence par la chaleur de combustion.

Les liquides volatils, comme le pétrole et l'alcool, les gaz, comme l'hydrogène et le gaz d'éclairage, brûlent aussi avec flamme. Ces nouveaux exemples, joints aux premiers, permettent d'affirmer que *la flamme est toujours un gaz ou une vapeur porté à l'incandescence par la combustion*.

Il est des solides et des liquides non volatils, tels que le suif et l'huile à quinquet, qui brûlent avec flamme. Mais il est facile de montrer que ces corps sont décomposables par la chaleur : les gaz résultant de leur décomposition brûlent autour de la mèche et produisent la flamme. Une expérience simple, due à Faraday, permet, en effet, de montrer la présence de gaz combustibles dans le noyau obscur de la flamme d'une bougie.

180. Éclat des flammes. — Les solides non volatils, charbon et fer, émettent autour d'eux une lumière éclatante quand ils sont chauds. Cela tient au grand pouvoir émissif des solides pour la lumière.

Au contraire, les gaz qui, dans leur combustion, donnent naissance à des corps également gazeux, brûlent avec des flammes souvent extrêmement chaudes, mais toujours fort peu lumineuses. C'est que les gaz ont un très faible pouvoir émissif pour la lumière.

Ces deux observations fournissent l'explication des différences d'éclat que présentent les diverses flammes. Ainsi la flamme du soufre, qui ne renferme que des gaz (soufre vaporisé et anhydride sulfureux), n'est pas éclairante. Celle du phosphore est très éclatante : c'est qu'elle contient, outre la vapeur de phosphore, l'anhydride phosphorique solide, qui

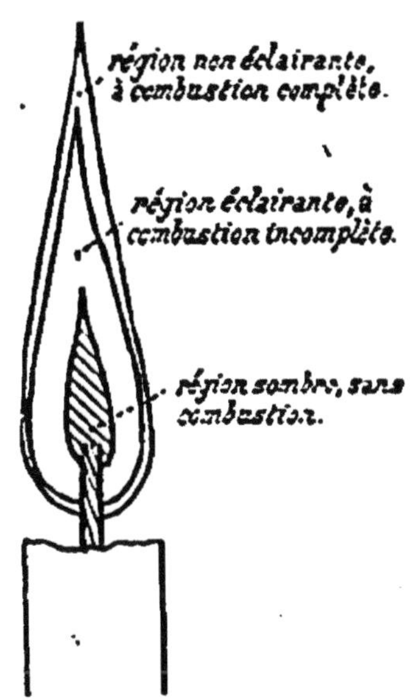

FLAMME D'UNE BOUGIE. — Dans la flamme d'une bougie, on distingue aisément trois régions d'éclat différent.

résulte de la combustion. Les magnifiques flammes du magnésium et du zinc doivent aussi leur éclat à l'oxyde de magnésium solide, et à l'oxyde de zinc solide qu'elles renferment.

La flamme d'une chandelle est éclairante pour la même raison. Le suif, fondu par la chaleur, monte dans la mèche; là il est décomposé et produit des gaz riches en charbon et en hydrogène

L'air extérieur ne pouvant pénétrer jusqu'au centre, ces gaz ne prennent pas feu immédiatement, aussi peut-on voir, au centre de la flamme, un espace sombre à peine chaud, dans lequel il ne s'effectue aucune combustion. Un peu plus loin arrive l'air, mais en quantité insuffisante pour tout brûler; l'hydrogène se combine seul avec l'oxygène, tandis que le charbon reste en suspension sous forme de particules solides extrêmement petites. Il y a donc, dans cette région de la flamme, en même temps qu'un gaz en ignition, un solide porté à une haute température : de là l'éclat de cette partie de la flamme.

On montre aisément la présence du charbon non brûlé dans la

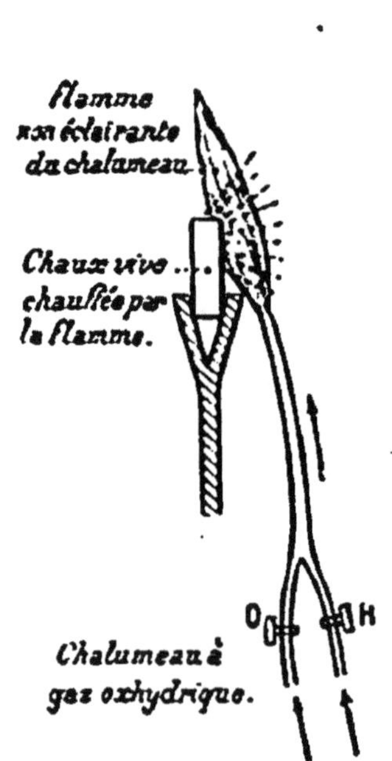

LUMIÈRE DRUMMOND. — La flamme très chaude du chalumeau porte à l'incandescence un morceau de chaux vive.

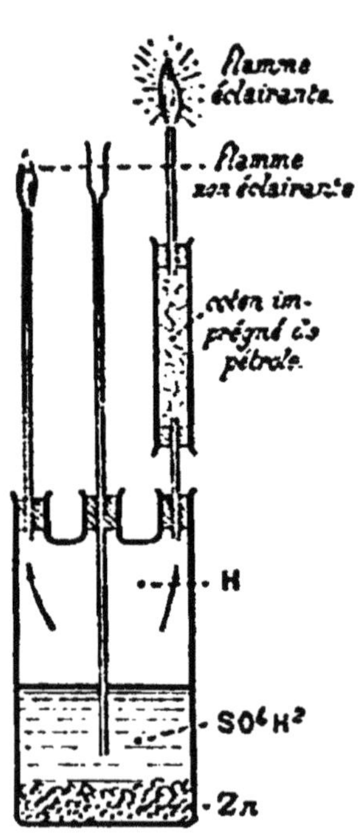

ÉCLAT DES FLAMMES. — La flamme de l'hydrogène devient éclairante quand le gaz renferme des vapeurs de pétrole.

flamme, en y plaçant une soucoupe de porcelaine : il s'y dépose du noir de fumée. Si ce noir de fumée ne se voit pas dans les conditions ordinaires, c'est que, arrivé sur les bords de la flamme, il trouve assez d'air pour être brûlé complètement; sur les bords de la flamme il n'y a donc plus de corps solide incandescent; aussi n'y a-t-il plus d'éclat.

Le gaz d'éclairage se comporte de la même manière.

En résumé : les flammes qui renferment des corps solides sont toujours éclairantes; celles qui renferment seulement des gaz n'ont quelque éclat que si leur température est extrêmement élevée.

181. Lumière Drummond. — La flamme la plus pâle peut acquérir un vif éclat toutes les fois qu'elle est très chaude : il suffit de la faire arriver sur un corps solide non volatil.

Un fil de platine enroulé en spirale devient très éclairant quand on le chauffe dans un bec de Bunsen. Un morceau de chaux vive sur lequel on fait arriver la flamme du chalumeau oxhydrique devient presque aussi éblouissant que la lumière électrique : on a ce qu'on nomme la *lumière Drummond*, employée dans les cours publics pour éclairer la lanterne à projection.

. On peut aussi rendre éclairante la flamme de l'hydrogène en chargeant ce gaz de vapeurs de carbures (tels que vapeurs de benzine, d'essence de térébenthine, de pétrole,...); ces vapeurs, renfermant beaucoup de charbon, brûlent avec une flamme éclairante, comme celle d'une bougie. Elles communiquent leur éclat à la flamme de l'hydrogène.

182. Complément à la théorie du chalumeau à gaz. — Supposons que la soufflerie d'un chalumeau à gaz ne fonctionne pas : la flamme sera éclairante, comme celle d'un bec ordinaire. Si on y place un objet à chauffer, le charbon non encore brûlé se déposera sur l'objet et le recouvrira d'une couche épaisse; la combustion ne sera plus complète; la température s'abaissera.

Faisons marcher la soufflerie. L'air arrive au centre de la flamme, la combustion se fait complètement dès le voisinage de l'ouverture : il se produit donc à la fois une diminution très notable des dimensions de la flamme, et une élévation très considérable de la température. En même temps l'éclat disparaît, puisque le charbon est brûlé aussitôt que l'hydrogène. En tournant la virole inférieure d'un bec de Bunsen, on voit pareillement la flamme perdre son pouvoir éclairant, devenir plus petite et plus chaude.

Le chalumeau ordinaire agit encore de la même manière sur la flamme d'une bougie.

CHAPITRE II

CHLORE, BROME, IODE, FLUOR

I. — CHLORE

$$Cl = 35,5.$$

183. Le *chlore* ne se rencontre pas à l'état libre dans la nature. Mais divers chlorures métalliques s'y trouvent très abondamment répandus (chlorures de potassium, de sodium, de magnésium,...). Les eaux de la mer contiennent à peu près 25 kilogrammes de chlorure de sodium par mètre cube; ce corps forme, en outre, au sein de la terre, de vastes dépôts de sel gemme.

184. Préparation. — On retire ordinairement le chlore de l'acide chlorhydrique qu'on traite par un corps oxydant, tel que le

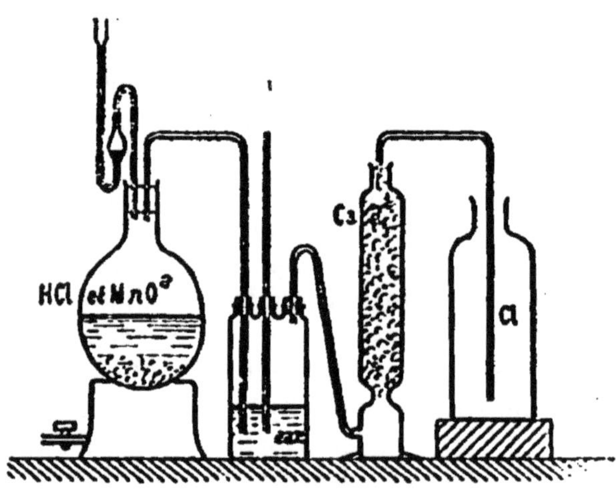

Préparation du chlore. — Le gaz provenant de la réaction du *bioxyde de manganèse* sur l'*acide chlorhydrique* se lave dans un peu d'eau, qui retient l'acide chlorhydrique entraîné, puis se dessèche dans un tube à chlorure de calcium. On le recueille par déplacement.

bioxyde de manganèse, pour lui enlever son hydrogène et mettre le chlore en liberté.

Procédé de Scheele. — On chauffe légèrement, dans un ballon de verre, un mélange d'*acide chlorhydrique* concentré et de *bioxyde de manganèse* en fragments. Un flacon laveur retient l'acide chlor-

hydrique entraîné; un tube rempli de chlorure de calcium dessèche le gaz.

L'équation de la réaction est la suivante :

$$4 HCl + MnO^2 = MnCl^2 + 2 Cl + 2 H^2O.$$

Le gaz ne peut être recueilli ni sur l'eau, dans laquelle il se dissout en trop grande quantité, ni sur le mercure, qu'il attaque. On
utilise sa grande densité pour le faire arriver directement au fond
d'un flacon plein d'air.

Si l'on ne tient pas à l'avoir sec, on le recueille sur l'eau salée,
dans laquelle il est peu soluble.

185. *Procédé de Berthollet.* — On peut aussi, mais ce procédé
est moins employé, retirer le chlore du *sel marin* NaCl, qu'on
traite par un mélange d'*acide sulfurique* et de *bioxyde de manganèse* :

$$2 NaCl + MnO^2 + 3 SO^4H^2 = SO^4Mn + 2 SO^4NaH + 2 H^2O + 2 Cl.$$

La manière d'opérer est la même que dans le procédé précédent.

186. *Fabrication industrielle.* — Dans la petite industrie on prépare le chlore par le procédé de
Scheele. On opère dans des bonbonnes en grès de 180 litres de capacité. Elles présentent deux ouvertures latérales pour l'introduction
de l'acide et le dégagement du gaz,
et une ouverture médiane, plus
large, qui livre passage à un cylindre
percé de trous dans lequel est placé
le bioxyde. Ces bonbonnes, généralement assemblées au nombre de
huit, sont chauffées dans un bain-
marie constitué par une dissolution
de chlorure de calcium. Tous les
tubes à dégagement se réunissent
dans un tuyau collecteur, qui conduit le gaz là où il doit être utilisé.

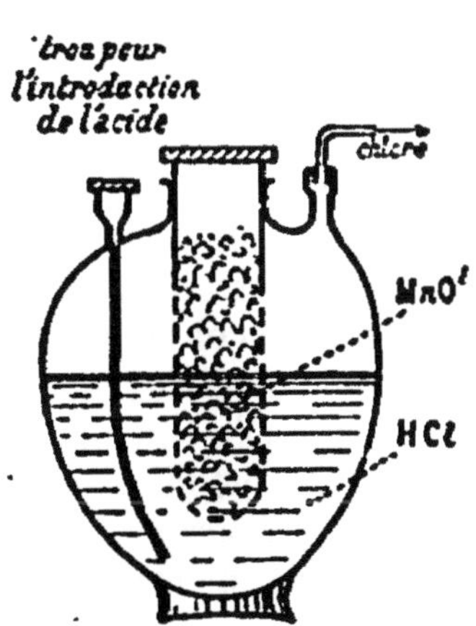

Fabrication du chlore en petit.
— L'opération se fait dans
des bonbonnes en grès
chauffées au bain-marie.

Dans la grande industrie, l'appareil est constitué par une
cuve prismatique, à double fond, formée de dalles en grès. Le
bioxyde de manganèse, en gros fragments, est placé sur le fond supérieur; le chauffage a lieu par injection directe de vapeur d'eau.

Le bioxyde de manganèse étant d'un prix assez élevé, de nombreuses tentatives ont été faites pour obtenir du chlore sans l'intervention du bioxyde de manganèse, ou en faisant servir plusieurs fois le même bioxyde. :

Nous indiquerons un seul de ces procédés nouveaux, celui de la régénération du bioxyde par la méthode *Weldon*.

La dissolution de *chlorure de manganèse* $MnCl^2$, encore très riche en *acide chlorhydrique*, qui résulte d'une première préparation, est d'abord neutralisée par addition de *craie (carbonate de calcium)* en poudre, qui donne du chlorure de calcium, avec un dégage-

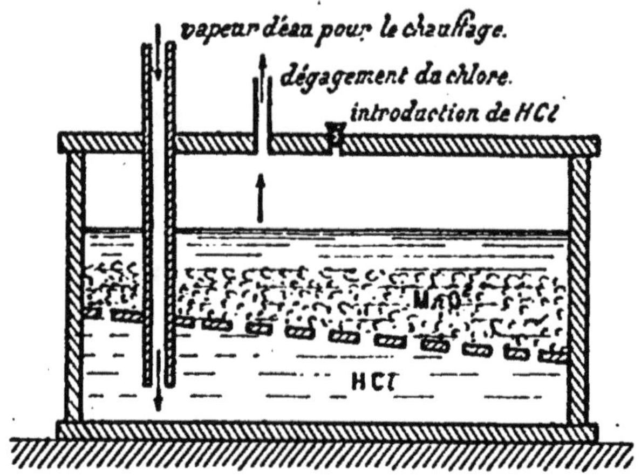

FABRICATION DU CHLORE EN GRAND. — La cuve en pierre est chauffée par un courant de vapeur d'eau, qui arrive directement dans l'acide chlorhydrique.

ment d'anhydride carbonique. Elle est ensuite décantée, puis portée à la température de 60 degrés; on y ajoute alors un excès de *chaux*, et on y fait passer un *courant d'air*. La chaux, réagissant sur le chlorure de manganèse, produit du chlorure de calcium et du protoxyde de manganèse, qui s'oxyde rapidement au contact de l'air, et donne un *manganite de chaux* ayant pour formule $(MnO^3)^2CaH^4$.

Ce composé, insoluble, se dépose. Il constitue une bouillie qui remplace le bioxyde de manganèse naturel dans la préparation du chlore, laquelle a lieu, dans ce cas, dans des appareils en pierre de très grandes dimensions.

187. Propriétés physiques. — Le chlore est un gaz jaune verdâtre. Son odeur est suffocante. L'inhalation d'une petite quantité de ce corps détermine une forte oppression, une toux opiniâtre, souvent accompagnée d'un crachement de sang : c'est donc un poison violent.

Sa densité est égale à 2,44. L'eau en dissout deux fois son volume à 25 degrés, trois fois à 8 degrés; à partir de cette températúre, la solubilité diminue. Cette anomalie apparente s'explique aisément.

Lorsqu'on prépare en effet une dissolution de chlore dans l'eau, on voit se former un précipité cristallin jaunâtre, chaque fois que la température du liquide est inférieure à 8 degrés. Ce précipité est un *hydrate de chlore*, qui répond à la formule $Cl + 5 H^2O$.

C'est un composé dont la tension de dissociation est de 230 millimètres à 0 degré, de 481 millimètres à 5 degrés et de 760 à 9 degrés. A toute température inférieure à 9 degrés, la quantité de gaz qui peut rester en dissolution dans l'eau est donc proportion-

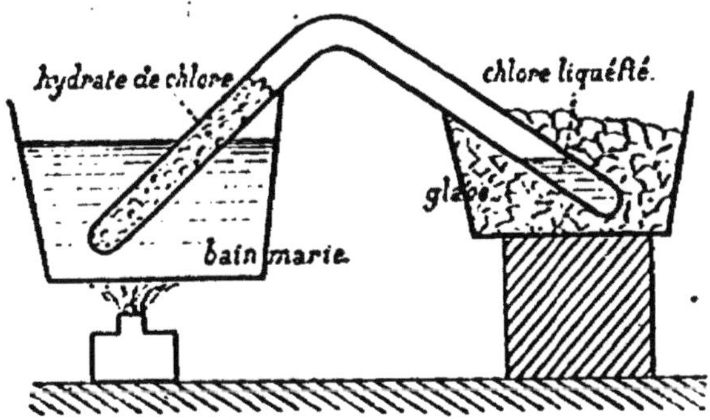

LIQUÉFACTION DU CHLORE. — L'une des branches du tube de Faraday renferme de l'*hydrate de chlore* ; on la chauffe au bain-marie. Le *chlore* se liquéfie dans l'autre branche, refroidie par la glace.

nelle à une tension de dissociation moindre que la pression atmosphérique, ce qui explique la diminution de la solubilité.

L'hydrate de chlore, introduit dans l'une des branches du tube de Faraday, puis légèrement chauffé, permet d'obtenir la condensation du gaz en un liquide jaune foncé dans la branche refroidie. A — 40 degrés, le chlore liquide a une tension de vapeur égale à 760 millimètres ; à +15 degrés, cette tension est égale à 4 atmosphères. Il est solide à — 102 degrés.

188. Propriétés chimiques. — Le chlore est, après l'oxygène, le plus électro-négatif des éléments. Il se combine directement avec tous les corps simples, sauf le fluor, l'oxygène, l'azote et le charbon. On peut cependant, par des procédés indirects, l'unir à ces trois derniers métalloïdes.

Le plus souvent la réaction commence à la température ordinaire, et produit un grand dégagement de chaleur : aussi le chlore déplace-t-il le brome, l'iode, le phosphore, l'arsenic, le soufre, de leurs combinaisons avec l'hydrogène et avec les métaux.

189. *Action sur les métalloïdes et les métaux.* — Le *phosphore,* *l'arsenic*, *l'antimoine*, introduits dans un flacon rempli de chlore, s'y enflamment spontanément. Avec le *soufre* la combinaison se produit aussi à la température ordinaire, mais sans incandescence. Il se forme des chlorures.

Parmi les métaux, le *potassium* prend feu de lui-même dans le chlore. Le *cuivre*, préalablement chauffé au rouge sombre, y brûle avec production de lumière; à froid, l'action demeurerait superficielle. Le *fer*, le *mercure* sont aussi attaqués.

L'*or* disparaît rapidement, et le *platine* lentement, dans une dissolution de chlore dans l'eau.

La grande chaleur de combinaison du chlore avec les métaux permet à cet élément de décomposer la plupart des oxydes métalliques, à une température suffisamment élevée (**194**).

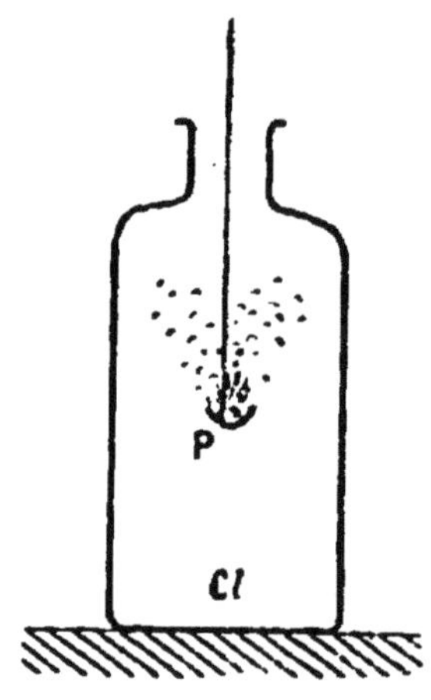

COMBUSTION DU PHOSPHORE DANS LE CHLORE. — Le *phosphore* s'enflamme spontanément dans le *chlore*, et brûle en produisant du chlorure de phosphore.

190. *Action sur l'hydrogène.* — Nous insisterons surtout sur l'affinité du chlore pour l'*hydrogène*, et sur les conséquences qui en découlent.

Ces deux gaz ne réagissent pas l'un sur l'autre à la température ordinaire, dans l'obscurité. A la lumière diffuse, la combinaison se produit lentement; elle est instantanée, et accompagnée d'une forte explosion, sous l'action de la lumière solaire directe. La lumière électrique, la flamme du magnésium, celle d'un mélange d'oxyde azotique et de sulfure de carbone produisent le même effet.

La détonation a encore lieu quand on met le feu au mélange, ou qu'on y fait passer une étincelle électrique.

Dans tous les cas, la réaction se produit entre volumes égaux de chacun des deux gaz; elle dégage beaucoup de chaleur :

$$H + Cl = HCl + 22 \text{ calories.}$$

Une si grande production de chaleur permet au chlore de décomposer, comme nous allons le voir, la plupart des composés hydrogénés.

191. *Pouvoir oxydant.* — Le chlore, passant, avec la vapeur d'eau, dans un tube de porcelaine fortement chauffé, décompose cette vapeur, avec production d'oxygène et d'acide chlorhydrique :

$$2 Cl + H^2O = 2 HCl + O.$$

La décomposition est toujours incomplète, car la réaction inverse (décomposition de l'acide chlorhydrique par l'oxygène) est également possible.

Lorsque le chlore est en dissolution dans l'eau, la décomposition a lieu sous la simple influence de la lumière. Aussi la dissolution du chlore dans l'eau ne peut-elle être conservée que dans l'obscurité.

Au lieu de faire intervenir la lumière comme circonstance déterminante de la décomposition de l'eau, on peut ajouter à la dis-

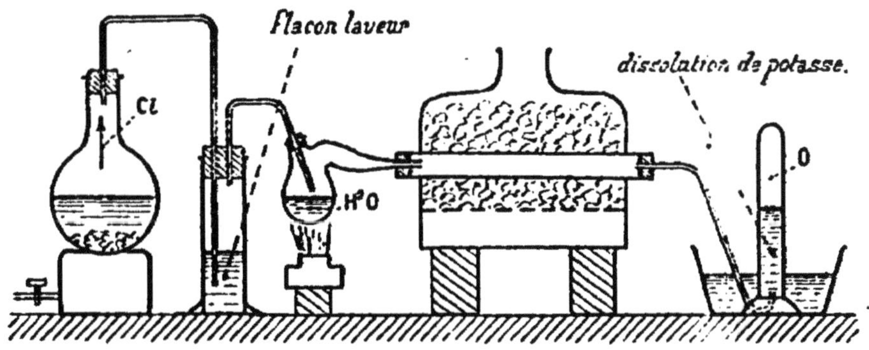

DÉCOMPOSITION DE L'EAU PAR LE CHLORE. — Le *chlore* se lave dans un peu d'eau, qui absorbe l'acide chlorhydrique entraîné, puis il passe dans une cornue pleine d'eau en ébullition. Le mélange de gaz et de vapeur traverse ensuite un tube chauffé au rouge. Il se forme de l'acide chlorhydrique, qu'on absorbe à la sortie par une dissolution de potasse, et de l'oxygène, qu'on recueille dans une éprouvette.

solution un corps avide d'oxygène. Alors le dédoublement est immédiat, par suite d'un plus grand dégagement de chaleur, résultant de l'oxydation :

$$2 Cl + 2 H^2O + SO^2 = 2 HCl + SO^4H^2.$$

Ainsi, d'après l'équation ci-dessus, la dissolution de chlore transforme immédiatement, et à froid, la dissolution d'*anhydride sulfureux* en dissolution d'acide sulfurique. De même l'*acide arsénieux* est transformé en acide arsénique, l'*iode* en acide iodique, le *sulfure de plomb*, noir, en sulfate de plomb, qui est blanc, le *sulfate ferreux* en *sulfate ferrique*.

C'est ce qu'on nomme le pouvoir oxydant du chlore.

192. *Pouvoir désinfectant.* — Les deux gaz infectants, *acide sulfhydrique* H^2S, et *ammoniaque* AzH^3, qui résultent de la putréfaction des matières organiques, sont immédiatement détruits par le chlore. Des expériences simples permettent de le montrer.

On n'a qu'à verser une dissolution de *chlore* dans une dissolution d'*acide sulfhydrique* pour qu'il se produise un précipité de soufre :

$$H^2S + 2Cl = 2HCl + S.$$

De même, quand on remplit aux 0,9 un tube barométrique avec une dissolution de *chlore*, puis qu'on achève de remplir avec une

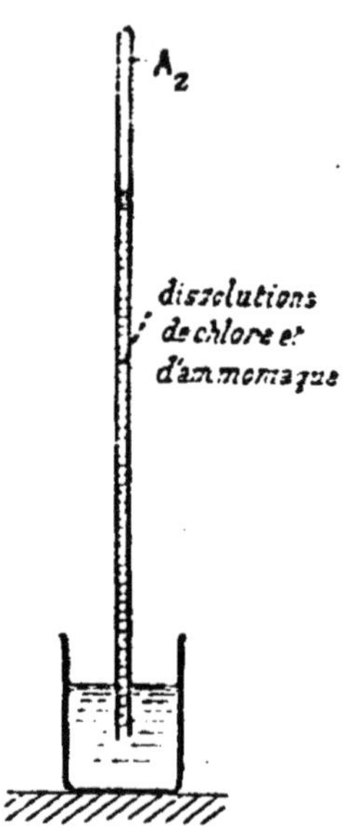

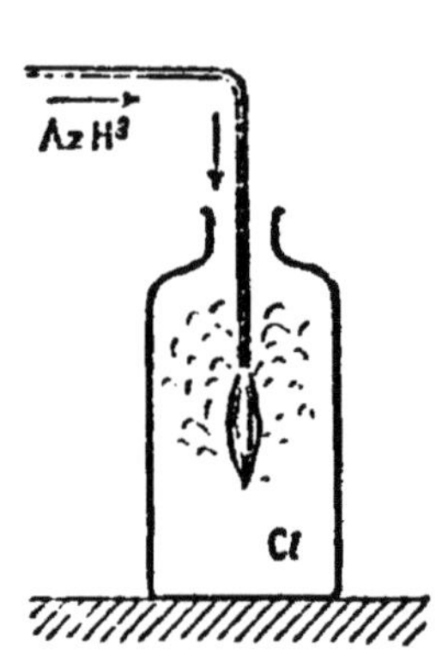

ACTION DU CHLORE SUR L'AMMONIAQUE. — La dissolution de *chlore* agit immédiatement sur celle d'*ammoniaque*. On observe un dégagement d'azote.

ACTION DU CHLORE SUR L'AMMONIAQUE. — Un courant de *chlore* s'enflamme spontanément dans l'*ammoniaque*. On observe des fumées blanches de chlorure d'ammonium.

dissolution d'*ammoniaque*, et qu'on retourne sur la cuve à mercure, il se forme du chlorure d'ammonium $(AzH^4)Cl$, et on observe un dégagement d'azote :

$$4AzH^3 + 3Cl = 3(AzH^4Cl) + Az.$$

L'expérience est plus brillante, car il y a inflammation spontanée, quand on fait arriver un courant de gaz ammoniac dans un flacon rempli de chlore.

Grâce à son action destructive sur l'acide sulfhydrique et sur l'ammoniaque, le chlore est fréquemment employé comme désinfectant.

193. *Action sur les matières organiques.* — La plupart des matières organiques, renfermant de l'hydrogène, sont attaquées par le chlore.

Mais le mode d'action n'est pas toujours le même.

Tantôt la matière perd une partie ou la totalité de son hydrogène. Ainsi un papier imprégné d'*essence de térébenthine* $C^{10}H^{16}$ s'enflamme spontanément quand on l'introduit dans un flacon plein de chlore; le charbon est mis en liberté et forme une fumée épaisse :

$$C^{10}H^{16} + 16\,Cl = 10\,C + 16\,HCl.$$

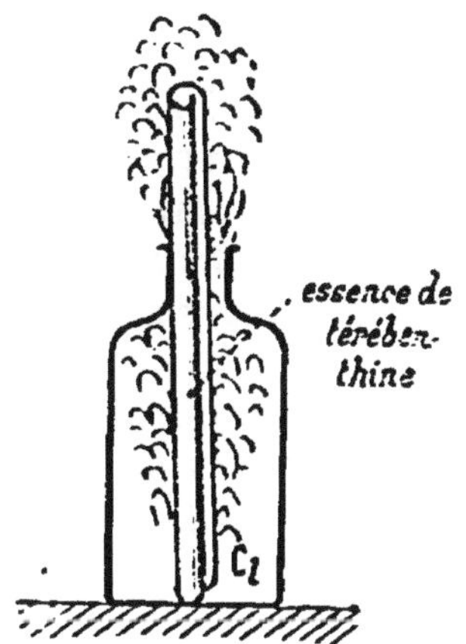

ACTION DU CHLORE SUR L'ESSENCE DE TÉRÉBENTHINE. — Une feuille de papier imprégnée d'essence de térébenthine s'enflamme spontanément dans le chlore; on observe une épaisse fumée noire.

Mais l'alcool C^2H^6O, au contact du chlore, perd seulement une partie de son hydrogène et se transforme en aldéhyde C^2H^4O.

D'autres fois le chlore, au contact de l'eau, oxyde la matière organique. L'*aldéhyde* C^2H^4O est ainsi changé en acide acétique $C^2H^4O^2$.

Mais il se produit plus souvent encore un phénomène de substitution. Pour chaque atome d'hydrogène qu'il perd, le composé organique gagne un atome de chlore; et, dans ce cas, ce composé organique conserve ses propriétés générales, ainsi que sa forme générale. Par exemple l'*acide acétique* $C^2H^4O^2$ donne naissance, par l'action du chlore, à l'*acide acétique trichloré* $C^2HCl^3O^2$.

Enfin la matière organique se combine quelquefois avec le chlore, sans perdre aucun de ses éléments. Sous l'influence de la lumière, la vapeur de *benzine* C^6H^6 s'unit au chlore pour donner l'*hexachlorure de benzine* $C^6H^6Cl^6$.

194. *Pouvoir décolorant.* — Les matières colorantes d'origine organique, *vin, teinture de tournesol, indigo, fuchsine, encre*, sont toutes détruites instantanément par le chlore, en vertu de l'un ou de l'autre mode d'action que nous venons d'indiquer.

L'encre d'imprimerie, constituée uniquement par du noir de fumée, est, au contraire, inattaquable. Il est donc possible d'enlever, par un lavage à l'eau de chlore, les taches d'encre qui souillent les livres sans faire disparaître les caractères imprimés. Il reste seulement une trace jaune due au sesquioxyde de fer Fe^2O^3

qui, avec l'acide gallique, constitue l'encre ordinaire. Cette trace jaune, traitée par un sulfure alcalin, redeviendrait noire par suite de la formation de sulfure de fer. Mais si on la lave à l'acide chlorhydrique étendu, elle disparait complètement et ne peut plus réapparaître.

De toutes les propriétés du chlore, son *pouvoir décolorant* est le plus fertile en applications.

195. *Combinaisons du chlore avec l'oxygène.* — Le chlore forme avec l'oxygène cinq composés fort instables, dont les principaux sont l'*acide hypochloreux* $ClOH$ et l'*acide chlorique* ClO^3H. Mais aucun de ces composés ne résulte de l'union directe du chlore avec l'oxygène; on ne les obtient que par des procédés détournés, soit isolés, soit à l'état de sels.

C'est ainsi qu'un courant de chlore, traversant une dissolution *froide* et *étendue* de *potasse caustique*, donne naissance à du chlorure de potassium et à de l'*hypochlorite de potassium* $ClOK$:

$$2\,Cl + 2\,KOH = ClOK + KCl + H^2O.$$

On obtiendrait de même de l'*hypochlorite de sodium*, ou de l'*hypochlorite de calcium*, en faisant réagir à froid le chlore sur la soude caustique ou la chaux éteinte.

Mais si les dissolutions sont chaudes ou concentrées, ce n'est plus un hypochlorite qui se forme, mais un *chlorate*. Ainsi on obtient le *chlorate de potassium* en faisant passer un courant de chlore dans une dissolution chaude et concentrée de potasse caustique :

$$6\,Cl + 6\,KOH = ClO^3K + 5\,KCl + 3\,H^2O.$$

196. *Hypochlorites.* — Les hypochlorites qui résultent de la réaction indiquée ci-dessus (ou de réactions analogues, mais moins coûteuses) ont une grande importance industrielle.

Ces hypochlorites sont en effet des composés fort instables, qui se détruisent lentement sous les moindres influences, en donnant naissance à de l'oxygène et à du chlore, dont on peut utiliser les propriétés oxydantes, décolorantes et désinfectantes.

C'est-à-dire que les hypochlorites alcalins jouissent des propriétés que nous avons signalées pour le chlore, et peuvent être employés en son lieu et place. En fait, on utilise très rarement le chlore libre pour désinfecter et décolorer; il n'est pas d'un maniement facile; on y substitue presque toujours la dissolution d'hypochlorite de potassium ou de sodium (nommée *eau de Javelle*), ou l'hypochlorite de calcium en poudre blanche (nommé *chlorure de chaux*).

Ce *chlorure de chaux*, beaucoup plus important que l'eau de Javelle, se prépare industriellement en faisant arriver un courant de *chlore* sur de la *chaux éteinte* étendue sur des tablettes en grès superposées dans une chambre en maçonnerie. On obtient ainsi un solide blanc, pulvérulent comme la chaux éteinte, présentant une odeur analogue à celle du chlore ; c'est un mélange d'hypochlorite de calcium et de chlorure de calcium :

$$4Cl + 2CaO = (ClO)^2Ca + CaCl^2.$$

197. *Caractères et dosage du chlore dans les mélanges gazeux.* — Le chlore libre se reconnaît partout à son odeur ; il décolore l'indigo, et donne, avec une dissolution d'*iodure de potassium* additionnée d'*amidon* (**210**), une coloration bleu intense.

On dose aisément le chlore libre, dans les mélanges gazeux, en y introduisant une dissolution de potasse, qui absorbe immédiatement le gaz (avec production de chlorure de potassium et d'hypochlorite de potassium).

198. Usages du chlore. — Le chlore est fréquemment utilisé dans les laboratoires comme oxydant ; il y sert aussi à la préparation des chlorures et à la décomposition des matières organiques.

Dans l'industrie, il est employé en quantités considérables à la fabrication des hypochlorites alcalins (chlorure de chaux et eau de Javelle), dont les usages importants sont indiqués plus haut. On s'en sert aussi directement pour la décoloration de la pâte à papier.

Il est utilisé enfin pour la préparation de divers produits, tels que le permanganate de potassium, l'hydrate de chloral, le chloroforme, l'extraction du brome, de l'iode, etc.

II. — ACIDE CHLORHYDRIQUE

$$HCl = 36,5.$$

199. *L'acide chlorhydrique* libre se dégage des volcans ; on le trouve dans quelques rivières de la chaîne des Andes.

Il a été isolé par Glauber et préparé à l'état gazeux par Priestley. Il fut successivement désigné par les noms d'*esprit de sel*, d'*acide marin*, d'*acide muriatique*.

200. Préparation. — L'union directe du chlore et de l'hydrogène produit de l'acide chlorhydrique ; mais on prépare toujours ce gaz en décomposant le *chlorure de sodium* par l'*acide sulfurique*, à l'aide d'une chaleur modérée. Il se dégage de l'acide chlorhydrique, et du sulfate acide de sodium reste dans l'appareil :

$$NaCl + SO^4H^2 = HCl + SO^4HNa.$$

On opère dans un ballon de verre, avec du sel marin fondu,

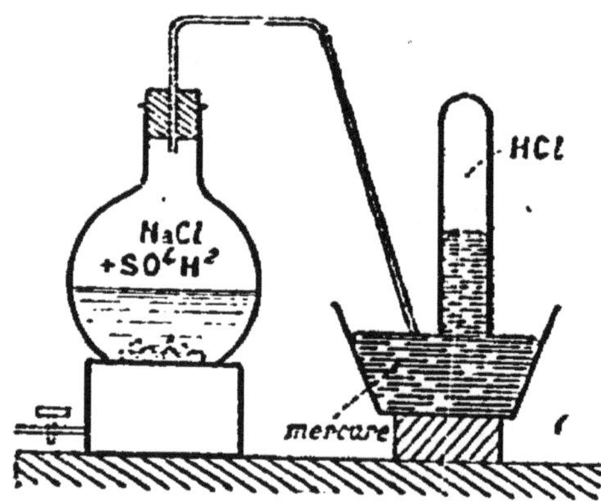

PRÉPARATION DE L'ACIDE CHLORHYDRIQUE. — On chauffe un mélange de *chlorure de sodium* fondu et d'*acide sulfurique*. On recueille le gaz sur la cuve à mercure.

qui, présentant une moindre surface d'attaque, ne produit pas de boursouflement. On recueille sur la cuve à mercure.

Si l'on veut avoir une dissolution, on fait passer le gaz à travers les flacons d'un appareil de Woolf, refroidis par un bain d'eau fraiche, car la dissolution dégage beaucoup de chaleur.

201. *Fabrication industrielle.* — Industriellement, l'acide chlorhydrique se prépare par la même réaction. Mais on chauffe plus fortement que dans les laboratoires, et, à la fin de l'opération, le sulfate acide de sodium SO⁴HNa est décomposé par un excès de chlorure de sodium, ce qui donne naissance à une nouvelle quantité d'acide chlorhydrique, avec formation de sulfate neutre de sodium :

$$SO^4HNa + NaCl = SO^4Na^2 + HCl.$$

L'appareil le plus employé est un four à *moufle* en maçonnerie, dans lequel sont deux cuvettes destinées à recevoir l'acide sulfurique et le chlorure de sodium. La figure montre la disposition de ce four et son mode de fonctionnement, qui est continu. L'acide qui en sort est condensé par son passage à travers une série de bonbonnes, dans lesquelles l'eau circule en sens inverse du gaz.

Le sulfate de sodium qui reste dans les fours est le produit le plus important de la réaction, sa valeur étant supérieure à celle de l'acide chlorhydrique.

202. *Purification.* — L'acide chlorhydrique commercial est impur. On y trouve les sels que renfermait l'eau employée à la condensation; de *l'acide sulfurique* entraîné mécaniquement; de

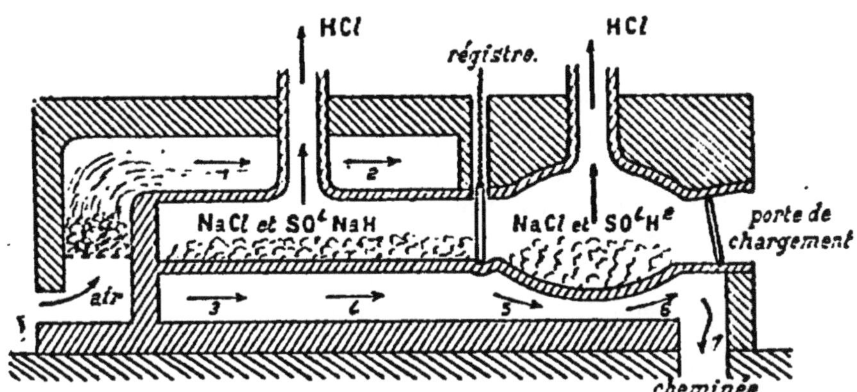

FABRICATION DE L'ACIDE CHLORHYDRIQUE. — Le mélange de *chlorure de sodium* et d'*acide sulfurique* est chargé dans la partie du four la plus éloignée du foyer. Il se dégage la moitié de l'acide chlorhydrique. On fait ensuite passer le mélange sur la sole plus voisine du foyer : le reste de l'acide chlorhydrique se dégage. La fabrication est continue. — Les gaz du foyer suivent le chemin marqué par les flèches 1, 2, 3, 4, 5, 6, 7, chauffant au rouge la première partie du four, et beaucoup moins la seconde.

l'*anhydride sulfureux* et du *chlorure de fer*, provenant de l'action de l'acide sulfurique et de l'acide chlorhydrique sur les vases métalliques dans lesquels l'acide est préparé (dans la petite industrie); du *chlorure d'arsenic*, provenant de l'arsenic qui souillait l'acide sulfurique employé; et enfin diverses *matières organiques* dues aux impuretés du sel marin.

Le plus souvent on ne fait subir au liquide aucune purification.

On peut cependant ajouter du *bioxyde de manganèse*, qui donne du chlore, destiné à oxyder l'anhydride sulfureux et à détruire les matières organiques. En chauffant légèrement, on chasse l'excès de chlore. On précipite alors l'arsenic, le fer et l'acide sulfurique par le *sulfure de baryum*; puis on distille et on condense dans de l'eau pure.

203. Propriétés physiques. — L'acide chlorhydrique est un gaz incolore, fumant à l'air par suite de son union avec l'humidité atmosphérique. Son odeur et sa saveur sont acides et piquantes; il est très corrosif, provoque la toux et désorganise les tissus. Sa densité est égale à 1,247.

Faraday l'a liquéfié à —80 degrés sous la pression atmosphérique. A 10 degrés, sa tension maximum de vapeur est égale à 40 atmosphères. Il n'a pas été solidifié à —115 degrés.

Cet acide est extrêmement soluble dans l'eau ; à 0 degré, son coefficient de solubilité est égal à 500.

Si l'on débouche dans l'eau une éprouvette pleine d'acide chlorhydrique préparé sur la cuve à mercure, l'ascension du liquide est si brusque, que l'éprouvette peut en être brisée.

Si l'on introduit un morceau de glace dans une éprouvette remplie de gaz et placée sur la cuve à mercure, l'absorption est presque instantanée, et la glace se fond.

L'acide chlorhydrique est presque toujours employé à l'état de dissolution. L'acide le plus concentré du commerce a pour densité 1,2 ; il marque 24 degrés à l'aréomètre de Baumé et contient 40 pour 100 de son poids d'acide anhydre.

L'acide chlorhydrique n'obéit pas aux lois de la solubilité des gaz dans l'eau ; la solution, abandonnée dans le vide ou à l'air libre, ou même chauffée jusqu'à l'ébullition, n'abandonne pas tout son gaz.

Pour expliquer cette anomalie, on admet l'existence de véritables hydrates d'acide chlorhydrique.

Ce serait d'abord l'hydrate $HCl + 2H^2O$, très instable, qui cristallise à —25 degrés. Puis l'hydrate $HCl + 6H^2O$, qui reste lorsqu'une dissolution concentrée, abandonnée à l'air libre, a abandonné son gaz, jusqu'à ce que la densité soit devenue égale à 1,12.

Enfin la chaleur chasse l'acide de sa dissolution saturée jusqu'à ce que la densité soit réduite à 1,10. On a alors un liquide qui bout à la température fixe de 110 degrés, et qui correspond à la formule $HCl + 8H^2O$; c'est peut-être un troisième hydrate.

201. Propriétés chimiques. — Le gaz acide chlorhydrique a été dissocié par la *chaleur* dans le tube chaud et froid ; mais la tension de dissociation est très faible à la température de 1400 degrés.

Une longue série d'*étincelles électriques*, traversant le gaz pendant plusieurs jours, produit le même effet.

Cet acide n'est ni combustible ni comburant. Cependant l'*oxygène* le décompose partiellement à une température élevée, pour former de l'eau et du chlore :

$$2HCl + O = H^2O + 2Cl.$$

La décomposition est limitée par la réaction inverse (**191**).

La plupart des autres métalloïdes sont sans action.

Tous les *métaux*, au contraire, sauf l'or et le platine, donnent des chlorures et mettent l'hydrogène en liberté. Le plus souvent, l'action de l'acide, soit gazeux, soit en dissolution, a lieu à la température ordinaire; pour le *mercure* et l'*argent*, elle commence seulement au rouge sombre.

Une spirale de *fer* incandescente, introduite dans un flacon

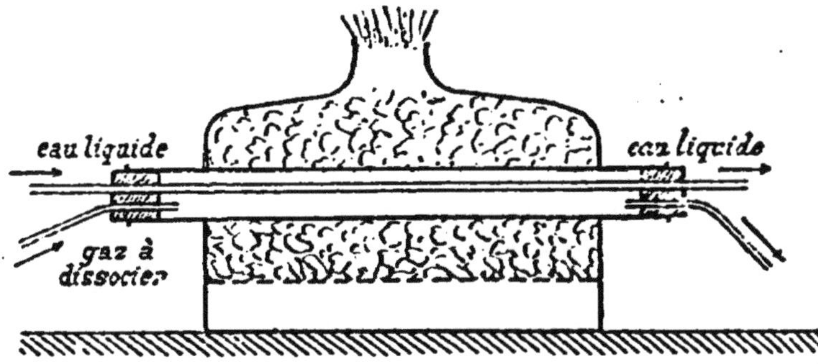

DISSOCIATION DE L'ACIDE CHLORHYDRIQUE PAR LE TUBE CHAUD ET FROID. — Dans la dissociation, le *chlore* se combine à l'argent qui recouvre le tube froid, et l'hydrogène se dégage à la sortie, avec l'acide chlorhydrique non dissocié.

rempli de gaz chlorhydrique, en détermine la décomposition presque complète.

205. *Action sur les bases.* — Les chlorures qu'on obtient dans l'action de l'acide chlorhydrique sur les métaux se forment aussi quand ce composé réagit sur les oxydes métalliques :

$$CaO + 2HCl = CaCl + H^2O.$$

Les chlorures doivent donc être considérés comme des sels de l'acide chlorhydrique. Ils ont reçu de Berzélius le nom de *sels haloïdes.* Ils sont généralement solides, ordinairement volatils. Ils sont solubles dans l'eau, sauf le *chlorure d'argent*, les *chlorures cuivreux* et *mercureux*; le *chlorure de plomb* est très peu soluble.

Le *gaz ammoniac* et l'*acide chlorhydrique* se combinent à volumes égaux, avec formation d'un sel, le *chlorhydrate d'ammoniaque* AzH^3,HCl, ou *chlorure d'ammonium* $(AzH^4)Cl$, qui se condense en abondantes fumées blanches.

206. *Caractères de l'acide chlorhydrique.* — Le gaz chlorhydrique se reconnaît à son odeur piquante, à son extrême solubilité dans l'eau, aux fumées qu'il forme au contact de l'air, et surtout au voisinage d'une baguette trempée dans l'alcali volatil.

La solution aqueuse, neutralisée par la potasse, donne avec l'*azotate d'argent* un précipité blanc, caillebotté, très soluble dans l'ammoniaque.

207. Composition. — Pour faire l'analyse de l'acide chlorhydrique, on n'a qu'à le chauffer dans une cloche courbe au contact d'un fragment de *potassium*. Il reste un volume d'hydrogène égal à la moitié du volume primitif. L'équation des poids montre ensuite que le volume du chlore est égal à celui de l'hydrogène :

$$1 \times 0,0695 + x \times 2,44 = 2 \times 1,247$$

d'où

$$x = 1.$$

La synthèse conduirait au même résultat.

On choisit deux flacons de même capacité, tels que le col de l'un, usé à l'émeri, puisse entrer dans le col de l'autre et le fermer hermétiquement. Le premier étant rempli de *chlore*, le second d'*hydrogène*, on les adapte l'un à l'autre et on les abandonne pendant quelques heures à la lumière diffuse, le flacon de chlore étant placé en haut. Quand toute coloration a disparu, on sépare les vases sur la cuve à mercure. On constate que le volume n'a pas varié ; il n'y a, d'ailleurs, aucun excès de chlore, car le gaz ne décolore pas le tournesol ; aucun excès d'hydrogène, car il est entièrement soluble dans l'eau.

L'acide est donc formé par la combinaison, sans condensation, de volumes égaux de chlore et d'hydrogène.

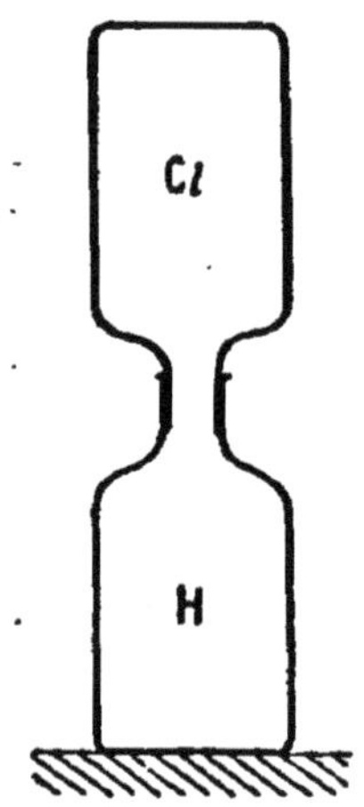

Synthèse de l'acide chlorhydrique. — *L'hydrogène* et le *chlore* se combinent, sous l'influence de la lumière, pour former l'acide chlorhydrique.

208. Usages. — L'acide chlorhydrique est surtout employé pour la préparation du chlore et des chlorures décolorants et désinfectants.

Il sert aussi à la fabrication du chlorate de potassium, du chlorure d'ammonium, du bicarbonate de sodium ; il est employé à la revivification du noir animal dans les fabriques de sucre…. Mêlé à l'acide azotique, il constitue l'*eau régale* (**212**).

III. — BROME

$$Br = 80.$$

209. Le brome a été découvert en 1826 par Balard. On ne le rencontre pas à l'état libre dans la nature, mais on trouve des bromures, en même temps que des chlorures et des iodures, dans les eaux de la mer, dans les eaux de certaines sources salées, dans les gisements salins de Stassfurt (Prusse), et aussi dans les cendres provenant de la combustion des varechs.

210. Préparation. — On ne prépare jamais le brome dans les laboratoires. Celui qu'on trouve dans le commerce a plusieurs origines industrielles.

1. — Après que les eaux de la mer, évaporées dans les marais salants, ont laissé déposer le chlorure de sodium, et divers autres sels qu'elles contiennent en assez grande quantité, elles sont encore assez riches en *bromures*, dont on peut retirer une petite quantité de brome.

2. — Les varechs, récoltés sur les bords de la mer, sont séchés au soleil, puis incinérés dans des fosses en maçonnerie. Les cendres ainsi obtenues sont soumises à une lessivation méthodique, qui donne une dissolution de laquelle on retire, par cristallisations successives, du sel marin, du chlorure et du sulfate de potassium. Puis, des *eaux mères* obtenues, on extrait de l'iode, et il reste encore des bromures; on en peut donc retirer du brome.

3. — On exploite à Stassfurt un puissant gisement de sels de potassium, qui fournit chaque année une énorme quantité de chlorure de potassium. La dissolution restant après la précipitation du chlorure de potassium constitue ce qu'on nomme les *eaux mères*. Il s'y trouve des bromures, qui peuvent donner du brome.

211. *Extraction du brome des eaux mères.* — La presque totalité du brome est actuellement retirée des *eaux mères* de Stassfurt, et des *eaux mères* des marais salants d'Amérique.

Dans les deux cas le procédé d'extraction est le même. On fait agir du *chlore* sur les eaux mères; ce chlore décompose les bromures (et principalement le bromure de magnésium), pour donner des chlorures, et le brome est mis en liberté :

$$MgBr^2 + 2Cl = MgCl^2 + 2Br.$$

L'opération se fait dans une sorte de tour en pierre siliceuse, remplie de boules en terre cuite. Par le haut tombe une pluie *d'eaux mères*, qui descend lentement à travers les boules de terre cuite; par le bas arrive un courant de chlore, qui réagit sur le bromure de magnésium.

Le *brome* mis en liberté est en partie volatilisé, et s'échappe par le haut avec le courant de chlore; une autre portion de brome entre en dissolution dans les eaux mères, et s'écoule par le bas de la tour. Cette seconde portion est chassée du liquide par un courant de vapeur d'eau qui l'entraine. Le tout, brome gazeux échappé par le haut, et brome chassé de la dissolution par le courant de vapeur d'eau, passe dans un serpentin en terre cuite, refroidi par un courant d'eau froide. Le brome se condense, ainsi que la vapeur d'eau, pour former deux liquides qui se superposent par ordre de densité. Par décantation on sépare le brome, qui est à la partie inférieure.

Le brome brut ainsi obtenu est purifié par distillation dans des cornues en verre.

212. Propriétés physiques. — Le brome présente avec le chlore les plus grandes analogies physiques et chimiques.

C'est un liquide rouge, d'une odeur analogue à celle du chlore. Il est trois fois plus lourd que l'eau. Il cristallise à —7 degrés en lamelles grises, et bout à 63 degrés. Il est très volatil à la température ordinaire : sa densité de vapeur est égale à 5,39. Il est légèrement soluble dans l'eau; beaucoup plus dans le chloroforme, l'éther et le sulfure de carbone.

Sa dissolution aqueuse, refroidie à 0 degré, laisse déposer des cristaux d'hydrate répondant à la formule $Br + 5H^2O$.

213. Propriétés chimiques. — Comme le chlore, le brome a une affinité très faible pour l'*oxygène*, plus forte cependant que celle du chlore; et une affinité très grande pour la plupart des *métalloïdes* et des *métaux*, mais cependant moins grande que celle du chlore.

Aussi le *brome* chasse-t-il le *chlore* de ses combinaisons avec l'oxygène, tandis que le *chlore* chasse le *brome* de ses combinaisons avec les autres métalloïdes et les métaux.

L'eau de chlore versée dans une dissolution de *bromure de potassium* y produit une coloration rouge par suite de la mise en liberté du brome.

Un fragment de *phosphore* projeté dans du brome liquide détermine une explosion immédiate. L'*arsenic*, l'*antimoine*, le *potassium* s'enflamment spontanément dans les vapeurs du brome. Le *cuivre*, préalablement chauffé au rouge, y brûle avec incandescence.

L'*hydrogène* et le *brome* se combinent directement sous l'influence de la chaleur ou de la mousse de platine. Les *propriétés oxydantes, désinfectantes* et *décolorantes* du chlore appartiennent tout aussi bien au brome et peuvent être mises en évidence par les mêmes expériences.

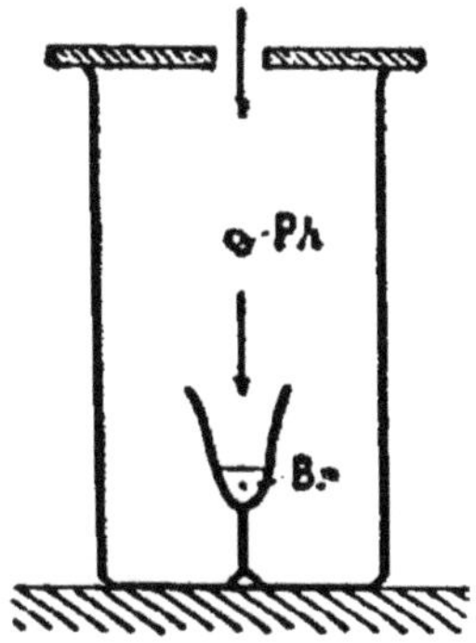

L'*acide bromhydrique*, qui résulte de l'union du *brome* avec l'*hydrogène*, est analogue à l'acide chlorhydrique. C'est un gaz incolore, fumant à l'air, d'une odeur vive. Il est extrêmement soluble dans l'eau, avec laquelle il forme des hydrates analogues à ceux de l'acide chlorhydrique.

La présence du brome, à l'état de bromure, dans une dissolution, est mise en évidence au moyen de *l'eau de chlore*, qui donne une coloration rougeâtre. L'*azotate d'argent* donne avec les bromures un précipité blanc jaunâtre, peu soluble dans l'ammoniaque et très soluble dans l'hyposulfite de soude.

ACTION DU BROME SUR LE PHOSPHORE. — Un morceau de *phosphore* tombant dans du *brome* liquide détermine une explosion immédiate, avec formation de bromure de phosphore.

214. Usages. — Le brome est utilisé en assez grande quantité en médecine, en photographie et aussi dans la préparation de certaines couleurs d'aniline.

Le liquide n'est pas, d'ailleurs, employé à l'état libre; on en prépare des bromures, et particulièrement du *bromure de potassium*, qui sert aux usages indiqués ci-dessus.

Pour obtenir ce bromure de potassium, on traite par le brome une dissolution de potasse caustique; il se forme du bromure de potassium et du bromate de potassium :

$$6Br + 6KOH = BrO^3K + 5KBr + 3H^2O.$$

Le liquide, évaporé à sec, puis chauffé au rouge, fournit un dégagement d'oxygène, et il ne reste que du bromure de potassium :

$$BrO^3K + 5KBr = 6KBr + 3O,$$

qu'on purifie par dissolution dans l'eau bouillante, et cristallisation.

IV. — IODE

$$Io = 127.$$

215. L'iode se rencontre, généralement à l'état d'iodures, partout où l'on trouve le brome.

Il a été découvert en 1811 par Courtois, fabricant de salpêtre à Paris, et étudié principalement par Gay-Lussac.

216. Préparation. — On ne prépare pas l'*iode* dans les laboratoires.

Industriellement il a deux origines. On le retire des *eaux mères des cendres de varech* (**210**) et de l'*azotate de sodium du Chili*.

Extraction des cendres de varech. — Les *eaux mères* des cendres de varech renferment des *iodures* et des *bromures*.

On commence par les faire bouillir avec un peu d'*acide sulfurique*, puis on les clarifie par décantation. Ce traitement préalable a pour but de transformer en sulfates les sulfures, sulfites et hyposulfites qui gêneraient pour la suite de l'opération, en occasionnant une grande perte de chlore.

On fait passer alors un courant de *chlore*, qui décompose les iodures et fournit un précipité gris noirâtre d'iode.

On arrête le courant de chlore lorsqu'un peu de la liqueur filtrée ne précipite plus, ni par le chlore, ce qui indique qu'elle ne renferme plus d'iodures, ni par l'iodure de potassium, ce qui indique que le brome n'a pas encore commencé à être déplacé. On n'a plus qu'à séparer le précipité d'iode, à le laver à l'eau, et à le purifier par sublimation.

Ce sont les eaux mères restant alors qu'on traite en vue d'en retirer le brome.

217. *Extraction de l'azotate de sodium du Chili.* — Les *eaux mères* qui résultent du raffinage de l'azotate de sodium du Chili contiennent de l'*iodate de sodium* et de l'*iodure de sodium*.

On y fait passer un courant d'*anhydride sulfureux*, qui, en vertu de son pouvoir réducteur, précipite l'iode des iodates :

$$2IoO^3Na + 5SO^2 + 4H^2O = 2SO^4NaH + 5SO^4H^2 + 2Io.$$

Puis on fait passer un courant de chlore, qui précipite l'iode des iodures :

$$NaIo + Cl = NaCl + Io.$$

On arrête e courant gazeux dès que la précipitation est complète.

Il ne reste plus qu'à faire égoutter le précipité et à le sublimer.

L'iode obtenu par l'une ou l'autre méthode est purifié par une seconde sublimation, qu'on effectue dans des cornues en grès

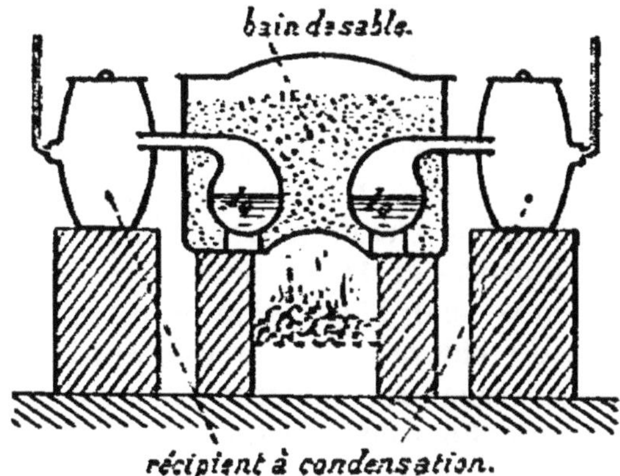

SUBLIMATION DE L'IODE. — On purifie l'iode par sublimation. Pour cela on chauffe l'iode dans des cornues entourées de sable ; les vapeurs vont se condenser au dehors, à l'état solide.

rangées, au nombre de six, dans un bain de sable qui les entoure entièrement. La condensation se produit dans un récipient de forme ellipsoïdale, muni d'un couvercle mobile.

218. Propriétés physiques. — Comme le brome, l'iode présente avec le chlore de grandes analogies physiques et chimiques.

C'est un solide gris, doué d'un éclat presque métallique. Il cristallise par sublimation en lamelles rhomboïdales. Il est cinq fois plus lourd que l'eau.

Il fond à 113 degrés et bout à 175 degrés, en donnant une vapeur violette, dont la densité est égale à 8,70.

Dès la température ordinaire, l'iode émet des vapeurs sensibles, très odorantes, dangereuses à respirer. Leur tension augmente rapidement quand la température s'élève. Aussi, en chauffant progressivement ce corps, peut-on le sublimer au-dessous de 113 degrés, sans le fondre.

L'*iode* est très peu soluble dans l'*eau*, à laquelle il communique une coloration jaune ; il se dissout, au contraire, en très grande quantité dans les dissolutions d'*acide iodhydrique* et d'*iodures alcalins*, ainsi que dans l'*alcool*, l'*éther* et le *sulfure de carbone*. Ces deux derniers liquides l'enlèvent à l'eau, et prennent alors une coloration plus foncée, jaune pour l'éther et violette pour le sulfure de carbone. En utilisant cette propriété, on peut mettre en évidence la présence d'une très petite quantité d'iode libre dans une dissolution aqueuse.

219. Propriétés chimiques. — L'iode, comme le chlore, ne se combine directement ni avec le *fluor*, ni avec l'*oxygène*, ni avec l'*azote*, ni avec le *carbone*.

Au contraire, il s'unit immédiatement aux autres métalloïdes, à une température peu élevée; le *phosphore* s'enflamme spontanément dans la vapeur d'iode. Il en est de même du *potassium* et du *cuivre* préalablement chauffés. Les *iodures* métalliques sont isomorphes des chlorures et des bromures.

L'affinité de l'iode pour l'*hydrogène* et les *métaux* est moins grande que celle du chlore et du brome. Ainsi le *chlore* et le *brome* précipitent l'iode des iodures; l'*eau chlorée* ou *bromée*, versée progressivement dans une dissolution d'*iodure de potassium*, y produit d'abord une coloration très foncée, due à la solubilité de l'iode dans l'excès d'iodure de potassium, puis un précipité gris. Un courant de *chlore*, passant dans une dissolution renfermant à la fois des bromures et des iodures, précipitera donc d'abord l'iode en totalité, et le brome ensuite.

L'affinité de l'iode pour l'*hydrogène* est assez faible pour que la combinaison ne se produise directement que sous l'action de la mousse de platine, ou, sous l'influence de la chaleur, à une pression supérieure à la pression atmosphérique.

L'*acide iodhydrique* IHo est analogue à l'acide chlorhydrique. C'est un gaz incolore, fumant à l'air, très soluble dans l'eau, avec laquelle il forme des hydrates définis. Il est décomposé par le *chlore* et par le *brome*, qui lui enlèvent son hydrogène.

L'iode ne décompose pas l'*acide sulfhydrique* gazeux, mais il décompose l'acide sulfhydrique en dissolution.

Agité en poudre avec une dissolution ammoniacale, puis séparé par filtration, il donne un composé de formule $Az^2H^3Io^3$, qu'on a nommé l'*iodure d'azote*. C'est une poudre grise qui, lorsqu'elle est sèche, détone par le moindre frottement.

La *vapeur d'eau* n'est pas décomposée par l'iode sous l'influence de la chaleur; mais elle l'est en présence des corps avides d'oxygène, comme l'*anhydride sulfureux* et l'*acide phosphoreux*, qui sont oxydés. Le *tournesol* et l'*indigo* sont décolorés.

Inversement, l'affinité de l'iode pour l'*oxygène* est très notablement plus grande que celle du chlore.

L'iode est très facilement caractérisé par son odeur, la couleur de sa vapeur, la couleur de ses dissolutions dans l'alcool et le sulfure de carbone. Il forme avec l'*empois d'amidon* une combinaison d'un bleu intense.

L'eau de chlore versée dans une dissolution d'un *iodure* donne un précipité, ou au moins une coloration jaune. La réaction est plus sensible lorsqu'on additionne la dissolution d'*empois d'amidon*, qui prend une coloration bleue extrêmement foncée dès que l'*iode* est mis en liberté. Cette coloration disparaît sous l'influence de la chaleur, puis elle reparaît par refroidissement. Elle disparaît aussi par l'adjonction d'un excès de chlore.

L'*azotate d'argent* donne avec les iodures un précipité jaune, insoluble dans l'acide azotique et l'ammoniaque.

220. Usages. — On emploie l'iode en grande quantité dans les laboratoires, en médecine, en photographie, dans la préparation de plusieurs couleurs dérivées du goudron de houille.

Le plus important de ses composés est l'*iodure de potassium*, qu'on prépare en traitant l'iode en poudre par une dissolution de potasse caustique. Les réactions sont analogues à celles indiquées pour la préparation du bromure de potassium (**214**).

V. — FLUOR

Fl = 19.

221. — Le *fluor* ne se trouve pas à l'état libre dans la nature. Mais on rencontre plusieurs *fluorures* dans les filons métallifères ; le plus abondant est le *fluorure de calcium* $CaFl^2$, nommé *spath fluor* par des géologues.

C'est seulement en 1886 que le fluor a pu être isolé et étudié par M. Moissan.

222. Préparation. — On prépare le fluor en décomposant l'*acide fluorhydrique* HFl par le courant électrique. On opère dans un récipient entièrement en platine, maintenu à la température de —50 degrés, car le fluor attaque tous les autres métaux à la température ordinaire, et le platine à une température peu élevée. On ne peut se servir d'un vase en verre, qui serait attaqué par l'acide fluorhydrique.

L'acide fluorhydrique, pur et anhydre, rendu conducteur de l'électricité par adjonction d'un peu de *fluorure de potassium*, est donc introduit dans un tube en U en platine, fermé par des bouchons en *spath fluor* qui laissent passer deux électrodes en platine, et deux tubes à dégagement, également en platine. Ce tube en U est refroidi à — 50 degrés par du chlorure de méthyle liquide, qui s'évapore rapidement sous l'influence d'un courant d'air. Le courant d'une forte pile, arrivant par les électrodes, produit de l'hydrogène qui se dégage au pôle négatif, et du *fluor* qui se dégage au pôle positif. Ce fluor, à sa sortie du tube à dégagement, traverse un serpentin fortement refroidi, puis un tube de platine rempli de fragments de fluorure de sodium (le serpentin

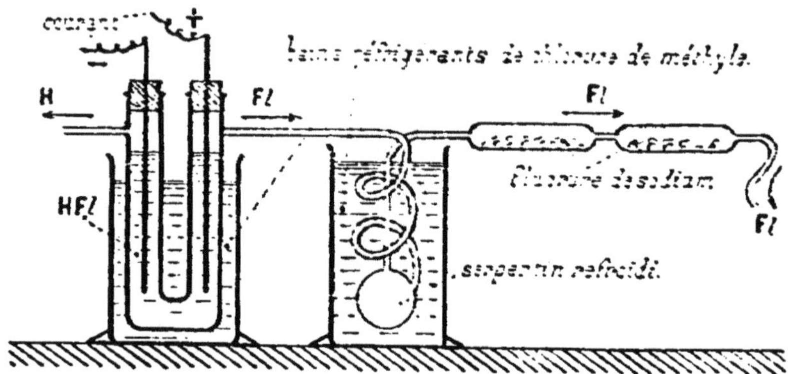

PRÉPARATION DU FLUOR. — L'*acide fluorhydrique*, contenu dans un tube en platine refroidi, est décomposé par le courant d'une forte pile. Le fluor qui se dégage passe dans un serpentin refroidi, puis dans un tube à fluorure de sodium, pour se débarrasser de l'acide fluorhydrique entraîné. Il se dégage ensuite à l'état de pureté.

et le tube à fluorure de sodium ayant pour effet de retenir l'acide fluorhydrique entraîné en même temps que le fluor).

Le fluor se dégage enfin par un tube de platine, à la sortie duquel on étudie ses propriétés : on ne peut le recueillir que dans des vases en platine.

223. Propriétés physiques et chimiques. — Le fluor est un gaz possédant une très faible couleur, d'un jaune verdâtre ; il a une odeur forte, analogue à celle du chlore. Sa densité est 1,265. Il n'a pas encore été liquéfié.

Les affinités chimiques sont beaucoup plus puissantes encore que celles du chlore, avec lequel il présente d'ailleurs de grandes analogies. Il ne s'unit ni à l'*oxygène* ni à l'*azote*, mais réagit avec une grande énergie, généralement à la température ordinaire, sur les autres *métalloïdes* et sur tous les *métaux*.

Il s'unit à l'*hydrogène*, même dans l'obscurité.

Le *soufre*, le *phosphore*, l'*arsenic*, le *brome*, l'*iode*, le *carbone*, le *potassium*, le *sodium* s'enflamment spontanément dans ce gaz. Les autres *métaux* sont attaqués sans incandescence. Dans tous ces cas il se forme des fluorures.

Tous les composés qui renferment de l'*hydrogène* sont immédiatement détruits par le fluor. L'*eau* est décomposée à la température ordinaire, avec formation d'acide fluorhydrique et d'oxygène ;

l'*acide sulfhydrique*, l'*ammoniaque*, l'*acide chlorhydrique* prennent feu au contact du fluor, en donnant de l'acide fluorhydrique.

224. Acide fluorhydrique. — L'*acide fluorhydrique* HFl était isolé et étudié bien avant le fluor (Gay-Lussac et Thenard, 1808).

On le prépare en chauffant doucement, dans une cornue en plomb (le verre serait attaqué) un mélange de *fluorure de calcium* pulvérisé et d'*acide sulfurique*.

$$\text{Ca Fl}^2 + \text{SO}^4\text{H}^2 = \text{SO}^4\text{Ca} + 2\,\text{HFl}.$$

L'acide se condense dans un tube en plomb refroidi par de la glace.

On obtient ainsi un liquide incolore, très avide d'eau, qui bout à $+19$ degrés, en produisant une vapeur très corrosive, fumant à l'air.

A l'état liquide, comme à l'état gazeux, l'acide fluorhydrique ne doit être manié qu'avec les plus grandes précautions. Une goutte tombant sur la main y cause une inflammation longue à guérir

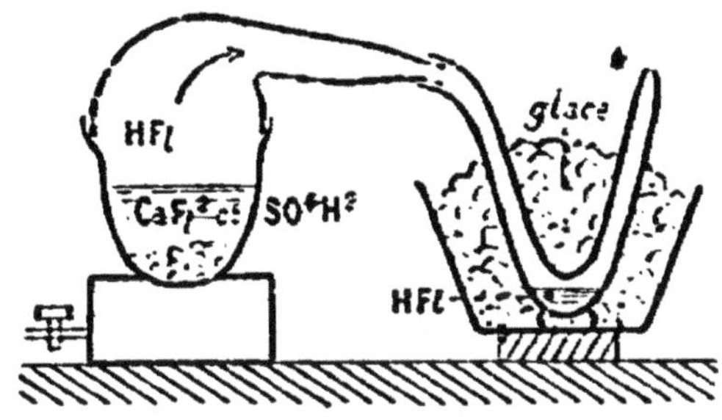

PRÉPARATION DE L'ACIDE FLUORHYDRIQUE. —On chauffe modérément, dans une cornue de plomb, un mélange de *fluorure de calcium* et d'*acide sulfurique*. L'acide fluorhydrique qui se dégage va se condenser dans un tube refroidi, également en plomb.

et très douloureuse ; les vapeurs, introduites en quantité notable dans les voies respiratoires, détermineraient très rapidement la mort.

Parmi les métalloïdes, l'acide fluorhydrique attaque seulement le *bore* et le *silicium*.

Le *potassium* le décompose avec explosion. en dégageant de l'hydrogène. Les autres *métaux* sont plus difficilement attaqués ; le *mercure*, l'*argent*, l'*or*, le *platine* ne le sont pas.

Enfin l'acide fluorhydrique a la propriété de dissoudre la *silice*, en donnant du fluorure de silicium. Le verre, constitué par des silicates divers, est rapidement corrodé par l'acide légèrement étendu d'eau ou par les vapeurs.

On utilise l'acide fluorhydrique dans la gravure sur verre. Sur la plaque de verre à graver on étend une mince couche de vernis, sur laquelle on trace, avec une pointe métallique, le dessin que l'on veut obtenir, de façon à mettre le verre à nu.

Il ne reste plus qu'à exposer la plaque aux vapeurs qui, sous l'influence d'une douce chaleur, se dégagent d'une caisse de plomb renfermant un mélange d'acide sulfurique et de fluorure de calcium.

Pour enlever ensuite le vernis, on chauffe légèrement la plaque, et on la frotte avec un linge; la gravure apparaît opaque sur fond transparent.

CHAPITRE III

SOUFRE

I. — SOUFRE

$$S = 52.$$

225. Le soufre a été connu dès la plus haute antiquité. On le rencontre à l'*état natif* dans les terrains volcaniques (solfatares de Pouzzoles) ; il provient alors de la combustion incomplète de l'acide sulfhydrique. Le soufre natif est plus abondant encore dans le gypse et le calcaire des terrains tertiaires ; c'est dans ces conditions que se trouve l'important gisement de Sicile.

Les composés du soufre qu'on rencontre dans la nature sont très nombreux, et beaucoup sont exploités comme minerais métalliques. Les *sulfures de plomb*, de *zinc*, de *mercure*, de *cuivre*, d'*antimoine*, d'*arsenic* et surtout de *fer*, les *sulfates de baryum*, de *strontium*, de *sodium* et surtout de *calcium* (*gypse*) sont répandus dans tous les terrains. Certaines matières organiques animales et végétales renferment du soufre.

226. Extraction du soufre. — L'extraction du soufre est une opération essentiellement industrielle. La plus grande partie du soufre consommé en France provient du *soufre natif* de la solfatare de Pouzzoles, près de Naples, ou de celui des mines de la Sicile.

Il s'agit donc simplement de séparer le métalloïde des matières terreuses avec lesquelles il est mélangé. Les deux principaux modes d'extraction sont les suivants.

Procédé par fusion. — Dans des fours circulaires peu élevés, et complétement ouverts par le haut (nommés *calcaroni*), on empile les morceaux de minerai jusqu'à former un cône tronqué qui s'élève à une certaine hauteur. On recouvre le tout avec de la terre et on met le feu à la partie supérieure de la masse. La combustion se propage peu à peu, grâce à l'arrivée très lente de l'air, et produit assez de chaleur pour déterminer la fusion des deux tiers du soufre ; le liquide s'écoule sur la sole en pente du four et sort par un trou de coulée ménagé à la partie inférieure.

Dans les grands *calcaroni*, capables de contenir 100 mètres cubes de minerai, la coulée dure plus de deux mois. Elle fournit 60 pour 100 du soufre contenu dans les matières traitées ; le reste est brûlé. Ce procédé, bien qu'assez primitif, est avantageux parce qu'il se pratique sur place, et qu'il économise tout frais de transport et de combustible.

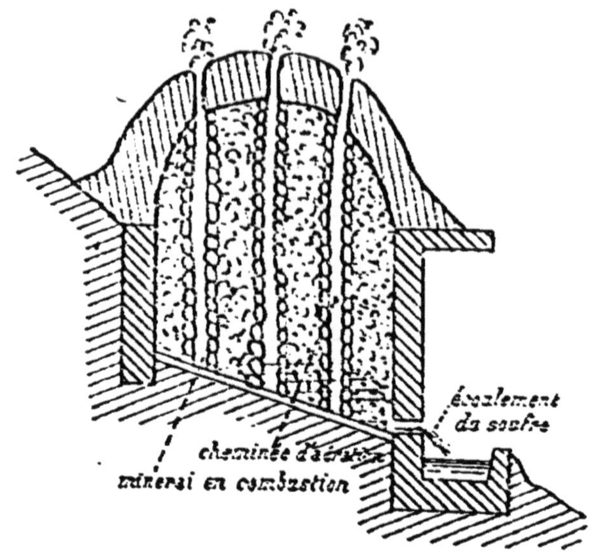

EXTRACTION DU SOUFRE PAR LES CALCAROXI. — La chaleur produite par la combustion d'une partie du soufre fait fondre l'autre partie. Le liquide s'écoule par l'ouverture inférieure.

Près de Naples, on traite les minerais très riches par une simple fusion dans une chaudière en fonte. On décante le soufre fondu à l'aide d'une cuiller et on rejette le résidu terreux.

227. *Procédé par distillation.* — Près de Naples les minerais

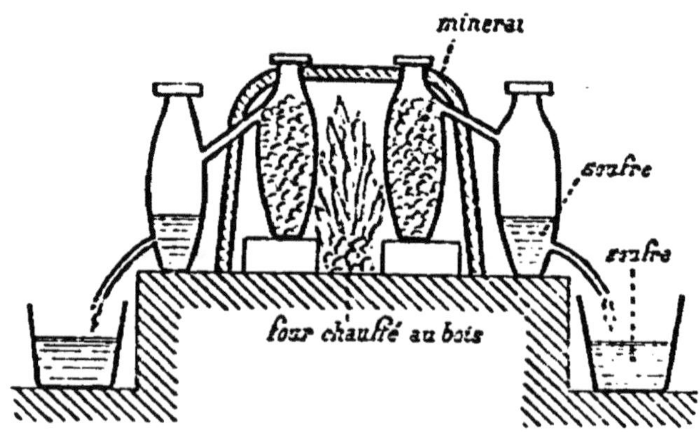

EXTRACTION DU SOUFRE PAR DISTILLATION. — Le minerai est chauffé dans des creusets ; la vapeur va se condenser dans des creusets froids, placés à l'extérieur du four.

pauvres sont, au contraire, soumis à une distillation rapide.

Cette distillation est opérée dans des creusets placés en grand nombre dans un fourneau allongé, chauffé au bois. Chaque creuset renferme 25 kilogrammes de minerai; la vapeur de soufre va se condenser à l'état liquide dans un creuset semblable, placé hors du four.

228. *Raffinage.* — Le soufre brut donné par les procédés précédents renferme de 5 à 10 pour 100 de matières terreuses. On le raffine par distillation.

Fondu dans une première chaudière, placée assez loin du foyer

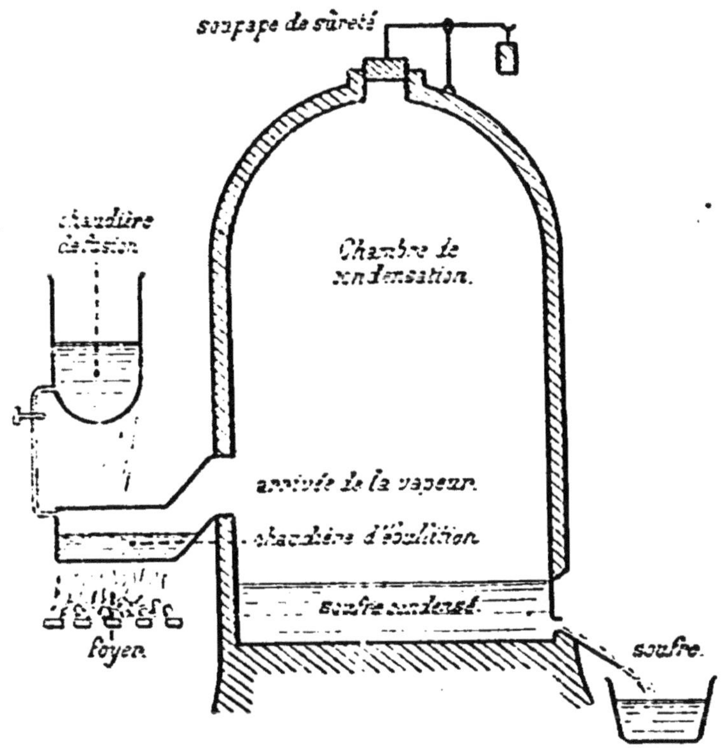

RAFFINAGE DU SOUFRE. — Le soufre est fondu dans une première chaudière, et volatilisé dans une seconde. Les vapeurs vont se condenser dans une grande chambre.

pour que sa température ne dépasse pas 150 degrés, le soufre s'écoule dans une seconde, qui est en contact direct avec la flamme : là il est volatilisé. La vapeur se rend dans une grande chambre en maçonnerie, où elle se condense.

Lorsqu'on veut avoir le *soufre en canons*, on opère la distillation d'une façon continue, de manière que la température de la chambre demeure supérieure à 114 degrés. Le soufre y prend l'état liquide et coule sur la sole; on le soutire pour l'introduire dans des moules en buis de forme légèrement conique, refroidis par un bain d'eau fraîche.

Pour obtenir le *soufre en fleur*, il faut éviter que la température ne s'élève dans la chambre jusqu'à 114 degrés. La distillation est alors intermittente. Les vapeurs se condensent dans ce cas sous forme d'une espèce de neige, qui s'amoncelle à une hauteur de 50 à 60 centimètres; on l'enlève à la pelle.

229. Propriétés physiques. — Le soufre est un solide d'un jaune clair, inodore, insipide. Sa dureté est faible; de plus, il est très cassant, facile à pulvériser.

Il est mauvais conducteur de la chaleur et de l'électricité. Chauffé avec la main, le soufre en canon fait entendre des craquements (cri du soufre) et se brise; la surface s'est échauffée seule, à cause de la mauvaise conductibilité du soufre, et la dilatation a suffi pour amener des ruptures qu'explique la fragilité de la substance.

La densité du soufre est voisine de 2; sa température de fusion voisine de 115 degrés; sa température d'ébullition voisine de 440 degrés. La vapeur est brune et transparente.

Le soufre est insoluble dans l'eau, mais soluble, surtout à chaud, dans la benzine, dans l'aniline, et plus encore dans le sulfure de carbone.

Aucun corps ne présente des modifications allotropiques si nombreuses, à l'état solide, à l'état liquide et à l'état gazeux.

230. *Soufre solide.* — Le soufre est *dimorphe*; on le connaît aussi à l'état *amorphe*, c'est-à-dire non cristallisé.

En abandonnant à l'évaporation spontanée la dissolution de soufre dans le sulfure de carbone, on a des cristaux *octaédriques*, appartenant au système du prisme droit à base rectangle. Ces cristaux ont une densité égale à 2,07; ils fondent à 113 degrés. Les cristaux de *soufre natif* ont aussi cette forme octaédrique.

Au contraire, en abandonnant au refroidissement du soufre fondu, on a dans le creuset de longues aiguilles transparentes, dépendant du *prisme oblique* à base rectangle. Ces cristaux ont pour densité 1,97; ils fondent à 117 degrés.

Enfin la fleur de soufre, mise en contact avec du sulfure de carbone en excès, laisse toujours un résidu de *soufre amorphe*, complètement insoluble, à froid comme à chaud, et dont la densité est égale à 2,066.

Chacune de ces modifications allotropiques est susceptible de se transformer, dans des circonstances convenables, de manière à donner naissance aux autres. Le soufre octaédrique n'est stable qu'à la température ordinaire; un cristal octaédrique, maintenu pendant quelques heures à la température de 110 degrés, perd sa transparence et se convertit en un amas de petits cristaux prismatiques.

Le soufre prismatique, au contraire, n'est stable qu'aux températures voisines de celle de la fusion. Les cristaux prismatiques obtenus par fusion et solidification deviennent peu à peu opaques; ils sont alors constitués par des chapelets d'octaèdres.

Il résulte de ces propriétés que le soufre octaédrique prendra naissance dans les dissolutions froides ou dans le liquide maintenu en surfusion à une température relativement basse, tandis que le soufre prismatique se déposera dans les dissolutions chaudes ou au moment de la solidification normale du liquide.

Le soufre amorphe est susceptible de transformations analogues. Si on l'expose pendant plusieurs heures à l'action de l'eau bouillante, il devient progressivement transparent, acquiert une densité égale à 2,07, qui est celle du soufre octaédrique, et est alors entièrement soluble dans le sulfure de carbone.

Presque toutes les variétés de soufre, sauf les cristaux octaédriques, renferment du soufre amorphe. Le *soufre prismatique* en contient un peu, la *fleur de soufre* en contient davantage.

Enfin on a jusqu'à 60 pour 100 de soufre insoluble lorsqu'on chauffe du soufre liquide à une température voisine de 260 degrés, et qu'on le fait couler en un mince filet dans une terrine remplie d'eau froide. On obtient ainsi une masse d'un jaune plus ou moins foncé, molle et élastique comme du caoutchouc : c'est le *soufre mou*. Cette élasticité n'est que temporaire; au bout de quelques jours, la masse est redevenue dure et cassante; elle s'est transformée en une agglomération de petits octaèdres mélangés de soufre amorphe.

231. *Soufre liquide.* — À l'état liquide, le soufre n'est pas moins remarquable.

À 115 degrés, il constitue un liquide fluide, transparent, d'un jaune clair. À mesure qu'il s'échauffe, il se colore progressivement; à la température de l'ébullition, 440 degrés, il est presque noir.

En même temps, il subit des variations dans sa fluidité : chauffé au-dessus de 115 degrés, il devient de plus en plus visqueux; à 200 degrés, il ne coule plus si on renverse le vase qui le renferme; puis il redevient peu à peu fluide.

Un refroidissement lent fait repasser le fluide par les mêmes états successifs.

232. *Soufre gazeux*. — Enfin le soufre a deux densités de vapeur bien distinctes : une normale, égale à 2,22, correspondant à 1 volume; et une autre, trois fois plus grande, égale à 6,654, qui semble être la densité d'une condensation allotropique analogue à celle qu'éprouve l'oxygène lorsqu'il se transforme en ozone.

233. Propriétés chimiques. — Le soufre se combine directement avec la plupart des éléments.

Il brûle dans l'*oxygène* et dans l'air avec une flamme bleue peu éclairante en produisant de l'anhydride sulfureux SO^2; il se forme en même temps quelques fumées blanches d'anhydride sulfurique SO^3.

L'inflammation a lieu à partir de 250 degrés.

Le soufre se combine avec le *phosphore* à une température inférieure à 100 degrés : la réaction est très vive. Il se forme, selon les circonstances dans lesquelles on effectue la combinaison, divers sulfures de phosphore.

Avec le *chlore*, il y a combinaison dès la température ordinaire, avec formation de chlorure de soufre S^2Cl^2. Les *bromure* et *iodure* de soufre se produisent de même, par combinaison directe, à une température peu élevée.

Le *charbon* brûle dans la vapeur de soufre fortement chauffée, en donnant du sulfure de carbone CS^2.

Chauffé en vase clos à 440 degrés, avec de l'*hydrogène*, le soufre donne naissance à de l'acide sulfhydrique H^2S.

Parmi les métaux, l'*aluminium*, l'*or*, le *platine* sont inattaquables par le soufre, même aux températures élevées. Mais tous les autres, et particulièrement le *potassium*, le *zinc*, le *fer*, le *cuivre*, donnent naissance à des sulfures, quand on les chauffe au contact du soufre.

La tournure de *cuivre*, projetée dans un ballon renfermant du soufre à 400 degrés, s'y combine avec incandescence.

On prépare le sulfure de *fer* FeS en chauffant dans un creuset de la limaille de *fer* et de la fleur de *soufre*.

Le mélange de 2 parties de *zinc* en poudre très fine et de 1 partie de *soufre* prend feu au contact d'une allumette enflammée, et détone sous le choc du marteau.

La présence de l'*eau* facilite l'action du soufre sur les *métaux*. Lorsqu'on arrose d'eau tiède un mélange de limaille de *fer* et de fleur de *soufre*, l'union des deux éléments commence immédiatement. La chaleur produite par la réaction est suffisante pour déterminer la volatilisation rapide de l'eau ajoutée : c'est l'expérience dite du *volcan de Lémeri*.

234. La tendance qu'a le soufre à s'unir à divers éléments lui permet de décomposer un certain nombre de corps composés.

Il réduit les composés oxygénés de l'azote à une température généralement peu élevée. Chauffé au contact de l'*acide azotique*, il se transforme en acide sulfurique. Mêlé avec l'*azotate de potasse*, il constitue une poudre capable de brûler en vase clos en donnant naissance à un grand volume gazeux. C'est une des réactions fondamentales de la poudre à tirer :

$$2\,(Az\,O^5K) + 4S = K^2S + 5\,SO^3 + 2\,Az.$$

A la température de 400 degrés, le soufre décompose aussi l'*acide sulfurique*, qu'il réduit à l'état anhydre sulfureux.

· Chauffé avec la plupart des *oxydes métalliques*, il donne un sulfure et un composé oxygéné du soufre.

La *vapeur d'eau* est elle-même décomposée à une température élevée.

235. *Analogie du soufre et de l'oxygène.* — Vis-à-vis de l'oxygène, du chlore, du brome et de l'iode, le soufre joue le rôle d'élément électro-positif.

Au contraire, vis-à-vis du phosphore, du carbone, de l'hydrogène et des métaux, il est électro-négatif. Il présente alors les plus grandes analogies avec l'oxygène.

Nous avons vu que les métaux s'unissent au soufre avec incandescence, comme à l'oxygène ; la présence de l'eau facilite la sulfuration du fer, comme elle en facilite l'oxydation. A un grand nombre de composés oxygénés des métalloïdes et des métaux correspondent des composés sulfurés de même formule. Pour l'hydrogène, à H^2O et H^2O^2 correspondent H^2S et H^2S^2 ; de même pour le carbone, à CO et CO^2 correspondent CS et CS^2 ; pour le potassium, à K^2O, à KOH et à CO^3K^2 correspondent K^2S, KSH et CS^3K^2 ; pour le fer, à FeO, Fe^2O^3, Fe^3O^4 correspondent FeS, Fe^2S^3, Fe^3S^4. L'analogie se poursuit même en chimie organique.

236. Usages. — Les usages du soufre sont nombreux. Cet élément constitue la matière première de la fabrication de beaucoup de produits chimiques importants : acide sulfurique, anhydride sulfureux, sulfure de carbone, sulfures de cuivre, de mercure, de potassium, de sodium.

Il entre dans la composition de la *poudre à tirer* et dans la confection des *allumettes.* Il sert à prendre des empreintes, à mouler des médailles, à sceller le fer dans la pierre, à blanchir au *soufroir* la paille, les étoffes de laine et de soie, à éteindre les feux de cheminée, à préparer le caoutchouc vulcanisé (renfermant 1 à 2 pour 100 de soufre) et le caoutchouc durci (qui en contient 48 pour 100).

Il est employé contre les maladies de la peau, contre la maladie de la vigne nommée *oïdium* (soufrage des ceps à la fleur de soufre), contre les chances d'altération du vin (combustion des mèches soufrées dans les tonneaux).

II. — ANHYDRIDE ET ACIDE SULFUREUX

$$SO^2 = 64.$$

237. Composés oxygénés du soufre. — Le soufre forme avec l'oxygène, par des réactions généralement indirectes, un grand nombre de composés. Les plus importants sont l'*anhydride sulfureux* SO^2, l'anhydride et l'*acide sulfurique* SO^3 et SO^4H^2 et l'*acide hyposulfureux* $S^2O^3H^2$.

Ce dernier n'a jamais été préparé à l'état libre, mais il forme avec les bases des *hyposulfites* qui ont été bien étudiés. Le plus important est l'*hyposulfite de sodium*, qu'on prépare industriellement en faisant passer un courant d'*anhydride sulfureux* dans une dissolution de *sulfure de sodium* :

$$2\,Na^2S + 3\,SO^3 = 2\,S^2O^3Na^2 + S.$$

C'est un sel incolore, très soluble dans l'eau, qui est fort employé en photographie et dans la fabrication de la pâte à papier, pour enlever aux matières blanchies par le chlore les dernières traces de ce corps.

Nous étudierons seulement ici l'anhydride sulfureux, l'anhydride et l'acide sulfurique.

238. L'anhydride sulfureux se rencontre dans presque toutes les émanations volcaniques. Comme il se produit dans la combustion du soufre, il est connu, de même que cet élément, depuis la plus haute antiquité.

Isolé par Priestley en 1774, il a été étudié par Lavoisier, par Gay-Lussac et par Berzélius.

239. Préparation de l'anhydride sulfureux. — L'industrie prépare presque toujours l'anhydride sulfureux par la combustion dans l'air du soufre ou du bisulfure de fer naturel (pyrite) :

$$2\,FeS^2 + 11O = Fe^2O^3 + 4SO^2.$$

Mais il est alors mélangé à un excès d'oxygène et à une forte proportion d'azote.

Dans les laboratoires on préfère, pour l'avoir pur, désoxyder l'acide sulfurique par un métal ou un métalloïde.

La tournure de *cuivre* chauffée doucement avec l'*acide sulfurique* fournit un dégagement rapide d'*anhydride sulfureux*. On doit opérer dans un grand ballon et modérer le feu, pour éviter le boursouflement. Il reste du sulfate de cuivre. Avec le *mercure*, le boursouflement n'est pas à craindre :

$$Cu + 2\,SO^4H^2 = SO^4Cu + SO^2 + 2\,H^2O ;$$
$$Hg + 2\,SO^4H^2 = SO^4Hg + SO^2 + 2\,H^2O.$$

Si l'on veut avoir le gaz sec, on le fait passer sur du chlorure de calcium ou de la ponce sulfurique, et on le recueille sur le mercure.

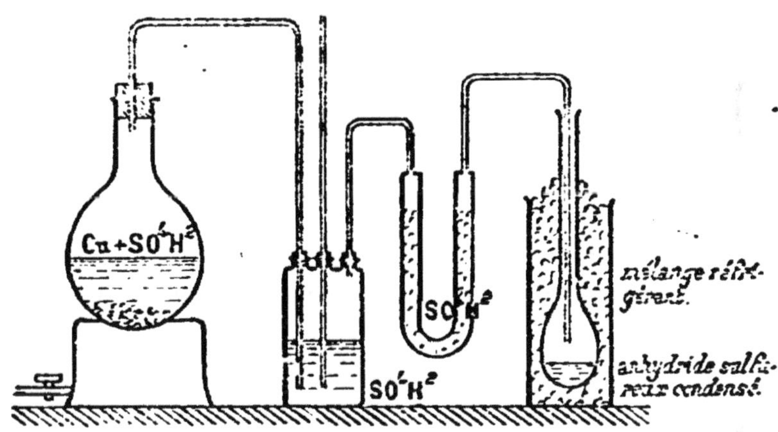

PRÉPARATION DE L'ANHYDRIDE SULFUREUX LIQUIDE. — Le gaz, préparé dans le ballon, desséché dans le flacon et dans le tube en U, arrive dans un matras refroidi, où il se condense.

Pour l'obtenir à l'état liquide, on le fait arriver, bien desséché, dans un matras entouré d'un mélange réfrigérant.

Enfin, pour l'avoir en dissolution, on le dirige dans un appareil de Woolf, dont les flacons renferment de l'eau privée d'air par l'ébullition. Dans ce cas, on peut remplacer le cuivre par le *charbon*; l'anhydride carbonique, qui accompagne alors le gaz sulfureux, ne se dissout qu'en petite quantité, et ne nuit à aucune des réactions de ce gaz :

$$C + 2\,SO^4H^2 = CO^2 + 2\,SO^2 + 2\,H^2O.$$

Le *soufre* désoxyde aussi l'*acide sulfurique*, mais la réaction est surtout régulière à une température supérieure à celle de l'ébullition :

$$S + 2\,SO^4H^2 = 3\,SO^2 + 2\,H^2O ;$$

pour utiliser cette réaction on fait couler un mince filet d'*acide
sulfurique* sur du *soufre* chauffé à 400 degrés dans des cornues de
fonte. Ce mode de préparation est appliqué industriellement pour

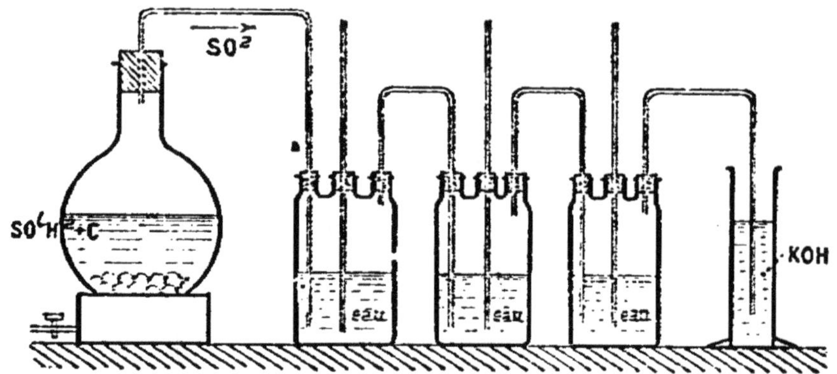

PRÉPARATION DE LA DISSOLUTION D'ANHYDRIDE SULFUREUX. — Le gaz, préparé par la
réaction du *charbon* sur l'*acide sulfurique*, va se dissoudre dans les flacons de
Woolf, renfermant de l'eau froide, privée d'air par une ébullition préalable.
Une éprouvette renfermant une dissolution de potasse absorbe, à la sortie,
l'anhydride carbonique et les dernières traces d'anhydride sulfureux.

obtenir l'anhydride sulfureux liquide employé dans les appareils
réfrigérants de M. Pictet.

240. Propriétés physiques. — L'anhydride sulfureux est un

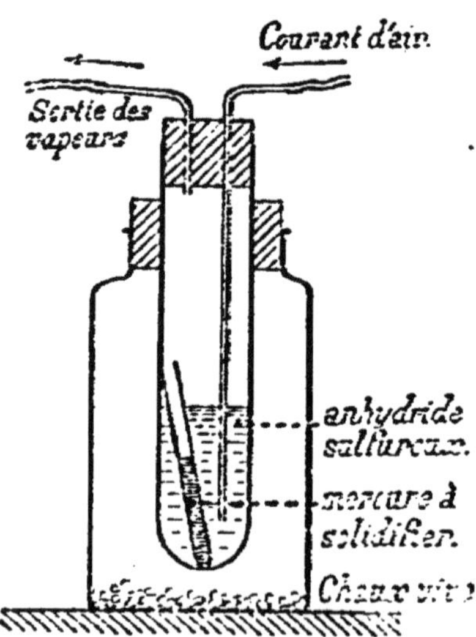

SOLIDIFICATION DE MERCURE PAR ÉVAPORATION DE L'ANHYDRIDE SULFUREUX. — L'évaporation, activée par un courant d'air, produit un froid de 50 degrés. De la chaux
vive, placée dans le flacon qui sert de support à l'éprouvette, dessèche l'air et
empêche ainsi l'éprouvette de se recouvrir d'un givre qui empêcherait de voir
à l'intérieur.

gaz incolore, d'une odeur vive, caractéristique. Sa densité est 2,234.

Son coefficient de solubilité dans l'eau est égal à 80 à la température de 0 degré et à 50 à la température de 15 degrés.

A la température —8°, sous la pression atmosphérique, le gaz sulfureux se condense en un liquide incolore, qui se solidifie à — 75. L'évaporation de ce liquide dans le vide produit un froid de — 68 degrés, utilisé dans des machines construites par M. Raoul Pictet, pour la production industrielle du froid. Cette évaporation, activée par la simple action d'un courant d'air, donne une température de —50 degrés, qui permet de réaliser aisément la solidification du mercure.

241. Propriétés chimiques.—La chaleur dissocie le gaz sulfureux à la température du rouge blanc. On le montre à l'aide du *tube chaud et froid*. Pendant le passage du gaz, le tube de laiton

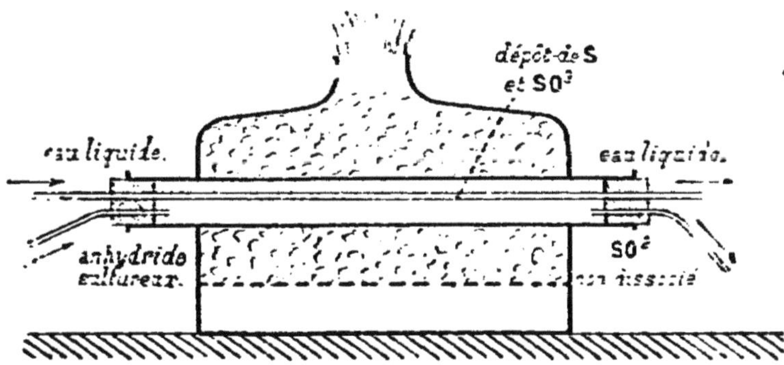

DISSOCIATION DE L'ANHYDRIDE SULFUREUX PAR LE TUBE CHAUD ET FROID. — Le *soufre* forme, avec l'argent du tube froid, du sulfure d'argent ; l'*oxygène* se combine avec l'excès d'anhydride sulfureux pour donner, à la sortie, de l'anhydride sulfurique.

argenté se recouvre de sulfure d'argent et d'anhydride sulfurique, provenant de la combinaison de l'oxygène rendu libre par la décomposition, avec une partie des gaz sulfureux non décomposés.

Une longue série d'étincelles électriques dissocie aussi le gaz sulfureux. La réaction, bien entendu, est limitée ; mais si on opère en présence d'un corps capable d'absorber l'anhydrique sulfurique à mesure qu'il prend naissance, la décomposition arrive à être complète.

Pouvoir réducteur. — L'anhydride sulfureux n'est pas combustible ; mais il est susceptible de se combiner directement avec l'*oxygène* dans des circonstances convenables.

Par exemple, le gaz sulfureux et l'oxygène se combinent pour donner de l'anhydride sulfurique quand on les fait passer sur de la mousse de platine légèrement chauffée.

En présence de l'eau, l'oxydation se produit à la température ordinaire. Lorsqu'on fait dissoudre l'anhydride sulfureux dans l'eau non purgée d'air par l'ébullition, on reconnaît bientôt, à l'aide de l'azotate de baryum, la présence de l'acide sulfurique. La dissolution, exempte d'air, doit toujours être conservée dans des flacons complètement pleins et bien bouchés.

Cette tendance qu'a le gaz sulfureux à s'oxyder lui permet de *réduire* un grand nombre de composés riches en oxygène. Ainsi il est absorbé, à une température peu élevée, par le *sesquioxyde de*

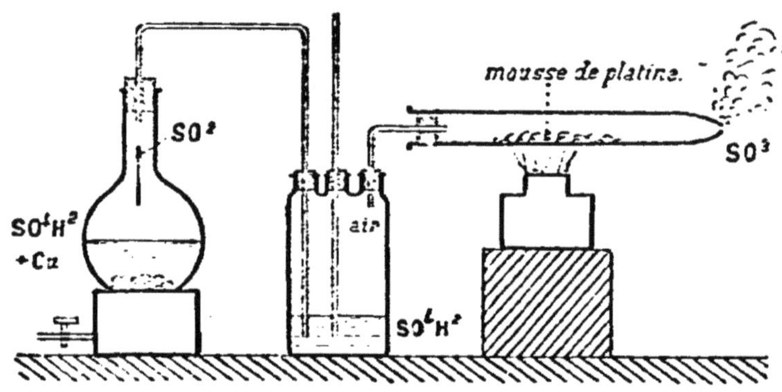

COMBINAISON DE L'ANHYDRIDE SULFUREUX ET DE L'OXYGÈNE. — L'anhydride sulfureux passe dans un flacon laveur contenant de l'acide sulfurique, où il se dessèche. Il en sort, entraînant l'air du flacon, et le mélange arrive sur la mousse de platine légèrement chauffée. D'abondantes fumées blanches montrent la formation de l'anhydride sulfurique.

fer, par le *bioxyde de manganèse*, par le *bioxyde de plomb* ; il se forme des sulfates de fer, de manganèse et de plomb. Avec le bioxyde de plomb, l'absorption est rapide et accompagnée d'incandescence.

Versé dans une éprouvette remplie de gaz sulfureux, l'*acide azotique* AzO^3H produit immédiatement de l'acide sulfurique et des *vapeurs rutilantes* AzO^2.

Si l'on verse une dissolution de gaz sulfureux dans une dissolution rouge d'*hypermanganate de potassium*, la décoloration est immédiate, par suite de la réduction de l'acide hypermanganique. Il se produit du sulfate de potassium et du sulfate de manganèse, qui donnent une dissolution limpide et incolore.

Enfin nous savons que l'anhydride sulfureux décompose l'eau en présence du chlore, du brome et de l'iode qui s'emparent de l'hydrogène.

242. *Pouvoir décolorant.* — Un certain nombre de matières colorantes sont détruites par le gaz sulfureux. Une *rose*, une *violette*, une *tache de vin* imprégnée d'eau perdent leur coloration quand on les place au-dessus d'une allumette enflammée. Des *écheveaux de laine* ou de *soie* trempés dans l'eau, puis abandonnés dans une chambre bien close où brûle du soufre, perdent leur coloration vive; un lessivage complète le blanchiment.

Il y a, sans doute, dans un certain nombre de cas, réduction de la matière colorante et production d'acide sulfurique. Mais quelquefois aussi l'action semble due à une simple combinaison de cette matière avec l'anhydride sulfureux; lorsqu'on plonge dans l'acide sulfurique étendu ou dans l'ammoniaque une violette blanchie par l'anhydride sulfureux, on voit réapparaître la coloration, avec la nuance que lui donne l'action des acides et des bases.

243. *Réduction de l'anhydride sulfureux.* — S'il agit généralement comme réducteur, le gaz sulfureux est pourtant réduit par les corps très avides d'oxygène.

Passant sur du *charbon* au rouge, il donne de l'anhydride carbonique CO_2 et du sulfure de carbone CS_2. L'*arsenic*, l'*étain*, le *potassium* produisent des réactions analogues.

Avec l'*hydrogène*, au rouge, il se forme de l'eau et du soufre. Quand l'hydrogène est à l'*état naissant*, ce qui arrive quand on verse une dissolution d'anhydride sulfureux dans un appareil producteur d'hydrogène, il se forme en outre de l'acide sulfhydrique H_2S :

$$SO_2 + 6H = 2H_2O + H_2S.$$

Les corps composés combustibles sont aussi, très souvent, susceptibles de réduire l'anhydride sulfureux, à température élevée.

244. *Acide sulfureux* SO_3H_2. — La dissolution de l'anhydride sulfureux rougit la teinture de tournesol et elle a toutes les propriétés d'un acide. Traitée, en particulier, par la potasse caustique, elle donne naissance à un sel qui répond à la formule SO_3K_2.

Aussi admet-on que, dans la dissolution, l'anhydride SO_2 s'est combiné à une molécule d'eau pour former l'hydrate SO_2, H_2O ou SO_3H_2, qui est l'*acide sulfureux*. Mais cet hydrate n'a pas pu être isolé, ni par suite étudié.

Il renferme deux atomes d'hydrogène, qui peuvent être remplacés par un atome d'un métal, pour donner des sulfites, tels que le sulfite de cuivre SO_3Cu, le sulfite de calcium SO_3Ca. Avec les métaux monovalents (*potassium, sodium, argent*) la substitution se fait dans la proportion d'un atome de métal pour un atome d'hydrogène, de sorte que les sulfites de potassium, de sodium et d'argent ont respectivement pour formule SO^3K^2, SO^3Na^2, SO^3Ag^2.

Dans le cas de ces métaux, la substitution peut porter sur les deux atomes d'hydrogène, ou seulement sur un seul. Si la substitution a porté sur les deux atomes d'hydrogène, on a des *sulfites neutres* (SO^3K^2, SO^3Na^2). Si la substitution a porté sur un seul atome d'hydrogène, on a les sulfites SO^3HK, SO^3HNa, qui ont encore des propriétés acides, puisque le dernier atome d'hydrogène peut encore y être remplacé par du potassium ou du sodium : on les nomme pour cette raison des *sulfites acides*.

Les acides qui, comme l'acide sulfureux, renferment ainsi deux atomes d'hydrogène, susceptibles d'être remplacés tous les deux, successivement ou simultanément, par deux atomes de métal alcalin, sont nommés des *acides bibasiques*.

Remarquons que beaucoup de sulfites peuvent prendre naissance par l'union directe, sans l'intermédiaire de l'eau, de l'anhydride sulfureux avec un oxyde basique. Ainsi l'anhydride sulfureux est absorbé par la chaux vive, avec formation de sulfite de calcium :

$$SO^2 + CaO = SO^3Ca ;$$

des faits analogues se produisent avec la plupart des anhydrides. C'est cependant un mode de production des sels moins général que celui de la réaction de l'acide sur la base ou sur le métal, avec échange entre le métal et l'hydrogène.

Les sulfites sont, comme l'anhydride sulfureux, ordinairement *réducteurs*, et quelquefois réduits par les corps avides d'oxygène. On les reconnait au dégagement d'acide sulfhydrique qu'ils fournissent quand on les introduit dans un appareil à hydrogène (**243**) et au dégagement d'anhydride sulfureux, reconnaissable à son odeur, qu'ils donnent lorsqu'on les additionne d'acide sulfurique.

245. *Caractères de l'anhydride sulfureux.* — L'anhydride sulfureux est reconnaissable à son odeur et à sa grande solubilité dans l'eau.

Dans les mélanges gazeux on peut l'absorber ou le doser par la *potasse caustique*, par le *bioxyde de plomb* ou par le *borate de sodium* (*borax*), qui l'absorbe également.

246. Composition. — Un morceau de soufre, enflammé à l'aide des rayons solaires dans un ballon plein d'oxygène, y brûle en produisant de l'anhydride sulfureux. Après refroidissement, on constate que le volume gazeux n'a pas changé.

Le gaz sulfureux renferme donc un volume d'oxygène égal au sien.

Le volume de la vapeur de soufre est donné par l'équation des poids :

$$2 \times 2{,}24 = 2 \times 1{,}1056 + x \times 2{,}21 ;$$

d'où

$$x = 1.$$

247. Usages. — L'anhydride sulfureux, préparé par la combustion du soufre, sert à blanchir la laine, la soie, les éponges. Il est surtout employé dans la fabrication de l'acide sulfurique.

La médecine l'utilise contre la gale. Dans les ménages, il combat les feux de cheminée : le soufre, jeté dans le feu, produit le gaz sulfureux non comburant, qui monte dans la cheminée et arrête l'incendie.

Nous avons dit que l'anhydride sulfureux liquéfié, et rapidement évaporé par l'action du vide, est utilisé pour la fabrication de la glace.

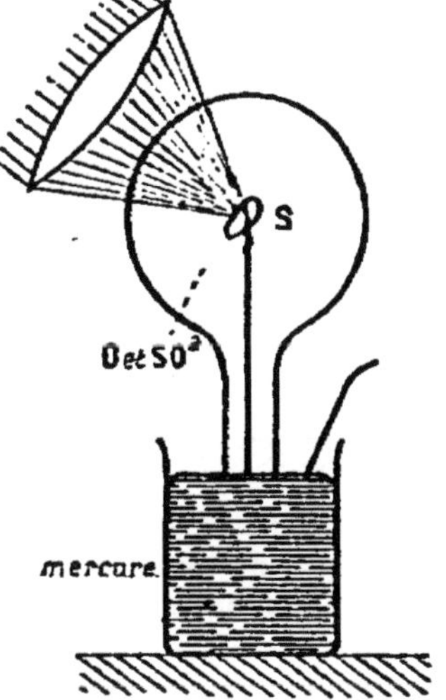

SYNTHÈSE DE L'ANHYDRIDE SULFUREUX. — Le *soufre* brûle dans l'oxygène, en produisant un volume d'anhydride sulfureux égal au sien.

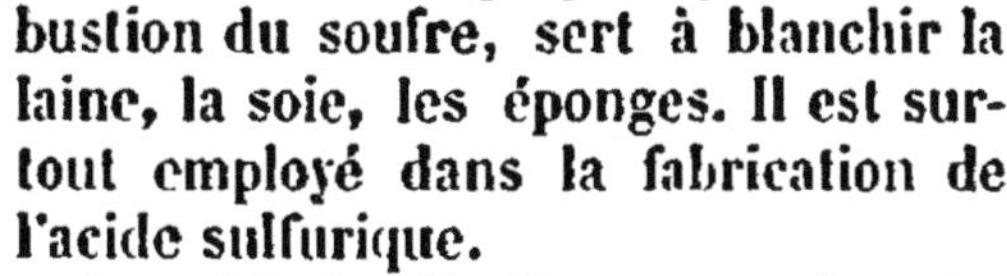

III. — ANHYDRIDE SULFURIQUE

$$SO^3 = 80.$$

248. Préparation. — L'anhydride sulfurique prend naissance quand on fait passer, sur de la mousse de platine légèrement chauffée, un mélange d'*anhydride sulfureux* et d'*oxygène* (**241**) :

$$SO^2 + O = SO^3.$$

Dans l'industrie, où l'on utilise cette réaction, on obtient le mélange de gaz sulfureux et d'oxygène dont on a besoin en décomposant par la chaleur l'acide sulfurique ($SO^4H^2 = SO^2 + O + H^2O$) et absorbant par l'acide sulfurique la vapeur d'eau qui prend naissance, dans cette décomposition, en même temps que l'oxygène et l'anhydride sulfureux.

L'industrie fabrique encore l'anhydride sulfureux en décomposant par la chaleur le *sulfate acide de sodium* SO^4HNa. Ce composé, chauffé progressivement, laisse d'abord dégager une molécule d'eau H^2O, et se transforme en un sel nommé *disulfate de sodium*, qui a pour formule $S^2O^7Na^2$ (**263**) :

$$2SO^4HNa = H^2O + S^2O^7Na^2.$$

A une température plus élevée, le disulfate se dédouble en *anhydride sulfurique* SO^3 et sulfate neutre de sodium SO^4Na^2 :

$$S^2O^7Na^2 = SO^3 + SO^4Na^2.$$

En chauffant progressivement on a donc d'abord un dégagement d'eau, puis un dégagement d'*anhydride*, qu'on recueille.

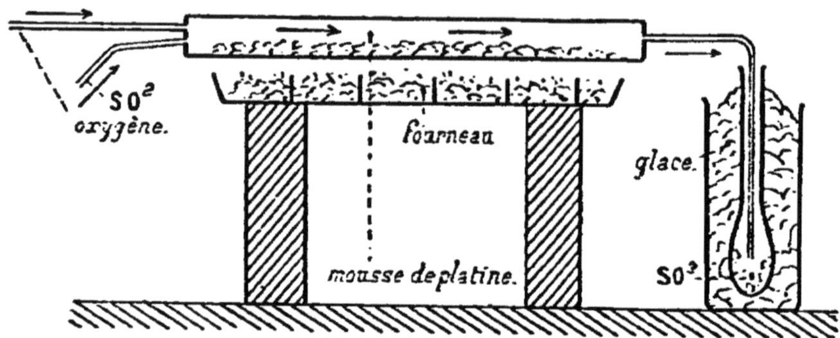

PRÉPARATION DE L'ANHYDRIDE SULFURIQUE. — Un courant d'*oxygène* et un courant d'*anhydrique sulfureux* secs arrivent sur la mousse de platine chauffée ; il se produit de l'anhydride sulfurique, qui se condense dans un matras refroidi.

Quant au résidu du sulfate neutre SO^4Na^2, on le traite par l'acide sulfurique ordinaire SO^4H^2, et on régénère ainsi le sulfate acide primitif,

$$SO^4Na^2 + SO^4H^2 = 2SO^4HNa,$$

qui peut servir à une nouvelle opération.

On voit que ces deux procédés industriels de préparation sont basés, l'un et l'autre, sur la déshydratation de l'acide sulfurique SO^4H^2, et sa transformation en anhydride SO^3.

Dans les laboratoires, quand on veut obtenir un peu d'anhydride, on chauffe légèrement dans une cornue de verre de l'acide de Nordhausen (**264**). Il s'en dégage des vapeurs d'anhydride, que l'on condense dans un tube refroidi par de la glace.

249. Propriétés. — L'anhydride sulfurique est un solide blanc, ayant l'apparence de longues aiguilles cristallines soyeuses.

Récemment préparé, il fond à $+ 18$ degrés, puis il se transforme spontanément en une modification allotropique, qui ne fond plus qu'à 100 degrés. Il bout à 35 degrés, en produisant une vapeur incolore, dont la densité est égale à 2,76.

Il est extrêmement avide d'eau : aussi ne peut-il être conservé que dans des matras fermés à la lampe. Les vapeurs produisent des fumées à l'air, en se combinant avec l'humidité atmosphérique, pour donner l'acide sulfurique SO^4H^2, non volatil.

L'anhydride sulfurique est décomposé par la chaleur :

$$SO^3 = SO^2 + O,$$

et aussi par les corps réducteurs. Il se combine directement, à chaud, avec quelques bases anhydres, et en particulier avec la baryte BaO, et donne naissance à des sulfates :

$$SO^3 + BaO = SO^4Ba.$$

250. Composition. — Les vapeurs d'anhydride sulfurique, passant dans un tube de porcelaine chauffé au rouge, produisent un mélange de deux volumes d'anhydride sulfureux, absorbable par la potasse, et d'un volume d'oxygène, absorbable par le phosphore.

En tenant compte de la composition connue de l'anhydride sulfureux, on voit que l'anhydride sulfurique renferme trois volumes d'oxygène pour un volume de vapeur de soufre :

L'équation des poids donne le mode de condensation :

$$3 \times 1{,}1056 + 1 \times 1{,}24 = x \times 2{,}76;$$

d'où l'on tire

$$x = 2.$$

251. Usages. — On prépare dans l'industrie, non pas de l'anhydride sulfurique pur, mais un produit solide constitué par de l'anhydride uni à une petite quantité d'eau.

Ce produit sert à préparer, par adjonction d'une proportion plus ou moins grande d'acide sulfurique du commerce, des acides liquides très concentrés utilisés dans la fabrication des diverses matières colorantes et des bains de teinture en indigo.

IV. — ACIDE SULFURIQUE

$$SO^4H^2 = 98.$$

252. Entrevu dès le moyen âge, l'acide sulfurique a été étudié d'abord par Lavoisier.

On le trouve en petite quantité dans l'eau de certaines sources de la chaîne des Andes. Plusieurs sulfates, et particulièrement ceux de calcium et de baryum, sont très abondants dans divers terrains.

253. Fabrication industrielle. — La fabrication de l'acide sulfurique est une opération essentiellement industrielle.

Elle consiste à oxyder le soufre en deux temps. D'abord une combustion directe transforme cet élément en anhydride sulfureux SO^2; puis ce gaz, mis en présence des composés oxygénés de l'azote, qui ont des propriétés oxydantes énergiques, fixe un troisième atome d'oxygène, en même temps qu'une molécule d'eau, et se transforme en acide sulfurique :

$$SO^2 + O + H^2O = SO^4H^2.$$

254. *Théorie de la fabrication.* — Les réactions qui se produisent dans cette oxydation de l'anhydride sulfureux sont simples, mais très nombreuses.

L'oxydation commence, dans l'appareil, par la réaction de l'anhydride sulfurique sur de l'acide azotique concentré qu'on y introduit :

$$SO^2 + AzO^3H = SO^4H^2 + AzO^2.$$

Le peroxyde d'azote formé AzO^2 se dédouble, au contact d'un jet de vapeur d'eau, en acide azotique AzO^3H et acide azoteux AzO^2H :

$$2AzO^2 + H^2O = AzO^3H + AzO^2H.$$

L'acide azotique régénéré exerce son pouvoir oxydant sur une nouvelle portion d'anhydride sulfureux. Il en est de même de l'acide azoteux :

$$SO^2 + AzO^2H = SO^4H^2 + AzO.$$

Cette dernière réaction produit de l'oxyde azotique AzO qui, au contact de l'oxygène de l'air introduit dans l'appareil, régénère le peroxyde d'azote :

$$AzO + O = AzO^2.$$

Nous voyons donc que l'anhydride sulfureux est transformé en acide sulfurique par l'action simultanée de l'acide azotique et de l'acide azoteux. En outre, grâce à l'action de la vapeur d'eau et de l'oxygène de l'air, ces composés retrouvent constamment une quantité d'oxygène égale à celle qu'ils viennent de perdre, de façon que, par un cycle fermé de réactions, un poids limité d'acide azotique puisse servir à l'oxydation d'un poids illimité d'anhydride sulfureux.

C'est, en définitive, l'oxygène de l'air qui se fixe sur l'anhydride, par l'intermédiaire des diverses vapeurs nitreuses.

A ces réactions s'en ajoute une autre, un peu plus complexe, qui active singulièrement l'oxydation.

Les diverses vapeurs nitreuses qui prennent constamment naissance dans l'appareil se combinent à l'anhydride sulfureux, à l'oxygène et à la vapeur d'eau avec lesquels elles sont mélangées, pour constituer un composé solide, ayant pour formule

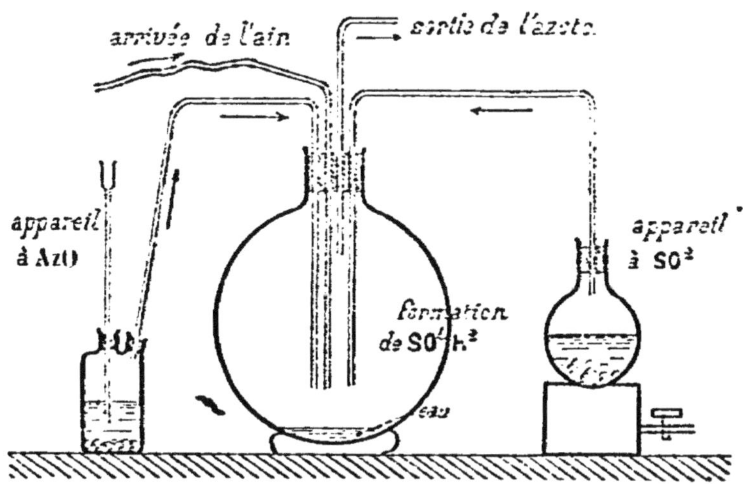

PRODUCTION THÉORIQUE DE L'ACIDE SULFURIQUE DANS LES LABORATOIRES. — Les réactions entre les *vapeurs nitreuses*, l'oxygène, la *vapeur d'eau* et l'*anhydride sulfureux* se produisent dans ce ballon comme dans les appareils industriels.

$SO^4H (AzO)$, qu'on nomme *acide nitrosulfurique* (ou *cristaux des chambres de plomb*). Ainsi avec le peroxyde d'azote AzO^2 on a :

$$2SO^2 + 2AzO^2 + O + H^2O = 2[SO^4H(AzO)].$$

Mais ce composé est immédiatement dédoublé, par un excès de vapeur d'eau, en *acide sulfurique* et acide azoteux, qui rentre dans le cycle des réactions

$$SO^4H(AzO) + H^2O = SO^4H^2 + AzO^2H.$$

· **255.** Anhydride sulfureux, vapeurs d'acide azotique (ou une autre vapeur nitreuse), vapeur d'eau et oxygène sont donc les quatre gaz qu'on doit placer en présence pour qu'il se forme de l'acide sulfurique.

On met cette production en évidence, dans les Cours, en faisant arriver dans un ballon, au fond duquel est un peu d'eau :

1° de l'anhydride sulfureux; 2° de l'oxyde azotique; 3° de l'air. Un quatrième tube laisse sortir l'azote de l'air, après que l'oxygène a été absorbé.

On voit apparaître et disparaître dans le ballon des vapeurs rutilantes (AzO^2); des *cristaux des chambres de plomb* se forment sur les parois, et disparaissent si l'on chauffe un peu le fond du ballon pour donner un excès de vapeur d'eau. Après quelques minutes d'expérience, on constate la présence de l'acide sulfurique dans l'eau du ballon, en y versant un peu d'azotate de baryum.

256. *Disposition générale des appareils industriels.* — Les appareils industriels dans lesquels l'anhydride sulfureux est constamment changé en une pluie d'acide sulfurique sont nécessairement très vastes. Ils sont disposés de telle manière que les gaz y soient constamment en mouvement, brassés les uns au contact des autres.

Des dispositions particulières sont prises pour assurer la condensation complète de l'acide sulfurique, pour éviter l'entraînement des vapeurs nitreuses par l'air atmosphérique, qui ne fait que traverser les chambres.

Malgré toutes les précautions prises, il y a toujours des pertes de vapeurs nitreuses. Aussi doit-on introduire constamment dans l'appareil une nouvelle quantité d'acide azotique, pour compenser ces pertes, qui sont d'ailleurs très faibles dans une opération bien conduite.

Toutes les réactions ont lieu dans de vastes chambres, dont les parois sont formées de lames de plomb réunies les unes aux autres par une soudure autogène : elles ont parfois une contenance totale qui dépasse 5 000 mètres cubes.

Ceci posé, voici l'énumération des diverses parties dont se compose l'appareil de fabrication.

1. Un *four à combustion* dans lequel se produit l'anhydride sulfureux. On y brûle du *soufre*, lorsqu'on veut obtenir de l'acide sulfurique exempt d'arsenic, pour les usages pharmaceutiques. Dans les grandes usines on y brûle des *pyrites (sulfure de fer naturel)* qui donnent de l'anhydride sulfureux moins pur, mais à meilleur marché.

2. La *tour de Glover*, ou *dénitrificateur*, grande caisse en plomb, protégée intérieurement par une enveloppe inattaquable en briques très siliceuses, capables de résister à l'action de l'acide sulfurique chaud.

Elle est remplie, à sa partie inférieure, de gros morceaux de grès, et, à sa partie supérieure, de morceaux de coke plus petits.

3. Les *chambres de plomb*, au nombre de trois ou quatre, allant

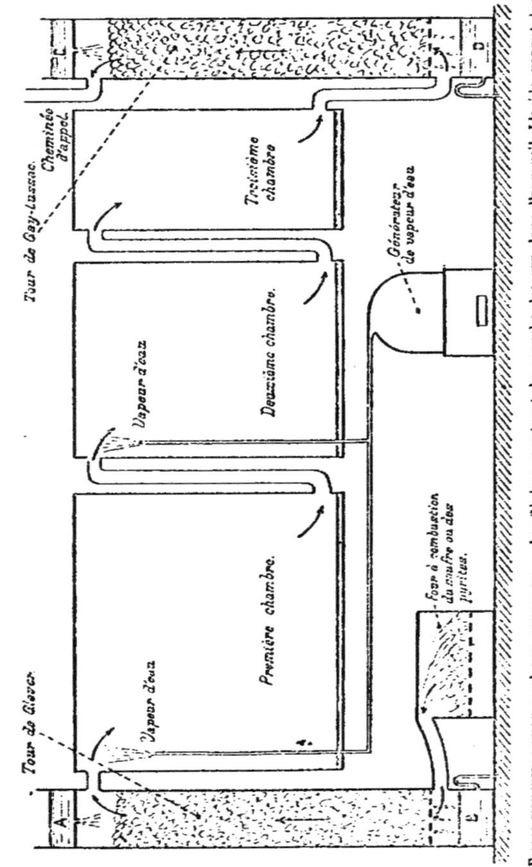

FABRICATION INDUSTRIELLE DE L'ACIDE SULFURIQUE. — Les flèches montrent la marche des gaz dans l'appareil. L'acide venant des *chambres de plomb* est versé en A, au sommet de la *tour de Glover*, puis recueilli en B, où se termine la fabrication. Cependant une partie de l'acide de B est versée en C, au sommet de la tour de Gay-Lussac, pour arrêter les vapeurs nitreuses entraînées par l'azote. Cet acide, recueilli en D, passera une seconde fois dans la tour de Glover, pour y être dénitrifié.

en diminuant de capacité de la première à la dernière. Elles communiquent entre elles de telle manière que chacune reçoit les gaz par la partie supérieure et les laisse sortir par la partie inférieure.

4. La *tour de Gay-Lussac*, analogue à la tour de Glover, mais sans revêtement intérieur siliceux. Elle est remplie de fragments de coke.

5. La *cheminée d'appel*, très puissante, pour déterminer le tirage dans tout l'appareil, depuis le four à combustion jusqu'à la sortie de la tour de Gay-Lussac.

6. Une *chaudière* pour produire la vapeur d'eau nécessaire aux réactions. Cette vapeur d'eau est envoyée en plusieurs jets dans les premières chambres, mais pas dans la dernière.

257. *Marche de la fabrication.* — L'anhydride sulfureux produit dans le *four à combustion*, mélangé d'un grand excès d'air, se rend à la partie inférieure de la *tour de Glover* et s'élève à travers la colonne de grès et de coke. Il rencontre une pluie fine d'acide sulfurique, qui descend du réservoir A.

Cet acide sulfurique, dont nous indiquerons bientôt la provenance, marque 55 à 56 degrés à l'aréomètre de Baumé, et il est fortement chargé d'acide azotique et de diverses vapeurs nitreuses. Ces produits nitreux lui sont totalement enlevés par le courant ascendant d'anhydride sulfureux qui commence ainsi, dès la tour de Glover, à se transformer en acide sulfurique.

En même temps les gaz secs, qui montent, évaporent et entraînent une partie de l'eau de l'acide, et celui-ci, en arrivant dans le réservoir B, marque 62 degrés Baumé.

Quant aux gaz, arrivés au sommet de la tour, ils entrent dans la *première chambre*; ils sont alors constitués par un mélange d'anhydride sulfureux, d'air et d'abondantes vapeurs nitreuses. Dans la première chambre, puis dans la *seconde*, ils reçoivent de la vapeur d'eau en abondance et toutes les substances nécessaires au cycle des réactions se trouvent réunies. C'est dans ces chambres que se produit la plus grande partie de l'acide sulfurique, qui tombe sur le sol en une pluie fine.

Dans la *troisième chambre* il n'arrive plus de vapeur d'eau. Là les gaz se refroidissent un peu, la condensation de l'acide sulfurique s'achève, et, à la sortie, il ne reste plus guère que de l'azote, entraînant encore d'abondantes vapeurs nitreuses, qu'il importe de retenir.

C'est le rôle de la *tour de Gay-Lussac*. Tandis que l'azote chargé de vapeurs nitreuses monte à travers les fragments de coke de cette tour, une fine pluie d'acide sulfurique tombe du réservoir C. Cet acide sulfurique est de l'acide sulfurique concentré, et com-

,plétement dénitrifié, qui vient du réservoir B. Il dissout et arrête ainsi la presque totalité des vapeurs nitreuses et tombe dans le réservoir D.

L'acide sulfurique condensé dans les chambres est mélangé à l'acide qui tombe en D, à la partie inférieure de la tour de Gay-Lussac. On a ainsi un acide fortement nitreux, marquant de 55 à 56 degrés Baumé. On y ajoute un peu d'*acide azotique*, pour compenser les pertes en produits nitreux, et on verse le tout dans le réservoir A de la tour de Glover. C'est donc en B, en bas de cette tour, que se termine la fabrication. Une petite partie de l'acide de B est destinée à passer dans la tour de Gay-Lussac, mais tout le reste sort définitivement de l'appareil.

258. *Concentration.* — On utilise dans l'industrie soit l'acide à 52 degrés des chambres, qui n'a pas passé par la tour de Glover, soit l'acide à 62 degrés de la tour de Glover, soit l'acide concentré, marquant 66 degrés.

Ce dernier est obtenu par une concentration spéciale. Ce n'est jamais l'acide de la tour de Glover que l'on emploie dans ce cas, car cet acide, souillé par les poussières venant du *four à combustion*, est trop impur.

On prend donc l'acide des chambres, et on le chauffe doucement dans des bassines plates en plomb; l'eau s'évapore en partie et bientôt l'acide marque 60 à 62 degrés. A partir de ce moment le plomb serait attaqué. On termine la concentration dans une grande cornue en platine; sous l'influence de la chaleur, l'excès d'eau est chassé, en même temps qu'une notable proportion d'acide. L'acide concentré reste dans la cornue : on le retire avec un siphon.

259. *Impuretés. Purification.* — L'acide du commerce renferme toujours des traces de *produits nitreux*, du *sulfate de plomb* provenant de l'action de l'acide sur les chambres, et, en outre, de *l'acide arsénieux* et *du sulfate de fer* si on a employé les pyrites pour obtenir l'anhydride sulfureux.

Pour le purifier on le fait chauffer au contact d'une petite quantité de *sulfate d'ammonium* $SO^4 (AzH^4)^2$, qui enlève aux produits ,nitreux leur oxygène, en donnant de l'eau, de l'azote qui se dégage, et de l'acide sulfurique.

Puis on traite par le *sulfure de baryum*, qui précipite l'arsenic, le plomb et le fer à l'état de sulfure, en même temps qu'il se forme du sulfate de baryum, également insoluble.

On décante alors et on distille, en rejetant ce qui passe au début et à la fin de l'opération.

La distillation de l'acide sulfurique est difficile. Il se forme au fond de la cornue des bulles de vapeur, qui se détachent difficilement, soulèvent le liquide et le laissent ensuite retomber brusquement.

On diminue les chances de rupture en chauffant la cornue laté-

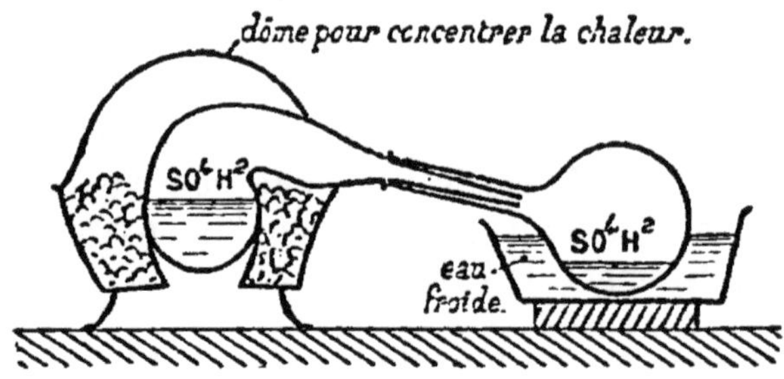

DISTILLATION DE L'ACIDE SULFURIQUE. — *L'acide* est chauffé dans une cornue entourée de charbon *latéralement* ; la chaleur est concentrée sur la cornue par un dôme en tôle.

ralement, à l'aide d'une grille annulaire; un dôme en tôle recouvre la panse et empêche que la vapeur ne se condense avant d'être arrivée dans le col de la cornue.

260. Propriétés physiques. — L'acide du commerce, au maximum de concentration, correspond à peu près exactement à la formule SO^4H^2, avec un léger excès d'eau.

C'est un liquide incolore, inodore, très caustique, détruisant rapidement la peau; il ne doit être manié qu'avec quelques précautions. Sa densité est 1,84 quand il marque 66 degrés Baumé. Il devient solide et cristallisé à la température de — 30 degrés. Il bout à 338 degrés.

Pour avoir l'acide normal, correspondant exactement à la formule SO^4H^2, il faut, dans l'acide à 66 degrés, ajouter un peu d'anhydride, et refroidir avec un mélange réfrigérant. On obtient des cristaux incolores, fusibles à + 10 degrés, qui sont constitués par l'acide normal.

261. Propriétés chimiques. — La chaleur du rouge vif décompose l'acide sulfurique :

$$SO^4H^2 = SO^2 + O + H^2O.$$

Il en est de même des substances qui dégagent beaucoup de chaleur en se combinant avec l'oxygène. Les produits de la réaction dépendent de la nature du corps réagissant, et aussi des circonstances de l'expérience.

L'*hydrogène*, passant avec des vapeurs d'acide sulfurique dans un tube de porcelaine chauffé au rouge, donne de l'eau en même temps que de l'anhydride sulfureux (si l'acide sulfurique est en excès), du soufre (si l'hydrogène est en excès), de l'acide sulfhydrique (si l'hydrogène est en excès et la température relativement peu élevée).

Le *phosphore*, chauffé au contact de l'acide sulfurique, produit de l'anhydride sulfureux et de l'acide phosphorique; dans les mêmes conditions, le *charbon* donne de l'anhydride carbonique et de l'anhydride sulfureux. Si les vapeurs d'acide sulfurique traversaient un tube de porcelaine en même temps que des vapeurs de phosphore, ou si elles passaient sur des charbons chauffés au rouge, la réduction serait complète.

Le *soufre*, chauffé à 400 degrés au contact de l'acide sulfurique, donne aussi naissance à de l'anhydride sulfureux.

Les *métaux* agissent d'une manière analogue. L'*argent*, le *mercure*, le *cuivre*, le *plomb* sont attaqués à chaud par l'acide sulfurique, plus ou moins concentré, avec dégagement d'anhydride sulfureux. De même l'acide concentré, réagissant à chaud sur le *zinc* et le *fer*, fournit de l'anhydride sulfureux; mais il se forme en même temps de l'hydrogène, provenant de la décomposition de l'eau, et cet hydrogène réduit l'anhydride sulfureux avec précipitation de soufre, ou même dégagement d'un peu d'acide sulfhydrique.

A froid l'acide étendu produit un dégagement d'hydrogène quand il attaque le *zinc* et le *fer*.

262. *Action de l'eau; hydrates*. — L'acide sulfurique se combine instantanément avec l'eau, avec contraction et production de chaleur.

La grande activité de l'acide sulfurique pour l'eau le fait employer pour dessécher les gaz. Elle lui permet aussi de décomposer un grand nombre de matières organiques, qui, privées de leur eau de constitution, se trouvent rapidement carbonisées (carbonisation du bois, du sucre, perforation des membranes).

L'acide normal SO^4H^2 est susceptible de se combiner à une molécule d'eau pour former un hydrate $SO^4H^2 + H^2O$, qui se solidifie à $+ 7,5$.

Au contraire, quand on mélange l'acide normal SO^4H^2 avec l'anhydride SO^3, on obtient le composé SO^4H^2, SO^3 ou $S^2O^7H^2$, qu'on nomme *acide disulfurique*. Cet acide est solide à la température ordinaire. Il fond à $+ 35$ degrés, et se dissocie en dégageant l'anhydride, qui donne à l'air d'épaisses fumées blanches; bientôt il ne reste plus que l'acide normal primitif.

263. *Action des bases; sulfates.* — La teinture de tournesol est fortement rougie par une très petite quantité d'acide sulfurique. C'est, en effet, un acide énergique, qui produit beaucoup de chaleur en s'unissant aux bases. Versé sur la baryte anhydre, il en détermine l'incandescence.

Il décompose les carbonates, les chlorures, les azotates; mais les sulfates sont détruits à une température élevée, par les acides phosphorique, borique, silicique.

Comme l'acide sulfureux, l'acide sulfurique est bibasique. Avec les métaux monovalents, il forme des *sulfates neutres* tels que SO^4K^2 et SO^4Na^2, et les *sulfates acides* SO^4HK, SO^4HNa. Les métaux bivalents tels que le calcium, le cuivre, ne donnent chacun qu'un seul sulfate SO^4Ca ou SO^4Cu.

La plupart des *sulfates* sont solubles dans l'eau; les sulfates de baryum et de plomb sont insolubles. Aussi la présence d'un sulfate dans une dissolution est-elle indiquée à l'aide d'une dissolution de chlorure de baryum, qui donne un précipité blanc de sulfate de baryum.

A l'hydrate SO^4H^2, $SO^3 = S^2O^7H^2$, ou *acide disulfurique*, correspondent des sels bien définis, tels que le disulfate de sodium $S^2O^7Na^2$. Ces *disulfates* prennent naissance dans la calcination ménagée des sulfates acides correspondants :

$$2SO^4HNa = H^2O + S^2O^7Na^2.$$

Ces disulfates ne sont d'ailleurs pas très stables. Au contact de l'eau ils régénèrent les sulfates acides. Par l'action de la chaleur ils se dédoublent en anhydride et sulfate neutre :

$$S^2O^7Na^2 = SO^3 + SO^4Na^2.$$

Pour les *caractères* de l'*acide sulfurique* et des *sulfates*, voy. **541.**

264. Acide de Nordhausen. — On prépare dans l'industrie, sous les noms d'*acide de Nordhausen*, d'*acide de Saxe*, d'*acide sulfurique fumant*, un liquide de consistance oléagineuse dont la composition, assez peu constante, ne s'éloigne jamais beaucoup de celle de l'*acide disulfurique* $S^2O^7H^2$.

Le mode de fabrication usité en Bohême, où se trouve maintenant le principal centre de production, est basé sur la décomposition par la chaleur du *sulfate ferrique* $(SO^4)^3Fe^2$. Ce sulfate ferrique s'obtient comme résidu de la préparation du sulfate ferreux SO^4Fe, qu'on fabrique en grand en partant du sulfure de fer naturel, dont on détermine l'oxydation au contact de l'air.

Le *sulfate ferrique* est introduit dans des cornues de terre chauffées, au nombre de 200, dans un fourneau long, dit fourneau de galère. Chaque cornue communique avec un condensateur semblable placé hors du four.

On chauffe au rouge, et il se dégage de l'anhydride mélangé à une certaine quantité d'eau, due à la dessiccation incomplète du sulfate ferrique

$$(SO^4)^3Fe^2 = Fe^2O^3 + 3SO^3.$$

Il reste du sesquioxyde de fer dans les cornues.

L'anhydride préparé par l'industrie (**248**) par les deux procédés que nous avons indiqués est aussi une source d'acide fumant. On n'a qu'à l'additionner d'une quantité convenable d'acide ordinaire pour lui donner une composition correspondant à peu près à la formule $S^2O^7H^2$.

Tel qu'on le livre au commerce, l'acide de Nordhausen est un liquide de consistance oléagineuse, ayant généralement une couleur brune. Il est tantôt solide, tantôt liquide à la température ordinaire; il fond en effet vers 35 degrés, mais reste ordinairement liquide, en surfusion, quand il se refroidit au-dessous de cette température.

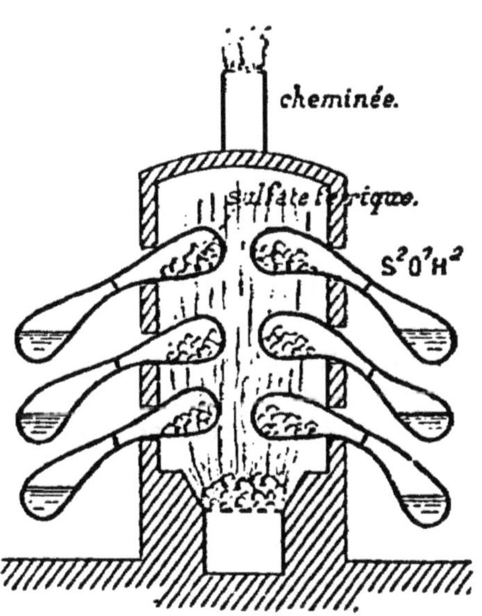

FABRICATION DE L'ACIDE SULFURIQUE DE NORDHAUSEN. — Le *sulfate ferrique* est chauffé dans des cornues en terre. L'acide de Nordhausen va se condenser dans des cornues semblables, non chauffées.

Il répand à l'air des fumées blanches, dues à la volatilisation de l'anhydride et à la combinaison des vapeurs produites avec l'humidité atmosphérique.

Nous avons vu qu'il est principalement constitué par de l'*acide disulfurique*, et qu'il est susceptible de donner naissance à des sels parfaitement définis.

265. Composition des hydrates de l'anhydride sulfurique. — La composition de l'anhydride sulfurique étant connue, on a celle des hydrates en déterminant la proportion d'eau qu'ils contiennent.

On détermine cette proportion d'eau en chauffant un poids p

de l'hydrate considéré avec un poids p' d'oxyde de plomb, plus que suffisant pour produire la saturation. On chauffe doucement, et il reste du sulfate de plomb, avec l'excès d'oxyde de plomb. La perte de poids donne le poids de l'eau éliminée par la chaleur.

Ainsi avec l'*acide normal* (**260**) on trouve que $9^{gr},8$ d'acide éprouvent une perte de poids de $1^{gr},8$. Cet acide contenait donc 8 grammes d'anhydride pour $1^{gr},8$ d'eau, ce qui correspond à la formule SO^3,H^2O ou SO^4H^2.

266. Usages des divers acides sulfuriques. — Aucun acide n'a des usages aussi nombreux et aussi importants que ceux de l'acide sulfurique. Sa production totale annuelle dépasse un million de tonnes.

Soit à l'état d'acide des chambres à 52 degrés Baumé, soit à l'état d'acide de la tour de Glover à 62 degrés, soit à l'état d'acide concentré à 66 degrés, il sert à la préparation de l'anhydride carbonique, des acides azotique, chlorhydrique, citrique, tartrique, stéarique, oléique,... des sulfates de sodium, de potassium, d'ammonium, de calcium, d'aluminium, de fer, de zinc, de cuivre, de mercure, de quinine, de cinchonine.... Il est employé dans la fabrication du phosphore, des superphosphates, des couleurs artificielles, du verre, du savon, de la nitroglycérine, du coton-poudre, du papier-parchemin.

La production de l'hydrogène, des courants électriques, l'épuration des huiles, le décapage du cuivre et de l'argent, l'affinage des métaux précieux, en consomment aussi beaucoup.

L'anhydride additionné d'acide ordinaire, et l'acide fumant, sont presque exclusivement employés en teinture, dans la préparation de l'alizarine artificielle, et comme dissolvant de l'indigo, qui y est bien plus soluble que dans l'acide ordinaire.

V. — ACIDE SULFHYDRIQUE

$$H^2S = 34.$$

267. L'*acide sulfhydrique*, ou *hydrogène sulfuré*, a été étudié par Scheele. On le rencontre assez souvent à l'état libre dans la nature. Les eaux minérales *sulfureuses* (Barèges, Cauterets, Luchon, Aix-en-Savoie, Enghien...) sont riches en sulfures alcalins, qui sont décomposés par l'anhydride carbonique de l'air et fournissent un dégagement d'acide sulfhydrique.

Ce gaz se trouve dans les émanations volcaniques.

Deux autres circonstances de production en rejettent constamment dans l'atmosphère.

La première est la réduction des sulfates par les matières organiques. Celles-ci s'emparent de l'oxygène des sulfates, qui sont ainsi ramenés à l'état de sulfures; l'anhydride carbonique de l'air en chasse l'acide sulfhydrique. A cette réaction est due l'odeur infecte de la boue qu'on trouve sous les pavés des villes.

La seconde circonstance de production est plus importante. La décomposition spontanée des matières organiques azotées et sulfurées, et particulièrement des matières fécales, produit de l'acide sulfhydrique en même temps que de l'ammoniaque.

Mais une cause inverse de destruction s'oppose à ce que la proportion de l'acide sulfhydrique atmosphérique aille en croissant. Ce gaz est ramené dans le sol par la pluie; là, sous l'influence des corps poreux, il se combine avec l'oxygène de l'air et se transforme en acide sulfhydrique, qui réagit sur les minéraux calcaires, puis forme des sulfates.

268. Préparation. — De même que l'oxygène, le soufre se combine directement avec l'hydrogène. Mais l'union n'a lieu que

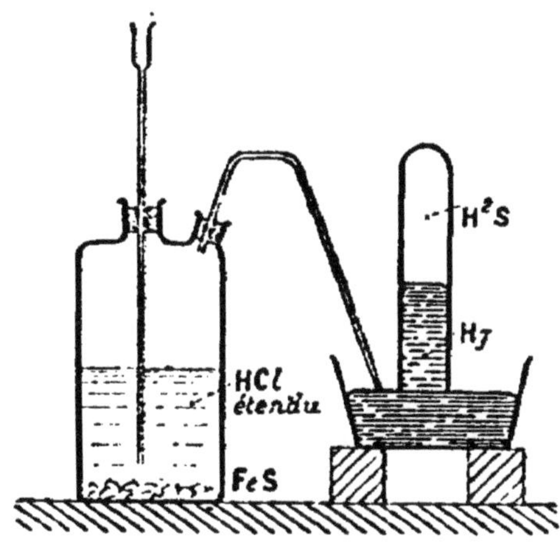

PRÉPARATION DE L'ACIDE SULFHYDRIQUE PAR LE SULFURE DE FER. — Dans un flacon contenant de l'eau et du *sulfure de fer*, on introduit progressivement l'*acide chlorhydrique*. On recueille sur le mercure, le gaz étant notablement soluble dans l'eau.

difficilement, dans des circonstances particulières, lorsque, par exemple, on fait passer un courant d'hydrogène sur du soufre en ébullition.

Cet acide prend encore naissance dans la décomposition de l'eau par le soufre, et dans la décomposition du sulfure de carbone par l'hydrogène, en présence de la mousse de platine chauffée au rouge.

Mais on le prépare toujours en décomposant un sulfure par un acide.

Le *sulfure de fer* FeS, obtenu par la combinaison directe du soufre avec le fer, est vivement attaqué à froid par l'acide sulfurique et par l'acide chlorhydrique étendus :

$$FeS + SO^4H^2 = SO^4Fe + H^2S$$
$$FeS + 2HCl = FeCl^2 + H^2S ;$$

il se dégage de l'acide sulfhydrique.

L'appareil est celui qui sert à la préparation de l'hydrogène.

Quand on veut avoir une dissolution du gaz, on le fait passer dans des flacons de Woolf renfermant de l'eau privée d'air par l'ébullition.

Le sulfure de fer contenant presque toujours du fer en excès, l'acide sulfhydrique est souillé d'hydrogène.

Pour l'avoir pur, on remplace le sulfure de fer par le *sulfure*

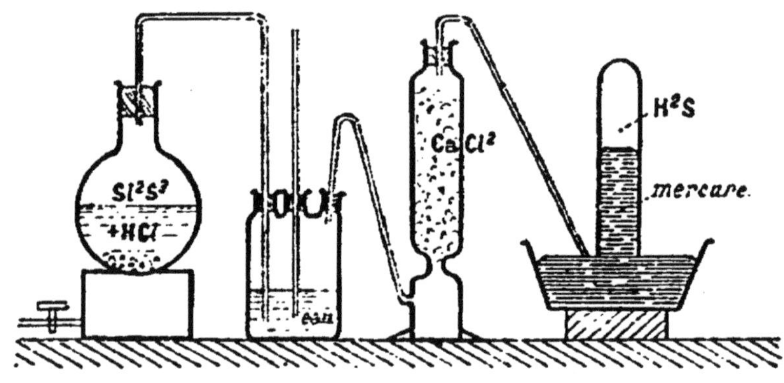

PRÉPARATION DE L'ACIDE SULFHYDRIQUE PAR LE SULFURE D'ANTIMOINE. — L'acide produit se lave dans l'eau, puis se dessèche en passant sur le chlorure de calcium. On recueille sur le mercure.

d'antimoine naturel Sb²S³. Mais dans ce cas il faut employer l'acide chlorhydrique *concentré*, et chauffer dans un ballon de verre,

$$Sb^2S^3 + 6HCl = 2SbCl^3 + 3H^2S.$$

On fait suivre le ballon d'un flacon laveur, destiné à retenir l'acide chlorhydrique entraîné; on dessèche par le chlorure de calcium, et on recueille sur le mercure.

On ne peut employer l'acide sulfurique ni pour traiter le sulfure d'antimoine, ni pour dessécher le gaz, parce que l'acide sulfurique concentré oxyde, même à froid, l'acide sulfhydrique.

269. Propriétés physiques. — L'acide sulfhydrique est un gaz incolore ayant l'odeur des œufs pourris. Sa densité est égale à 1,1912. Son coefficient de solubilité dans l'eau, à 0 degré, est 4,57.

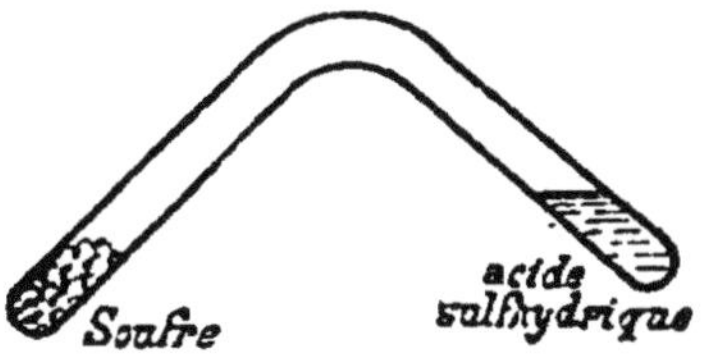

fig. répétée du parag. 31

LIQUÉFACTION DE L'ACIDE SULFHYDRIQUE. — Le *bisulfure d'hydrogène* se dédouble en soufre, qui est solide, et *acide sulfhydrique,* qui se comprime de lui-même jusqu'à liquéfaction.

Il se condense, à 0 degré, sous une pression de 16 atmosphères, et se solidifie à — 80 degrés **(34)**.

270. Propriétés chimiques. — Passant très lentement dans un tube de porcelaine chauffé au rouge vif, l'acide sulfhydrique se dédouble en soufre et hydrogène.

Une longue série d'étincelles électriques produit le même effet; le soufre se dépose, et le volume gazeux demeure invariable.

Un grand nombre de corps simples décomposent l'acide sulfhydrique en s'unissant soit au soufre, soit à l'hydrogène, soit aux deux éléments à la fois.

Et d'abord l'acide sulfhydrique est combustible; il se forme de l'eau et de l'anhydride sulfureux :

$$H^2S + 3O = H^2O + SO^2.$$

Le mélange de 2 volumes d'acide avec 3 volumes d'oxygène

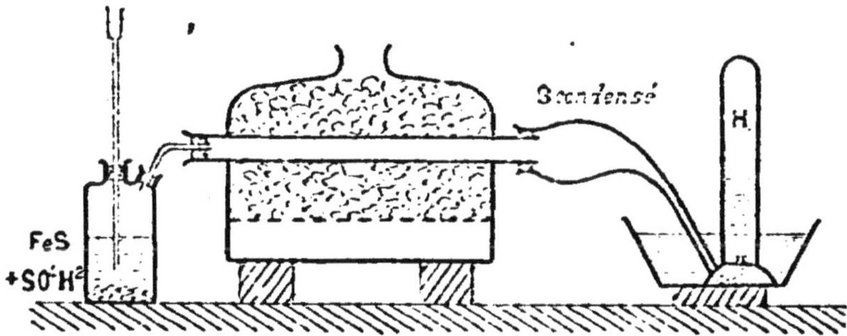

DÉCOMPOSITION DE L'ACIDE SULFHYDRIQUE PAR LA CHALEUR. — Le gaz passe dans un tube de porcelaine chauffé au rouge vif. Il se forme du soufre, qui se condense à la sortie, dans une allonge, et de l'hydrogène, qu'on recueille sur l'eau.

détone lorsqu'on l'enflamme. Sous l'influence d'un corps poreux légèrement chauffé, la combustion commence par être lente, l'hydrogène seul est oxydé, et le soufre se dépose; puis il se produit une détonation.

On a de même une combustion incomplète, avec dépôt de soufre, quand on fait brûler le gaz à la sortie d'une éprouvette étroite, l'oxygène n'arrivant pas en quantité suffisante.

La même réaction se produit, à la température ordinaire, quand les deux gaz sont en présence de l'eau. Aussi doit-on faire la dissolution d'acide sulfhydrique dans l'eau privée d'air par l'ébullition, et la conserver dans des flacons bien bouchés, entièrement remplis.

En présence des corps poreux, il se forme de l'acide sulfurique :

$$H^2S + 4O = SO^4H^2.$$

Beaucoup de composés oxygénés réagissent sur l'acide sulfhydrique, comme le fait l'oxygène même ; tels sont les *acides azotique* et *sulfurique*, les *bioxydes de manganèse* et *de plomb*, *l'anhydride sulfureux* et *l'oxyde azotique*.

L'acide azotique très concentré, versé dans une éprouvette remplie d'acide sulfhydrique, en détermine l'inflammation.

L'acide sulfurique concentré oxyde aussi ce gaz, quoique lentement, et ne peut servir à le dessécher. A chaud l'action est plus rapide :

$$H^2S + SO^4H^2 = 2H^2O + S + SO^2.$$

271. Le *chlore* et le *brome* décomposent l'acide sulfhydrique gazeux ou en dissolution. L'*iode* n'agit que sur la dissolution.

La plupart des métaux chauffés dans ce gaz absorbent le soufre et mettent l'hydrogène en liberté. Souvent même l'action se produit à la température ordinaire. Elle est accompagnée d'incandescence avec les métaux alcalins.

Les oxydes métalliques sont attaqués par l'acide sulfhydrique et produisent des sulfures, avec élimination d'eau. C'est que, en effet, ce gaz a des propriétés acides : il rougit faiblement la teinture de tournesol.

Réagissant sur les sels métalliques en dissolution, il donne fréquemment naissance à des sulfures insolubles qui se précipitent.

272. *Propriétés toxiques.* — L'acide sulfhydrique est un poison violent : une atmosphère qui en renferme 1/800 est rapidement mortelle pour l'homme. Lorsqu'il s'accumule dans les fosses d'aisance, soit libre, soit combiné avec l'ammoniaque, il peut causer la mort des ouvriers vidangeurs, qui lui ont donné le nom de *plomb*, à cause de la rapidité de son action.

Le chlore qui se dégage d'un mouchoir rempli de chlorure de chaux, et arrosé de vinaigre, est un contrepoison quelquefois efficace. Mais on doit le faire respirer avec une extrême prudence, car il est lui-même très vénéneux.

Lorsqu'il est impossible de ventiler les fosses d'aisance, il est bon d'y verser, avant d'y pénétrer, une pluie fine d'une dissolution de *sulfate ferreux*. Ce sel, réagissant sur le sulfure d'ammonium, produit du sulfure de fer et du sulfate d'ammonium.

273. *Caractères de l'acide sulfhydrique.* — L'acide sulfhydrique est reconnaissable à son odeur et à la propriété qu'il a de noircir un papier imprégné d'une dissolution d'*acétate de plomb*, qui se transforme en sulfure de plomb noir.

Dans les mélanges gazeux, on peut absorber l'acide sulfhydrique par la potasse caustique, ou le bioxyde de plomb. Il peut être brûlé dans l'eudiomètre par l'oxygène.

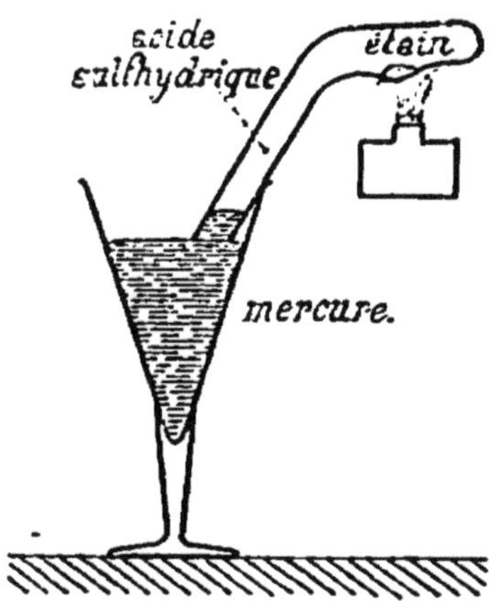

ANALYSE DE L'ACIDE SULFHYDRIQUE. —On chauffe de l'*acide sulfhydrique* dans une cloche courbe, au contact d'un morceau d'étain. Il se forme du sulfure d'étain et l'hydrogène reste seul.

274. Composition. — Un morceau d'étain chauffé dans une cloche courbe remplie d'acide sulfhydrique · absorbe le soufre et met l'hydrogène en liberté.

Après refroidissement, on constate que le volume n'a pas changé. L'acide sulfhydrique renferme donc un volume d'hydrogène égal au sien.

Le *volume* du soufre est donné par l'équation des poids :

$$2 \times 1,1912 = 2 \times 0,0692 + x \times 2,21,$$

d'où

$$x = 1.$$

C'est un mode de condensation identique à celui de l'eau.

275. Usages. — L'acide sulfhydrique est un des réactifs les plus importants des laboratoires. Il donne des précipités avec les dissolutions des sels d'un grand nombre de métaux, à cause de la formation de sulfures insolubles dont la coloration est souvent caractéristique.

CHAPITRE IV

COMPOSÉS DE L'AZOTE

I. — OXYDE AZOTEUX

$$Az^2O = 44.$$

276. Composés oxygénés de l'azote. — L'azote forme avec l'oxygène six composés anhydres, qui sont :

Oxyde azoteux (ou *protoxyde d'azote*) . . . . . . Az^2O ;
Oxyde azotique (ou *bioxyde d'azote*) . . . . . AzO ;
Anhydride azoteux . . . . Az^2O^3 ;
Peroxyde d'azote (ou *acide hypoazotique*) . . . AzO^2 ;
Anhydride azotique . . . . Az^2O^5 ;
Anhydride perazotique . . . . AzO^3.

Trois de ces composés sont susceptibles de s'unir aux éléments de l'eau pour former des acides. Ce sont :

L'oxyde azoteux, qui donne l'acide hypo-
azoteux . . . . $Az^2O,\ H^2O = 2AzOH$;
L'anhydride azoteux, qui donne l'acide
azoteux . . . . $Az^2O^3,\ H^2O = 2AzO^2H$;
L'anhydride azotique, qui donne l'acide
azotique . . . . $Az^2O^5,\ H^2O = 2AzO^3H$.

Tous les composés anhydres sont formés à partir de leurs éléments avec absorption de chaleur. Pour prendre naissance par l'union de l'oxygène et de l'azote, ils exigent l'intervention d'une énergie étrangère. Leur décomposition, correspondant à un dégagement de chaleur, est au contraire très facile et a lieu sous diverses influences.

L'instabilité de ces composés, la tendance qu'ils ont à se transformer les uns dans les autres, la facilité avec laquelle ils cèdent leur oxygène aux corps avec lesquels on les met en contact à une température plus ou moins élevée, sont autant de traits caractéristiques de leur histoire.

Ils sont tous décomposables par la chaleur et par une longue série d'étincelles électriques. Le peroxyde d'azote est le plus stable; aussi se forme-t-il constamment dans la décomposition des autres.

A une température plus ou moins élevée, ils sont tous oxydants. Avec l'hydrogène, en présence de la mousse de platine, les deux éléments, azote et oxygène, s'unissent au réducteur pour donner de l'ammoniaque et de l'eau.

On obtient aisément la transformation des composés oxygénés de l'azote les uns dans les autres. Et c'est en utilisant cette facilité de transformations réciproques que l'on prépare tous ces composés en partant des azotates naturels.

Mais on peut aussi, avec le concours d'une énergie étrangère, unir l'azote à l'oxygène et opérer la synthèse d'un certain nombre de ces composés. Sous l'influence de l'effluve ou des étincelles électriques, agissant sur un mélange d'oxygène et d'azote, soit sec, soit humide, on détermine la formation de l'anhydride perazotique, du peroxyde d'azote ou de l'acide azotique.

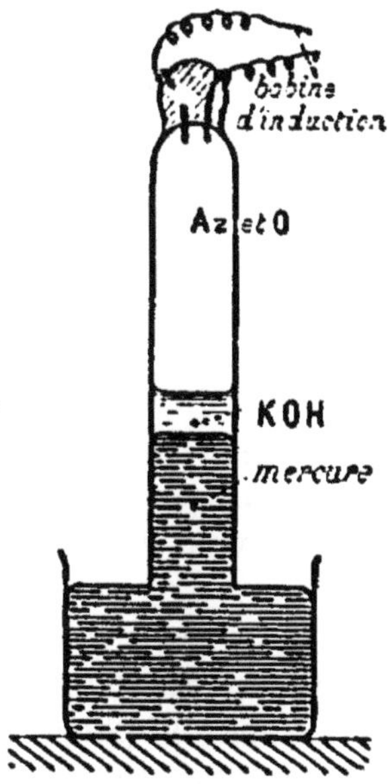

SYNTHÈSE DE L'ACIDE AZOTIQUE. — Une longue série d'étincelles électriques passant, en présence d'une dissolution de potasse, dans un mélange de 5 volumes d'oxygène pour 2 d'azote, le transforme complétément en acide azotique.

277. Préparation de l'oxyde azoteux. — L'*oxyde azoteux* Az²O, plus souvent encore appelé *protoxyde d'azote*, a été principalement étudié par Davy.

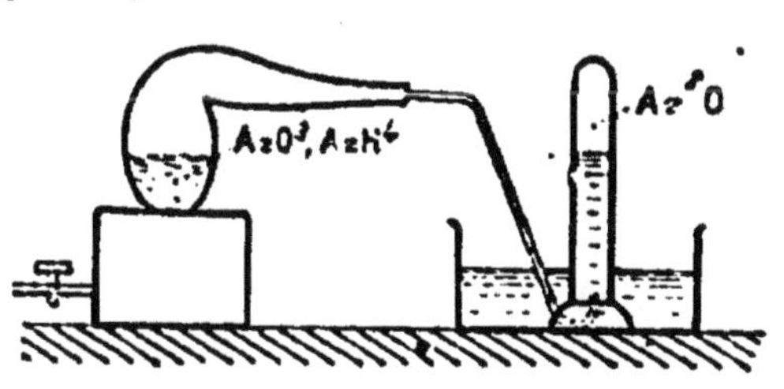

PRÉPARATION DE L'OXYDE AZOTEUX. — On chauffe modérément de l'*azotate d'ammonium* dans une cornue. On recueille le gaz sur l'eau.

Ce gaz prend naissance dans la réduction partielle de l'oxyde azotique AzO (au contact longtemps prolongé de la limaille de fer humide) ou de l'acide azotique très étendu d'eau (doucement chauffé en présence du zinc).

Mais on le prépare presque toujours en décomposant *l'azotate d'ammonium* par la chaleur :

$$AzO^5(AzH^4) = Az^2O + 2H^4O.$$

L'opération se fait dans une petite cornue de verre. Il faut chauffer avec ménagement, car, à partir de 300 degrés, la décomposition devient explosive ; même au-dessous de cette température, la réaction, plus complexe, donne naissance à de petites quantités d'oxygène, d'azote, d'oxyde azotique et de peroxyde d'azote.

278. Propriétés physiques. — L'oxyde azoteux est un gaz incolore, inodore, d'une saveur sucrée. Sa densité est égale à 1,527. Il est notablement soluble dans l'eau.

On le liquéfie aisément à l'aide d'une forte pompe foulante, qui le comprime dans un réservoir résistant entouré de glace.

A l'état liquide il est incolore. A 0 degré sa tension de vapeur est égale à 30 atmosphères ; sous la pression atmosphérique, il bout à —88 degrés. Par l'ébullition rapide dans le vide, il donne une température de —110 degrés.

279. Propriétés chimiques. — A partir du rouge sombre, l'oxyde azoteux est décomposable par la chaleur. Sous l'influence d'une compression très forte et très brusque, la séparation des éléments a lieu avec explosion.

Une longue série d'étincelles électriques dédouble aussi l'oxyde azoteux ; mais, dans ce cas, il se forme des traces de peroxyde d'azote, provenant de l'action ultérieure de l'oxygène sur l'azote.

Ce gaz est fortement oxydant. Il n'est réduit par aucun corps à la température ordinaire, mais il l'est à chaud par un grand nombre.

Il rallume, presque aussi bien que l'oxygène, une *allumette* ne présentant que quelques points en ignition. Il entretient vivement la combustion du *charbon*, du *phosphore*, du *potassium*, du *magnésium*. Le *soufre* ne continue à y brûler que s'il est préalablement très bien enflammé.

On explique l'éclat de toutes ces combustions par ce fait, qu'à la chaleur de combustion du réducteur se joint la chaleur de décomposition de l'oxyde.

L'hydrogène forme avec ce gaz un mélange détonant :

$$Az^2O + 2H = H^2O + 2Az.$$

Lorsque le mélange des deux gaz passe sur de la mousse de platine légèrement chauffée, il se forme de l'ammoniaque.

280. *Acide hypoazoteux* $Az^2O, H^2O = 2AzOH.$ — Par des procédés détournés, on prépare un composé insoluble, correspondant à la formule AzOAg. Ce composé, délayé dans l'eau, et traité par l'acide chlorhydrique, donne un précipité de chlorure d'argent, et une dissolution d'un composé de formule AzOH, qu'on peut considérer comme un acide dont l'oxyde azoteux serait l'anhydride :

$$Az^2O + H^2O = Az^2O, H^2O = 2AzOH.$$

Cet acide est fort instable; il se décompose spontanément en eau et oxyde azoteux.

281. *Propriétés anesthésiques.* — En 1799, Davy constata que

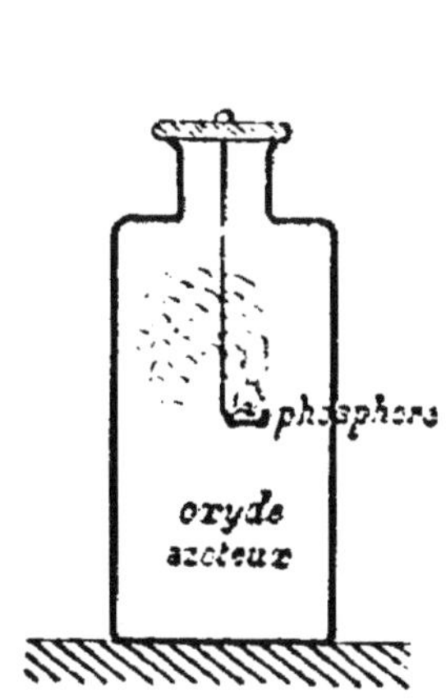

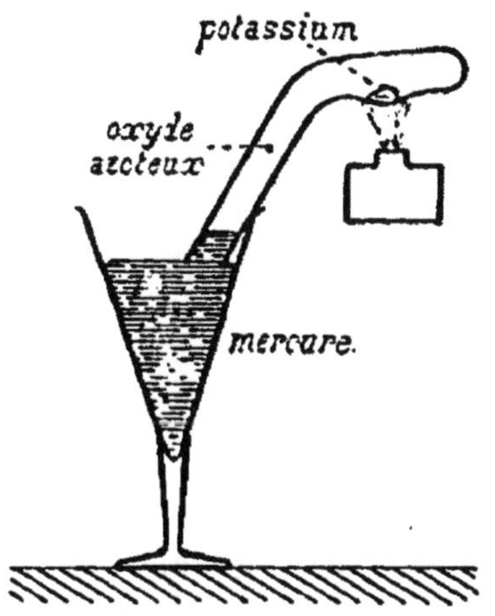

COMBUSTION DU PHOSPHORE DANS L'OXYDE AZOTEUX. — Le phosphore, préalablement enflammé, brûle vivement dans un flacon rempli d'oxyde azoteux.

ANALYSE DE L'OXYDE AZOTEUX. — On chauffe l'*oxyde azoteux* dans une cloche courbe, au contact d'un morceau de *potassium*. L'oxygène est absorbé ; l'azote reste seul.

l'oxyde azoteux, respiré pendant quelques instants, porte un grand nombre de personnes à des idées riantes, procure des hallucinations agréables : aussi lui donna-t-il le nom de *gaz hilariant.*

Quand l'inhalation dure pendant quelques instants, les hallucinations sont suivies d'une insensibilité complète, qu'on ne peut prolonger, car le protoxyde d'azote *n'entretient pas la respiration.*

282. *Caractères de l'oxyde azoteux.* — Ce gaz se reconnaît à la propriété, qu'il partage avec l'oxygène, de rallumer une allumette ne présentant que quelques points en ignition. On le distingue aisément de l'oxygène parce qu'il n'est absorbé à froid ni par le phosphore, ni par le pyrogallate de potassium. En outre, l'oxygène produit des *vapeurs rutilantes* quand on y introduit quelques bulles d'oxyde azotique, tandis que l'oxyde azoteux ne se colore pas.

283. Analyse. — L'analyse eudiométrique conduit immédiatement à la composition de l'oxyde azoteux.

L'étincelle, passant à travers un mélange à volumes égaux d'*hydrogène* et de *gaz hilariant*, détermine l'explosion : il reste un volume d'azote égal à celui de l'oxyde employé. Quant à l'hydrogène, il a été entièrement réduit en eau; le volume de l'oxygène était donc moitié de celui de l'oxyde.

On peut aussi décomposer le gaz en le chauffant dans une cloche courbe avec un fragment de *potassium* ou de *sulfure de baryum*. L'oxygène est absorbé; il reste un volume d'azote égal à celui de l'oxyde azoteux. Le volume de l'oxygène est donné par l'équation des poids :

$$v \times 1,527 = v \times 0,972 + x \times 1,1056,$$

d'où

$$x = \frac{v}{2}.$$

De ces expériences il résulte que deux volumes d'oxyde azoteux renferment deux volumes d'azote et un volume d'oxygène, unis avec condensation d'un tiers.

284. Usages. — On utilise l'oxyde azoteux comme anesthésique, pour l'extraction des dents. Pour cet usage, on le prépare industriellement, parfaitement exempt de vapeurs nitreuses, qui le rendraient vénéneux. Il est livré au commerce à l'état liquide, dans des vases métalliques très résistants, munis de robinets et de régulateurs spéciaux pour le débit du gaz.

II. — OXYDE AZOTIQUE

$$AzO = 30.$$

285. Préparation. — Ce gaz, plus souvent appelé *bioxyde d'azote*, a été découvert par Hales en 1772. Il prend naissance dans la désoxydation partielle de l'acide azotique sous l'influence d'un grand nombre de corps réducteurs, tels que le cuivre, le mercure, l'argent, les oxydes suroxydables, le sulfate ferreux, l'anhydride sulfureux.

Ainsi un courant d'*anhydride sulfureux*, arrivant lentement dans un ballon qui contient de l'*acide azotique* étendu et légèrement chauffé, donne un dégagement régulier d'oxyde azotique :

$$2AzO^3H + 3SO^2 + 2H^2O = 3SO^4H^2 + 2AzO.$$

Mais on prépare toujours ce gaz en réduisant *l'acide azotique* étendu par le *cuivre*. La réaction se produit à froid, dans l'appareil à préparation de l'hydrogène :

$$3Cu + 8AzO^3H = 3[(AzO^3)^2Cu] + 4H^2O + 2AzO.$$

Dans le flacon on met de la tournure de cuivre, un peu d'eau, et on ajoute progressivement l'acide azotique. On recueille le gaz sur la cuve à eau.

La réaction commence lentement, puis devient très vive. Il faut

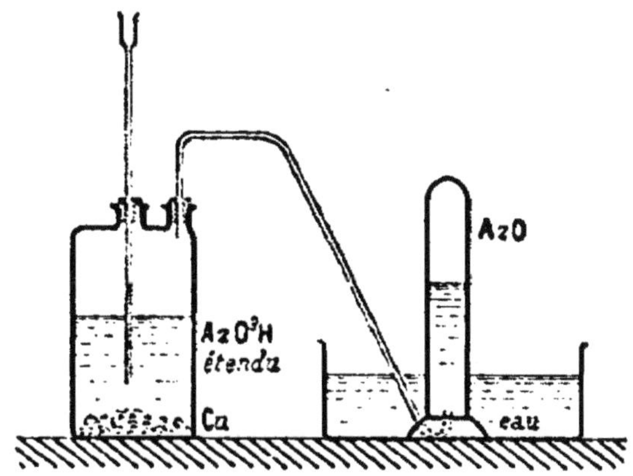

PRÉPARATION DE L'OXYDE AZOTIQUE. — Dans un flacon, renfermant de l'eau et du cuivre, on verse de *l'acide azotique*. Le gaz qui se dégage est recueilli sur l'eau.

éviter que la température ne s'élève, car il se formerait une notable quantité d'oxyde azoteux.

On évite toute production d'oxyde azoteux en remplaçant le cuivre par le *mercure*; mais il faut alors opérer dans un ballon, et chauffer.

Dans tous les cas il apparaît des vapeurs rutilantes dans le flacon, au début de l'opération, par suite de la combinaison de l'oxygène de l'air avec l'oxyde azotique. Ces vapeurs disparaissent au contact de l'eau, et le gaz se dégage incolore.

286. Propriétés physiques. — L'oxyde azotique est un gaz incolore. Son odeur et sa saveur sont inconnues, parce que, au contact de l'air, il se transforme en peroxyde de l'azote. Sa densité est 1,039. Il est très peu soluble dans l'eau.

Il a été liquéfié par M. Cailletet; son point critique est —93°,5. Sous la pression atmosphérique, il bout à —154 degrés.

287. Propriétés chimiques. — Ce gaz est décomposable par la chaleur. Au rouge sombre, il donne de l'azote et du peroxyde d'azote; au rouge vif il se dédouble en ses éléments. Une longue série d'*étincelles électriques* produit le même effet.

Sous l'influence de l'*explosion* d'une capsule de fulminate de mercure, il détone violemment :

$$AzO = Az + O.$$

L'oxyde azotique agit, suivant les cas, comme réducteur ou comme oxydant.

288. *Pouvoir réducteur.* — De tous les composés oxygénés de l'azote, l'oxyde azotique est celui dont la formation correspond à la plus grande absorption de chaleur. Aussi peut-il fixer aisément, avec production de chaleur, des proportions diverses d'oxygène, pour donner naissance aux autres composés.

A la température ordinaire, il se combine immédiatement avec l'*oxygène* en excès, pour donner des vapeurs rutilantes de peroxyde d'azote AzO^2.

En présence de l'eau, lorsqu'il y a un excès d'oxygène, il se forme de l'acide azotique AzO^3H :

$$2AzO + 3O + H^2O = 2AzO^3H.$$

Cette tendance qu'a l'oxyde azotique à se combiner avec l'oxygène lui permet d'agir quelquefois comme réducteur.

Traité par le *bioxyde de plomb* ou le *bioxyde de manganèse*, il s'empare de l'oxygène et donne un azotite

$$MnO^2 + 2AzO = (AzO^2)^2Mn.$$

Il réduit surtout l'*acide azotique* et, suivant le degré de concentration de l'acide, se transforme en peroxyde d'azote ou acide azoteux.

On fait d'habitude l'expérience de la manière suivante :

Dans une série de flacons laveurs on met de l'acide azotique à différents degrés de concentration (marquant 50 degrés, 45 degrés, 36 degrés, 20 degrés à l'aréomètre de Baumé). On y fait passer un courant d'oxyde azotique : le liquide du premier flacon prend une coloration brune, provenant du peroxyde d'azote qui s'y dissout; on observe une coloration jaune dans le second, bleue dans le troisième, due à une proportion croissante d'acide azoteux; le quatrième reste incolore, il n'y a pas de réduction.

289. *Pouvoir oxydant.* — L'oxyde azotique agit beaucoup plus souvent comme oxydant.

A froid, il est ramené à l'état de protoxyde par un contact prolongé avec la *limaille de fer* ou la *limaille de zinc* humide, avec les *sulfures* en dissolution, et avec un grand nombre d'*agents réducteurs*.

A chaud, l'oxyde azotique est ramené par les réducteurs à l'état d'azote.

C'est ce qui arrive lorsqu'on le fait passer dans un tube de porcelaine chauffé au rouge et renfermant du *charbon*, du *fer*, etc.

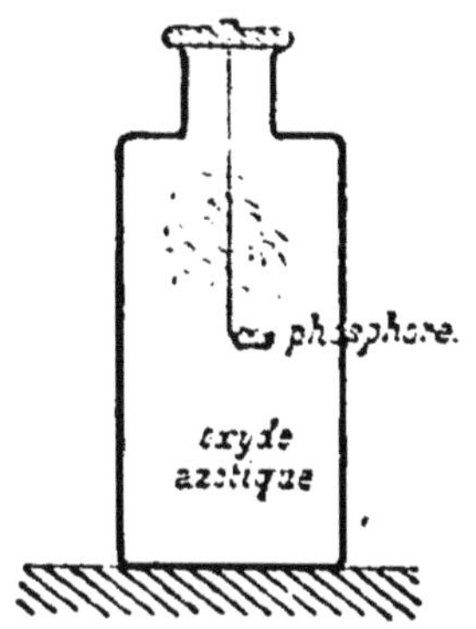

COMBUSTION DU PHOSPHORE DANS L'OXYDE AZOTIQUE. — Le *phosphore*, préalablement très bien enflammé, brûle vivement dans un flacon rempli d'*oxyde azotique*.

Le mélange d'*hydrogène* et d'oxyde azotique, traversant un tube de porcelaine rougi, donne de l'eau et de l'azote. En présence de la mousse de platine légèrement chauffée, il se forme de l'ammoniaque.

L'oxyde azotique entretient la combustion, mais moins bien que l'oxyde azoteux. Le *soufre* s'y éteint ; le *charbon* et le *phosphore* ne continuent à y brûler que s'ils sont préalablement bien allumés.

Le mélange de l'oxyde azotique avec l'*hydrogène*, l'*oxyde de carbone*, le *gaz des marais*, ne détone ni sous l'influence d'une allumette, ni sous l'influence d'une étincelle, quoique chacun de ces mélanges, passant dans un tube de porcelaine rougi, donne naissance à de l'azote et à des produits de combustion.

Au contraire, l'oxyde azotique forme des mélanges combustibles avec le *cyanogène*, l'*éthylène*, et les vapeurs de *sulfure de carbone*. Si l'on introduit quelques gouttes de *sulfure de carbone* dans une très grande éprouvette remplie d'oxyde azotique, qu'on agite et qu'on approche une allumette, on obtient une grande flamme bleue·très éclairante, capable de déterminer l'explosion d'un mélange de chlore et d'hydrogène.

290. *Caractères de l'oxyde azotique.* — Les vapeurs rutilantes que fournit l'oxyde azotique au contact de l'air suffisent pour le caractériser.

Dans les mélanges gazeux on peut l'absorber à l'aide de l'*acide azotique*, du *bioxyde de plomb* et surtout d'une *dissolution de sulfate ferreux*, qui devient brune.

291. Analyse. — On ne peut pas faire cette analyse par l'eudiomètre, puisque le mélange d'oxyde azotique avec l'hydrogène ne détone pas sous l'influence de l'étincelle.

On chauffe, dans une cloche courbe, du *sulfure de baryum* au contact d'un volume déterminé d'oxyde azotique. Après refroidis-

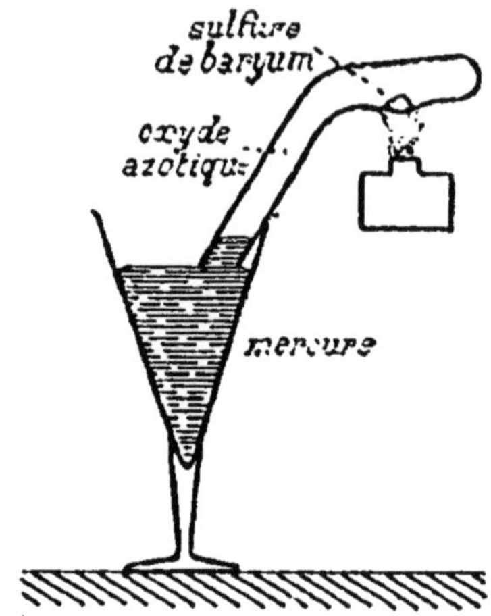

ANALYSE DE L'OXYDE AZOTIQUE. — On chauffe l'oxyde azotique dans la cloche courbe, au contact d'un morceau de *sulfure de baryum*. L'oxygène est absorbé; l'azote reste seul.

sement, on constate que le volume a diminué de moitié. L'équation des poids donne la proportion d'oxygène :

$$v \times 1{,}039 = \frac{v}{2} \times 0{,}072 + x \times 1{,}1056,$$

d'où

$$x = \frac{v}{2}.$$

Deux volumes d'oxyde azotique contiennent donc un volume d'azote et un volume d'oxygène.

III. — ANHYDRIDE ET ACIDE AZOTEUX

$$Az^2O^3 = 76 ; \quad AzO^2H = 47.$$

292. Anhydride azoteux. — L'anhydride *azoteux*, Az^2O^3, se forme quand on met de l'*oxyde azotique* en présence d'une petite proportion d'oxygène, à une très basse température.

Il prend aussi naissance, en même temps que le peroxyde d'azote, dans la décomposition de l'acide azotique par certains réducteurs (tels que l'*amidon* et l'*acide arsénieux*).

C'est un gaz fort instable, qui se condense par le froid en un liquide bleu. Sous l'action de la chaleur, il se dédouble rapidement en oxyde azotique et peroxyde d'azote :

$$Az^2O^3 = AzO + AzO^2.$$

Les *vapeurs rutilantes*, ou *vapeurs nitreuses*, qu'on voit apparaître dans un si grand nombre de réactions, sont généralement constituées par un mélange d'anhydride azoteux et de peroxyde d'azote.

203. Acide azoteux. — Cet acide, $Az^2O^3, H^2O = 2(AzO^2H)$, se forme quand on met de l'eau *très froide* au contact de l'anhydride azoteux. Il se forme aussi (**296**) dans la décomposition du peroxyde d'azote par l'eau à basse température.

C'est un liquide bleu indigo très instable. La moindre élévation de température détermine sa décomposition en acide azotique et oxyde azotique

$$3AzO^2H = AzO^3H + 2AzO + H^2O.$$

Comme l'anhydride azoteux, il est très oxydant.

IV. — PEROXYDE D'AZOTE

$$AzO^2 = 46.$$

204. Préparation. — La combinaison de l'oxygène et de

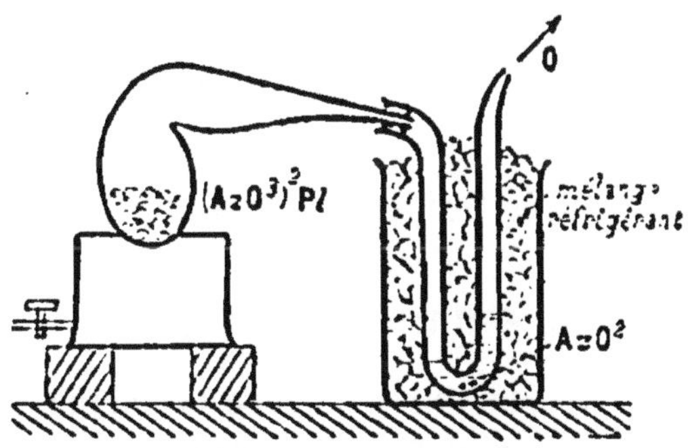

PRÉPARATION DU PEROXYDE D'AZOTE. — On chauffe de l'*azotate de plomb* dans une cornue de verre. Il se dégage un mélange d'oxygène et de peroxyde d'azote. Ce dernier gaz se condense dans un tube en U refroidi.

l'azote secs, opérée sous l'influence d'une longue série d'étincelles électriques, donne naissance à des *traces de peroxyde d'azote* (**276**).

On peut obtenir ce composé en quantité notable par l'union directe de l'*oxyde azotique* avec la moitié de son volume d'*oxygène*.

Il résulte aussi de la décomposition de l'*acide azotique* concentré, sous l'influence de la chaleur, à la température du rouge sombre :

$$2(AzO^3H) = 2AzO^3 + O + H^2O.$$

En réalité, on le prépare toujours en décomposant l'*azotate de plomb* par la chaleur

$$(AzO^3)^2Pb = 2AzO^3 + PbO + O.$$

Le sel, pulvérisé et séché avec soin, est introduit dans une petite cornue de verre, qui communique avec un tube en U refroidi par un mélange réfrigérant. On chauffe jusqu'au rouge sombre, et le mélange gazeux se dégage; le peroxyde d'azote reste dans le tube en U; l'oxygène continue sa route.

295. Propriétés physiques. — Cet oxyde est liquide à la température ordinaire. Il a une couleur jaune orangé, d'autant moins foncée que la température est plus basse.

Il se solidifie à —9 degrés en cristaux sensiblement incolores. Il bout à +22 degrés, en donnant des *vapeurs rutilantes* très foncées.

Sa densité de vapeur est 1,57.

296. Propriétés chimiques. — La chaleur ne décompose le peroxyde d'azote qu'au rouge blanc, en azote et oxygène. C'est donc le plus stable des composés oxygénés de l'azote.

Une série d'étincelles lui fait éprouver le même dédoublement; il reste toujours un peu de peroxyde non décomposé.

Les vapeurs en sont très caustiques et, par suite, dangereuses à respirer.

Le peroxyde d'azote se décompose instantanément au contact de l'*eau*. Si l'eau est très froide, il se forme de l'acide azotique et de l'acide azoteux :

$$2AzO^3 + H^2O = AzO^3H + AzO^3H;$$

si l'eau n'est pas froide, on a encore la même réaction, mais l'acide azoteux formé se décompose rapidement en oxyde azotique qui se dégage, oxygène et hydrogène qui se portent sur une nouvelle quantité de peroxyde pour le transformer en acide azotique :

$$AzO^2H + AzO^3 = AzO + AzO^3H.$$

Dans la fabrication de l'acide sulfurique, ce pouvoir oxydant de l'acide azoteux s'exerce sur l'anhydride sulfureux au lieu de s'exercer sur le peroxyde d'azote.

Le peroxyde d'azote se dédouble de même, en présence des *bases*, de manière à donner un *azotate* et un *azotite*. La réaction peut déterminer l'incandescence : c'est ce qui arrive quand des vapeurs de peroxyde d'azote arrivent sur de la *baryte* chauffée au rouge sombre.

207. Comme tous les autres composés oxygénés de l'azote, le peroxyde est un oxydant énergique.

Le *charbon*, bien enflammé, continue à brûler très vivement dans une atmosphère de vapeurs de peroxyde d'azote.

Le peroxyde agit aussi vivement sur le *potassium*, le *sodium* et même le *plomb* et le *mercure*; il oxyde l'*acide sulfhydrique*, l'*anhydride sulfureux*.

208. Analyse. — Pour analyser le peroxyde d'azote, on fait passer ses vapeurs sur de la *tournure de cuivre* chauffée au rouge. L'oxygène reste combiné avec le métal, l'azote est recueilli dans une éprouvette. On trouve ainsi que 46 grammes de peroxyde renferment 14 grammes d'azote et 32 grammes d'oxygène.

On passe de là à la composition en volumes. Si x représente le volume de l'azote, et y celui de l'oxygène, on a :

$$\frac{x \times 0,971}{y \times 1,1056} = \frac{14}{32}, \text{ d'où } \frac{x}{y} = \frac{1}{2};$$

le volume de l'oxygène est double de celui de l'azote.

L'équation des poids

$$1 \times 0,971 + 2 \times 1,1056 = z \times 1,57, \text{ d'où } z = 2,$$

montre qu'il y a condensation d'un tiers.

V. — ANHYDRIDE AZOTIQUE

$$Az^2O^5 = 108.$$

209. Préparation. — L'anhydride azotique prend naissance quand on fait passer un courant de *chlore* sur de l'*azotate d'argent* sec, chauffé à 60 degrés :

$$2AzO^3Ag + 2Cl = Az^2O^5 + 2AgCl + O.$$

On peut aussi mélanger l'*acide azotique* AzO^3H avec de l'*anhydride phosphorique* Ph^2O^5, très avide d'eau, et chauffer doucement dans une cornue de verre. L'anhydride phosphorique retient l'eau, et l'anhydride azotique distille.

300. Propriétés. — On obtient ainsi des vapeurs incolores qui, passant dans un tube refroidi, se condensent en de beaux cristaux incolores, qui fondent à 30 degrés. Le liquide bout à 47 degrés, en éprouvant une décomposition partielle.

L'anhydride azotique émet à l'air d'abondantes fumées blanches, dues à ce que les vapeurs, se combinant avec l'humidité atmosphérique, produisent de l'acide azotique, moins volatil.

C'est un composé très instable. Dès la température ordinaire, il se dédouble spontanément en oxygène et peroxyde d'azote. Il est tellement oxydant qu'il détermine l'inflammation spontanée du soufre, du phosphore, du potassium, du sodium; il détruit les matières organiques.

VI. — ACIDE AZOTIQUE

$$AzO^3H = 63.$$

301. L'acide azotique $Az^2O^5 + H^2O = 2(AzO^3H)$ est connu depuis le moyen âge. Il a été étudié par Cavendish (1784), puis par Davy, par Gay-Lussac.

On le désigne souvent, encore aujourd'hui, sous les noms d'*eau-forte*, d'*esprit de nitre*, d'*acide nitrique*.

Il ne se rencontre presque jamais libre dans la nature. Mais l'air renferme un peu d'azotate d'ammonium; dans le sol on trouve des azotates de potassium, de sodium, de calcium, de magnésium. L'azotate de potassium des Indes et de l'Égypte, l'azotate de sodium du Chili et du Pérou, fournissent la presque totalité des matières premières de la fabrication de l'acide azotique et des divers azotates.

302. Préparation. — Dans les laboratoires, on peut préparer l'acide azotique en décomposant l'*azotate de potassium* par l'*acide sulfurique* concentré.

On chauffe doucement le mélange dans une cornue de verre; l'acide distille et va se condenser dans un ballon refroidi; il reste un résidu de sulfate acide de potassium :

$$AzO^3K + SO^4H^2 = AzO^3H + SO^4HK.$$

Au début de l'opération, il se dégage toujours des vapeurs rutilantes, dues à ce que l'acide azotique, trop concentré, se décompose partiellement. Puis ces vapeurs disparaissent, pour revenir quand le dégagement est près de prendre fin : c'est qu'alors, l'ébullition cessant de se produire dans la cornue, la température s'élève notablement.

Avec de l'azotate de potassium pur, on a de l'acide azotique qui ne renferme, pour toute impureté, que des vapeurs rutilantes.

Mais en réalité la fabrication de l'acide azotique est à peu près uniquement industrielle.

303. *Fabrication industrielle.* — Dans l'industrie, on remplace l'azotate de potassium par *l'azotate de sodium*, dont le prix est moins élevé, et qui, ayant un plus petit poids moléculaire, donne à poids égal un plus fort rendement :

$$AzO^3Na + SO^4H^2 = AzO^3H + SO^4HNa.$$

Si l'on veut avoir l'acide au maximum de concentration, répondant à la formule AzO^3H (*acide monohydraté*, ou *acide fumant*), on se sert de l'acide sulfurique à 66 degrés Baumé ; si l'on veut avoir,

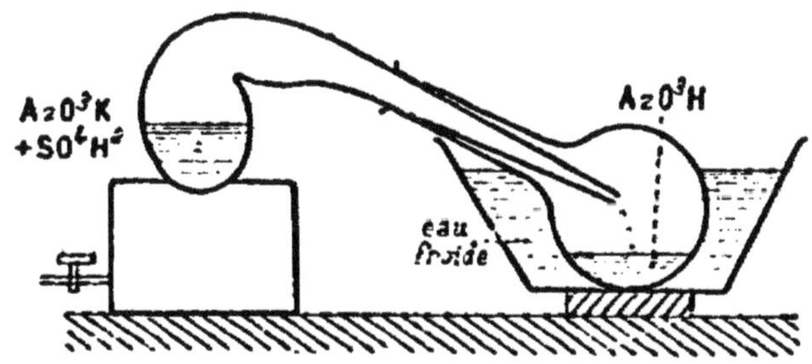

PRÉPARATION DE L'ACIDE AZOTIQUE. — On chauffe dans une cornue un mélange d'azotate de potassium et d'acide sulfurique. Il se dégage des vapeurs d'acide azotique, qui se condensent dans un ballon refroidi.

ce qui est le cas le plus général, un acide plus étendu, on se sert de l'acide sulfurique à 60 degrés Baumé.

Dans tous les cas, on emploie une proportion d'azotate de sodium un peu plus forte que celle indiquée par la formule précédente. Le sulfate acide de sodium, qui prend d'abord naissance, peut en effet être décomposé, à une température plus élevée, par un excès d'azotate de sodium, pour donner un nouveau dégagement d'acide azotique, et un résidu de sulfate neutre de sodium :

$$SO^4HNa + AzO^3Na = AzO^3H + SO^4Na^2.$$

Mais on ne doit pas chercher à doubler la proportion d'azotate de sodium, pour utiliser entièrement cette seconde réaction. À la température où elle se produit, il y a en effet une décomposition partielle de l'acide azotique, qui donne d'abondantes vapeurs rutilantes, en même temps que de l'eau, et diminue beaucoup le rendement.

Pour certains usages, on recherche justement l'acide azotique

fortement coloré en rouge par des vapeurs rutilantes. On fabrique
cet acide très coloré justement en forçant la proportion de sulfate
de sodium, et poussant plus loin l'action de la chaleur.

On opère dans de grandes cornues en fonte, complètement
entourées par le foyer. La condensation a lieu dans une série de
bonbonnes en grès, contenant un peu d'eau (à moins que l'on ne
veuille fabriquer l'acide au maximum de concentration).

Des cornues de fonte peuvent être employées dans ces circonstances, parce que la fonte est peu attaquée par l'acide sulfurique

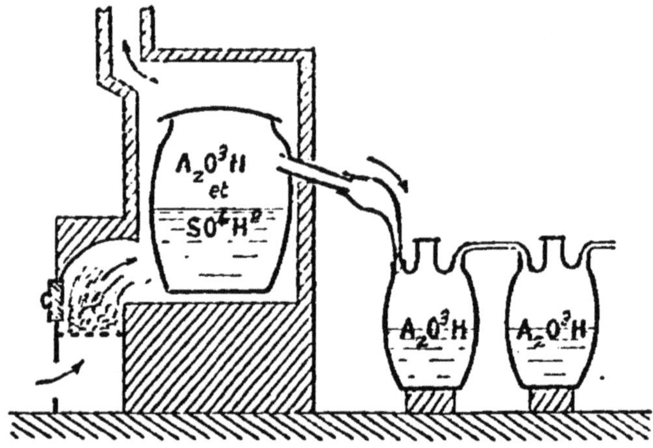

FABRICATION INDUSTRIELLE DE L'ACIDE AZOTIQUE. — *L'azotate de sodium* et *l'acide
sulfurique* sont chauffés dans une cornue de fonte. L'acide azotique se condense dans des bonbonnes renfermant un peu d'eau froide.

concentré (au moins 60 degrés Baumé) et par les vapeurs d'acide
azotique (pourvu qu'elles soient chaudes, car les vapeurs tièdes
attaquent vivement).

304. *Impuretés. Purification.* — L'acide azotique du commerce
contient toujours de *l'acide sulfurique* entraîné mécaniquement,
et de *l'acide chlorhydrique*, provenant du chlorure de sodium que
renferme d'habitude l'azotate de sodium.

Si on le distille en présence de 2 ou 3 centièmes d'*azotate de
plomb*, l'acide sulfurique est retenu à l'état de sulfate de plomb,
et l'acide chlorhydrique à l'état de chlorure de plomb.

Puis on décolore en maintenant le liquide à la température de
75 degrés, et y faisant passer un *courant d'air* qui entraîne les
vapeurs rutilantes.

Un acide pur doit être incolore. Il ne doit être troublé ni par
l'azotate d'argent, ni par l'azotate de baryum. On le conserve à
l'abri de la lumière.

305. Propriétés physiques. — A l'état de pureté, l'acide azotique est un liquide incolore, caustique, dont les vapeurs sont dangereuses à respirer.

Monohydraté [$Az^2O^5 + H^2O = 2(AzO^5H)$], il marque 49 degrés Baumé ; sa densité est 1,52. Il bout à 86 degrés et se solidifie à — 47 degrés. Lorsqu'on le distille, il éprouve un commencement de décomposition, avec production d'eau, d'oxygène et de peroxyde d'azote. Il *fume* à l'air (de là son nom d'*acide fumant*), parce que ses vapeurs, abondantes à la température ordinaire, se combinent avec l'humidité atmosphérique, pour former un hydrate moins volatil, qui se condense sous forme de nuages blancs.

L'acide commercial le plus important, appelé *acide ordinaire*, ou *acide quadrihydraté*, répond à peu près à la formule $Az^2O^5 + 4H^2O = 2(AzO^5H) + 5H^2O$. Il marque 45 degrés Baumé, a pour densité 1,42 et bout à 123 degrés sans décomposition. C'est l'hydrate le plus stable au point de vue physique.

Si on distille en effet un acide plus étendu, l'excès d'eau passe d'abord à la distillation, puis la température s'élève à 123 degrés, et l'hydrate $2(AzO^5H) + 5H^2O$ distille.

Si au contraire on chauffe un acide plus concentré, il se décompose partiellement pour donner de l'oxygène et du peroxyde d'azote qui se dégagent, et de l'eau qui reste avec l'acide ; et après plusieurs distillations successives, l'acide se trouve assez étendu pour distiller, sans nouvelle décomposition, à 123 degrés.

306. Propriétés chimiques. — L'acide azotique est d'autant plus facilement décomposable par la *chaleur* qu'il est plus concentré ; l'acide monohydraté commence à se décomposer même au-dessous de 86 degrés. Au rouge sombre, tous les hydrates se dédoublent en vapeur d'eau, oxygène et peroxyde d'azote ; au rouge blanc on a de la vapeur d'eau, de l'oxygène et de l'azote.

Exposé à la *lumière*, l'acide monohydraté se colore lentement en jaune, par suite d'une décomposition lente, qui produit des vapeurs nitreuses. Aussi doit-on le conserver dans des flacons en verre noir.

Les *étincelles électriques*, passant dans les vapeurs de cet hydrate, produisent le même effet.

307. *Pouvoir oxydant.* —Comme les autres composés oxygénés de l'azote, l'acide azotique est très oxydant : à ce titre, il est souvent employé dans les laboratoires.

Il oxyde un grand nombre de *métalloïdes*, presque tous les *métaux*, tous les corps composés *combustibles* ; il conduit à un degré supérieur d'oxydation l'*anhydride sulfureux*, l'*acide phos-*

phoreux, les *sels ferreux*, l'*oxyde azotique*. Dans tous ces cas, il est ramené à l'état d'azote, d'oxyde azoteux, d'oxyde azotique ou de peroxyde d'azote.

Sauf dans un petit nombre de circonstances, les actions sont d'autant plus énergiques que l'acide est plus concentré. La présence des vapeurs nitreuses augmente encore l'activité de l'oxydation.

308. *Oxydation des métalloïdes et des métaux.* — L'hydro-

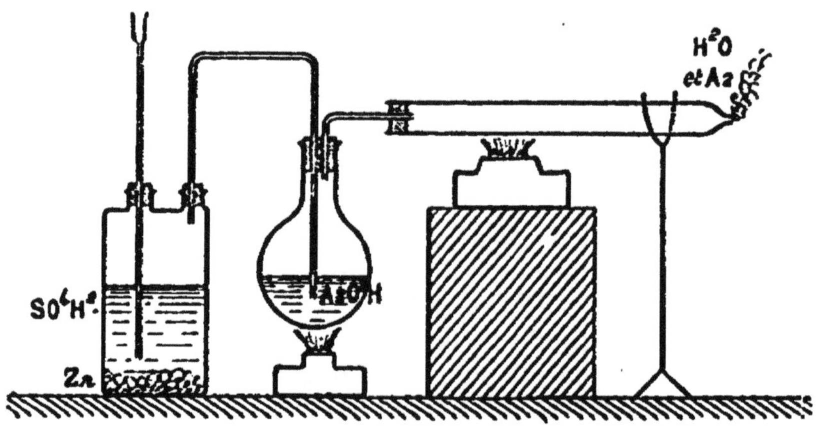

RÉDUCTION DE L'ACIDE AZOTIQUE PAR L'HYDROGÈNE. — L'*hydrogène*, passant dans un ballon qui renferme de l'acide azotique légèrement chauffé, entraîne des vapeurs de cet acide. Les deux gaz réagissent dans le tube horizontal, avec formation d'azote et de vapeur d'eau.

gène brûle dans les vapeurs d'acide azotique; il se forme de l'oxyde azotique :

$$Az\,O^3H + 3H = AzO + 2H^2O.$$

Si les deux corps passent dans un tube de porcelaine chauffé au rouge, la réduction est complète :

$$AzO^3H + 5H = Az + 3H^2O.$$

En présence de la mousse de platine légèrement chauffée, il se forme de l'ammoniaque :

$$AzO^3H + 8H = AzH^3 + 3H^2O.$$

La même réaction se produit quand on verse un peu d'acide azotique dans un appareil producteur d'hydrogène; le dégagement se ralentit, et il se forme du sulfate d'ammonium, qui reste dans le flacon.

Le *charbon* est aussi oxydé. Un charbon allumé brûle dans la vapeur d'acide azotique. L'acide liquide bien concentré, versé sur du noir de fumée bien sec, en détermine l'inflammation.

Un morceau de *phosphore* projeté dans l'acide très concentré s'oxyde si vivement qu'il y a explosion. Avec l'acide étendu, l'action est lente, et ne se produit que sous l'influence de la chaleur.

Le *soufre*, l'*iode*, légèrement chauffés dans l'acide azotique, sont transformés en acide sulfurique et acide iodique.

Tous les *métaux*, excepté l'or et le platine, sont oxydés. La réduction a lieu, sauf pour l'argent, à la température ordinaire; le métal se dissout, à l'état d'azotate.

Avec le *potassium* et le *sodium*, la réduction de l'acide fumant est accompagnée d'une explosion; il se forme un azotate et il se dégage de l'azote.

Le *zinc* donne surtout de l'azote si l'acide est concentré, et de l'oxyde azoteux s'il est étendu.

Le *cuivre*, le *mercure*, l'*argent* fournissent un dégagement d'oxyde azotique.

La plupart de ces métaux sont plus vivement attaqués par l'acide monohydraté; cela tient à l'insolubilité des azotates dans l'acide concentré.

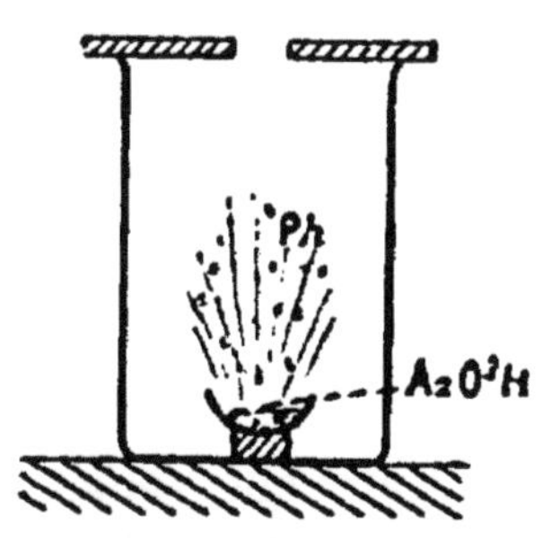

ACTION DE L'ACIDE AZOTIQUE SUR LE PHOSPHORE. — Un morceau de phosphore, tombant dans une capsule qui renferme de l'acide azotique fumant, est oxydé avec explosion.

Le *fer*, le *nickel*, le *cobalt*, sur lesquels l'acide fumant n'a pas d'action, acquièrent même, quand ils y ont été plongés, la propriété de n'être pas attaqués par l'acide étendu : ils sont devenus *passifs*. L'attaque se produit quand on touche le métal, rendu passif, avec un fil de cuivre.

309. *Action sur les matières organiques.* — L'acide azotique oxyde plus ou moins complétement un grand nombre de matières organiques.

Versé sur l'*essence de térébenthine*, il en détermine l'inflammation immédiate. C'est à la suite d'une oxydation partielle qu'il décolore l'*indigo*, et qu'il colore en jaune la *peau*, la *laine*, la *soie*.

Mais souvent aussi l'action est toute différente. L'acide, surtout lorsqu'il est concentré, enlève à la matière organique un certain nombre d'atomes d'hydrogène, et à chaque atome d'hydrogène enlevé se *substitue* un atome de peroxyde d'azote; on a ce qu'on nomme un composé de *substitution*.

C'est ainsi que la *benzine* C^6H^6 est transformée en *nitrobenzine* :

$$C^6H^6 + AzO^3H = C^6H^5(AzO^2) + H^2O ;$$

que la *glycérine* est transformée en *nitroglycérine* :

$$C^3H^8O^3 + 3AzO^3H = C^3H^5(AzO^4)^3O^3 + 3H^2O ;$$

et le *coton* en *fulmicoton* :

$$C^6H^{10}O^5 + 2AzO^3H = C^6H^8(AzO^4)^2O^5 + 2H^2O.$$

La préparation de ces composés de substitution est facile. On la fait en arrosant la matière organique avec un mélange d'*acide azotique* et d'*acide sulfurique* concentrés, puis lavant à grande eau.

Les composés nitrés ainsi obtenus sont généralement explosifs. Ils détonent sous des influences diverses, en produisant beaucoup de chaleur et un volume gazeux considérable :

$$2[C^3H^5(AzO^2)^3O^3] = 6CO^2 + 5H^2O + 6Az + O.$$

310. *Action des bases; azotates.* — L'acide azotique rougit fortement la teinture du tournesol; il produit beaucoup de chaleur en agissant sur les bases et sur les métaux.

C'est un acide *monobasique*; il ne donne, avec chaque métal, qu'un seul sel. Avec les métaux monovalents (potassium, sodium, argent) on a un azotate de la forme AzO^3Na; avec les métaux bivalents on a $(AzO^3)^2M$ (M représentant un métal bivalent quelconque).

Pour les caractères distinctifs de l'acide azotique et des azotates, voyez **553**.

311. Composition. — La composition de l'acide azotique s'obtient par synthèse. L'expérience a été réalisée pour la première fois par Cavendish en 1784.

Quand on fait passer, dans un mélange d'azote et d'oxygène, une longue série d'étincelles électriques, on voit apparaître une faible coloration rouge, due à la formation des vapeurs rutilantes. Mais cette formation est presque de suite arrêtée par la réaction inverse.

Si l'expérience est faite en présence d'une dissolution de potasse caustique, les vapeurs rutilantes sont décomposées à mesure qu'elles prennent naissance, et il se produit de l'azotate de potassium qui se dissout. Et l'action des étincelles se prolongeant, on voit le volume gazeux diminuer progressivement.

Quand on opère sur un mélange de 2 volumes d'azote et de 5 volumes d'oxygène, la transformation est complète et les gaz finissent par disparaître entièrement. Or l'azotate de potassium peut être considéré comme résultant de la réaction de la potasse caustique, qui était en dissolution, sur de l'anhydride azotique qui aurait pris naissance sous l'action des étincelles, par la combinaison de l'azote et de l'oxygène du mélange.

L'anhydride azotique renferme donc 2 volumes d'azote unis à 5 volumes d'oxygène, ce qui conduit à la formule Az^2O^5.

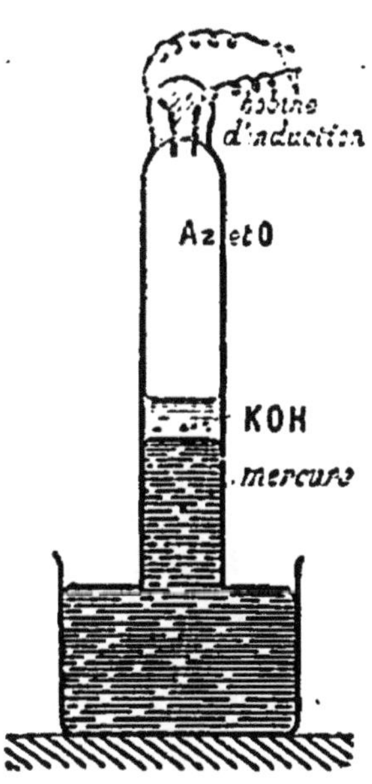

SYNTHÈSE DE L'ACIDE AZOTIQUE. — Une longue série d'étincelles électriques passant, en présence d'une dissolution de potasse, dans un mélange de 5 volumes d'oxygène pour 2 d'azote, le transforme complétement en acide azotique.

Ce résultat est confirmé par une analyse directe, faite sur l'anhydride lui-même, en suivant la méthode indiquée pour le peroxyde d'azote (**298**).

Le mode de condensation est inconnu, car on n'a pas déterminé la densité de l'anhydride azotique à l'état gazeux.

On obtient la quantité d'eau contenue dans un acide azotique hydraté en combinant un poids p de cet acide avec un excès p' *d'oxyde de plomb*. On dessèche, *à une douce chaleur*, l'azotate de plomb qui prend naissance, et on le pèse. La différence entre le poids trouvé et la somme $p + p'$ donne le poids de l'anhydride.

Celui de l'eau est donné par différence; on a en effet la réaction :

$$2\,(Az\,O^5H) + n\,H^2O + PbO = (Az\,O^3)^2\,Pb$$
$$[ou\ Az^2O^5,\ PbO] + (n+1)H^2O.$$

312. Usages. — Il est peu de corps dont les usages industriels soient plus importants. On s'en sert dans le travail ou la préparation d'un grand nombre de métaux (cuivre, or, platine); dans la gravure sur acier, sur cuivre (gravure à l'eau-forte) et sur pierre (lithographie); dans la fabrication de l'acide sulfurique et de plusieurs azotates....

Enfin de grandes quantités d'acide azotique sont consommées dans la fabrication des matières explosives, dont les principales sont le fulmicoton et la nitroglycérine (dynamite).

L'usage le plus important est peut-être la préparation de la nitrobenzine, matière première d'un grand nombre de substances colorantes artificielles.

313. Eau régale. — L'acide azotique et l'acide chlorhydrique, qui, séparément, sont sans action sur l'*or* et le *platine*, dissolvent ces métaux et les transforment en chlorures quand ils sont mélangés. Ce mélange des deux acides a reçu le nom d'*eau régale*.

On explique cette action par ce fait que l'acide azotique, oxydant l'acide chlorhydrique, fournit du chlore, qui se combine avec les métaux précieux :

$$Az\,O^3H + HCl = Az\,O^2 + H^2O + Cl.$$

En même temps il se forme des composés oxygénés chlorés de l'azote, $AzOCl$ et $AzOCl^2$.

L'eau régale employée dans l'industrie, principalement dans la métallurgie de l'or et du platine, contient une partie d'acide azotique quadrihydraté pour quatre parties d'acide chlorhydrique.

VII. — ANHYDRIDE PERAZOTIQUE

314. En faisant passer un mélange d'oxygène et d'azote dans l'appareil à effluve, refroidi à — 25 degrés, MM. Hautefeuille et Chappuis ont obtenu des cristaux très volatils auxquels ils ont attribué la formule $Az\,O^5$.

Ces cristaux se décomposent lentement en oxygène et anhydride azotique.

La présence de l'humidité rend la décomposition immédiate.

VIII. — AMMONIAQUE

$$AzH^3 = 17.$$

315. Préparation. — L'ammoniaque se trouve en petite quantité dans l'air, à l'état d'azotate et de carbonate.

Ce gaz ne se forme pas par simple combinaison de l'azote à l'hydrogène, sous l'influence de la chaleur. Mais une série d'*étincelles électriques*, traversant un mélange d'azote et d'hydrogène, détermine la formation de *traces* d'ammoniaque. Seulement la combinaison est de suite limitée par la réaction inverse.

Si on opère en présence d'un acide, qui absorbe le gaz ammoniac à mesure qu'il se forme, la transformation est complète.

Nous avons vu aussi que l'ammoniaque se produit quand un quelconque des composés oxygénés de l'azote passe avec l'hydrogène sur de la mousse de platine légèrement chauffée.

Mais la plus grande cause de production de l'ammoniaque est la putréfaction ou la décomposition par la chaleur des matières organiques azotées.

316. *Préparation des laboratoires.* — Dans les laboratoires on peut préparer l'ammoniaque en décomposant le *chlorure d'ammonium* par la *chaux* :

$$2\,(AzH^4)\,Cl + CaO = CaCl^2 + H^2O + 2AzH^3.$$

La réaction, qui commence à froid, est activée par la chaleur.

Les deux substances pulvérisées sont mélangées, puis introduites dans un ballon de verre, qu'on achève de remplir avec des

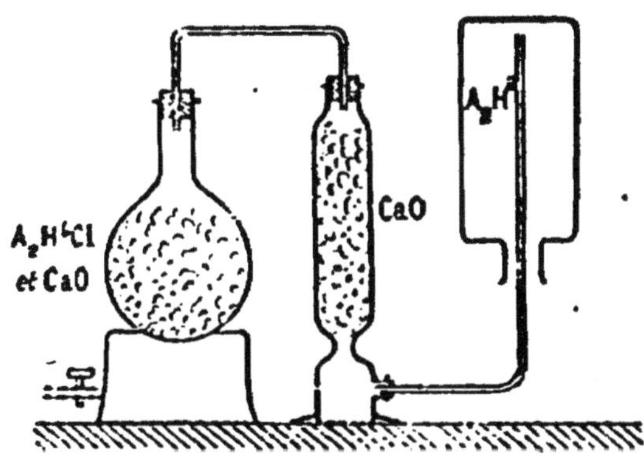

PRÉPARATION DE L'AMMONIAQUE. — L'ammoniaque, résultant de l'action à chaud de la *chaux vive* sur le *chlorure d'ammonium*, se dessèche dans l'éprouvette à pied, et est recueillie *par déplacement* dans un flacon plein d'air.

fragments de chaux vive, destinés à dessécher le gaz. On recueille sur le mercure.

En réalité, dans les laboratoires, on extrait presque toujours le gaz ammoniac de la *dissolution* commerciale, qu'on chauffe dans un ballon muni d'un tube à dégagement.

317. *Fabrication industrielle.* — La décomposition par la chaleur des substances organiques azotées donne naissance à de l'ammoniaque; il en est de même de la putréfaction de ces matières.

La plus grande partie de l'ammoniaque et des sels ammoniacaux est extraite industriellement des eaux d'épuration des usines à gaz (provenant de la décomposition de la houille par la chaleur), ou des urines putréfiées des grandes villes.

Le liquide, qui renferme de l'*ammoniaque*, du *carbonate* et du *sulfhydrate d'ammonium*, est placé, avec de la chaux éteinte, dans de grandes cuves de deux mètres cubes de capacité, puis progressivement chauffé jusqu'à l'ébullition. Le gaz se dégage, et on le condense dans de grandes bonbonnes à moitié remplies d'eau.

On obtient ainsi une dissolution généralement colorée en jaune par des matières organiques; on y trouve du carbonate d'ammonium, de l'oxyde de fer, de l'alumine, de la chaux et les impuretés que renfermait l'eau de condensation.

Pour obtenir la dissolution pure dont on a besoin dans les laboratoires, on chauffe la dissolution commerciale, après l'avoir additionnée d'un peu de chaux, destinée à retenir l'acide carbo-

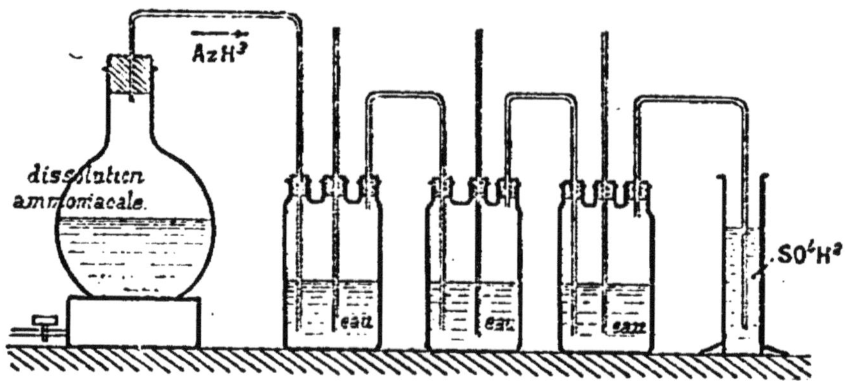

PRÉPARATION DE LA DISSOLUTION D'AMMONIAQUE. — La *dissolution ammoniacale* du commerce est chauffée dans un ballon. Le gaz, chassé par l'action de la chaleur, va se dissoudre de nouveau dans l'eau distillée des flacons de Woolf. Une éprouvette remplie d'acide sulfurique absorbe, à la sortie, les dernières traces de gaz. — Les flacons doivent être à moitié remplis seulement, car le liquide, en se saturant, augmente beaucoup de volume.

nique. Le gaz va se condenser dans une série de flacons de Woolf, à moitié remplis d'eau distillée.

318. Propriétés physiques. — Le gaz ammoniac est incolore; son odeur et sa saveur sont caractéristiques. Il provoque la toux et le larmoiement.

Sa densité est égale à 0,591.

L'ammoniaque est excessivement soluble dans l'eau. Son coefficient de solubilité est 1050 à 0 degré; il diminue rapidement quand la température s'élève, pour devenir nul à 70 degrés.

Les expériences qui servent à montrer la grande solubilité de l'acide chlorhydrique réussissent également bien avec l'ammoniaque.

Le phénomène de la dissolution est accompagné d'un grand dégagement de chaleur, et d'une augmentation considérable de volume. La dissolution ammoniacale est plus légère que l'eau.

Abandonnée à l'air, ou soumise à l'ébullition, cette dissolution perd rapidement tout son gaz.

Fortement refroidie, elle laisse déposer des cristaux d'un

hydrate de formule AzH³, H²O qui se décompose quand la température s'élève.

Un froid de —40 degrés liquéfie le gaz ammoniac sous la pression atmosphérique; à 0 degré la condensation se produit sous une pression voisine de 5 atmosphères.

La méthode de Faraday permet d'opérer aisément cette liquéfaction. Dans l'une des branches du tube en U, on met une dissolution d'ammoniaque dans l'eau, ou du *charbon de bois* saturé de ce gaz. On chauffe doucement cette branche pendant que l'autre est refroidie : la liquéfaction a lieu.

On arrive au même résultat avec le *chlorure d'argent ammoniacal* (**35 322**).

On obtient un liquide incolore, très mobile, qui se solidifie à

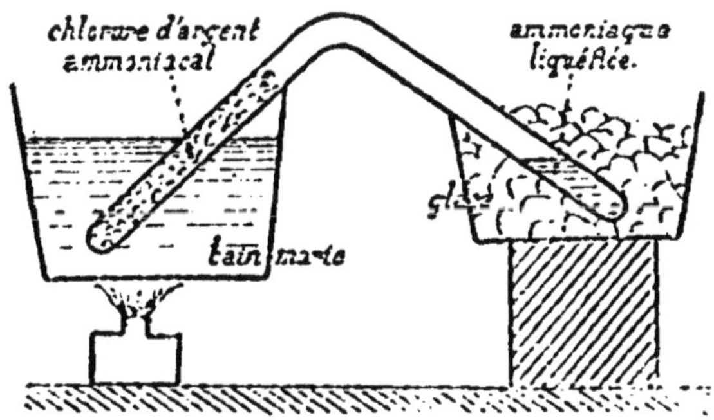

Liquéfaction de l'ammoniaque. — Le *chlorure d'argent ammoniacal*, chauffé, laisse dégager de l'ammoniaque, qui va se condenser dans la partie froide du tube.

—75 degrés. Évaporé rapidement dans le vide, le liquide ammoniac produit un froid suffisant pour déterminer la solidification d'une partie de la masse.

319. Propriétés chimiques. — Le gaz ammoniac est décomposable par la chaleur. On le montre en le faisant passer à travers un tube de porcelaine rempli de fragments de porcelaine, et chauffé au *rouge blanc*.

Une très longue série d'étincelles électriques le dédouble aussi en ses éléments ; mais, comme la réaction inverse est également possible, il reste toujours des traces d'ammoniaque non décomposée.

L'ammoniaque est, en outre, détruite par un grand nombre de corps capables de se combiner soit avec l'hydrogène, soit avec l'azote.

320. *Action des métalloïdes.* — Le gaz ammoniac est *combustible*. Il ne brûle pas dans l'air, mais brûle bien dans l'*oxygène* :

$$2AzH^3 + 3O = 2Az + 3H^2O.$$

Il forme un mélange détonant avec l'oxygène et aussi avec l'*oxyde azoteux* ou l'*oxyde azotique*.

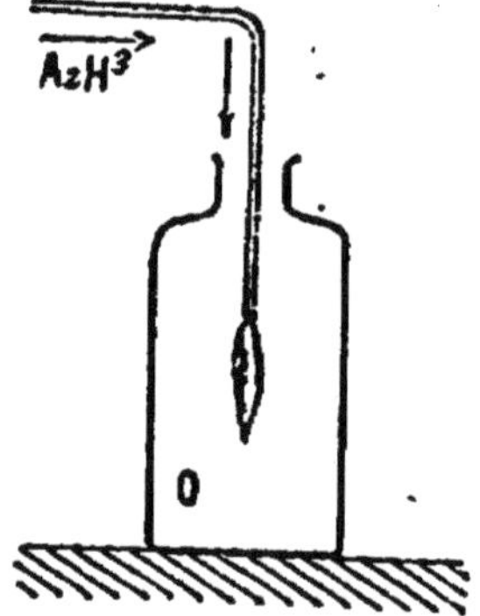

Si on fait passer un mélange d'*oxygène* et d'*ammoniaque* sur de la *mousse de platine* légèrement chauffée, l'azote lui-même est oxydé; il se forme de l'acide azotique ou de l'azotate d'ammonium, selon que l'oxygène est ou n'est pas en excès :

$$AzH^3 + 4O = AzO^3H + H^2O,$$
$$2AzH^3 + 4O = AzO^3(AzH^4) + H^2O.$$

COMBUSTION DE L'AMMONIAQUE. — *Le gaz ammoniac,* qui ne brûle pas dans l'air, brûle très bien dans un flacon rempli d'oxygène.

Un certain nombre d'*oxydes métalliques,* chauffés dans un tube de porcelaine, en présence d'un courant de gaz ammoniac, le réduisent comme le fait l'oxygène même.

Le *chlore* agit encore plus vivement que l'oxygène; un courant d'ammoniaque s'enflamme de lui-même dans le chlore.

Le *brome* agit à peu près de même. Avec l'*iode*, il se forme un composé de substitution très détonant, l'*iodure d'azote*.

Un courant de gaz ammoniac, passant sur du *charbon* chauffé

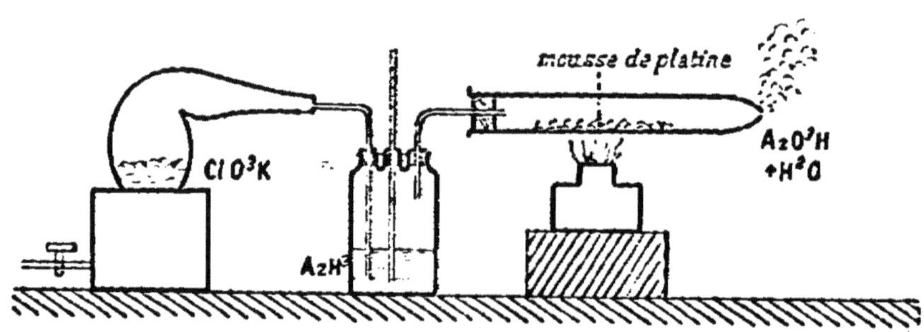

OXYDATION COMPLÈTE DE L'AMMONIAQUE SOUS L'INFLUENCE DE LA MOUSSE DE PLATINE. — De l'oxygène passe dans un flacon laveur contenant une dissolution d'ammoniaque. Le gaz arrive ensuite, entraînant d'abondantes vapeurs ammoniacales, sur de la mousse de platine légèrement chauffée. A la sortie on voit d'abondantes fumées d'acide azotique, capables de rougir le papier de tournesol humide.

au rouge dans un tube de porcelaine, donne de l'hydrogène et de l'acide cyanhydrique CAzH :

$$AzH^3 + C = CAzH + 2H.$$

321. Les *métaux alcalins* décomposent l'ammoniaque avec formation de produits de substitution.

Chauffé avec du gaz ammoniac, dans une cloche courbe, le *potassium* prend une teinte verdâtre, et l'hydrogène est progressivement mis en liberté. Il se forme successivement les composés AzH^2K et AzK^3.

Puis une température plus élevée détruit la combinaison pour mettre en liberté l'azote et le métal. On a donc, en fin de compte, la réaction

$$K + AzH^3 = K + Az + 3H.$$

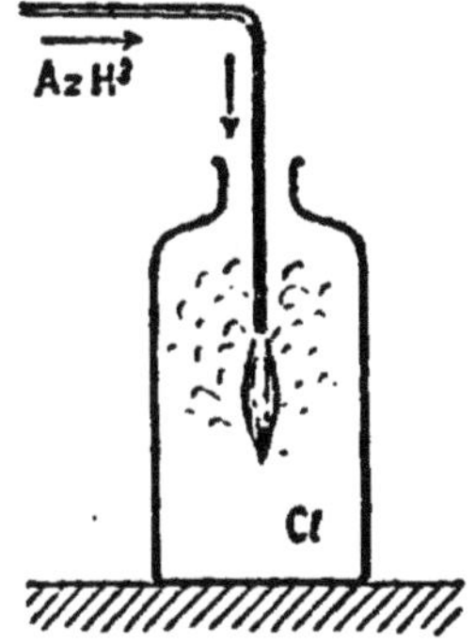

COMBUSTION DE L'AMMONIAQUE DANS LE CHLORE. — Un courant d'*ammoniaque* s'enflamme spontanément dans un flacon rempli de chlore.

Lorsqu'on fait passer un courant d'ammoniaque dans un tube de porcelaine chauffé au rouge, et renfermant du *fer*, du *cuivre* ou du *platine*, le gaz est dédoublé en ses éléments sans qu'aucun d'eux ne reste uni au métal.

L'exemple du potassium permet de supposer qu'il s'est formé un composé très instable, qui a été détruit par la chaleur. Du reste le fer ou le cuivre est devenu cassant; il a éprouvé un changement de constitution moléculaire.

322. *Action des chlorures métalliques.* — L'ammoniaque est absorbée par un grand nombre de chlorures métalliques. Ainsi si l'on fait passer un courant de gaz ammoniac sec sur du *chlorure d'argent* ou sur du *chlorure de calcium* renfermé dans un tube de verre refroidi par de la glace, il y a absorption d'un volume considérable de gaz.

Avec le chlorure d'argent il se produit un composé dont la formule est $AgCl, 3AzH^3$. Ce composé se *dissocie* aisément sous l'action de la chaleur.

A la température de 24 degrés, la tension de dissociation est de 937 millimètres. A la température de 57 degrés, elle est de 4880 millimètres.

Dans cette dissociation, le chlorure $AgCl, 3AzH^3$ ne perd pas tout son gaz; il se transforme en un autre $2AgCl, 3AzH^3$, deux fois moins riche en ammoniaque. Ce nouveau chlorure se dissocie à son tour, mais avec des tensions de dissociation moins élevées.

323. *Action des acides; sels ammoniacaux.* — L'ammoniaque en dissolution est une base puissante, qui verdit le sirop de violette et ramène au bleu la teinture de tournesol rougie par un acide. Elle est très caustique, attaque la peau, et surtout les muqueuses des yeux. C'est un poison violent.

Le gaz ammoniac se combine avec les hydracides, tels que l'acide chlorhydrique et l'acide sulfhydrique, à volumes égaux, pour former des composés répondant aux formules AzH^3, HCl et AzH^3, HS. Il se combine également avec les oxacides, tels que l'acide sulfurique et l'acide azotique, pour former des composés répondant aux formules $SO^4H^2 (AzH^3)^2$ et $AzO^5H (AzH^3)$.

Ces divers composés sont tout à fait analogues, par l'ensemble de leurs propriétés, aux chlorures, sulfures, sulfates et azotates métalliques, avec lesquels ils présentent, en particulier, de nombreux cas d'*isomorphisme*.

Aussi doit-on considérer ces composés comme des sels, dans lesquels l'ammoniaque joue le rôle de base, quoique les formules de ces sels soient bien différentes des formules des sels métalliques.

Pour faire disparaître cette anomalie, Ampère a proposé, dès 1816, d'admettre l'existence d'un composé de formule AzH^4, qui aurait des propriétés analogues à celles des métaux alcalins, *potassium* et *sodium*. Ce radical, nommé *ammonium*, serait représenté par le symbole Am; il formerait avec l'oxygène et l'eau des oxydes hydratés analogues à la potasse caustique et à la soude caustique, Am^2O, $H^2O = 2 (AmOH)$, correspondant à la potasse caustique K^2O, $H^2O = 2 (KOH)$.

En admettant cette hypothèse, les sels ammoniacaux prennent des formules correspondant aux formules des sels alcalins.

Ainsi le chlorhydrate d'ammoniaque AzH^3, HCl devient le chlorure d'ammonium $AzH^4Cl = AmCl$, analogue au chlorure de potassium KCl.

De même on a pour le sulfhydrate, le sulfate et l'azotate d'ammonium les formules :

$$AzH^3, HS = AzH^4S = AmS;$$
$$SO^4H^2, (AzH^3)^2 = SO^4 (AzH^4)^2 = SO^4Am^2;$$
$$AzO^5H, AzH^3 = AzO^5 (AzH^4) = AzO^5Am.$$

Malheureusement, on n'a pu jusqu'ici isoler le radical Am à l'état de liberté; on ne connaît que son oxyde hydraté

$$AzH^3 + H^2O = (AzH^4) OH,$$

correspondant à la potasse caustique.

Lorsqu'on verse un *amalgame de sodium* dans une dissolution concentrée de *chlorure d'ammonium*, il se forme du chlorure de sodium et un nouvel amalgame, très volumineux, qui semble être un amalgame d'ammonium. Mais il se détruit rapidement en fournissant un dégagement d'ammoniaque et d'hydrogène.

La basicité de l'ammoniaque lui permet de précipiter de leurs dissolutions salines les oxydes métalliques insolubles. Quelques-uns de ces oxydes sont solubles dans l'ammoniaque; après avoir été précipités, ils se redissolvent si l'on ajoute un excès de réactif. Tel est l'*oxyde de cuivre*, qui communique à la liqueur une coloration d'un bleu foncé (*eau céleste*).

324. *Caractères de l'ammoniaque et des sels ammoniacaux.* — L'ammoniaque libre se reconnaît à son *odeur*. Elle ramène au bleu la *teinture rouge de tournesol*, et, par l'approche d'un agitateur mouillé d'*acide chlorhydrique*, donne des fumées blanches de chlorure d'ammonium.

Les sels ammoniacaux ne précipitent par aucun réactif usuel, sauf par le *bichlorure de platine*. Chauffés avec la potasse, ils fournissent un dégagement de gaz ammoniac, reconnaissable aux caractères que nous venons d'indiquer.

325. Composition. — On ne peut pas analyser l'ammoniaque par la méthode eudiométrique. Dans sa combustion par l'oxygène il se forme toujours un peu d'azotate d'ammonium, ce qui rendrait les résultats inexacts.

On commence donc par décomposer le gaz à l'aide d'une longue série d'étincelles électriques. On arrête l'opération quand le volume a doublé; les traces d'ammoniaque qui résistent à la décomposition peuvent être négligées. On cherche alors la composition du mélange gazeux en y introduisant un excès d'oxygène, qui, sous l'influence d'une étincelle, se combine avec l'hydrogène pour donner de l'eau.

On trouve ainsi que 2 volumes de gaz ammoniac renferment 1 volume d'azote et 3 volumes d'hydrogène, unis avec condensation de moitié.

326. Usages. — La dissolution ammoniacale est employée en médecine et dans l'art vétérinaire comme caustique et comme rubéfiant. On l'administre à l'intérieur pour combattre l'ivresse chez l'homme, ou le météorisme chez les animaux herbivores.

Elle sert dans le dégraissage, dans la teinture, dans la préparation de quelques matières colorantes et des perles fausses. Les laboratoires de chimie en consomment beaucoup.

On utilise le froid produit par l'évaporation rapide du gaz ammoniac, préalablement liquéfié, pour refroidir de grandes masses liquides et pour fabriquer de la glace.

Les *appareils Carré*, construits pour ce dernier usage, sont à marche continue pour la fabrication industrielle, et à marche intermittente pour la préparation de deux ou trois kilogrammes de glace.

Ce dernier modèle de l'appareil Carré doit être considéré comme se réduisant théoriquement à un tube de Faraday.

Dans l'une des branches se trouve une dissolution d'ammoniaque dans l'eau; on la chauffe : le gaz se dégage, se comprime et se liquéfie dans la seconde branche. On retire le feu : l'eau rede-

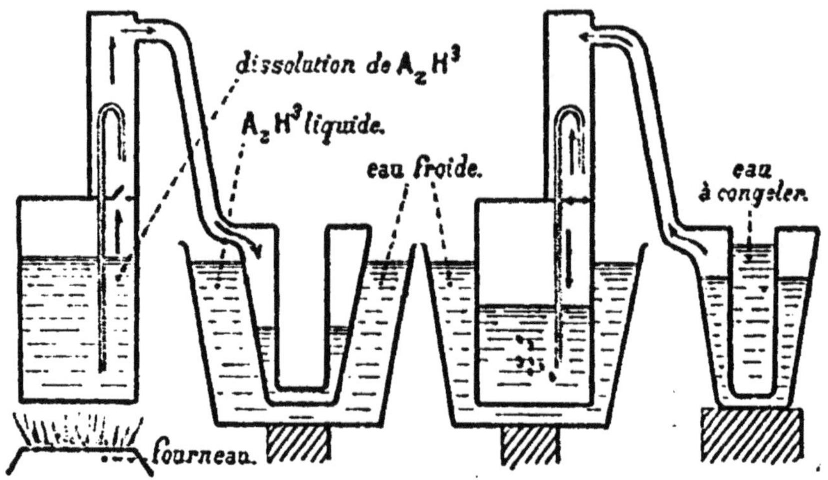

APPAREIL CARRÉ POUR LA CONGÉLATION DE L'EAU.

La *dissolution*, chauffée, laisse dégager son gaz, qui va se condenser, à l'état liquide, dans la partie droite de l'appareil, qui est refroidie par de l'eau fraîche.

L'eau, refroidie, redevient capable de dissoudre le gaz. Celui-ci arrive au fond du liquide, où se trouve la dissolution la moins concentrée. L'évaporation produit un fort refroidissement.

vient apte à dissoudre le gaz, la pression dans l'appareil diminue rapidement, l'ammoniaque liquide distille en produisant un grand froid, capable d'être utilisé, et le gaz revient dans la première branche à l'état de dissolution. Dans une cavité ménagée au centre de la seconde branche, on met un ou deux litres d'eau, qui est bientôt prise en un bloc cylindrique de glace.

La plus grande quantité de l'ammoniaque contenue dans les eaux de condensation du gaz d'éclairage et dans les urines putréfiées n'est pas extraite à l'état libre. Elle est transformée en carbonate, sulfate et chlorhydrate d'ammonium, ou entre dans la composition des engrais artificiels dits *engrais chimiques*, dont l'agriculture consomme des quantités chaque jour croissantes.

CHAPITRE V

PHOSPHORE

$$P = 31$$

327. Le *phosphore* (du grec : *phôs*, lumière, et *pherô*, je porte) se rencontre dans la nature à l'état de phosphates de fer, de magnésium et surtout de calcium. Dans toutes les terres arables se trouvent des phosphates, indispensables à la nutrition des plantes : celles-ci accumulent surtout dans les graines le phospore qu'elles enlèvent au sol. De là, par l'alimentation, il passe dans les animaux, où il est très abondant. L'urine, la substance cérébrale, les nerfs, la laitance des poissons, sont riches en phosphore.

C'est dans l'urine que l'alchimiste Brandt a découvert le phosphore, en 1669. A la fin du xviiie siècle Scheele le retira des os, par un procédé analogue à celui employé aujourd'hui.

328. Extraction industrielle. — On retire principalement le phosphore des os. Nous indiquerons le procédé actuellement en usage dans les usines françaises.

Les os sont constitués par une matière organique, l'*osséine*, et par des matières minérales composées en très grande partie d'un mélange de *carbonate de calcium* CO^3Ca et de *phosphate tricalcique* $(PO^4)^2Ca^3$.

On commence par les immerger pendant trois jours dans de l'*acide chlorhydrique* froid et étendu d'eau. Les matières minérales se dissolvent progressivement tandis que l'osséine reste seule, susceptible d'être ensuite transformée en gélatine.

Pour dissoudre les matières minérales, l'acide chlorhydrique a transformé le carbonate de calcium en chlorure de calcium, avec dégagement d'anhydride carbonique, et le phosphate tricalcique insoluble $(PO^4)^2Ca^3$ en *phosphate monocalcique* soluble $(PO^4)^2H^4Ca$:

$$CO^3Ca + 2HCl = CO^2 + H^2O + CaCl^2;$$
$$(PO^4)^2Ca^3 + 4HCl = (PO^4)^2H^4Ca + 2CaCl^2.$$

On sépare le chlorure de calcium du phosphate monocalcique

en précipitant ce dernier par adjonction d'un lait de chaux, qui donne un précipité de *phosphate bicalcique*, insoluble :

$$(PO^4)^3 H^4 Ca + CaO = (PO^4)^3 H^2 Ca^2 + H^2O.$$

Le précipité est séparé par décantation de la dissolution de chlorure de calcium, et traité par l'*acide sulfurique*, chauffé vers 100 degrés par un courant de vapeur d'eau. Il se précipite du *sulfate de calcium* SO^4Ca, et il se forme une dissolution d'*acide phosphorique* PO^4H^3 :

$$(PO^4)^3 H^2 Ca^2 + 2SO^4H^2 = 2SO^4Ca + 2PO^4H^3.$$

L'acide phosphorique obtenu par ces transformations laborieuses

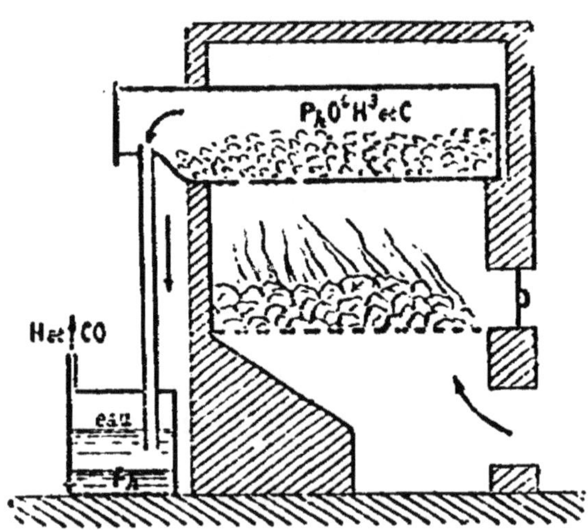

FABRICATION DU PHOSPHORE. — Le mélange de *charbon* et d'*acide phosphorique* est fortement chauffé dans une cornue en terre réfractaire. Le *phosphore* se condense dans de l'eau tiède ; l'hydrogène et l'oxyde de carbone se dégagent.

est alors réduit par le *charbon*, qui lui enlève son oxygène à haute température, avec dégagement d'*oxyde de carbone* et d'*hydrogène* :

$$PO^4H^3 + 4C = P + 4CO + 3H.$$

Cette dernière partie de l'opération exige une température très élevée. On commence par concentrer à une douce chaleur la dissolution d'acide phosphorique ; on y ajoute du charbon de bois en poudre, de façon à obtenir une pâte ferme, qu'on dessèche au rouge sombre, que l'on concasse, et qu'on introduit dans des cornues cylindriques en terre réfractaire. On chauffe presque au rouge blanc pendant 72 heures.

La vapeur de phosphore qui se dégage va se condenser dans de l'eau tiède.

Le *phosphore brut* qui sort des vases de condensation est impur. Il renferme un peu de charbon, de phosphore rouge, d'acide phosphorique. On le purifie par filtration sous l'eau chaude à travers une couche de noir animal, puis à travers une peau de chamois.

Enfin on donne au phosphore la forme de petits bâtons prismatiques, en le faisant couler dans des moules métalliques placés dans de l'eau froide.

329. Propriétés physiques. — Le phosphore est un solide d'un jaune pâle, translucide, répandant autour de lui l'odeur de l'ozone. Il est insoluble dans l'eau, soluble dans l'*éther*, le *pétrole* et surtout le *sulfure de carbone.*

Sa densité est 1,83. Il fond à 44°,2 (sous l'eau chaude), et bout à 290 degrés. Sa vapeur, qui est incolore, a pour densité 4,35. Cette densité est 62 fois plus grande que celle de l'hydrogène ; par suite *le volume atomique de la vapeur de phosphore correspond seulement à 1/2.*

Le phosphore cristallise en dodécaèdres rhomboïdaux. Ces cristaux se forment spontanément, mais microscopiques, à la surface du phosphore conservé sous l'eau ; la translucidité disparaît, et les bâtons se recouvrent d'une couche blanche, opaque. On obtient des cristaux plus beaux par évaporation lente, dans un courant d'hydrogène, de la dissolution dans le sulfure de carbone.

330. Propriétés chimiques. — Les affinités chimiques du phosphore sont énergiques ; il se combine directement avec un grand nombre de corps simples.

Ainsi il s'enflamme spontanément quand on l'introduit dans un flacon rempli de *chlore* ; il se combine aussi très aisément avec le *brome* et avec l'*iode.*

Légèrement chauffé au contact du *soufre,* il donne du sulfure de phosphore.

Il se combine avec la plupart des *métaux.*

En particulier, il s'*oxyde* à l'air sec, à la température ordinaire, en donnant de l'*anhydride phosphoreux* P^2O^3. A l'air humide, il se forme divers acides oxygénés du phosphore, en même temps que de l'ozone, reconnaissable à son odeur.

Cette combustion lente ne se produit pas dans l'oxygène pur, à moins que la température ne soit supérieure à 20 degrés ou la pression inférieure de beaucoup à la pression atmosphérique. La présence dans l'air de certains gaz ou de certaines vapeurs combustibles (*éthy···, éther, essence de térébenthine...*) empêche aussi la combustion lente ; lorsqu'on introduit un bâton de phosphore sous une éprouvette pleine d'air et retournée sur de l'essence de térébenthine, il n'y a pas de diminution de volume, pas d'absorption d'oxygène.

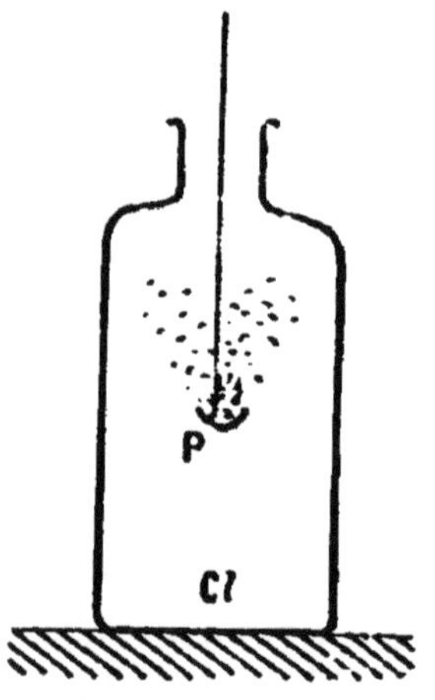

COMBUSTION DU PHOSPHORE DANS LE CHLORE. — *Le phosphore* s'enflamme spontanément dans le *chlore*, et brûle en produisant du chlorure de phosphore.

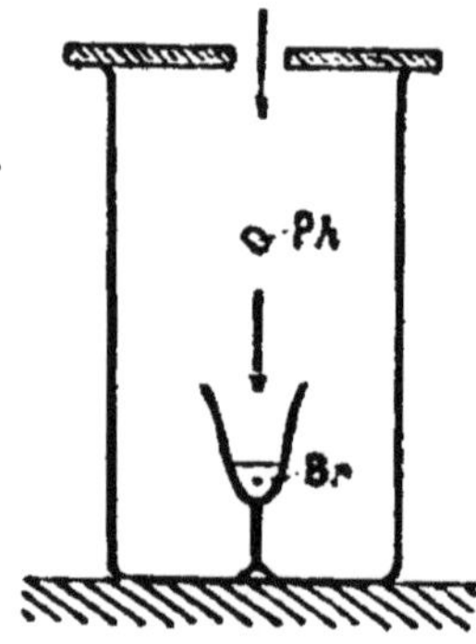

COMBINAISON BRUSQUE DU PHOSPHORE ET DU BROME LIQUIDE. — Un morceau de *phosphore*, tombant dans du brome liquide, s'y combine instantanément, avec explosion.

La combustion lente est accompagnée d'un dégagement de

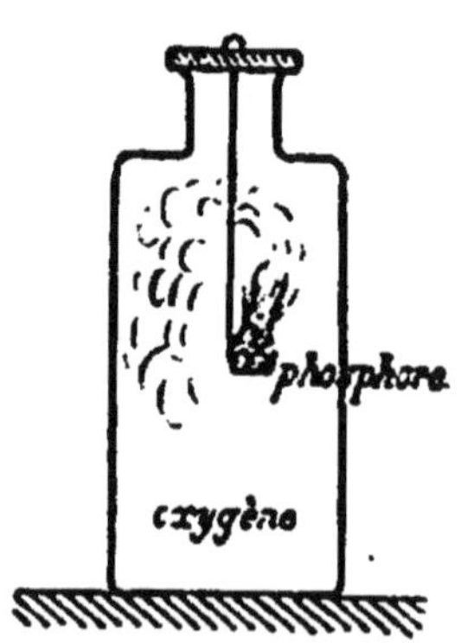

COMBUSTION VIVE DU PHOSPHORE DANS L'OXYGÈNE. — Le phosphore brûle très vivement dans l'oxygène, avec une flamme très éclatante; il se produit de l'anhydride phosphorique.

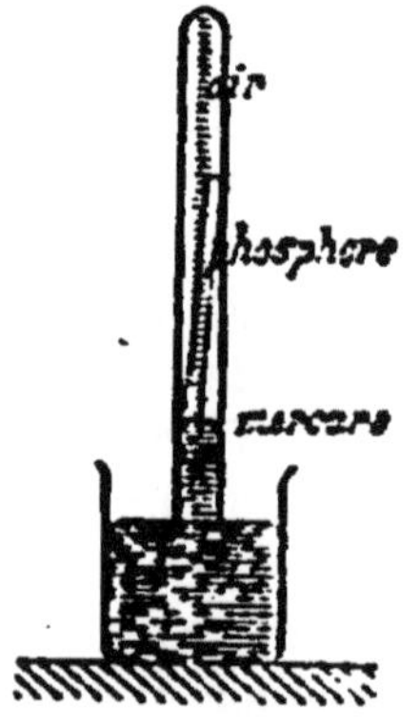

ABSORPTION LENTE, A FROID, DE L'OXYGÈNE PAR LE PHOSPHORE. — A froid, le phosphore absorbe lentement l'oxygène en devenant visible dans l'obscurité.

chaleur suffisant pour déterminer souvent l'inflammation. A partir de 60 degrés dans l'air, et de 35 degrés dans l'oxygène, le phosphore brûle vivement, avec une flamme éblouissante et formation d'une épaisse fumée blanche d'*anhydride phosphorique* P^2O^5.

La combustion lente du phosphore est accompagnée d'un dégagement de lumière, visible seulement dans l'obscurité. Cette *phosphorescence* est le résultat de l'oxydation. Chaque fois qu'elle a lieu sous une éprouvette placée sur l'eau ou sur le mercure, on constate qu'elle est accompagnée d'une diminution du volume gazeux; elle cesse quand tout l'oxygène est absorbé. Dans le vide, dans l'hydrogène ou dans l'azote pur, elle se produit d'abord, par suite de la petite quantité d'oxygène que le phosphore apporte quand on l'introduit, mais elle cesse presque aussitôt.

Au contraire, elle n'est pas visible dans l'oxygène pur, sous la pression atmosphérique, ni dans l'air qui renferme de l'éthylène, des vapeurs d'éther ou d'essence de térébenthine, car alors il n'y a pas de combustion lente.

331. *Pouvoir réducteur.* — Le phosphore, si éminemment combustible, réduit la plupart des composés oxygénés.

Il décompose l'*eau* au-dessus de 250 degrés ; à une température peu élevée, il réduit l'*acide azotique*, l'*acide sulfurique*. Un morceau de phosphore, projeté dans de l'acide azotique fumant, en détermine la décomposition avec explosion. Avec l'acide azotique étendu, l'action est lente, et ne se produit que sous l'influence d'une douce chaleur.

Les *oxydes métalliques* sont aussi décomposés. Des vapeurs de *phosphore*, arrivant sur de la *chaux* vive portée au rouge sombre, en déterminent l'incandescence : il se forme du phosphate de calcium et du phosphure de calcium.

Nous verrons qu'en présence de l'eau, les alcalis donnent du phosphure d'hydrogène et un hypophosphite alcalin (**349**).

332. *Action physiologique.* — Poison très violent, le phosphore détermine la mort à la dose de quelques centigrammes. L'essence de térébenthine est employée comme contrepoison, le plus souvent sans succès.

Les vapeurs de phosphore altèrent rapidement la santé des ouvriers qui y sont exposés. Les brûlures par le phosphore sont également très graves.

333. **Phosphore rouge.** — Le *phosphore rouge*, étudié principalement par Schrötter, en 1851, est une modification allotropique du phosphore ordinaire.

Il prend naissance dans diverses circonstances.

L'action longtemps prolongée des rayons directs du soleil communique aux bâtons de phosphore ordinaire une coloration très marquée, due à une transformation des couches superficielles en la modification rouge.

Maintenu pendant plusieurs jours à une température de 260 degrés, à l'abri de contact de l'oxygène, le phosphore ordinaire se transforme presque complétement en phosphore rouge.

La modification rouge prend enfin naissance chaque fois qu'on fait brûler le phosphore ordinaire en présence d'une quantité insuffisante d'oxygène, sous une cloche ou sous l'eau.

334. *Fabrication industrielle.* — Dans l'industrie, on prépare le phosphore rouge en maintenant le phosphore ordinaire, en vase clos, à une température un peu inférieure à 280 degrés pendant une quinzaine de jours.

L'opération se fait dans un vase de fonte, qui peut contenir 200 kilogrammes de phosphore. Ce vase est entouré d'une épaisse couche de tournure de fer, contenue dans une marmite plus grande, qui permet de se mettre plus sûrement à l'abri des variations de la température.

Si, en effet, la température dépassait beaucoup 290 degrés, la tension de transformation inverse du phosphore rouge en phosphore ordinaire

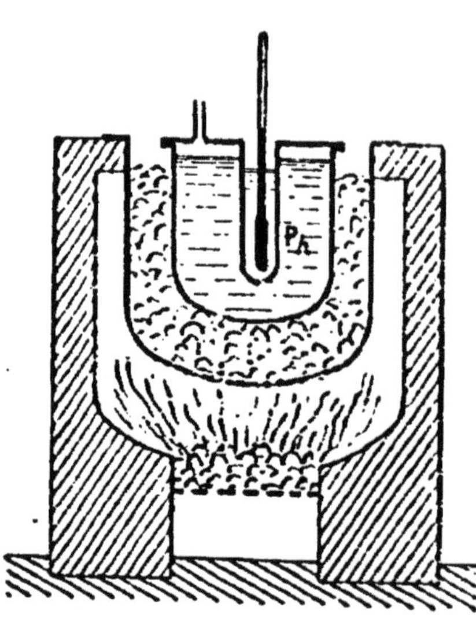

FABRICATION DU PHOSPHORE ROUGE. — Le *phosphore* est maintenu pendant plusieurs jours, en vase clos, à une température voisine de 280 degrés. Il se transforme peu à peu en *phosphore rouge*.

augmenterait, et une notable portion de la masse resterait à l'état de phosphore ordinaire.

Après le refroidissement, on ouvre la chaudière, on recouvre d'eau la masse dure qu'elle renferme, et on la détache à l'aide d'un ciseau. On pulvérise et on traite par le sulfure de carbone, ou par une dissolution de soude caustique bouillante, pour éliminer le phosphore ordinaire échappé à la transformation. Il ne reste plus qu'à laver à grande eau et à dessécher.

335. *Propriétés physiques.* — Les caractères physiques du phosphore rouge varient beaucoup avec la température à laquelle il a été soumis. Mais ce corps se présente ordinairement sous la forme d'une masse rouge, *amorphe*; cependant, quand il est porté, en vase clos, à une température de 550 degrés, il peut cristalliser.

Sa densité est toujours voisine de 2,5. Il est insoluble dans les divers dissolvants du phosphore ordinaire, et notamment dans le sulfure de carbone; il n'est pas vénéneux.

336. *Propriétés chimiques.* — La transformation du phosphore ordinaire en phosphore rouge et la transformation inverse suivent les lois générales auxquelles obéissent la *dissociation* et les *transformations allotropiques.*

Chauffé dans un courant d'un gaz inerte au-dessus de 280 degrés (température à laquelle la tension de transformation commence à devenir sensible), le phosphore rouge est entièrement entraîné à l'état de phosphore ordinaire. En vase clos, au contraire, il s'établit un équilibre qui dépend de la température.

Le phosphore rouge ne s'*oxyde* que très lentement à l'air; il ne s'enflamme qu'à 260 degrés; il n'est pas phosphorescent. Il s'unit au *soufre* à 230 degrés; il se combine avec le *chlore* et avec le *brome* à la température ordinaire, mais sans incandescence. Il n'est pas attaqué par les dissolutions alcalines faibles.

Ses propriétés chimiques sont donc celles du phosphore ordinaire, mais moins énergiques. Du reste, les composés formés sont identiques, qu'ils proviennent de l'une ou de l'autre des deux modifications.

337. Usages. — L'usage le plus important du phosphore est la préparation des allumettes chimiques.

Les allumettes ordinaires sont en peuplier bien sec. On les trempe d'abord dans du soufre fondu, puis, sur une longueur de 1 millimètre, dans une pâte formée de *colle*, de *phosphore*, de *sable* et d'une *matière colorante.* Le sable est là pour augmenter la chaleur produite par le frottement et faciliter l'inflammation; la matière colorante est une précaution prise contre les incendies et les empoisonnements par imprudence.

A cause même de ces dangers, on remplace souvent le phosphore ordinaire par le phosphore rouge. Les allumettes au phosphore rouge ont l'extrémité enduite d'une pâte formée de *colle*, de *chlorate de potasse* et de *sulfure d'antimoine* (corps combustible). Elles ne prennent feu que par frottement sur une plaque enduite d'un mélange de *phosphore rouge*, de *chlorate de potasse* et de *sulfure d'antimoine.* Le choc du chlorate de potasse contre le phosphore rouge détermine l'inflammation ; le sulfure d'antimoine active la combustion.

Le phosphore sert aussi à la préparation du *phosphure de cuivre*, utilisé dans la fabrication du bronze phosphoreux.

Enfin la *mort aux rats*, mélange de blé cuit et de graisse, additionné d'un peu de phosphore, est employée avec succès pour détruire les rats, qui en sont très friands.

II. — COMPOSÉS OXYGÉNÉS DU PHOSPHORE

338. Énumération des composés oxygénés du phosphore. — On connaît plusieurs composés oxygénés du phosphore, *anhydrides* ou *acides*.

Ce sont d'abord l'*anhydride phosphoreux* P^2O^3

et l'*anhydride phosphorique* P^2O^5.

Le premier, s'unissant à trois molécules d'eau, forme

l'*acide phosphoreux* $P^2O^3, 3 H^2O = 2 PO^3H^3$.

Le second, s'unissant à une, deux ou trois molécules d'eau, forme

l'*acide métaphosphorique* .	$P^2O^5,\ H^2O = 2 PO^3H$;
l'*acide pyrophosphorique*..	$P^2O^5, 2 H^2O = P^2O^7H^4$;
l'*acide orthophosphorique* .	$P^2O^5, 3 H^2O = 2 PO^4H^3$.

Enfin on connaît, en outre,

l'*acide hypophosphoreux*..	PO^3H^3 ;
l'*acide hypophosphorique*..	$P^2O^6H^4$.

Nous n'avons à nous occuper ici que de l'*anhydride phosphorique* et de ses diverses combinaisons avec l'eau.

339. Anhydride phosphorique P^2O^5. — Ce composé est le produit de la combustion vive du phosphore dans un excès d'oxygène. Pour le préparer en quantité notable, on fait brûler du phosphore sous une cloche traversée par un courant d'air sec.

C'est un solide blanc, ayant l'apparence de flocons neigeux, qui se volatilise au rouge vif. Il est très avide d'eau ; il s'y combine en dégageant beaucoup de chaleur. Projeté dans ce liquide, il fait entendre le même bruit qu'un fer rouge ; il s'hydrate rapidement.

Il est employé pour dessécher complétement les gaz.

Lorsqu'il a été mis en contact avec l'eau, il ne peut être déshydraté complétement par l'action de la chaleur.

Il est réduit au rouge vif par le charbon :

$$P^2O^5 + 5 C = 2 P + 5 CO.$$

340. Hydrates de l'anhydride phosphorique. — L'anhydride phosphorique forme avec l'eau trois hydrates auxquels on a donné trois noms différents :

acide *métaphosphorique* . $P^2O^5,\ H^2O = 2\,PO^3H$;
acide *pyrophosphorique*.. $P^2O^5,\ 2\,H^2O = P^2O^7H^4$;
acide *orthophosphorique* . $P^2O^5,\ 3\,H^2O = 2\,PO^4H^3$.

C'est qu'en effet ces trois hydrates ne sont pas seulement distincts au point de vue physique ; chacun d'eux forme avec les bases des sels différents de ceux qu'on obtient avec les autres.

L'acide *orthophosphorique* PO^4H^3, ou *acide phosphorique ordi-*

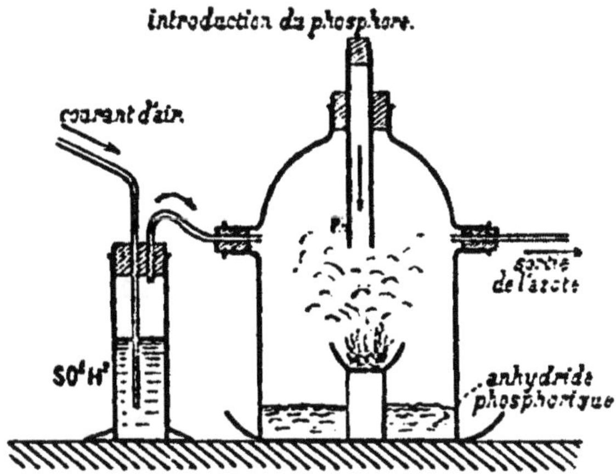

PRÉPARATION DE L'ANHYDRIDE PHOSPHORIQUE. — Du *phosphore* brûlant dans un courant d'air sec produit des fumées blanches d'*anhydride phosphorique*, qui tombent sur le plateau soutenant la cloche.

naire, est *tribasique* ; chacun de ses trois atomes d'hydrogène peut être remplacé par un atome d'un métal monovalent comme le *potassium*. On a donc les trois orthophosphates

$$PO^4K^3 \qquad PO^4HK^2 \qquad PO^4H^2K,$$

qu'on nomme les orthophosphates (ou plus simplement les phosphates) tripotassique, bipotassique et monopotassique.

Avec les métaux bivalents comme le calcium, on a les orthophosphates

$$(PO^4)^2Ca^3 \qquad (PO^4)^2H^2Ca^2 \qquad (PO^4)^2H^4Ca,$$

ou phosphates tricalcique, bicalcique et monocalcique.

L'acide *pyrophosphorique* $P^2O^7H^4$ est *bibasique*. La substitution d'un métal à l'hydrogène n'y porte que sur deux ou quatre atomes, et l'on ne connaît que les deux pyrophosphates

$$P^2O^7K^4 \text{ et } P^2O^7H^2K^2;$$

ou, avec un métal bivalent,

$$P^2O^7Ca^2 \text{ et } P^2O^7H^2Ca.$$

Enfin l'*acide métaphosphorique* PO^4H est monobasique. Avec chaque métal il ne forme qu'un seul sel

PO^3K avec le potassium;
$(PO^3)^2Ca$ avec le calcium.

Les sels formés par ces divers hydrates peuvent souvent, d'ailleurs, se transformer les uns dans les autres. C'est ainsi que si l'on chauffe l'orthophosphate monopotassique PO^4H^2K, il perd une molécule d'eau H^2O, et se transforme en métaphosphate PO^3K.

341. Acide orthophosphorique PO^4H^3. — On prépare cet

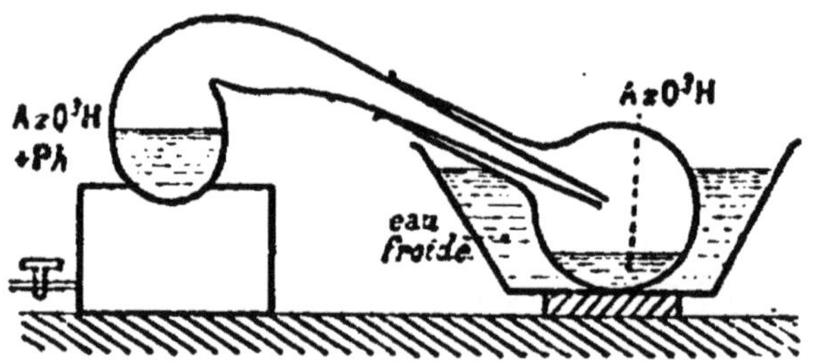

PRÉPARATION DE L'ACIDE ORTHOPHOSPHORIQUE. — On chauffe, dans une cornue, du *phosphore rouge* avec de l'*acide azotique*. Il se dégage de l'oxyde azotique, et aussi des vapeurs d'acide azotique, qui se condensent dans un ballon refroidi. L'acide orthophosphorique reste dans la cornue.

hydrate en oxydant le *phosphore rouge* au moyen de l'*acide azotique* étendu. On chauffe doucement; il se forme de l'*acide orthophosphorique* (ou *acide phosphorique ordinaire*) qui reste dans la cornue, et du bioxyde d'azote qui se dégage. Un peu d'acide azotique distillant sous l'action de la chaleur, on le condense dans un ballon refroidi.

Quand tout le phosphore a disparu, on concentre par la chaleur, dans une capsule de porcelaine, sans dépasser 200 degrés, pour éviter une déshydratation partielle.

Cet hydrate se forme aussi quand on traite l'anhydride par l'eau bouillante.

C'est un solide qui cristallise en prismes droits fusibles à

41 degrés. Chauffé à 213 degrés, il perd une partie de son eau et se transforme en acide pyrophosphorique :

$$2PO^4H^3 = P^2O^7H^4 + H^2O;$$

au rouge, il se transforme en acide métaphosphorique :

$$PO^4H^3 = PO^3H + H^2O.$$

Il est déliquescent et soluble dans l'eau en toutes proportions.

Au rouge vif, il est réduit par le charbon comme l'anhydride phosphorique.

342. *Caractères distinctifs*. — L'acide phosphorique ordinaire, *neutralisé par un alcali*, donne avec l'azotate d'argent un précipité jaune de *phosphate triargentique* PO^4Ag^3.

Il ne donne pas de précipité avec le *chlorure de baryum* et ne coagule pas l'*albumine*; il dissout même l'albumine coagulée.

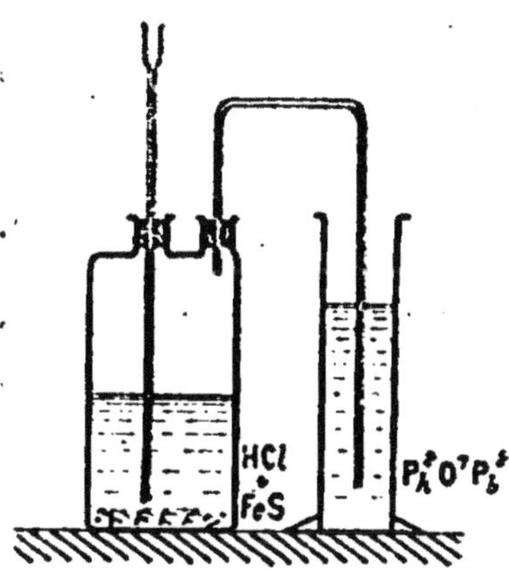

PRÉPARATION DE L'ACIDE PYROPHOSPHORIQUE. — Un courant d'*acide sulfhydrique* passe dans de l'eau tenant en suspension du *pyrophosphate de plomb*. On a un précipité noir de sulfure de plomb, qu'on sépare par filtration de la dissolution d'acide pyrophosphorique. Puis on évapore dans le vide.

343. Acide pyrophosphorique $P^2O^7H^4$. — Lorsqu'on porte pendant quelques instants à l'ébullition une dissolution dans l'eau de l'anhydride phosphorique, ou qu'on calcine à une température peu élevée l'acide orthophosphorique, il se forme de l'*acide pyrophosphorique*, mais toujours mélangé avec les deux hydrates extrêmes.

Pour l'obtenir à l'état de pureté, on fait passer un courant d'*acide sulfhydrique* dans de l'eau tenant en suspension du *pyrophosphate de plomb* :

$$P^2O^7Pb^2 + 2H^2S = 2PbS + P^2O^7H^4,$$

puis on filtre pour séparer le sulfure de plomb, et l'on concentre dans le vide à la température ordinaire, jusqu'à cristallisation.

Cet hydrate, chauffé au rouge sombre, perd de l'eau et se transforme en acide métaphosphorique. Laissé en dissolution dans l'eau, il se transforme peu à peu en acide ordinaire. Il est réduit au rouge par le charbon.

344. *Caractères distinctifs.* — L'acide pyrophosphorique, neutralisé par un alcali, donne avec l'azotate d'argent un précipité blanc de pyrophosphate biargentique $P^2O^7Ag^2$.

Il ne donne pas de précipité avec le chlorure de baryum et ne coagule pas l'albumine.

345. Acide métaphosphorique PO^3H. — On obtient aisément cet acide en calcinant au rouge sombre chacun des deux autres hydrates.

On le prépare en dissolution en traitant l'anhydride par l'eau. L'anhydride se combine d'abord à une seule molécule d'eau. Mais à la longue il se produira de l'acide pyrophosphorique et de l'acide ordinaire.

L'acide métaphosphorique est un solide vitreux, absorbant rapidement l'humidité; il peut être employé pour dessécher les gaz. Il est très soluble dans l'eau. La chaleur le volatilise, mais ne lui enlève pas son eau.

Comme les autres hydrates, il est décomposable par le charbon.

346. *Caractères distinctifs.* — Neutralisé par un alcali, il donne avec l'azotate d'argent un précipité blanc de métaphosphate PO^3Ag.

Il donne un précipité blanc avec le chlorure de baryum et coagule l'albumine.

III. — COMPOSÉS HYDROGÉNÉS DU PHOSPHORE

347. Le phosphore forme avec l'hydrogène trois composés, qui ont été étudiés principalement par Paul Thenard. Ce sont :

un phosphure solide. . . . . P^2H,
un phosphure liquide. . . . . PH^2,
un phosphure gazeux. . . . . PH^3.

Aucun d'eux ne résulte de l'union directe du phosphore et de l'hydrogène.

Tous les trois sont combustibles; en brûlant, ils produisent de l'anhydride phosphorique et de l'eau. Le *phosphure gazeux* et le *phosphure solide* s'enflamment à une température peu élevée; le *phosphure liquide* prend feu dès qu'il est en contact avec l'air, à la température ordinaire. Une petite quantité de sa vapeur, mélangée au phosphure gazeux, le rend spontanément inflammable.

348. Phosphure de Gingembre. — En 1793 Gingembre

découvrit un gaz spontanément inflammable, qui est un mélange d'hydrogène, de phosphure d'hydrogène gazeux, non spontanément inflammable, et de vapeurs de phosphure liquide, spontanément inflammable.

C'est avec ce gaz complexe de Gingembre qu'on obtient les trois phosphures cités ci-dessus.

349. Pour préparer le *phosphure de Gingembre*, on utilise l'action du *phosphore* sur les *alcalis*.

Dans un petit ballon on chauffe une dissolution concentrée de *potasse caustique*, dans laquelle on a mis quelques grammes de *phosphore*.

Le phosphure spontanément inflammable se dégage. Les trois réactions ci-dessous expliquent la production du phosphure gazeux, du phosphure liquide et de l'hydrogène qui le constituent; il se forme en même temps, dans chacune de ces réactions, de l'hypophosphite de potassium PO^2H^2K.

$$4P + 3KOH + 3H^2O = PH^3 + 3PO^2H^2K;$$
$$3P + 2KOH + 2H^2O = PH^2 + 2PO^2H^2K;$$
$$P + KOH + H^2O = H + PO^2H^2K.$$

Dans cette préparation, on peut remplacer la dissolution de potasse caustique par des boulettes de chaux éteinte, renfermant chacune un petit fragment de phosphore.

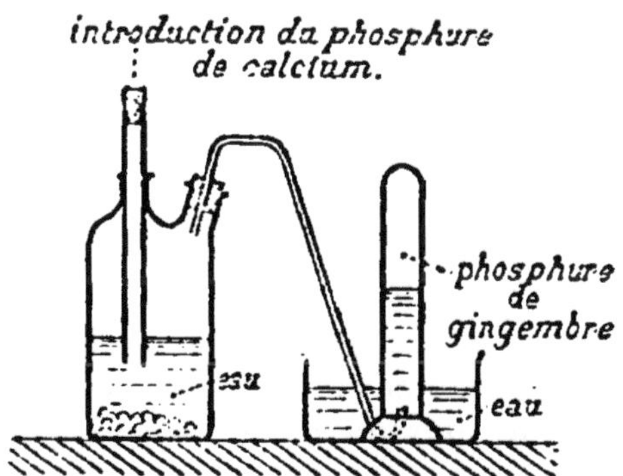

PRÉPARATION DU GAZ DE GINGEMBRE. — Du *phosphure de calcium*, introduit progressivement dans l'eau, à la température ordinaire, fournit un dégagement de *phosphure de Gingembre*.

350. On peut employer un autre mode de préparation.

Quand on fait passer des vapeurs de phosphore sur de la chaux vive chauffée au rouge, il se forme un mélange de *phosphate tricalcique* $(PO^4)^2Ca^3$ et de *phosphure de calcium* Ca^3P.

Mise en contact avec l'eau à la température ordinaire, cette substance est décomposée et fournit un dégagement de phosphure gazeux spontanément inflammable.

Ce mode de préparation est très commode.

351. Lorsqu'on le laisse se dégager bulle à bulle, à travers l'eau, le phosphure de Gingembre, en s'enflammant à l'air, produit de belles couronnes blanches d'anhydride phosphorique, qui s'élargissent à mesure qu'elles s'élèvent, et disparaissent enfin.

Le gaz de Gingembre doit son inflammabilité spontanée aux vapeurs de phosphure liquide qu'il renferme. Or, un grand nombre de circonstances déterminent le dédoublement de ce phosphure liquide en phosphure gazeux et phosphure solide

$$5PH^2 = 3PH^3 + P^2H.$$

Telle est l'action de la lumière solaire, directe ou diffuse, le

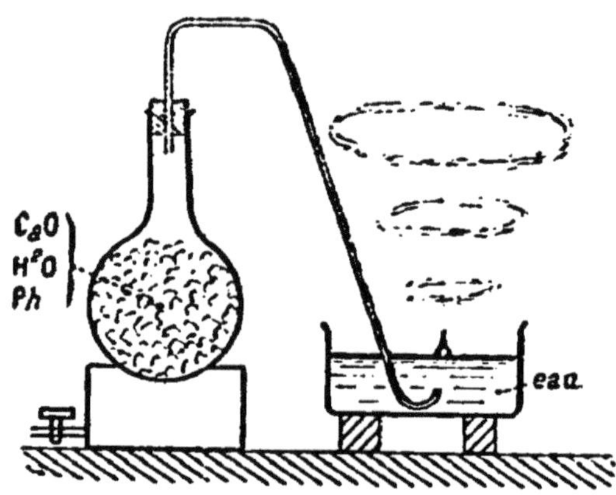

COMBUSTION SPONTANÉE DU GAZ DE GINGEMBRE. — *Le phosphure de Gingembre*, résultant de la réaction à chaud du *phosphore* sur la chaux vive, s'enflamme spontanément au contact de l'air.

contact de l'huile de naphte, de l'essence de térébenthine, des acides, et particulièrement de l'acide chlorhydrique. Une éprouvette pleine du gaz de Gingembre, abandonnée à la lumière diffuse pendant plusieurs jours, se recouvre intérieurement d'une couche jaune de phosphure solide, et le gaz cesse d'être spontanément inflammable. On obtient le même résultat en faisant arriver, dans l'éprouvette, à l'aide d'une pipette, une dissolution d'acide chlorhydrique.

Le gaz de Gingembre prend naissance dans la putréfaction des matières organiques phosphatées (substance cérébrale, chair de poisson). Il constitue les feux follets des cimetières; il est la cause de la phosphorescence des poissons morts.

352. Phosphure d'hydrogène gazeux PH³. — Il suffit de faire passer le gaz de Gingembre dans un flacon laveur renfermant de l'acide chlorhydrique (**351**), pour obtenir le phosphure gazeux non spontanément inflammable, complètement exempt de vapeurs de phosphure liquide.

Le phosphure gazeux ainsi préparé est toujours mélangé avec une forte proportion d'hydrogène.

Pour l'avoir tout à fait pur, on lave le gaz dans un flacon à acide chlorhydrique, puis on le fait passer à travers une dissolution de *chlorure cuivreux dans l'acide chlorhydrique* (**353**). L'hydrogène traverse la dissolution ; mais l'hydrogène phosphoré est absorbé. Si l'on chauffe alors le liquide dans un petit ballon de verre, il dégage 80 fois son volume d'hydrogène phosphoré parfaitement pur, qu'on peut recueillir sur l'eau.

353. *Propriétés.* — Le phosphure d'hydrogène est un gaz incolore, vénéneux, d'une odeur d'ail. Sa densité est égale à 1,185. Il est peu soluble dans l'eau.

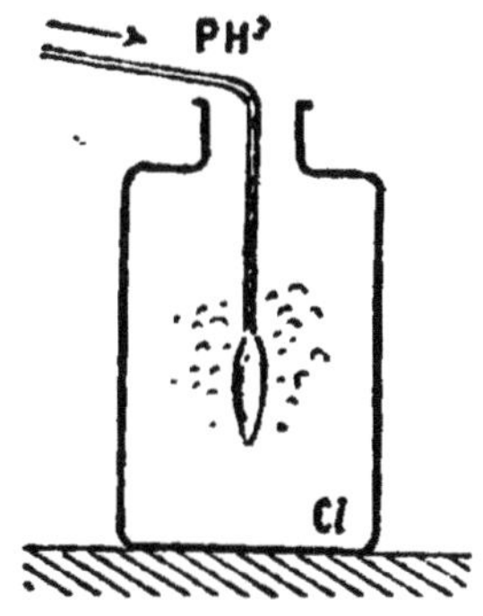

COMBUSTION DU PHOSPHURE D'HYDROGÈNE GAZEUX DANS LE CHLORE. — *Le phosphure gazeux d'hydrogène s'enflamme spontanément dans le chlore.*

Comme l'ammoniaque, il est décomposé en ses éléments par la *chaleur* et l'*électricité*.

Quand il est pur, il s'enflamme dans l'*air* à 100 degrés, et brûle avec une flamme éblouissante. Il devient spontanément inflammable quand il renferme des vapeurs de phosphure liquide.

Sa grande combustibilité en fait un corps très *réducteur*. Il enlève l'oxygène aux *sels de cuivre, d'or, d'argent*, aux *composés oxygénés du soufre* et de l'*azote*.

Il est décomposé aussi par plusieurs corps susceptibles de se combiner avec l'hydrogène (*chlore, brome, iode*), ou avec le phosphore (*métaux*). Ainsi il s'enflamme spontanément, comme l'ammoniaque, quand il arrive dans le chlore

$$PH^3 + 6Cl = PCl^3 + 3HCl.$$

A chaud, la plupart des métaux le décomposent pour donner un phosphure métallique et de l'hydrogène.

Enfin ce gaz est rapidement absorbé par la dissolution de *chlore cuivreux dans l'acide chlorhydrique*. Cette propriété permet de reconnaître et de doser l'hydrogène libre qu'il renferme généralement, car ce gaz reste comme résidu dans l'éprouvette après qu'on y a introduit l'absorbant.

354. *Analogie entre le phosphure gazeux et l'ammoniaque.* —

Le phosphure gazeux a des propriétés alcalines qui le rapprochent de l'ammoniaque, et qui placent ainsi le phosphore à côté de l'azote.

Ainsi il se combine, dans des circonstances convenables, à l'*acide chlorhydrique*, à l'*acide bromhydrique* et à l'*acide iodhydrique*, pour donner des sels comparables aux sels ammoniacaux correspondants.

Comme l'ammoniaque, l'hydrogène phosphoré est absorbé par les *chlorures anhydres*, pour former des combinaisons aisément dissociables.

355. *Analyse.* — En chauffant l'hydrogène phosphoré pur dans une cloche courbe avec du *cuivre*, qui se combine avec le phos-

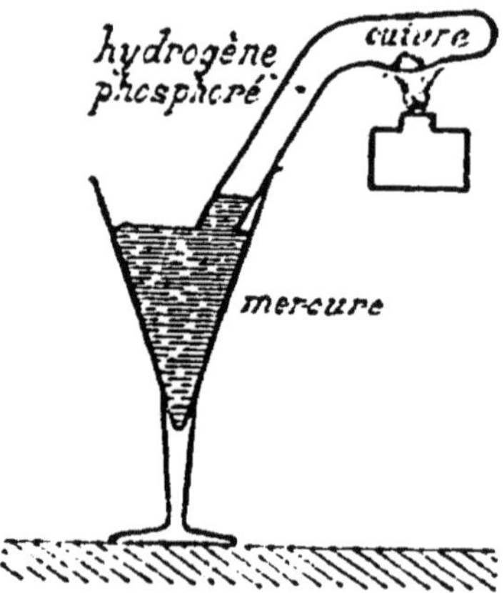

ANALYSE DE L'HYDROGÈNE PHOSPHORÉ GAZEUX. — *L'hydrogène phosphoré* est chauffé dans la cloche courbe, au contact d'un morceau de *cuivre*. Il se forme du phosphure de cuivre, et l'hydrogène est mis en liberté.

phore et met l'hydrogène en liberté, on voit que 2 volumes de ce gaz renferment 3 volumes d'hydrogène.

L'équation des poids montre alors que le volume de la vapeur de phosphore est égal à 1/2 :

$$2 \times 1,185 = 3 \times 0,0695 + x \times 4,35,$$

d'où

$$x = 0,5.$$

356. Phosphure d'hydrogène liquide PH². — Le *phosphure liquide* s'obtient en faisant passer le gaz de Gingembre dans un tube refroidi par un mélange de glace et de sel. Le phosphure liquide et l'humidité se condensent.

On obtient un liquide incolore, insoluble dans l'eau, soluble dans l'alcool.

Il est extrêmement instable. Même dans l'obscurité, et à une basse température, il se décompose lentement en phosphure solide et en phosphure gazeux. Cette décomposition est activée par une température de 30 degrés, par l'action de la lumière. Elle est instantanée au contact de l'acide chlorhydrique, de l'essence de térébenthine et de certains solides pulvérulents (331).

Il s'enflamme spontanément à l'air. Sa vapeur rend spontanément inflammables les gaz combustibles dans lesquels elle est répandue.

357. Phosphure d'hydrogène solide P^2H. — On l'obtient en faisant arriver le gaz de Gingembre dans un verre renfermant de l'acide chlorhydrique, qui décompose le phosphure liquide :

$$5PH^2 = 3PH^3 + P^2H.$$

On filtre, on lave à l'eau et l'on fait sécher dans une étuve.

Ce corps se forme aussi lorsqu'on abandonne à la lumière une éprouvette remplie de phosphure spontanément inflammable.

Le phosphure solide constitue une poudre jaune, insoluble dans l'eau.

Il se dédouble en ses éléments à la température de 180 degrés; il s'enflamme un peu au-dessus de 100 degrés.

CHAPITRE VI

CARBONE

I. — CARBONE

$$C = 12.$$

358. *Le carbone* est susceptible d'affecter un grand nombre de modifications allotropiques très différentes les unes des autres, surtout au point de vue physique. Il est, d'ailleurs, généralement impossible de passer de l'une à l'autre.

Mais plusieurs propriétés communes à toutes les variétés servent à caractériser le carbone, sous quelque forme qu'il se présente.

Nous allons d'abord passer en revue ces caractères généraux.

359. Propriétés physiques. — Toutes les variétés de carbone sont remarquables par leur fixité et par leur insolubilité dans la plupart des liquides.

Le carbone, en effet, est toujours solide, infusible, et non volatil aux températures de nos fourneaux.

Les métaux en fusion sont les seuls dissolvants du carbone. Avec le fer, il se forme de véritables *carbures de fer*, qui constituent ce qu'on nomme la *fonte* et l'*acier*.

360. Propriétés chimiques. — Tous les carbones sont *combustibles*, et, en brûlant, donnent de l'anhydride carbonique CO_2 si l'oxygène est en excès, et de l'oxyde de carbone CO si l'oxygène est en quantité insuffisante. On reconnaît qu'une substance est constituée par du carbone pur lorsque 12 grammes de cette substance produisent par leur combustion 44 grammes d'anhydride carbonique.

Cette combustion est d'autant plus facile et exige une élévation de température d'autant moindre, que la variété considérée est moins dense et moins compacte. Il en est de même pour toutes les réactions que nous allons passer en revue.

L'affinité du carbone pour l'*oxygène* en fait un *réducteur* puissant.

Il brûle très aisément dans l'*oxyde azoteux*, dans l'*oxyde azotique*, dans les vapeurs d'*acide azotique*. Il forme avec les *azotates* et les *chlorates* des poudres très combustibles.

Il décompose l'*eau* au rouge. Quand la vapeur d'eau est en
excès, et que la température n'est pas très élevée, il se forme de

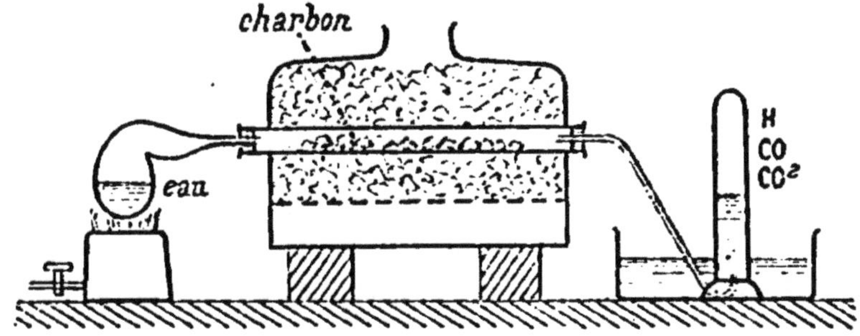

DÉCOMPOSITION DE L'EAU PAR LE CHARBON. — La *vapeur d'eau* passe sur du *charbon*
contenu dans un tube de porcelaine chauffé au rouge. On obtient un mélange
d'hydrogène, d'oxyde de carbone et d'anhydride carbonique.

l'anhydride carbonique ; c'est de l'oxyde de carbone qu'on obtient
au rouge vif :

$$C + 2H^2O = CO^2 + 4H.$$
$$C + H^2O = CO + 2H.$$

Ordinairement on recueille un mélange des trois gaz, riche
surtout en hydrogène et en
oxyde de carbone.

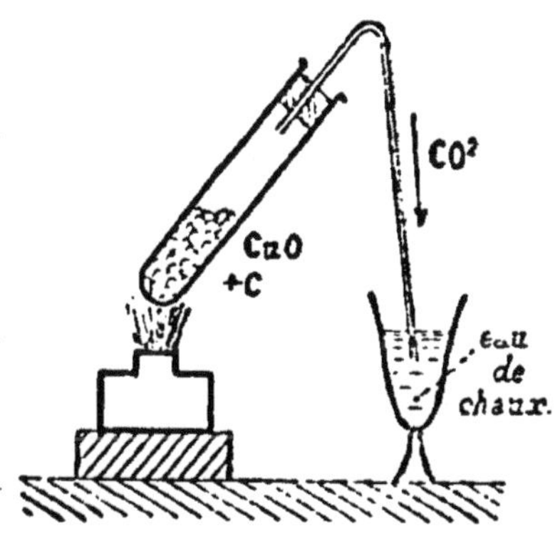

DÉCOMPOSITION DE L'OXYDE DE CUIVRE PAR
LE CHARBON. — Un mélange d'*oxyde
de cuivre* et de *charbon*, chauffé
dans un petit tube à essai, fournit
un dégagement d'anhydride carbonique, qui trouble l'eau de chaux.

La décomposition de l'eau
par le charbon explique comment il se fait que les forge-
rons puissent activer leur feu
en l'arrosant avec quelques
gouttes d'eau. Une trop grande
quantité de liquide produirait
l'effet inverse, en refroidissant
trop fortement le combustible.

Presque tous les autres composés oxygénés des métalloïdes
sont également réduits par le
charbon à une température suffisamment élevée.

Enfin beaucoup d'oxydes métalliques, et particulièrement la
potasse et la *soude*, qui résistent à l'action de l'hydrogène, sont
décomposés par le charbon. Si l'oxyde est aisément réductible, au
rouge sombre, on a de l'anhydride carbonique : c'est ce qui arrive
avec l'*oxyde de cuivre*. Si l'on est obligé de chauffer au rouge vif,

comme avec l'*oxyde de zinc*, il se idégage de l'oxyde de carbone.

C'est en utilisant la propriété réductrice du charbon que l'industrie retire le phosphore des os et la plupart des métaux de leurs oxydes ou de leurs carbonates.

361. Un seul métalloïde autre que l'oxygène se combine directement avec le charbon : c'est le *soufre*. Des vapeurs de soufre, passant sur du charbon chauffé au rouge, donnent naissance à du sulfure de carbone CS^2.

Nous verrons qu'on peut combiner le charbon avec l'*hydrogène*, et obtenir ainsi l'acétylène C^2H^2, en faisant jaillir l'arc voltaïque entre deux pointes de charbon des cornues plongées dans un courant d'hydrogène.

Le carbone s'unit aussi à l'*azote*, pour donner le cyanogène C^2Az^2, quand on fait passer un courant d'azote sur un mélange de potasse caustique et de charbon chauffé au rouge :

$$2KOH + 3C + 2Az = K^2(C^2Az^2) + CO + H^2O.$$

Par voie indirecte, on a également combiné le carbone avec le *chlore*, avec le *brome* et avec l'*iode*.

Cet élément forme enfin des carbures avec quelques métaux, tels que le *fer* et le *manganèse*.

362. Diverses variétés de carbone. — On nomme *charbon* non seulement le carbone pur, qui ne donne en brûlant que de l'anhydride carbonique ou de l'oxyde de carbone, mais encore un grand nombre de corps de composition complexe, renfermant une forte proportion de carbone libre.

Les *charbons naturels* sont ceux qu'on rencontre tout formés dans la nature (diamant, graphite, anthracite, houille, lignite, tourbe).

Les *charbons artificiels*, beaucoup plus nombreux (charbon de cornue, coke, charbon de bois, noir de fumée, noir animal...), proviennent de la combustion incomplète des matières organiques ou de leur décomposition par la chaleur.

Nous allons rapidement passer en revue ceux de ces charbons qui ont le plus d'importance par leurs applications.

363. Diamant. — Le *diamant* est du carbone presque absolument pur. Chauffé dans un courant d'oxygène, il brûle en produisant de l'anhydride carbonique.

Il se présente ordinairement sous forme de cristaux dérivés du système cubique. Ces cristaux sont transparents, parfois complétement incolores, mais plus souvent colorés en jaune, en rose, en vert et même en noir. Les faces et les arêtes sont presque toujours arrondies.

Le diamant est le plus dur de tous les corps : il n'est rayé par aucun autre. Mais il est cassant.

Sa densité est voisine de 3,5.

Ce corps est très rare. On ne le trouve jamais qu'en très petites quantités dans certains sables d'alluvion de l'Inde, de l'île de Bornéo, des monts Ourals, et surtout du Brésil et du cap de Bonne-Espérance.

Lorsque le diamant, préalablement taillé, est éclairé par une vive lumière, il acquiert un éclat incomparable, qui le fait considérer comme la première des pierres précieuses. Cet éclat est dû à la grandeur de l'indice de réfraction, qui est égal à 2,60 ; l'angle limite en est très petit, et beaucoup de rayons, réfléchis totalement par la face postérieure, ressortent de la pierre comme si elle était elle-même lumineuse.

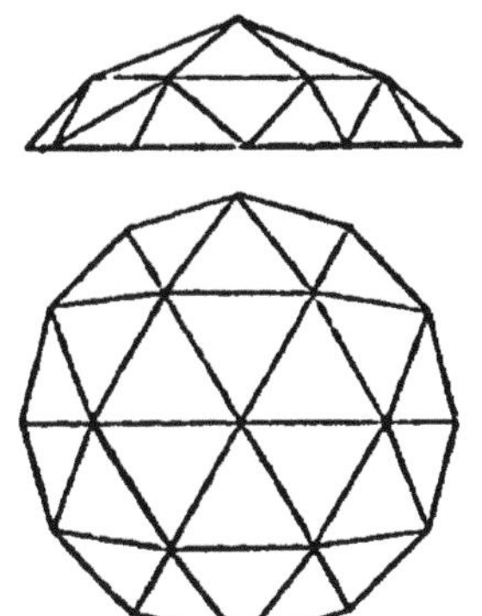

DIAMANT TAILLÉ EN ROSE.

Pour tailler un diamant, on commence par dégrossir la pierre en la coupant avec un archet, sur lequel est tendu un fil de métal continuellement enduit de poudre de diamant, ou *égrisée*. Les facettes sont ensuite disposées et polies par frottement contre une meule d'acier horizontale, douée d'un mouvement de rotation très rapide, sur laquelle est étendue de l'égrisée humectée d'huile.

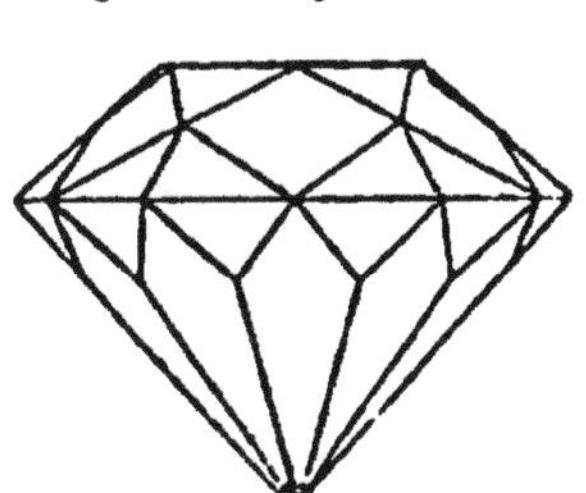

Les diamants plats sont taillés en *rose*; à ceux de plus grande épaisseur on donne la forme plus avantageuse de *brillant*.

Le diamant se vend au *carat* (0ᵍʳ.212). Le prix du premier carat varie de 200 à 300 francs, suivant la beauté; à partir de là, il croît, selon une règle ancienne aujourd'hui peu observée, proportionnellement au carré du poids.

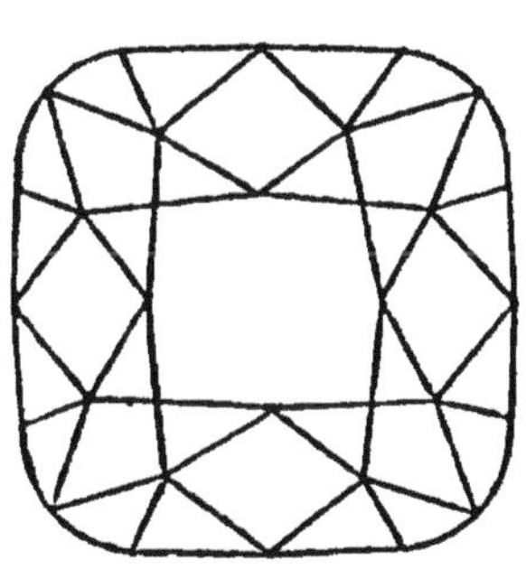

DIAMANT TAILLÉ EN BRILLANT (le Régent, en forme et vraie grandeur).

Le plus gros diamant connu est celui du rajah de Bornéo (300 carats); un des plus brillants est le *Régent*, de France (136 carats).

Grâce à sa dureté, le diamant est employé à faire des pivots pour certaines pièces d'horlogerie; il constitue la pointe des outils avec lesquels on taille les pierres précieuses. On se sert même de diamants enchassés à l'extrémité de pics de fer pour creuser les trous de mine dans les roches très dures. Les vitriers coupent le verre avec un petit diamant brut adapté à l'extrémité d'un manche.

364. Graphite. — Le *graphite* (*plombagine* ou *mine de plomb*) est encore du carbone à peu près pur. Il est formé de paillettes ou de masses feuilletées cristallines, d'un gris d'acier, opaques, douces au toucher, assez tendres pour tâcher les doigts.

La densité du graphite est 2,2. Il est bon conducteur de la chaleur et de l'électricité. Il n'est pas beaucoup plus facilement combustible que le diamant.

Il se rencontre en assez grande quantité dans les terrains primitifs, en France, en Angleterre, en Espagne, à Ceylan et surtout en Sibérie.

On le produit artificiellement en laissant refroidir lentement de la fonte saturée de carbone. Il s'en forme aussi de petites quantités quand on soumet du charbon des cornues ou du diamant à l'action de l'arc voltaïque.

Les usages du graphite sont nombreux. Découpé en petites baguettes et protégé par des cylindres de bois, il constitue les crayons à la *mine de plomb*.

Les crayons *Conté* sont formés par un mélange d'argile et de plombagine pulvérisée. Le *cambouis*, avec lequel on graisse les roues des voitures et les engrenages, est un mélange d'huile et de graphite pulvérisé.

Avec la poussière de plombagine on noircit les objets en fer ou en fonte pour leur donner plus d'éclat et les préserver de la rouille.

Enfin, on utilise la plombagine en galvanoplastie pour métalliser les moules et les rendre conducteurs de l'électricité.

365. Anthracite. — L'*anthracite* est un charbon dur et compact, de densité égale à 2. Il renferme de 8 à 15 pour 100 d'impuretés (silice, alumine, oxyde de fer, composés hydrogénés).

Ce corps a, comme la houille, une origine végétale; mais il est de formation plus ancienne.

C'est un excellent combustible (Angleterre, États-Unis).

366. Houille. — La *houille*, plus légère que l'anthracite, renferme de 12 à 20 pour 100 de matières étrangères, pour la plupart combustibles, comme le charbon.

On la rencontre en masses énormes dans les terrains secondaires (Angleterre, Belgique, France, Allemagne, États-Unis). Elle provient des végétaux qui couvraient la terre aux époques géologiques qui ont précédé la nôtre.

C'est, après le bois, le plus important de tous nos combustibles.

367. Lignite, tourbe. — La *lignite* a la même origine que la houille, mais il est de formation plus récente, et conserve plus exactement la forme des végétaux primitifs. Il renferme rarement plus de 70 pour 100 de carbone; il a une certaine importance comme combustible dans l'Europe centrale et dans quelques départements français.

Une variété de lignite, susceptible d'un beau poli, est employée, sous le nom de *jais*, comme objet d'ornement et de parure.

La *tourbe* enfin, plus impure encore, est actuellement en voie de formation par la décomposition lente des végétaux qui poussent dans les terrains marécageux.

368. Charbon de cornue. — Les charbons qui vont suivre ne se rencontrent pas dans la nature; l'industrie les prépare. Ils s'obtiennent par la calcination des matières organiques d'origine végétale ou animale. Ils sont tous amorphes.

Le *charbon de cornue* se trouve, en une couche uniforme, à la partie supérieure des cornues dans lesquelles on prépare le gaz d'éclairage. Il provient de la décomposition des carbures d'hydrogène par la chaleur (**396**).

C'est un charbon pur, assez dur, lourd, d'un gris d'acier. Il brûle difficilement, mais en produisant beaucoup de chaleur.

Il conduit bien la chaleur et l'électricité. A cause de cette propriété, on l'utilise dans beaucoup d'appareils de physique.

369. Coke. — Le *coke* est le résidu de la décomposition de la houille par la chaleur, en vase clos. Il est généralement gris, léger, brillant et boursouflé.

C'est un bon combustible, donnant beaucoup de chaleur, sans produire de fumée.

370. Charbon de bois. — Le bois réputé sec renferme à peu près 36 pour 100 de son poids de charbon, uni à une quantité à peu près égale d'oxygène et d'hydrogène dans les proportions qui constituent l'eau; le reste est formé de 25 pour 100 d'eau hygrométrique et 1 pour 100 de sels minéraux constituant les cendres.

Chauffé en vase clos, il laisse échapper des substances nombreuses (*oxyde de carbone, anhydride carbonique, carbures d'hydro-*

gène gazeux, vinaigre de bois, esprit-de-bois, goudron...), qui sont susceptibles d'être recueillies et utilisées. Quand ces matières ont cessé de se dégager, il reste dans la cornue un charbon renfermant 1 pour 100 de cendres, c'est le *charbon de bois.*

Ce procédé de préparation par distillation en vase clos, quoique

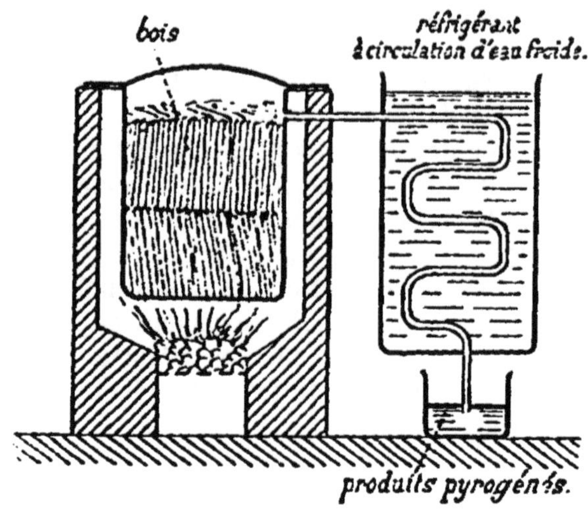

PRÉPARATION DU CHARBON DE BOIS PAR CALCINATION EN VASE CLOS. — *Le bois*, chauffé en vase clos, dégage divers composés volatils, et il reste du charbon de bois dans la cornue.

donnant un bon rendement (27 pour 100) et permettant d'utiliser les produits de la décomposition, est peu employé, car il nécessite le transport coûteux du bois à l'usine.

On préfère le procédé des meules, qui donne un moindre ren-

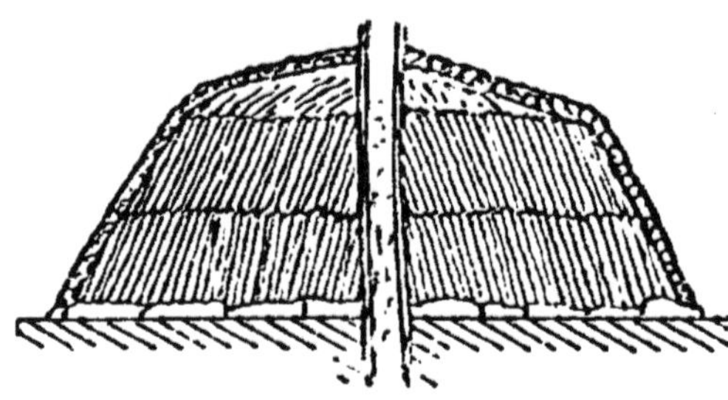

PRÉPARATION DU CHARBON DE BOIS PAR LES MEULES. — La combustion incomplète du *bois* dans la meule laisse du charbon de bois comme résidu.

dement, qui n'utilise pas les produits étrangers, mais qui se fait sur place, et évite ainsi les frais de transport du bois.

Le bois, coupé en rondins d'un mètre de longueur, est empilé sur le sol. La *meule* ainsi obtenue est recouverte avec de la terre, qui ne laisse passer que peu d'air. Par une cheminée ménagée au milieu on introduit de la braise; le feu se propage de proche en proche, très lentement, et, après quelques heures, toute la masse brûle. Quand on juge que la combustion est assez avancée (au bout de quelques jours), on augmente l'épaisseur de la couche de terre et on bouche toutes les ouvertures. L'air n'arrive plus du tout, le feu s'éteint : on a le charbon. Le rendement est de 18 pour 100.

Les usages du charbon de bois sont importants. Nous avons vu

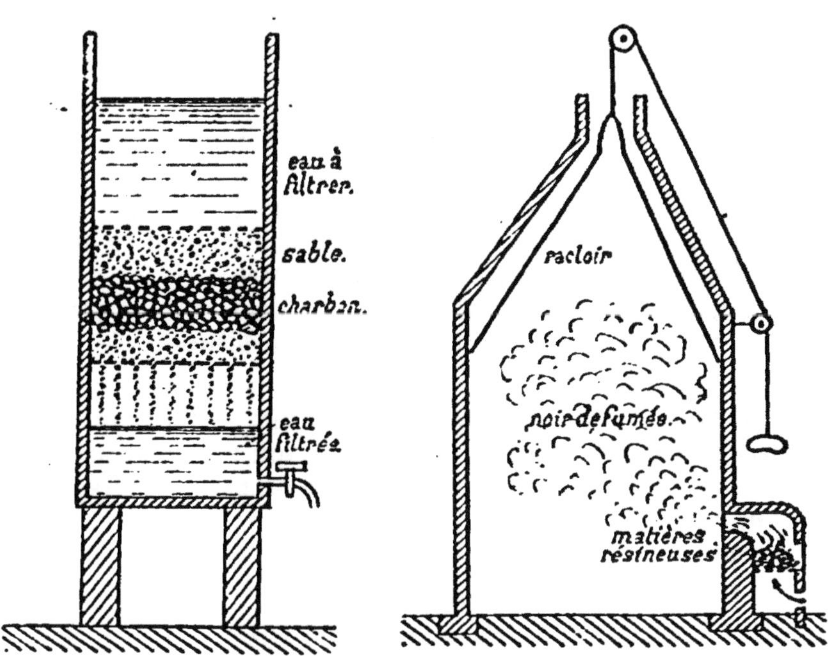

FILTRE A CHARBON DE BOIS. — L'eau passe à travers une couche de *charbon* de bois, comprise entre deux couches de sable.

FABRICATION DU NOIR DE FUMÉE. — La combustion incomplète des *matières résineuses* produit du *noir de fumée*, qui se dépose sur les murs d'une chambre de condensation.

qu'il jouit, plus que toute autre matière, de la propriété d'absorber les gaz, et particulièrement l'ammoniaque et l'acide sulfhydrique. De là son utilisation pour la purification des eaux qui ont pris une mauvaise odeur au contact des matières organiques.

L'emploi du charbon de bois comme combustible a une importance bien plus considérable encore. Sa facilité de combustion est, en général, d'autant plus grande qu'il provient d'un bois plus léger et qu'il a été préparé à plus basse température.

371. Noir de fumée. — La combustion incomplète de certains corps donne une épaisse fumée, qui, recueillie, constitue le *noir de fumée*, charbon presque absolument pur.

Pour le préparer, on brûle des matières résineuses dans un foyer, disposé de manière à produire une combustion incomplète. La fumée passe dans une chambre, ou dans une série de chambres en maçonnerie, où le noir se dépose.

Il est utilisé dans la peinture en noir, dans la fabrication de l'encre de Chine et de l'encre d'imprimerie.

372. Noir animal ou charbon d'os. — La composition des os nous est connue (**328**). Lorsqu'on les chauffe en vase clos, à l'abri de l'air, l'osséine ne peut brûler; elle est seulement décomposée; l'oxygène et l'hydrogène s'en vont, et il reste le charbon, mélangé avec les matières minérales.

Ce produit, appelé *noir animal*, renferme à peine 10 pour 100 de son poids de charbon.

Il absorbe les *matières colorantes*, comme le charbon de bois absorbe les gaz. Versons du *vin* sur du noir animal en poudre, puis filtrons. Nous obtiendrons du vin incolore.

On emploie le noir animal dans les raffineries de sucre, pour décolorer les jus et obtenir un produit bien blanc.

373. Composés oxygénés du carbone. — On connaît deux composés oxygénés anhydres du carbone, qui prennent naissance l'un et l'autre dans la combustion directe du carbone, avec dégagement de chaleur.

Ce sont :

l'oxyde de carbone CO;
l'anhydride carbonique CO^2.

II. — OXYDE DE CARBONE

$$CO = 14.$$

374. Préparation. — L'oxyde de carbone a été découvert par Priestley. On ne le rencontre pas dans la nature. Nous savons qu'il prend naissance dans la combustion incomplète du charbon, en présence d'une quantité insuffisante d'oxygène.

Plusieurs réactions peuvent servir à le préparer.

375. *Réduction de l'oxyde de zinc par le charbon.* — On chauffe fortement, dans une cornue de grès, un mélange d'*oxyde de zinc* et de *charbon* (**360**). Il se dégage de l'oxyde de carbone.

376. *Décomposition de l'anhydride carbonique par le charbon.*
— On fait passer un courant d'anhydride carbonique dans un
tube de porcelaine rempli de charbon de bois, et chauffé au
rouge vif :

$$CO^2 + C = 2CO.$$

La flamme bleue qui s'élève au-dessus du dôme d'un fourneau

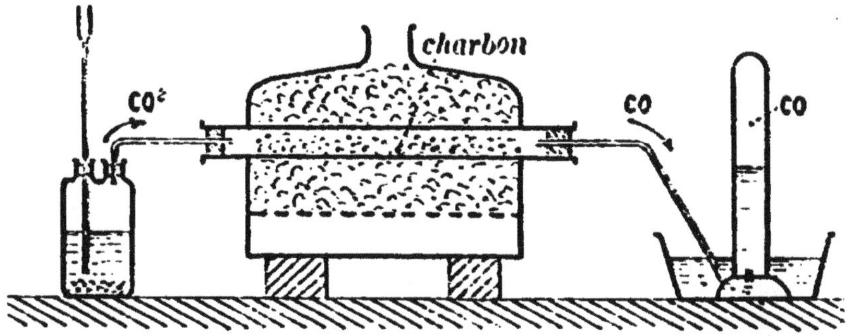

PRÉPARATION DE L'OXYDE DE CARBONE. — Un courant d'*anhydride carbonique*, passant sur du charbon chauffé au rouge, produit de l'*oxyde de carbone* par décomposition.

à réverbère en activité provient de la combustion de l'oxyde de
carbone; l'anhydride carbonique, produit près du cendrier, là où
l'air est en excès, a été réduit par les couches de combustible
placées à la partie supérieure de la colonne.

377. *Décomposition de l'acide oxalique par l'acide sulfurique.*
— Il est plus commode de décomposer l'*acide oxalique* $C^2O^4H^2$ par

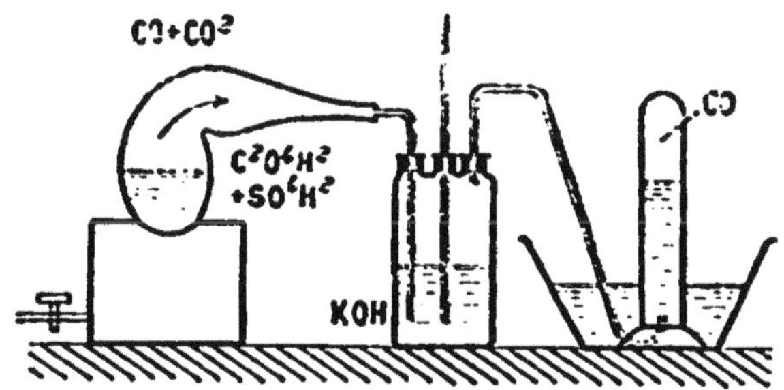

PRÉPARATION DE L'OXYDE DE CARBONE. — On chauffe, dans une cornue, un mélange
d'*acide oxalique* et d'*acide sulfurique*. Il se dégage de l'anhydride carbonique (absorbé par un flacon laveur à potasse) et de l'oxyde de carbone, qu'on
recueille sur l'eau.

un corps avide d'eau, tel que l'*acide sulfurique*, qui détermine
son dédoublement en oxyde de carbone et anhydride carbonique :

$$C^2O^4H^2 + SO^4H^2 = SO^4H^2, H^2O + CO^2 + CO.$$

On chauffe doucement, dans une cornue de verre, un mélange

d'acide oxalique cristallisé et d'acide sulfurique. On retient l'anhydride carbonique à l'aide d'un flacon laveur à potasse, et on recueille l'oxyde de carbone sur l'eau.

378. Propriétés physiques. — *L'oxyde de carbone* est un gaz incolore, inodore, insipide; sa densité est égale à 0,967. Il est très peu soluble dans l'eau. Il a été liquéfié en 1877 par M. Cailletet. Son point critique est à — 141 degrés; il bout à — 190 degrés sous la pression atmosphérique, en produisant un froid suffisant pour amener la solidification d'une partie de la masse, à — 209 degrés.

379. Propriétés chimiques. — Deville a montré, au moyen du *tube chaud et froid*, que l'oxyde de carbone est faiblement dissocié par la *chaleur* à une température très élevée. Du charbon se dépose sur le tube froid, tandis qu'il se dégage un peu d'anhydride carbonique avec l'oxyde de carbone non décomposé.

Une très longue série d'*étincelles électriques* produit de même une dissociation partielle, avec production de charbon et d'anhydride carbonique.

L'oxyde de carbone brûle avec une flamme bleue caractéristique, très chaude et peu éclairante, en produisant de l'anhydride carbonique. Le mélange d'*oxygène* et d'*oxyde de carbone* détone quand on l'enflamme :

$$CO + O = CO^2.$$

La facile combustibilité de l'oxyde de carbone en fait un réducteur énergique. A une température assez élevée, il réduit à l'état métallique beaucoup d'oxydes, tels que l'*oxyde de cuivre* et l'*oxyde de fer.*

L'oxyde de carbone est rapidement absorbé par la *dissolution de chlorure cuivreux dans l'ammoniaque.*

380. *Propriétés toxiques.* — Ce gaz est un poison violent; il forme avec les globules du sang un composé assez stable, qui empêche l'oxygène d'être absorbé et détermine rapidement la mort. L'exposition au grand air est le seul remède efficace contre un commencement d'asphyxie par l'oxyde de carbone.

Ce gaz, qui rend l'air mortel à la dose d'un centième, est d'autant plus dangereux qu'il n'annonce sa présence par aucune odeur. Il accompagne toujours l'anhydride carbonique dans les produits de la combustion du charbon, et est beaucoup plus à craindre que ce dernier gaz. On devra donc éviter de fermer les portes et les fenêtres des appartements dans lequels on brûle du charbon sur un fourneau découvert. On évitera aussi de chauffer trop fortement les poêles de fonte, qui, au rouge sombre, se laissent traverser par l'oxyde de carbone.

381. *Caractères de l'oxyde de carbone.* — On reconnaît l'oxyde de carbone à ce qu'il ne trouble pas l'eau de chaux, et brûle avec une flamme bleue peu éclairante, en donnant naissance à de l'anhydride carbonique, qui trouble l'eau de chaux.

On le dose dans les mélanges gazeux en l'absorbant par la dissolution de chlorure cuivreux dans l'ammoniaque.

382. Composition. — La composition de l'oxyde de carbone se déduit de celle de l'anhydride carbonique, supposée connue.

Dans un eudiomètre à mercure on introduit 100 volumes d'oxyde de carbone et 100 volumes d'oxygène. Après le passage de l'étincelle, il reste 150 volumes, dont 100 sont constitués par de l'anhydride carbonique, absorbable par la potasse, et 50 par un excès d'oxygène, absorbable par le pyrogallate de potasse.

Or on sait que ces 100 volumes d'anhydride carbonique renferment 100 volumes d'oxygène; les 100 volumes d'oxyde de carbone contenaient donc 50 volumes d'oxygène. Dès lors, l'équation des poids relative à l'oxyde de carbone est :

$$100 \times 0{,}967 = 50 \times 1{,}1056 + v \times d,$$

d étant la densité inconnue de la vapeur de charbon, et v le volume occupé par cette vapeur.

Cette équation permet de calculer le poids $v \times d$ du charbon : on le trouve égal à 41,42. Le rapport des poids de l'oxygène et du carbone renfermés dans l'oxyde est donc $\dfrac{50 \times 1{,}1056}{41{,}42}$, sensiblement égal à $\frac{16}{12}$, ce qui correspond à la formule CO ou à un de ses multiples.

Pour tirer de l'équation des poids la composition en volumes, il faudrait avoir la densité de vapeur du carbone, que l'on ne connaît pas. Mais la loi de Gay-Lussac conduit à admettre que l'oxyde de carbone, qui renferme la moitié de son volume d'oxygène, doit très probablement renfermer un volume de carbone égal au sien ou à la moitié du sien. L'étude des autres composés du carbone conduit plutôt à admettre cette seconde composition. En faisant dès lors $v = 50$ dans l'équation, on en tire une valeur *hypothétique* de la densité théorique de la vapeur de carbone. On trouve $d = 0{,}8284$.

Nous admettrons donc que l'oxyde de carbone est composé

d'un volume d'oxygène uni sans condensation à un volume de vapeur de carbone.

III. — ANHYDRIDE CARBONIQUE

$$CO^2 = 44.$$

383. L'*anhydride carbonique*, plus souvent appelé *acide carbonique*, existe à l'état libre dans l'atmosphère et dans l'eau.

Les carbonates naturels de calcium, de magnésium, de baryum, de fer, de cuivre..., mais principalement le carbonate de calcium, forment dans la terre des couches puissantes.

Isolé en 1648 par Van Helmont, l'anhydride carbonique a été principalement étudié par Priestley, par Lavoisier, puis par Dumas et Stas.

384. Préparation. — Dans les laboratoires, on prépare toujours l'anhydride carbonique en décomposant le *carbonate de calcium (craie* ou *marbre concassé)*, par l'*acide chlorhydrique* et l'*acide sulfurique* :

$$CO^3Ca + 2HCl = CaCl^2 + H^2O + CO^2,$$
$$CO^3Ca + SO^4H^2 = SO^4Ca + H^2O + CO^2.$$

L'appareil est le même que celui qui sert à la préparation de l'hydrogène; la manière d'opérer est également la même.

L'acide chlorhydrique doit être préféré à l'acide sulfurique,

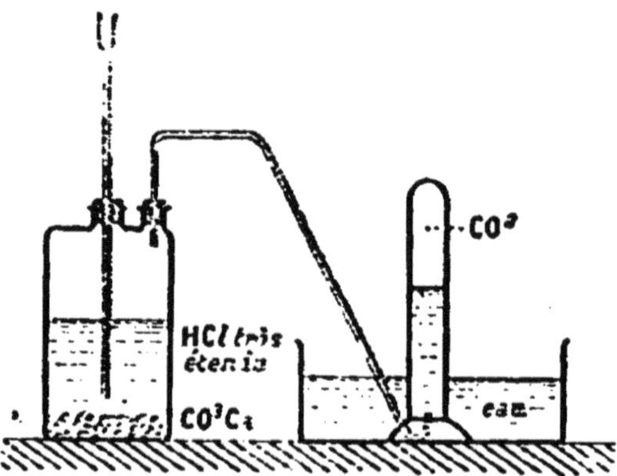

PRÉPARATION DE L'ANHYDRIDE CARBONIQUE. — Dans un flacon, renfermant de l'eau et du carbonate de calcium, on verse progressivement de l'acide chlorhydrique. Le gaz qui se dégage est recueilli sur l'eau ou sur le mercure.

lequel donne du sulfate de calcium à peu près insoluble, qui se dépose sur le calcaire non encore attaqué, et arrête le dégagement.

385. *Fabrication industrielle.* — L'anhydride carbonique, employé à la fabrication de l'eau de Seltz artificielle, est obtenu par la réaction de l'acide sulfurique sur la craie. On opère dans des appareils en plomb, munis d'agitateurs qui empêchent le sulfate de calcium de se déposer sur la craie. L'acide chlorhydrique est trop volatil pour convenir à cette préparation: il irait en partie se dissoudre dans l'eau, en même temps que l'anhydride carbonique.

L'industrie prépare en grand l'anhydride carbonique en décomposant la craie par la chaleur, en présence de la vapeur d'eau, qui facilite la décomposition.

Ou bien encore on fait brûler du coke dans un courant d'air en excès. On obtient ainsi un mélange d'azote et d'anhydride carbonique, renfermant un peu d'oxyde de carbone et d'oxygène. On fait passer ce mélange dans une dissolution concentrée de carbonate de sodium, qui absorbe l'acide et laisse partir les autres gaz. En chauffant ensuite la dissolution de bicarbonate ainsi produite, on obtient un dégagement d'anhydride carbonique, et on régénère le carbonate primitif, qui peut ainsi être employé indéfiniment.

386. Propriétés physiques. — L'anhydride carbonique est un gaz incolore, d'une faible odeur, piquante, d'une saveur aigrelette. Sa densité est 1,529.

La grandeur relative de cette densité joue un rôle assez important dans la nature. Partout où se trouve un dégagement naturel d'anhydride carbonique, le gaz tend à s'accumuler à la surface du sol. C'est ce qui arrive dans certaines caves, dans la grotte du Chien, près de Naples, et dans celle de Royat (Puy-de-Dôme).

Dans les laboratoires, on montre que l'anhydride carbonique est plus lourd que l'air en versant sur une bougie l'acide contenu dans une éprouvette; le gaz tombe, invisible, comme tomberait de l'eau, et éteint la bougie.

L'eau dissout à peu près son volume de gaz carbonique à la température de 15 degrés.

Ce gaz a été liquéfié, pour la première fois, par Faraday. Aujourd'hui l'industrie le prépare liquide et le livre au commerce dans des récipients en acier qui en contiennent 7 à 8 kilogrammes. Pour cela on produit l'anhydride par la combustion du coke, comme nous l'avons indiqué plus haut, et on le refoule, à l'aide de puissantes machines à compression, dans les récipients refroidis par de la glace : une pression de 35 atmosphères suffit pour amener la condensation.

La température critique du gaz carbonique est de + 31 degrés.

La température de solidification du liquide est de — 65 degrés.

On obtient aisément cette solidification en inclinant un récipient à anhydride liquide, de manière que l'ouverture soit en bas et ouvrant le robinet. Sous l'influence de la pression intérieure, il sort de l'appareil un jet de liquide qui, se vaporisant rapidement en partie, produit un refroidissement suffisant pour déterminer la solidification de la partie non volatilisée. On voit alors une neige abondante tomber dans l'atmosphère, neige qu'on peut recueillir en dirigeant le jet dans un sac en flanelle.

L'anhydride carbonique solide forme avec l'éther une pâte semi-fluide dont l'évaporation, activée par l'action d'une machine pneumatique, produit une température voisine de — 90 degrés.

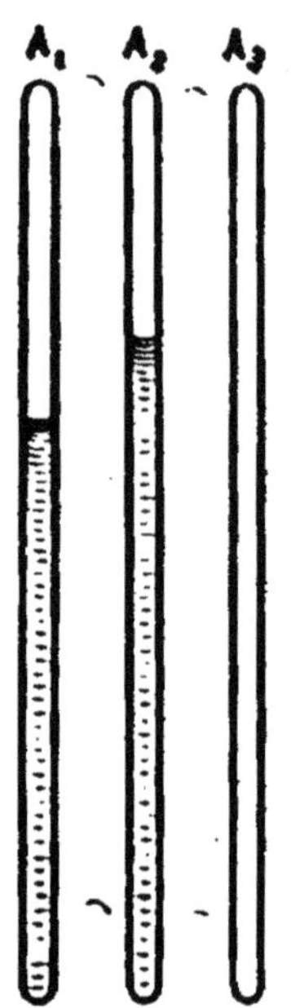

TUBE DE NATTERER. — L'anhydride carbonique, liquéfié par pression dans le tube A₁, se dilate considérablement quand la température s'élève (tube A₂), puis se vaporise entièrement quand la température dépasse 31 degrés (tube A₃).

387. Propriétés chimiques. — L'anhydride carbonique est sensiblement dissocié par la *chaleur* en oxyde de carbone et oxygène. Pour mettre le fait en évidence, il suffit de faire passer un courant d'anhydride carbonique dans un tube de porcelaine rempli de fragments de porcelaine et chauffé au rouge blanc. Le gaz qui sort n'est plus entièrement absorbable par la potasse.

Une série d'*étincelles électriques* produit rapidement le même effet que la chaleur; mais à un certain moment l'oxygène et l'oxyde de carbone libres se recombinent pour donner de l'anhydride carbonique; puis la dissociation recommence.

388. L'anhydride carbonique n'est pas *combustible*. Il n'est pas non plus comburant, et éteint même les corps en combustion.

Toutefois un grand nombre de corps combustibles le réduisent partiellement, quand on les maintient à une température élevée. Quelquefois même la réduction est complète, et il se dépose du charbon.

Ainsi, au rouge, l'*hydrogène*, le *phosphore*, le *charbon* réduisent le gaz carbonique :

$$CO^2 + 2H = CO + H^2O;$$
$$CO^2 + C = 2CO.$$

Le passage de l'*anhydride carbonique* sur le *charbon* est accompagné d'un doublement du volume gazeux.

Les métaux ont une action plus facile encore à mettre en évi-

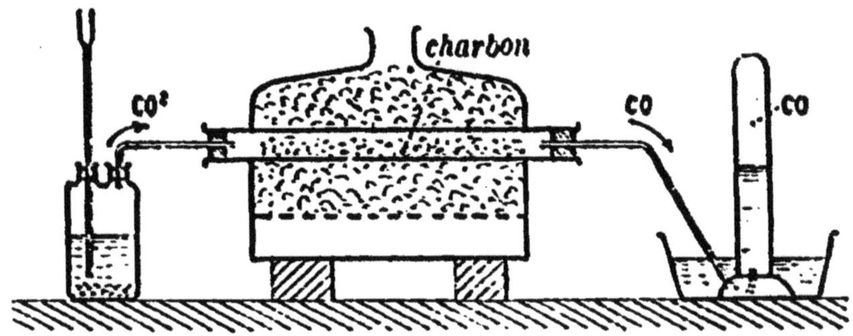

DÉCOMPOSITION DE L'ANHYDRIDE CARBONIQUE PAR LE CHARBON. — Un courant d'*anhydride carbonique*, passant sur du charbon chauffé au rouge, produit de l'*oxyde de carbone* par décomposition.

dence. Le *potassium*, le *magnésium*, préalablement enflammés, continuent à brûler très vivement quand on les introduit dans un flacon d'anhydride carbonique. Il se forme un carbonate et un dépôt de charbon :

$$3CO_2 + 4K = 2CO_3K + C.$$

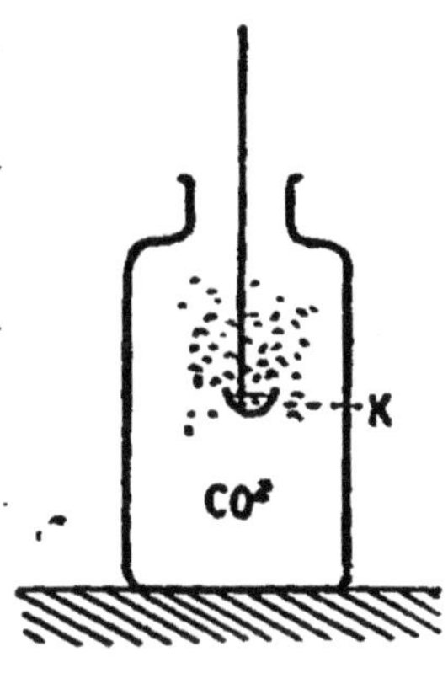

COMBUSTION DU POTASSIUM DANS L'ANHYDRIDE CARBONIQUE. — Un fragment de *potassium* préalablement bien enflammé continue à brûler dans l'*anhydride carbonique*, en donnant de la potasse caustique et du charbon.

389. *Action des bases; carbonates.* — On n'a pas isolé la combinaison d'anhydride carbonique et d'eau qui constituerait l'*acide carbonique* $CO_2, H_2O = CO_3H_2$. On admet cependant que cet acide existe dans la dissolution d'anhydride carbonique, qui rougit la teinture de tournesol à la manière des acides.

Cet acide serait bibasique, comme l'acide sulfurique. Avec les métaux monovalents, tels que le potassium, il donne un *carbonate neutre* CO_3K_2 et un *carbonate acide* CO_3HK. Les métaux bivalents, tels que le calcium, le cuivre, etc., ne donnent chacun qu'un seul carbonate CO_3Ca ou CO_3Cu.

Il existe, en outre, des *bicarbonates*, tels que le bicarbonate de calcium

$$CO_3Ca, CO_2 = C_2O_5Ca.$$

Les carbonates se forment d'ailleurs fréquemment par l'union directe de l'anhydride avec les bases anhydres. Ainsi on obtient le carbonate de calcium par l'union directe de l'anhydride carbonique sec avec la chaux vive; l'action, très lente à la température ordinaire, devient plus rapide au rouge sombre, puis elle se continue d'elle-même en produisant une vive incandescence. .

Pour les caractères des *carbonates*, voyez le paragraphe 520.

390. *Caractères de l'anhydride carbonique.* — L'anhydride carbonique se distingue des autres gaz, et en particulier de l'azote, en ce qu'il rougit un peu la *teinture de tournesol*, et en ce qu'il trouble *l'eau de chaux*. De plus il n'est pas combustible et éteint les corps en combustion.

On le dose dans les mélanges gazeux en l'absorbant par une dissolution de *potasse caustique*.

391. *Propriétés toxiques.* — L'anhydride carbonique est beaucoup moins toxique que l'oxyde de carbone. Une atmosphère qui renferme la proportion normale d'oxygène devient mortelle seulement lorsqu'elle contient de 20 à 50 pour 100 d'anhydride carbonique.

On doit cependant se tenir en garde quand on pénètre dans des endroits où s'accumule le gaz carbonique, tels que les caves qui renferment des cuves de vendange en fermentation. On y pénétrera avec une bougie allumée à la main : la bougie cesse de brûler avant que la proportion du gaz soit dangereuse. Lorsque la bougie s'éteint, il est prudent de sortir, et de ne rentrer qu'après avoir établi une ventilation puissante, ou, si la ventilation n'est pas possible, après avoir neutralisé l'anhydride carbonique par un arrosage effectué avec une dissolution d'ammoniaque.

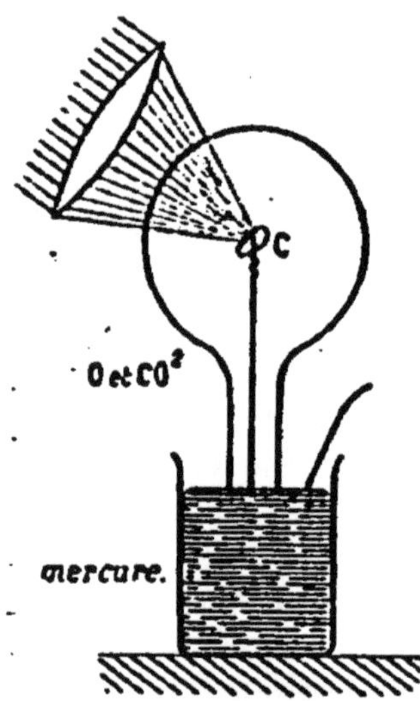

Synthèse de l'anhydride carbonique par les volumes. — Le *charbon*, brûlant dans un vase clos rempli d'oxygène, produit un volume d'anhydride carbonique égal au sien.

392. **Composition.** — Lavoisier a, le premier, établi par la synthèse la composition de l'anhydride carbonique.

On fait brûler un morceau de charbon pur dans un ballon rempli d'oxygène pur; on détermine l'inflammation en concentrant les rayons solaires à l'aide d'une lentille. Après refroidissement, on constate que le volume du gaz n'est pas sensiblement changé : l'anhydride carbonique renferme donc un volume d'oxygène égal au sien.

Il est nécessaire d'arrêter la combustion avant que le charbon ne s'éteigne de lui-même. Sans cette précaution, il se formerait à la fin de l'oxyde de carbone, ce qui déterminerait une augmentation de volume.

L'équation des poids, appliquée à cette expérience, devient, en prenant pour unité le volume du ballon :

$$1,1056 + r \times d = 1,529.$$

On en peut tirer le produit rd, dont la connaissance conduit à la composition en poids de l'anhydride carbonique.

On peut encore, si l'on admet que la composition en volumes est conforme aux lois de Gay-Lussac, poser $r = \frac{1}{2}$, ce qui permet de calculer la *densité théorique hypothétique* de la vapeur de charbon.

On trouve ainsi $d = 0,846$, nombre sensiblement égal à celui auquel on arrive en partant de la composition de l'oxyde de carbone.

293. *Synthèse de Dumas et Stas.* — Dumas et Stas ont fait la synthèse de l'anhydride carbonique par les poids.

Un courant d'oxygène pur et sec passait sur du charbon pur (diamant ou graphite) renfermé dans des nacelles, et chauffé au rouge dans un tube de porcelaine. A la sortie de ce tube, le gaz passait dans un second tube, renfermant de l'oxyde de cuivre chauffé, destiné à transformer en anhydride carbonique la petite quantité d'oxyde de carbone qui avait pris naissance. Un tube en U, à ponce sulfurique, placé à la suite, absorbait la vapeur d'eau, formée quand le carbone renfermait un peu d'hydrogène. Le gaz carbonique était retenu par des tubes à potasse.

Des pesées permettaient de déterminer : 1° la diminution de poids des nacelles, c'est-à-dire le poids de charbon brûlé; 2° l'augmentation de poids du tube desséchant, d'où on déduisait le poids d'hydrogène, toujours extrêmement faible, que renfermait ce charbon; 3° l'augmentation du poids des tubes à potasse, c'est-à-dire le poids de l'anhydride carbonique formé. Le poids de l'oxygène était obtenu par différence.

On a trouvé, par ce procédé, que 44 grammes de gaz carbonique contiennent 12 grammes de charbon et 32 grammes d'oxygène, ce qui conduit à la formule CO^2.

294. Usages. — Outre son rôle considérable dans la nature (nutrition des plantes), l'anhydride carbonique a des usages assez importants.

Il sert à la préparation de l'*eau de Seltz* artificielle, dissolution faite sous pression de 5 à 6 litres de gaz carbonique dans un litre

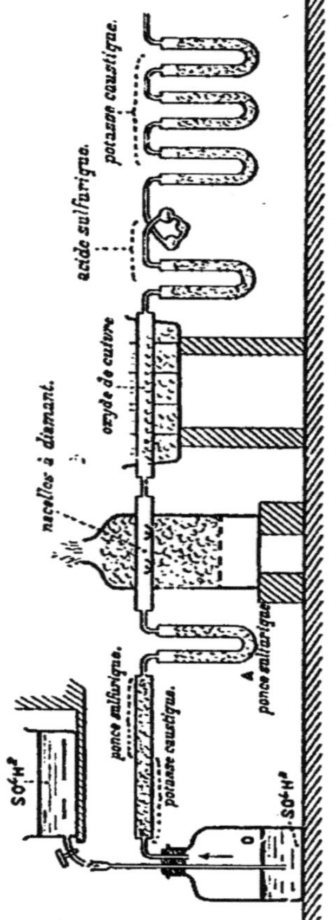

SYNTHÈSE DE L'ANHYDRIDE CARBONIQUE PAR LES POIDS. — De l'oxygène bien sec arrive dans un tube contenant du *diamant* très fortement chauffé. Il se produit de l'anhydride carbonique, avec un peu d'oxyde de carbone, qui est transformé en anhydride carbonique par passage sur de l'oxyde de cuivre chauffé. Des tubes desséchants retiennent la vapeur d'eau qui prend naissance quand le diamant renferme un peu d'hydrogène; des tubes à potasse absorbent l'anhydride carbonique.

d'eau. L'appareil Briet, employé dans les familles, est connu de

tous; on y prépare le gaz par la réaction de deux solides, l'*acide
tartrique* et le *bicarbonate de sodium*, qui réagissent lorsque l'eau
de l'appareil vient arroser leur mélange.

Nous avons indiqué comment on obtient le gaz carbonique destiné à la préparation de l'eau de Seltz en siphon.

On utilise en outre l'anhydride carbonique: 1° dans la préparation
du pain pour supprimer le levain et le pétrissage à la main;

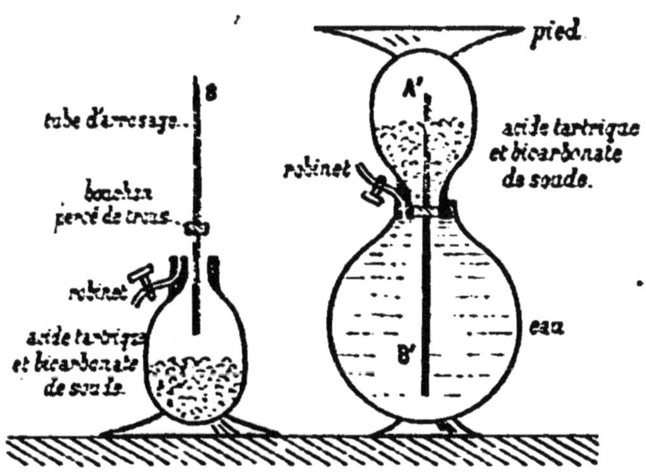

APPAREIL BRIET POUR LA PRÉPARATION DE L'EAU DE SELTZ. — Il se compose de deux
réservoirs de verre qui peuvent être mis en communication par un tube de
verre ouvert aux deux bouts, et muni, en son milieu, d'un bouchon percé d'un
grand nombre de petits trous. L'appareil étant démonté, le petit réservoir
reçoit un mélange d'*acide tartrique* et de *bicarbonate de sodium*; puis on le
ferme avec le bouchon troué, muni du tube de communication. Retournant
alors ce petit réservoir, on le visse sur le grand, préalablement rempli d'eau,
comme le montre la partie de droite de la figure. Si alors on retourne tout
l'appareil, de façon à mettre le pied en bas, un peu d'eau tombe, par le tube,
sur le mélange solide du petit réservoir; l'anhydride carbonique se dégage,
passe à travers les petits trous du bouchon, et va se dissoudre dans l'eau
sous une forte pression.

2° dans la fabrication du sucre; 3° dans la préparation du carbonate
de plomb et des bicarbonates alcalins, de l'acide salicylique;
4° pour la production des basses températures, par évaporation de
l'anhydride à l'état liquide; 5° pour exercer de fortes pressious,
par évaporation du liquide en vase clos, pressions utilisées dans
la fabrication de l'acier fondu, et pour faire monter, dans les
cafés et brasseries, la bière de la cave aux étages où elle doit être
consommée.

IV. — ACÉTYLÈNE

$$C^4H^2 = 26.$$

395. Composés hydrogénés du carbone. — Le carbone forme avec l'hydrogène un très grand nombre de composés. Les uns se rencontrent dans les végétaux ou dans le sein de la terre; beaucoup prennent naissance dans la décomposition des matières organiques; d'autres enfin ne se trouvent pas dans la nature, mais sont formés dans les laboratoires.

Il en existe de solides (*caoutchouc*), de liquides (*pétrole, essence de térébenthine, benzine*) et de gazeux (*acétylène, formène, éthylène*). Beaucoup de ces carbures ont une très grande importance par leurs applications.

L'étude de ces carbures est du domaine de la *Chimie organique*; nous parlerons seulement ici de quatre carbures qui entrent dans la composition du *gaz de l'éclairage*.

Tous les carbures d'hydrogène sont décomposables par la chaleur et produisent alors d'autres carbures, ou bien, si la température est assez élevée, du charbon et de l'hydrogène.

Ils sont combustibles. Ceux qui ne renferment pas une grande quantité de carbone (*formène* CH^4) brûlent avec une flamme peu éclairante; la flamme est, au contraire, éclairante pour ceux qui sont plus riches en carbone (*éthylène* C^2H^4). Lorsque, enfin, la proportion de charbon est trop considérable, et que la quantité d'air n'est pas suffisante pour déterminer une combustion complète, il y a production de noir de fumée; la flamme est fuligineuse (*acétylène* C^2H^2, *benzine* C^6H^6).

396. Préparation de l'acétylène. — Il se produit de l'acétylène dans la décomposition, à la température du rouge, de l'*éthylène*, de l'*éther*, de l'*alcool*, et d'un grand nombre d'autres matières organiques. Il s'en forme aussi dans la combustion incomplète de toutes les matières organiques (*éther, éthylène*, etc.).

Dans tous ces cas on obtient un mélange de divers gaz, qu'on peut faire passer dans une *dissolution ammoniacale de chlorure cuivreux*. Cette dissolution absorbe l'acétylène en formant un composé rouge, insoluble, qui se précipite, et qu'on nomme l'*acétylure cuivreux* $C^2H^2Cu^2O$. Le précipité, séparé sur un filtre, est chauffé dans un petit ballon avec de l'acide chlorhydrique. On obtient un dégagement d'acétylène pur, qu'on recueille sur l'eau ou sur le mercure :

$$C^2H^2Cu^2O + 2HCl = C^2H^2 + Cu^2Cl^2 + H^2O.$$

Ainsi, on peut faire passer des vapeurs d'éther dans un tube de porcelaine chauffé au rouge, et diriger les gaz qui sortent du tube dans un flacon laveur renfermant la dissolution ammoniacale de chlorure cuivreux.

Ou bien on fait brûler du gaz d'éclairage dans un tube où la combustion est incomplète ; les produits de cette combustion incomplète vont ensuite barboter dans le flacon à chlorure cuivreux.

397. Synthèse. — La synthèse de l'acétylène a été réalisée par M. Berthelot, en faisant circuler un courant d'hydrogène autour de l'arc électrique produit par une forte pile, jaillissant entre deux pointes de charbon de cornues.

A la sortie de l'appareil, le gaz traverse une dissolution ammo-

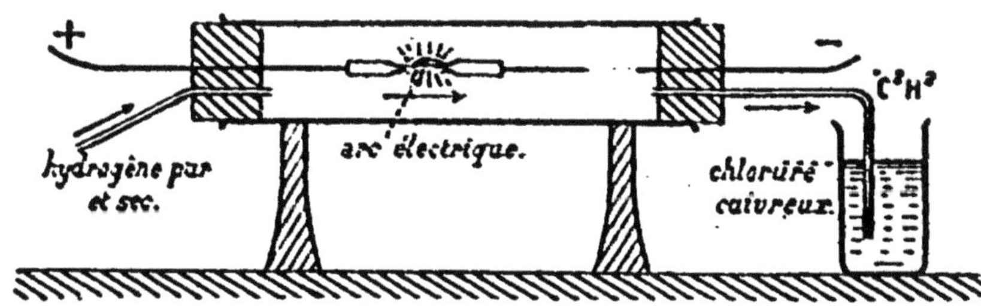

Synthèse de l'acétylène. — L'arc électrique, agissant sur l'hydrogène qui traverse l'appareil, détermine une combinaison de cet hydrogène avec le charbon des électrodes. L'acétylène produit va former, dans la dissolution de chlorure cuivreux, un précipité rouge d'acétylure de cuivre.

niacale de chlorure cuivreux, qui retient la petite quantité d'acétylène qui a pris naissance, tandis que l'hydrogène continue sa route.

Cette synthèse a une grande importance théorique, car elle est le point de départ de la synthèse de beaucoup d'autres carbures.

398. Propriétés. — L'acétylène est un gaz incolore, d'une odeur pénétrante. Sa densité est égale à 0,92. Il est notablement soluble dans l'eau, facilement liquéfiable.

Chauffé au rouge sombre, dans une cloche courbe, il donne des carbures de même composition centésimale, parmi lesquels se trouve principalement de la benzine C^6H^6 :

$$3C^2H^2 = C^6H^6 ;$$

à une température très élevée on aurait du charbon et de l'hydrogène.

Cette décomposition de l'acétylène en ses éléments se produit instantanément, avec explosion, quand on fait détoner au sein du gaz une petite quantité de fulminate de mercure.

L'acétylène est *combustible*; il brûle avec une flamme éclairante, fuligineuse. Avec l'*oxygène*, il donne un mélange détonant

$$C^2H^2 + 5O = H^2O + 2CO^2.$$

Le *chlore*, le *brome*, l'*iode* s'unissent directement à l'acétylène, sous l'influence de la lumière, en donnant des composés $C^2H^2Cl^2$, $C^2H^2Br^2$ et $C^2H^2Io^2$.

Le caractère distinctif de l'acétylène est le précipité rouge qu'il donne avec la *dissolution ammoniacale du chlorure cuivreux*.

La composition de l'acétylène peut être obtenue à l'aide de l'eudiomètre, comme nous l'indiquerons pour l'éthylène.

V. — ÉTHYLÈNE

$$C^2H^4 = 28$$

399. L'*éthylène (bicarbure d'hydrogène, gaz oléfiant)* prend naissance dans la décomposition par la chaleur d'un grand nombre de matières organiques. M. Berthelot en a opéré la synthèse

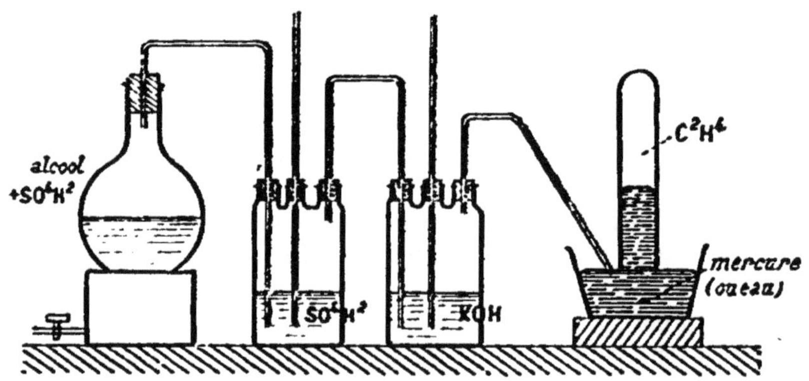

PRÉPARATION DE L'ÉTHYLÈNE. — Dans un ballon de verre, on chauffe un mélange d'*alcool* et d'*acide sulfurique*. En même temps que de l'éthylène, il se forme un peu d'éther (retenu par un flacon laveur à acide sulfurique) et un peu d'anhydrides carbonique et sulfureux (retenus par un flacon laveur à potasse). On recueille sur le mercure ou sur l'eau.

en combinant directement l'acétylène avec l'hydrogène, à la température du rouge sombre.

400. Préparation. — On prépare l'*éthylène* en traitant l'*alcool* C^2H^6O par un agent déshydratant, tel que l'*acide sulfurique*, à une température voisine de 160 degrés.

Sous l'influence de l'acide sulfurique, et par suite de réactions sans doute assez complexes, l'alcool éprouve un dédoublement :

$$C^2H^6O = C^2H^4 + H^2O.$$

On introduit dans un ballon un mélange refroidi d'une partie d'alcool avec six parties d'acide sulfurique concentré. On ajoute un peu de sable ou de vaseline, qui s'oppose au boursouflement de la masse, au moment du dégagement gazeux. Puis on chauffe rapidement jusqu'à une température voisine de 160 degrés.

Il se forme un peu d'*éther* C^2H^6O, surtout au début, et de l'*anhydride carbonique* CO^2, de l'*anhydride sulfureux* SO^2, surtout à la fin de l'opération. On purifie le gaz à l'aide d'un flacon laveur à acide sulfurique (qui retient l'éther) et d'un flacon laveur à potasse caustique (qui retient les anhydrides).

401. Propriétés physiques. — L'éthylène est un gaz incolore, insipide, doué d'une odeur analogue à celle de l'éther. Sa densité est 0,978. Il est peu soluble dans l'eau.

On le liquéfie avec une puissante pompe à compression, aidée du froid produit par un mélange réfrigérant de glace et de sel. Le froid résultant de son évaporation rapide (— 140°) est utilisé pour la liquéfaction de l'oxygène et de l'azote.

402. Propriétés chimiques. — Ce gaz est décomposé par la *chaleur* en *acétylène, formène, hydrogène*; au rouge blanc la décomposition en *charbon* et *hydrogène* est complète.

Une longue série d'*étincelles électriques* produit le même effet; le volume finit par doubler.

L'éthylène est *combustible*. Il brûle avec une flamme très éclairante, et forme avec l'*oxygène* un mélange détonant puissant :

$$C^2H^4 + 6O = 2CO^2 + 2H^2O.$$

Quand on se contente de faire brûler le gaz à l'ouverture d'une éprouvette, la combustion est incomplète; on a un dépôt de charbon. En même temps il se forme de l'acétylène, dont on reconnaît la présence en versant dans l'éprouvette une dissolution ammoniacale de *chlorure cuivreux,* qui donne un précipité rouge.

403. Mélangé à volumes égaux avec le *chlore,* et exposé à l'action de la lumière solaire directe ou diffuse, l'acétylène se combine à cet élément pour donner l'*huile des Hollandais* $C^2H^4Cl^2$. C'est un liquide huileux, plus lourd que l'eau, d'une odeur éthérée et d'une saveur sucrée.

Le *brome* se comporte de même.

Un excès de chlore, réagissant, sous l'influence de la lumière, sur la liqueur des Hollandais, donne des composés de *substitution* $C^2H^3Cl^3$, $C^2H^2Cl^4$, C^2HCl^5, C^2Cl^6, avec élimination, à chaque substitution nouvelle, d'une molécule d'acide chlorhydrique :

$$C^2H^2Cl^4 + 2Cl = C^2HCl^5 + HCl.$$

Si, au lieu d'exposer à la lumière le mélange de chlore et d'éthylène, on l'enflamme à l'aide d'une allumette, il y a combustion vive, avec production d'acide chlorhydrique et d'une épaisse fumée de charbon :

$$C^2H^4 + 4Cl = 4HCl + 2C.$$

Ici la réaction a lieu entre deux volumes d'éthylène et quatre volumes de chlore.

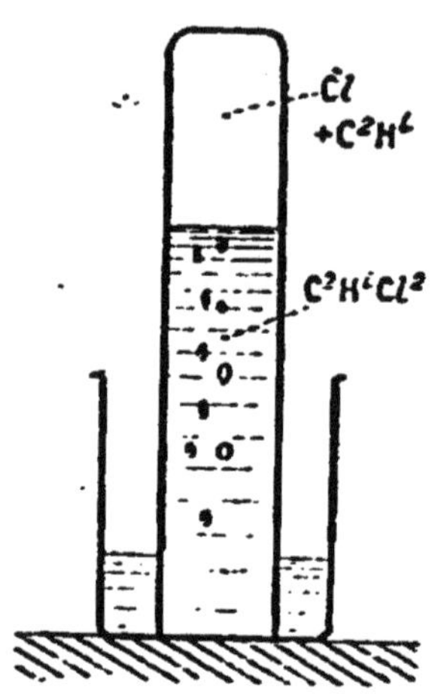

Action du chlore sur l'éthylène en présence de la lumière. — La *lumière*, agissant sur un mélange de *chlore* et d'*éthylène*, détermine la formation de l'*huile des Hollandais*. Le volume gazeux diminue progressivement.

404. *Caractères distinctifs de l'éthylène.* — L'éthylène se reconnaît à ce qu'il brûle avec une flamme éclairante, en produisant de l'anhydride carbonique.

Dans les mélanges gazeux on peut l'absorber en introduisant une ampoule pleine de *brome*, qu'on brise dans le mélange, en agitant fortement.

Il est lentement absorbé par l'*acide sulfurique concentré*, et rapidement par l'*anhydride sulfurique*.

405. Composition. — On trouve la composition de l'éthylène par l'analyse eudiométrique, en ayant soin d'introduire un assez grand excès d'oxygène, pour modérer la détonation et éviter la rupture de l'eudiomètre.

On introduit, par exemple, 100 volumes d'éthylène et 600 volumes d'oxygène ; 200 volumes disparaissent par l'action de l'étincelle, et il reste dans l'eudiomètre 200 volumes d'anhydride carbonique (absorbables par la potasse) et 300 volumes d'oxygène (absorbables par le phosphore).

Donc 300 volumes d'oxygène ont été employés à brûler l'éthylène ; 200 sont entrés dans la composition de l'anhydride carbonique, et ont brûlé 100 volumes de vapeur de charbon ; 100 sont entrés dans la composition de la vapeur d'eau qui s'est condensée, et ont brûlé 200 volumes d'hydrogène.

On en conclut que l'éthylène renferme un volume d'hydrogène double du sien, et un volume de vapeur de carbone égal au sien.

VI. — FORMÈNE

$$CH^4 = 16.$$

406. Le *formène* (*protocarbure d'hydrogène, gaz des marais*) prend naissance dans un très grand nombre de circonstances.

C'est un produit constant de la fermentation et de la putréfaction des matières organiques. Il se forme notamment au fond de toutes les eaux stagnantes, et il est facile de le recueillir en agitant le vase.

Il se dégage aussi de certaines houilles, par suite d'une altération spontanée. S'accumulant alors dans les galeries, il forme avec l'air des mélanges détonants extrêmement redoutés des mineurs : c'est le *grisou*.

Ce gaz prend aussi naissance dans la décomposition des matières organiques par la chaleur ; le gaz d'éclairage en renferme de 30 à 70 pour 100 de son volume.

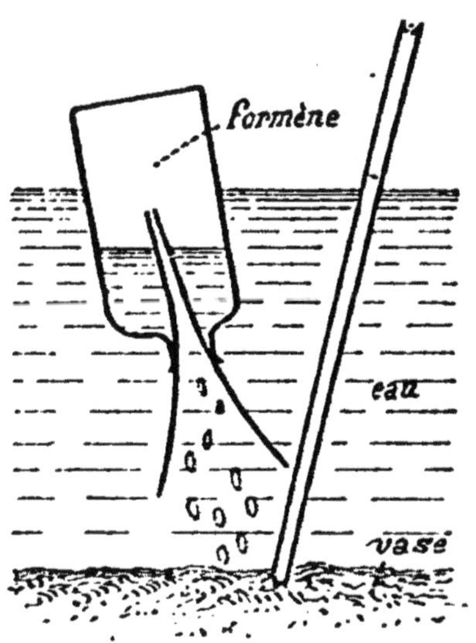

EXTRACTION DU FORMÈNE DE LA VASE DES MARAIS. — La vase étant agitée à l'aide d'un bâton, de grosses bulles de gaz s'en détachent et viennent se réunir dans un flacon préalablement rempli d'eau.

407. Préparation. — Le formène se prépare ordinairement par l'action, à chaud, de la *soude caustique* NaOH sur *l'acétate de sodium* $C^2O^2H^3Na$:

$$C^2O^2H^3Na + NaOH = CH^4 + CO^3Na^2;$$

il se produit du carbonate de sodium, qui reste dans l'appareil, et du formène, qui se dégage.

On introduit dans une cornue de verre un mélange d'*acétate de sodium* et de *chaux sodée*, et on chauffe au rouge. On recueille le gaz sur l'eau.

La soude intervient seule dans la réaction. Si on la calcine préalablement avec de la chaux, pour faire ce qu'on nomme la *chaux sodée*, c'est parce que, employée seule, elle se fondrait dans la cornue et attaquerait le verre.

408. Propriétés physiques. — Le *formène* est un gaz incolore, inodore, insipide, très peu soluble dans l'eau; M. Cailletet l'a liquéfié en 1877; son point critique est de — 82 degrés.

Sa densité est égale à 0,559. Les expériences d'endosmose à travers les cloisons poreuses réussissent avec ce gaz presque aussi bien qu'avec l'hydrogène.

409. Propriétés chimiques. — La *chaleur* ne décompose le formène qu'à une température très élevée; c'est le plus stable des hydrocarbures.

Une série d'*étincelles électriques* le décompose à la longue; il se dépose du charbon, et l'hydrogène est mis en liberté.

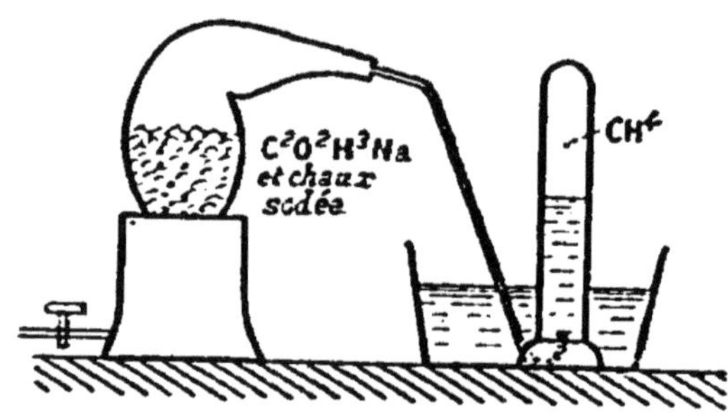

PRÉPARATION DU FORMÈNE. — On chauffe assez fortement le mélange d'*acétate de sodium* et de *chaux sodée*. On peut recueillir sur la cuve à eau.

Comme tous les carbures d'hydrogène, le formène *brûle* au contact de l'air; la flamme est jaunâtre et peu éclairante. Le mélange détonant formé avec l'*oxygène* est très violent :

$$CH^4 + 4O = CO^2 + 2H^2O.$$

Avec l'air, il y a également mélange détonant, mais l'explosion est naturellement moins violente.

410. *Action du chlore.* — Le *chlore* peut agir sur le formène soit par décomposition complète, soit par *substitution*.

Le mélange de 2 volumes de formène et de 4 volumes de chlore, enflammé à l'ouverture d'une grande éprouvette à pied, brûle très rapidement en produisant de l'acide chlorhydrique et un dépôt de charbon :

$$CH^4 + 4Cl = 4HCl + C.$$

Le même mélange, exposé à la lumière directe du soleil, détone violemment.

Mais si l'on fait agir la lumière du soleil, tamisée par son passage à travers un verre dépoli, ou si on renferme le gaz dans deux flacons différents, communiquant par un simple tube, il n'y a pas détonation. On a, dans ce cas, des composés successifs de substitution, avec production d'acide chlorhydrique : CH^3Cl, CH^2Cl^2, $CHCl^3$ (chloroforme), CCl^4.

411. *Caractères distinctifs du formène.* — Le formène brûle avec une flamme peu éclairante, en produisant de l'acide carbonique, ce qui ne suffit pas pour le caractériser absolument. Il n'est absorbé ni par la dissolution ammoniacale de *chlorure cuivreux* (ce qui permet de le séparer de l'acétylène), ni par le *brome* (ce qui permet de le séparer de l'éthylène).

412. Composition. — On détermine sa composition par l'eudiomètre, en opérant avec un excès d'oxygène.

On introduit dans l'eudiomètre 100 volumes de formène et 400 volumes d'oxygène.

Deux cents volumes disparaissent par l'action de l'étincelle, et il reste dans l'eudiomètre 100 volumes d'anhydride carbonique (absorbables par la potasse) et 200 volumes d'oxygène (absorbables par le phosphore).

Donc 200 volumes d'oxygène ont été employés à brûler le formène; 100 sont entrés dans la composition de l'anhydride carbonique, et ont brûlé 50 volumes de vapeur de charbon; 100 sont entrés dans la composition de la vapeur d'eau qui s'est condensée, et ont brûlé 200 volumes d'hydrogène.

On en conclut que le formène renferme un volume d'hydrogène double du sien, et un volume de vapeur de carbone égal à la moitié du sien.

VII. — BENZINE

$$C^6H^6 = 78.$$

413. La *benzine*, découverte par Faraday en 1825, prend naissance dans la décomposition par la chaleur de presque tous les composés organiques, principalement des huiles grasses, des résines, de la houille.

M. Berthelot a réalisé sa synthèse par la condensation de l'acétylène sous l'influence de la chaleur (**308**).

414. Préparation. — On ne prépare jamais la benzine dans les laboratoires.

L'industrie la retire du *goudron de houille*, mélange fort complexe de carbures liquides (*benzine*), de carbures solides (*naphtaline, anthracène*), d'acides oxygénés (*acide phénique*), de matières azotées (*aniline*).

Le goudron, placé dans une grande cornue qui communique avec un réfrigérant, est progressivement chauffé. Il passe d'abord à la distillation des *huiles légères*, mélange de divers carbures dont la température d'ébullition est inférieure à 200 degrés, et il reste du *brai gras*.

C'est de ces *huiles légères* qu'on retire la benzine. On agite d'abord ces huiles, à froid, avec de l'acide sulfurique concentré, puis avec une dissolution de soude caustique, pour enlever divers

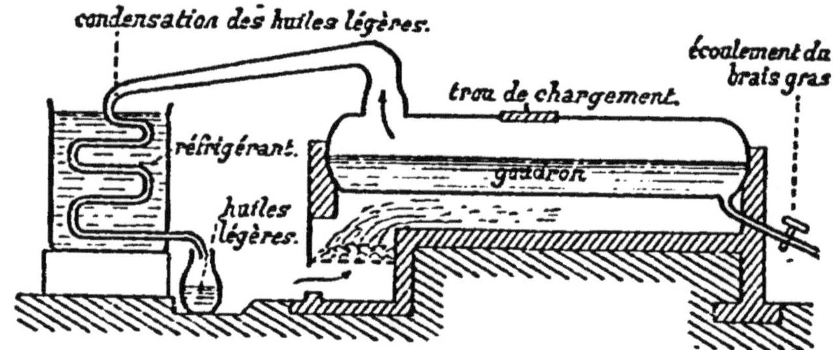

PRÉPARATION DE LA BENZINE. — Le *goudron* est chauffé dans une grande chaudière. Les *huiles légères*, qui distillent les premières, vont se condenser dans un réfrigérant; par une seconde distillation, on en retire la *benzine*.

composés qui nuiraient à l'opération, et on distille dans un grand alambic en fonte. La benzine passe à la distillation à une température voisine de 81 degrés.

On purifie par plusieurs distillations successives.

415. Propriétés physiques. — La benzine pure est un liquide très mobile, limpide et incolore, d'une saveur sucrée, d'une odeur agréable. La mauvaise odeur de la benzine du commerce est due aux nombreuses impuretés qu'elle renferme.

Elle a pour densité 0,89; elle bout à 81 degrés; la densité de sa vapeur est 2,77. Elle se solidifie et cristallise à une température voisine de 0 degré.

La benzine est très peu soluble dans l'eau, beaucoup plus dans l'alcool. Elle dissout l'*iode*, le *soufre*, le *phosphore*, le *camphre*, la *cire*, le *caoutchouc*, la *gutta-percha*, les *résines* et les *corps gras*.

416. Propriétés chimiques. — La benzine est *décomposée au rouge* en divers autres carbures.

Elle *brûle* avec une flamme éclairante et fuligineuse. Quand il n'arrive pas d'air en quantité suffisante, il se forme un abondant dépôt de charbon.

Le mélange de *chlore* et de *vapeurs de benzine* brûle quand on

l'enflamme, avec production d'acide chlorhydrique et dépôt de
charbon. Sous l'influence de la lumière il se forme de l'hexachlorure de benzine $C^6H^6Cl^6$.

417. Usages. — Les usages de la benzine sont très nombreux.

Elle est employée pour dissoudre le caoutchouc et la gutta-percha, et produire des feuilles très minces de ces deux substances.
Comme elle dissout les corps gras, elle est employée au dégraissage.

Mais la préparation de la *nitrobenzine* (**309**) est, de beaucoup,
l'usage le plus important de la benzine. Cette nitrobenzine est
ensuite transformée en *aniline*, la matière première de la fabrication d'une foule de matières colorantes artificielles.

VIII. — GAZ D'ÉCLAIRAGE

418. Décomposition de la houille par la chaleur. — La
houille renferme, outre 85 pour 100 de *charbon*, une forte proportion d'*hydrogène*, avec un peu d'*oxygène*, d'*azote* et de *soufre*.
Chauffée en vase clos, elle laisse dégager tous ces corps étrangers,
à l'état de combinaison entre eux et avec le carbone.

Il sort ainsi de l'appareil de distillation un mélange extrêmement
ment complexe de divers *carbures d'hydrogène combustibles*,
d'*oxyde de carbone*, d'*anhydride carbonique*, d'*hydrogène*, d'*azote*,
d'*ammoniaque* et de *vapeur d'eau*.

En 1785, l'ingénieur français Philippe Lebon eut l'idée d'utiliser
ce mélange, qui est combustible, pour l'éclairage, le chauffage et
la production de la force motrice. Mais c'est seulement en 1820,
après 35 ans de tentatives vaines, que l'industrie du gaz d'éclairage commença à rendre de réels services.

Le principal obstacle à l'utilisation des gaz de la houille était
la mauvaise odeur et la fumée répandues par leur combustion.

Aujourd'hui ces défauts sont enlevés par une épuration.

419. Principes de l'épuration du gaz de la houille. —
L'épuration du gaz qui sort des appareils de distillation est
double.

Épuration physique. — La fumée et la mauvaise odeur sont dues
en partie à des vapeurs de divers *carbures liquides* et *solides*, trop
riches en carbone. Un *lavage* et un faible *refroidissement* condensent ces carbures, en même temps qu'ils enlèvent la *vapeur d'eau*,
et la plus grande partie des gaz solubles (*ammoniaque* et *acide
sulfhydrique*).

120. *Épuration chimique.* — A la sortie des appareils à épuration physique, le gaz renferme encore un peu d'ammoniaque, d'anhydride carbonique et surtout d'acide sulfhydrique, dont on doit complétement le débarrasser. On y arrive par une épuration chimique.

Dans les petites usines, on se contente de faire passer le gaz à travers des claies recouvertes de *chaux éteinte*, qui absorbe les deux acides, et même la plus grande partie de l'ammoniaque, grâce à l'eau qu'elle contient.

Dans la grande fabrication, on remplace la chaux par divers mélanges plus efficaces. L'un des plus employés est un mélange de *sulfate de calcium* et d'*oxyde ferrique*, qu'on prépare en traitant par la *chaux* une dissolution de *sulfate ferreux*, puis en exposant à l'air le précipité obtenu, pour déterminer la transformation de l'oxyde ferreux en oxyde ferrique. Le précipité, rendu moins compact par l'adjonction de sciure de bois, est étendu sur des claies, à travers lesquelles passe le gaz. Le sulfate de calcium retient l'ammoniaque; l'oxyde ferrique arrête l'acide sulfhydrique et l'anhydride carbonique.

Quand le mélange n'absorbe plus, on le lave, pour enlever le sulfate d'ammonium, et on expose le résidu à l'air, après y avoir ajouté du carbonate de calcium pulvérisé ; le sulfure de fer s'oxyde et donne du sulfate de fer, lequel est décomposé par le carbonate de calcium, pour régénérer le sulfate de calcium et l'oxyde ferrique.

121. Appareil de préparation industrielle. — La houille est placée dans des *cornues* en terre réfractaire, qu'on chauffe par cinq ou par sept dans un grand fourneau.

Le gaz produit va d'abord se refroidir dans l'eau du *barillet*, cylindre horizontal dans lequel débouchent tous les tuyaux de dégagement. Là commence l'épuration physique : une partie des carbures liquides, de l'ammoniaque et de l'acide sulfhydrique se condensent.

A la sortie du barillet, le gaz circule dans une longue série de tubes verticaux, constituant le *réfrigérant*. Il y prend la température de l'air, et la condensation du goudron s'achève.

L'épuration physique se termine par le passage du gaz dans une colonne pleine de coke arrosé d'eau, où une nouvelle quantité d'ammoniaque se dissout.

Les eaux du barillet et de la colonne à coke se rendent avec les goudrons du réfrigérant dans un puits, d'où on les retirera pour les utiliser.

Le passage du gaz sur les claies, chargées du mélange destiné à l'épuration chimique, a lieu dans une grande caisse à deux

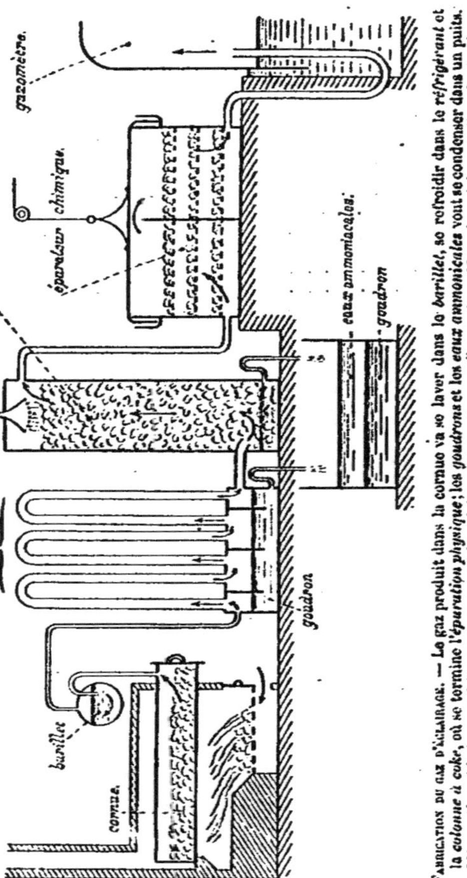

FABRICATION DU GAZ D'ÉCLAIRAGE. — Le gaz produit dans la cornue va se laver dans le *barillet*, se refroidir dans le *réfrigérant* et la *colonne à coke*, où se termine l'*épuration physique*; les *goudrons* et les *eaux ammonicales* vont se condenser dans un puits. L'*épuration chimique* se fait par passage sur des claies contenant un mélange de *sulfate de calcium* et d'*oxyde ferrique*. De là le gaz se rend dans le gazomètre, d'où il partira pour aller dans les conduites de distribution.

compartiments. A la sortie des caisses d'épuration chimique, le gaz se rend dans un *gazomètre*, d'où il sortira pour être distribué aux consommateurs.

422. Constitution du gaz épuré. — La composition du gaz d'éclairage n'est pas la même pendant toute la durée de la distillation ; le pouvoir éclairant diminue régulièrement du commencement à la fin, à mesure qu'augmente la proportion d'hydrogène libre, et que diminue la proportion des carbures.

Voici un exemple de composition d'un gaz bien épuré :

Hydrogène	39
Formène	40
Hydrocarbures lourds	5
Oxyde de carbone	4
Azote	10
Oxygène	1
Anhydride carbonique	1
	100

Les hydrocarbures lourds, qui communiquent au gaz la presque totalité de son pouvoir éclairant, sont constitués principalement par de l'éthylène, de l'acétylène, des vapeurs de benzine et de naphtaline.

IX. — SULFURE DE CARBONE

$$CS^2 = 76.$$

423. Préparation. — Le *sulfure de carbone* prend naissance dans la décomposition, par la chaleur, des *matières organiques sulfurées* et des *composés sulfurés du cyanogène*.

On ne le prépare jamais dans les laboratoires. L'industrie le fabrique en grande quantité par l'action directe du *soufre* sur le *charbon* incandescent.

Le charbon est chauffé au rouge vif dans un grand cylindre de fonte. Sur ce charbon on introduit graduellement le soufre par un ajutage latéral. Les vapeurs de sulfure de carbone se dégagent, passent dans un réservoir où se condensent les vapeurs de soufre qui ont échappé à la réaction, puis vont prendre l'état liquide dans un serpentin refroidi.

Le sulfure de carbone brut ainsi obtenu renferme encore du soufre en dissolution. On le rectifie par distillation.

424. Propriétés physiques. — Le sulfure de carbone est un liquide incolore, très mobile. Il est ordinairement doué d'une odeur fétide, mais, lorsqu'il est parfaitement pur, son odeur est éthérée et agréable. Sa densité est 1,293.

Il bout à 45 degrés. Sa densité de vapeur est 2,615. Son évaporation rapide dans le vide produit un froid de —60 degrés.

A —110 degrés, le sulfure de carbone se solidifie.

Il est presque insoluble dans l'eau, mais soluble dans l'*alcool* et

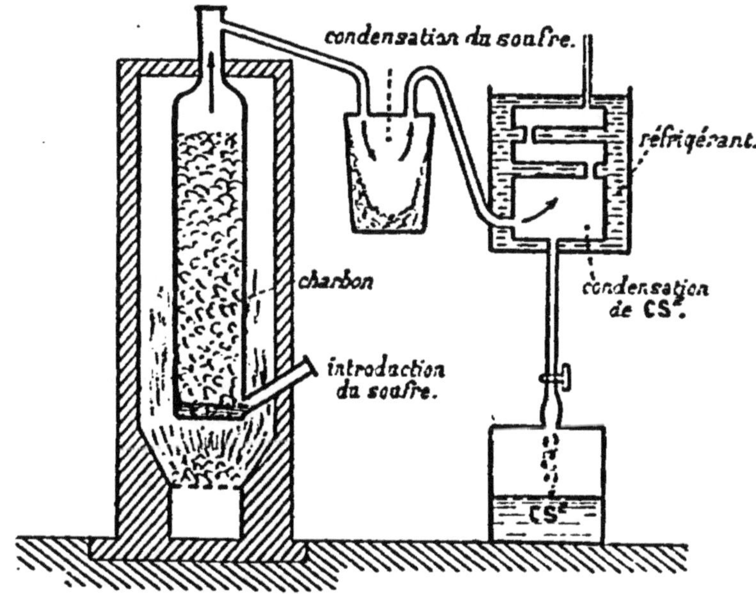

FABRICATION DU SULFURE DE CARBONE. — Le *soufre*, volatilisé dans le cylindre, agit sur le *charbon* et produit le sulfure de carbone. L'excès de soufre se condense dans un réservoir à la sortie, puis le sulfure de carbone, à son tour, se condense dans le réfrigérant, et se rend dans des bonbonnes complétement closes.

l'*éther*. Il dissout aisément le *soufre*, l'*iode*, le *phosphore*, le *caoutchouc* et les *corps gras*.

425. Propriétés chimiques. — Le sulfure de carbone est *dissocié* par la chaleur.

Il est détruit par un grand nombre de corps simples et de corps composés.

Et d'abord, il est *combustible*: il brûle au contact de l'air, en produisant de l'anhydride sulfureux et de l'anhydride carbonique:

$$CS^2 + 6O = CO^2 + 2SO^2.$$

La vapeur de sulfure de carbone forme avec l'air des mélanges détonants dangereux.

Les corps oxydants attaquent de même le sulfure de carbone. L'*oxyde azotique* forme avec sa vapeur un mélange très combustible; les vapeurs d'*acide azotique*, passant avec les vapeurs de sulfure de carbone dans un tube chauffé au rouge, donnent un mélange d'acide sulfurique, d'anhydride carbonique et de vapeurs nitreuses.

Le *chlore* sec et la vapeur de sulfure de carbone réagissent au rouge; il se forme du chlorure de soufre et du chlorure de carbone.

Les *métaux* susceptibles de s'unir directement au soufre décomposent le sulfure de carbone à une température élevée. Ainsi, la vapeur de sulfure de carbone, passant sur du *zinc* en poudre légèrement chauffé, donne du sulfure de zinc et du charbon, avec incandescence.

Enfin le sulfure de carbone s'unit aux *sulfures alcalins*, comme l'anhydride carbonique s'unit aux alcalis, pour donner des composés tels que CS^2, $K^2S = CS^3K^2$, correspondant au carbonate CO^3K^2; aussi lui a-t-on donné le nom d'*acide sulfocarbonique*. On appelle alors *sulfocarbonates* les composés qu'il forme avec les sulfures alcalins.

426. Usages. — Le sulfure de carbone a des usages chaque jour plus importants. Le caoutchouc est cassant à froid et collant quand la température est élevée. Trempé dans une dissolution de soufre dans le sulfure de carbone, il acquiert la propriété de demeurer souple aux températures les plus basses et de moins se ramollir sous l'action de la chaleur. La fabrication de ce caoutchouc dit *vulcanisé* consomme aujourd'hui une très grande quantité de sulfure de carbone.

Il est aussi employé dans l'industrie comme dissolvant des corps gras, du phosphore, de certains parfums. Il sert à extraire la graisse de la toison des moutons, l'huile de certaines graines et les vieux chiffons qui ont été employés à nettoyer les machines à vapeur.

Enfin on l'utilise, principalement à l'état de sulfocarbonate, dans le traitement des vignes atteintes du phylloxera.

X. — CYANOGÈNE ET ACIDE CYANHYDRIQUE

427. L'*azote* et le *carbone* ne se combinent pas directement. Cependant on peut obtenir, par des méthodes indirectes, un composé d'azote et de charbon qui a pour formule C^2Az^2. Ce composé, découvert et étudié par Gay-Lussac en 1814, est le premier exemple d'un corps composé ayant les fonctions d'un élément.

Il présente, en effet, les plus grandes analogies avec le chlore, le brome et l'iode. Avec l'hydrogène, il donne un acide analogue aux acides chlorhydrique, bromhydrique et iodhydrique. Avec les métaux, il forme des sels généralement solubles et cristallisables, analogues aux chlorures, bromures et iodures.

Gay-Lussac donna à ce radical composé, à cet *azoture de carbone*, le nom de *cyanogène* (de *kuanos*, bleu, et *gennaô*, j'engendre), parce qu'il entre dans la constitution du bleu de Prusse.

Cette découverte a exercé la plus grande influence sur les progrès de la chimie.

428. Mode de production des cyanures. — Les *cyanures* prennent naissance quand le *carbone* et l'*azote* se rencontrent, à une température élevée, au contact d'un alcali ou d'un carbonate alcalin.

Ainsi on prépare le *cyanure de potassium* K(CAz) en faisant arriver de l'*air*, débarrassé de son oxygène par son passage à travers une colonne de charbon incandescent, sur un mélange de *charbon* et de *carbonate de potassium*.

L'industrie préfère ordinairement préparer le cyanure de potassium en calcinant des *matières animales azotées* (sang, corne, chair musculaire) avec du *carbonate de potassium*.

429. Cyanogène C²Az². — On prépare le cyanogène en décomposant par la chaleur, dans une cornue de verre, le *cyanure de mercure* bien sec :

$$Hg(C^2Az^2) = Hg + C^2Az^2.$$

Les vapeurs de mercure se condensent dans le col de la cornue, et le cyanogène se dégage. On le recueille sur la cuve à mercure.

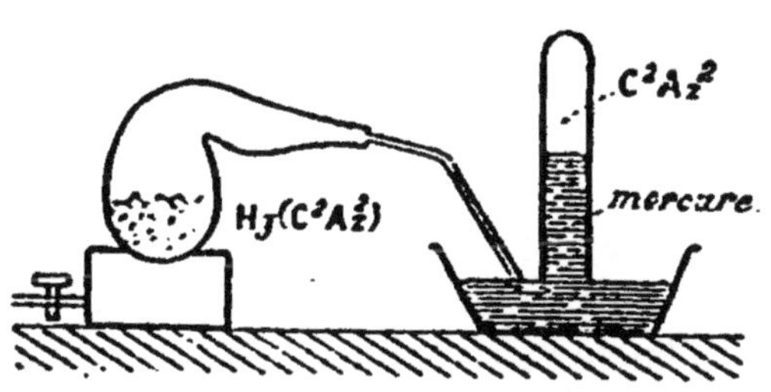

PRÉPARATION DU CYANOGÈNE. — On chauffe du *cyanure de mercure* dans une petite cornue de verre. On recueille le cyanogène sur le mercure.

On a ainsi un gaz incolore, d'une odeur très vive; sa densité est 1,806. Il est notablement soluble dans l'eau, assez facilement liquéfiable.

Le *cyanogène* est décomposable en ses éléments à une température très élevée. Une longue série d'*étincelles électriques* produit le même effet. Ce gaz *brûle* dans l'*air* avec une flamme caractéristique. Il forme avec l'*oxygène* un mélange détonant :

$$C^2Az^2 + 4O = 2Az + 2CO^2.$$

L'*hydrogène* s'y combine directement à 500 degrés, pour donner de l'acide cyanhydrique.

Par combinaison avec les *métaux* il se forme des *cyanures*, isomorphes des chlorures, bromures et iodures correspondants.

La dissolution de cyanogène dans l'eau s'altère rapidement; le composé s'unit à l'eau pour donner des matières plus complexes, telles que l'*oxalate d'ammoniaque*.

Longtemps maintenu en vase clos à la température de 400 degrés, le cyanogène se transforme en une modification allotropique solide, le *paracyanogène*.

130. Acide cyanhydrique HCAz. — L'*acide cyanhydrique* a été découvert par Scheele en 1782; il lui donna le nom d'*acide prussique*, parce qu'il l'avait retiré du bleu de Prusse.

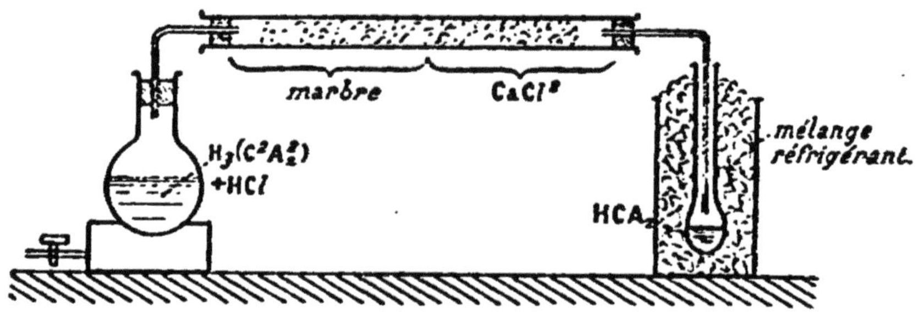

PRÉPARATION DE L'ACIDE CYANHYDRIQUE. — On chauffe dans un ballon un mélange de *cyanure de mercure* et *d'acide chlorhydrique*. Du *marbre* retient l'acide chlorhydrique entraîné, du *chlorure de calcium* retient la vapeur d'eau. L'acide cyanhydrique se condense dans un matras entouré d'un mélange réfrigérant.

On le prépare en décomposant le *cyanure de mercure* par l'*acide chlorhydrique*, sous l'influence d'une douce chaleur :

$$Hg(C^2Az^2) + 2HCl = 2HCAz + HgCl^2.$$

Un tube renfermant du marbre et du chlorure de calcium retient l'acide chlorhydrique et la vapeur d'eau entraînés. On liquéfie le gaz à l'aide d'un mélange réfrigérant.

L'acide cyanhydrique est un liquide incolore, qui bout à 26 degrés; sa densité de vapeur est 1,905. Il est très soluble dans l'eau

Il a l'odeur d'amandes amères.

Ce composé est très instable. La *chaleur* le décompose aisément en cyanogène, hydrogène, carbone et azote.

Il *brûle* avec une flamme pourpre :

$$2HCAz + 5O = H^2O + 2CO^2.$$

Le *chlore* le décompose, avec l'aide de la lumière, et donne de l'acide chlorhydrique et du chlorure de cyanogène.

Au contact des *métaux alcalins*, il donne, à chaud, un dégagement d'hydrogène et un cyanure métallique.

431. *Propriétés toxiques.* — L'acide prussique est un poison extrêmement violent. Une seule goutte de ce composé posée sur la langue ou dans l'œil d'un chien le tue immédiatement.

Les cyanures métalliques sont presque aussi vénéneux que l'acide cyanhydrique.

CHAPITRE VII

SILICE

132. Silicium. — Le *silicium* (Si = 28) est un métalloïde analogue au carbone. Il ne se rencontre pas à l'état libre dans la nature ; mais l'*anhydride silicique*, ou *silice*, SiO^2, s'y trouve en abondance.

133. Silice. — La *silice* est un solide incolore lorsqu'il est pur, mais souvent coloré par de petites quantités de substances étrangères. Il n'est fusible qu'à un violent feu de forge ; insoluble dans l'eau.

Aucun métalloïde ne le décompose, même aux températures les plus élevées. Mais il est réduit quand on fait passer un courant de *chlore* sur un mélange de silice et de *charbon* chauffé au rouge :

$$SiO^2 + 2C + 4Cl = SiCl^4 + 2CO.$$

De tous les acides, un seul l'attaque : c'est l'*acide fluorhydrique.*

On prépare la silice, dans les laboratoires, en versant de l'*acide chlorhydrique* dans une dissolution concentrée de *silicate de soude.* Il se forme alors un précipité de *silice gélatineuse*, qu'on peut dessécher par la chaleur.

134. État naturel. Usages. — Les diverses variétés de silice naturelle ont des applications importantes :

1° Le *quartz-hyalin*, ou *cristal de roche*, est de la silice cristallisée et incolore. La *topaze du Brésil*, le *rubis de Bohême* et l'*améthyste* sont encore des variétés de silice cristallisée, colorées en jaune, en rose ou en violet par des matières étrangères.

2° L'*agate*, la *cornaline*, le *jaspe* sont formés de silice non cristallisée, non transparente, richement colorés par des substances étrangères.

Ces variétés servent à l'ornementation et à la parure.

L'agate est assez dure pour qu'on en fabrique des pivots ou des mortiers.

Les pierres suivantes, plus communes, sont aussi constituées par de la silice plus ou moins pure.

3° Le *silex*, ou *pierre à fusil*, assez dur pour produire des étincelles par le choc ;

4° La *pierre meulière*, avec laquelle se font les meules à moudre le grain ;

5° Le *sable siliceux*, qui entre dans la composition du mortier, du verre et des poteries ;

6° Le *grès*, qui constitue les pavés de nos rues ;

7° Le *tripoli*, employé aux nettoyages.

L'eau de certaines sources, et principalement celle des sources jaillissantes d'eau chaude qui constituent les *geysers* d'Islande, renferment de la silice.

La silice se rencontre aussi dans un grand nombre de tissus animaux et végétaux, auxquels elle donne de la rigidité.

Enfin elle est très répandue dans la nature à l'état de *silicates*. Nombre de pierres précieuses sont des silicates. Le *mica*, le *feldspath*, l'*amiante*, les *granits*, les *porphyres*, les *basaltes*, les *laves des volcans*, l'*argile* en sont aussi.

La silice forme au moins les 3/10 de l'écorce terrestre.

CHAPITRE VIII

CLASSIFICATION DES MÉTALLOIDES

435. Classification des métalloïdes. — Nous avons vu (**22**) que les métalloïdes sont caractérisés par les propriétés suivantes : ils ont en général peu d'éclat, ils conduisent mal la chaleur et l'électricité, ne sont ni ductiles, ni malléables. Ils n'entrent jamais dans la constitution des *bases*.

Les divers métalloïdes présentent entre eux des analogies et des différences, qui ont permis à Dumas d'en établir, en 1838, une classification rationnelle.

Nous indiquons ici cette classification de Dumas, avec les légères modifications qui lui ont été apportées.

Et d'abord on a dû mettre l'*hydrogène* à part. En effet, bien que cet élément soit toujours placé au rang des métalloïdes, il a des propriétés qui le rapprochent des métaux.

C'est le seul gaz qui ait pour la chaleur une conductibilité notable.

Au point de vue chimique, il entre dans la constitution des acides, au même titre que les métaux entrent dans la constitution des sels :

$$SO^4H^2 \quad SO^4K^2 \quad AzO^3H \quad AzO^3K.$$

Il est déplacé par le zinc dans l'acide sulfurique, comme l'argent est déplacé par le cuivre dans le sulfate d'argent :

$$Zn + SO^4H^2 = 2H + SO^4Zn,$$
$$Cu + SO^4Ag^2 = 2Ag + SO^4Cu.$$

Inversement, l'hydrogène, sous pression, déplace l'argent de ses combinaisons.

Enfin l'hydrogène forme avec un certain nombre de métaux des composés à proportions définies absolument analogues aux alliages métalliques.

436. Première famille. — Elle comprend le *fluor*, le *chlore*, le *brome* et l'*iode*.

Ces quatre corps ont pour propriété caractéristique de se combiner avec un volume d'hydrogène égal au leur pour former, sans condensation, un acide énergique, gazeux à la température ordinaire, et très avide d'eau.

Ces quatre éléments présentent entre eux une analogie parfaite, tant par leurs propriétés physiques que par leurs propriétés chimiques.

Tous prennent aisément l'état gazeux, et produisent des vapeurs colorées dont la forte odeur est caractéristique. Les trois derniers se combinent avec l'eau froide; ce sont même les seuls corps simples qui jouissent de cette propriété.

Ils s'unissent aisément avec l'hydrogène et avec les métaux. Les chlorures, les bromures et les iodures métalliques sont isomorphes.

Ils ne se combinent pas directement avec l'oxygène, et les composés indirects qu'on peut obtenir sont instables.

L'ordre dans lequel sont classés les éléments de la première famille est l'ordre des poids atomiques croissants. C'est aussi l'ordre des températures croissantes d'ébullition, l'ordre d'affinité croissante pour l'oxygène, d'affinité décroissante pour l'hydrogène et les métaux.

437. Deuxième famille. — Elle renferme l'*oxygène*, le *soufre*, le *sélénium* et le *tellure*.

La propriété caractéristique des corps de cette famille est de se combiner avec un volume double du leur pour former, avec condensation d'un tiers, un acide faible.

L'oxygène s'écarte un peu des autres, mais le *soufre*, le *sélénium* et le *tellure* se ressemblent de tous points. Leurs hydracides sont odorants, vénéneux, solubles dans l'eau, combustibles.

Ces trois éléments sont combustibles et donnent, en brûlant, des anhydrides analogues à l'anhydride sulfureux, lesquels sont transformés, par les oxydants énergiques, en acides analogues à l'acide sulfurique.

Les sulfures, séléniures, tellurures sont isomorphes.

L'acide dans lequel sont classés les éléments de cette seconde famille est l'ordre des poids atomiques croissants. C'est aussi l'ordre des températures croissantes de fusion et d'ébullition, l'ordre d'affinité décroissante pour l'hydrogène.

438. Troisième famille. — Les métalloïdes qui la constituent sont : l'*azote*, le *phosphore*, l'*arsenic* (on y joint parfois l'*antimoine*).

Leur propriété caractéristique est de se combiner avec l'hydrogène pour former des composés gazeux qui ont des propriétés basiques.

L'azote, le premier des métalloïdes de cette famille, présente avec les autres des différences assez grandes. Il se combine avec l'hydrogène pour former l'ammoniaque, qui renferme un volume d'azote pour trois d'hydrogène ; tandis que les deux autres contiennent seulement un demi-volume de phosphore, d'arsenic ou d'antimoine pour trois volumes d'hydrogène.

Le phosphore, l'arsenic et l'antimoine, au contraire, se ressemblent presque de tous points. Les phosphates, les arséniates et les antimoniates sont isomorphes et partout associés dans la nature.

L'ordre dans lequel sont classés les éléments de la troisième famille est l'ordre des poids atomiques croissants, des températures croissantes de fusion et d'ébullition.

439. Quatrième famille. — Cette famille se compose du *carbone* et du *silicium*.

Les analogies que présentent entre eux ces deux éléments sont surtout des analogies physiques.

Ils forment l'un et l'autre, avec l'hydrogène, un composé gazeux contenant un volume de l'élément, uni à quatre volumes d'hydrogène, avec condensation à deux volumes.

Mais le carbone forme, en outre, beaucoup d'autres composés hydrogénés.

Au point de vue physique, le carbone et le silicium sont solides, très difficilement fusibles, très peu volatils. Ils sont connus à l'état amorphe, aisément attaquables par les réactifs, et aussi à l'état cristallin, présentant alors une grande résistance aux agents chimiques et une extrême dureté. Ils ne sont solubles que dans les métaux fondus, le carbone se dissolvant surtout dans la fonte, et le silicium dans l'aluminium.

440. Cinquième famille. — Le *bore* constitue à lui seul la cinquième famille. Cet élément présente avec le carbone, et surtout avec le silicium, certaines analogies qui avaient permis à Dumas de ranger ces trois éléments dans une famille unique.

Mais cependant les différences sont assez grandes pour qu'on ait cru nécessaire de placer le bore à part. D'une part, en effet, on ne connaît aucune combinaison du bore avec l'hydrogène. D'autre part, au point de vue physique, le bore n'est pas connu à l'état cristallin.

MÉTAUX

CHAPITRE I.

MÉTAUX ET ALLIAGES

441. Définition des métaux. — Nous avons défini les *métaux*
(**22**) : des corps simples doués d'un éclat particulier, appelé éclat
métallique, conduisant bien la chaleur et l'électricité, possédant
en général une assez grande ductilité et une assez grande malléabilité. Au point de vue chimique, un métal est caractérisé par
ce fait : qu'il entre toujours dans la constitution d'au moins une
base.

Les métaux sont moins répandus à la surface de la terre que
les métalloïdes. L'eau et l'air, dans leur état de pureté, sont constitués exclusivement par des métalloïdes. Il en est presque de
même des animaux et des végétaux, qui ne renferment que des
poids relativement très faibles de métaux.

Au contraire la plupart des roches solides qui constituent
l'écorce terrestre sont riches en métaux. Elles renferment ces
éléments quelquefois à l'état *natif* (c'est-à-dire à l'état libre),
mais plus souvent en combinaison avec divers métalloïdes, formant des *oxydes*, des *sulfures*, des *chlorures métalliques*, des *sulfates*, des *phosphates*, des *azotates* et surtout des *carbonates* et des
silicates.

442. Propriétés physiques. — Les propriétés générales des
métaux sont importantes à connaître, au point de vue des usages
de ces éléments.

Nous examinerons d'abord les propriétés physiques : *aspect,
densité, changement d'état, conductibilité, malléabilité, ductilité,
ténacité, dureté.*

443. Aspect. — Les métaux sont solides (sauf le *mercure*). Ils se présentent le plus souvent sous forme de masses homogènes, mais ils sont susceptibles de cristalliser. Le *bismuth* s'obtient cristallisé par fusion; une dissolution d'*acétate de plomb*, décomposée par un courant électrique très faible, abandonne sur l'électrode négative des lamelles cristallines de plomb, constituant une sorte d'arborescence très brillante, qu'on nomme l'*arbre de Saturne*.

Opaques quand ils sont pris en grande masse, les métaux deviennent transparents quand on les réduit en feuilles extrêmement minces. L'*or* est vert, et l'*argent* est bleu quand on les regarde par transparence.

Le blanc, teinté de bleu, de jaune, de gris, est la *couleur* la plus ordinaire des métaux. Quelques-uns seulement ont des couleurs plus tranchées : le *cuivre* est rouge, l'*or* est jaune. La coloration devient souvent plus foncée quand la lumière est réfléchie plusieurs fois à la surface de deux lames métalliques parallèles bien polies : dans ces conditions l'argent paraît jaune, le cuivre d'un rouge extrêmement foncé, et l'or d'un rouge plus clair.

444. Densité. — La densité des métaux est généralement beaucoup plus grande que celle des métalloïdes, comme il résulte du tableau suivant, donnant la densité des métaux les plus répandus ou les plus usuels :

Platine laminé	22,06	Fer	7,79
Or forgé	19,36	Étain	7,29
Mercure	13,58	Zinc	7,19
Plomb	11,35	Aluminium	2,56
Argent	10,47	Sodium	0,97
Cuivre	8,95	Potassium	0,86

445. Changements d'état. — Les métaux sont tous fusibles, à des températures très diverses, et souvent assez mal déterminées :

Platine	2000°	Zinc	410°
Fer	1500°	Plomb	335°
Or	1250°	Étain	228°
Cuivre	1100°	Sodium	95°
Argent	1000°	Potassium	62°
Aluminium	750°	Mercure	40°

Pour la plupart ils sont volatils, et la température d'ébullition de plusieurs d'entre eux est connue assez exactement. Le zinc et le magnésium entrent en ébullition vers 1 000 degrés; le sodium et le cadmium vers 860 degrés ; le mercure à 360 degrés. Le zinc, le mercure, le potassium et le sodium sont distillés industriellement.

446. Conductibilité. — La *conductibilité pour la chaleur* et *pour l'électricité* a une grande importance pour certains usages des métaux. En représentant par 1 000 la conductibilité de l'argent, on a les nombres suivants pour les métaux usuels :

Conductibilité pour la chaleur		Conductibilité pour l'électricité	
Argent	1000	*Argent*	1000
Cuivre	776	*Cuivre*	911
Or	532	*Or*	739
Zinc	190	*Zinc*	271
Étain	141	*Platine*	170
Fer	119	*Fer*	159
Plomb	85	*Étain*	118
Platine	81	*Mercure*	18

447. Malléabilité. — Un métal est *malléable* lorsqu'il peut être réduit en lames minces par l'action du marteau ou du *laminoir*. L'or est le plus malléable de tous les métaux ; par martelage on obtient des feuilles d'or ayant un cinq centième de millimètre d'épaisseur. L'ordre de malléabilité décroissante est le suivant :

or, argent, aluminium, cuivre, étain, platine, plomb, zinc, fer.

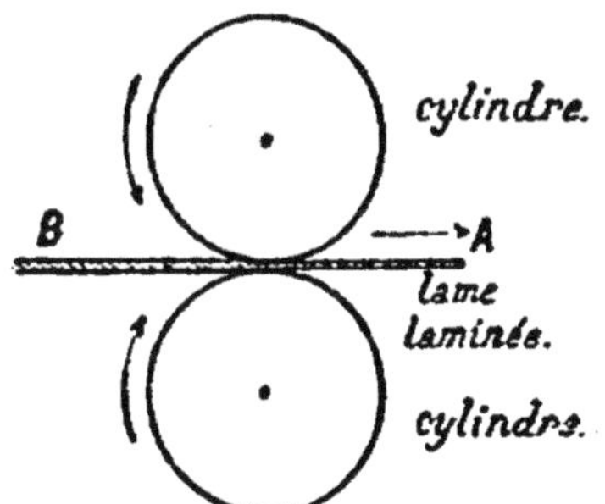

LAMINOIR. — Deux cylindres horizontaux de fonte tournent sur eux-mêmes. Ce mouvement détermine le passage et l'amincissement de la lame qu'il s'agit de laminer.

Le *laminoir*, avec lequel se fabriquent le plus souvent les feuilles métalliques, se compose de deux cylindres tournant autour de leurs axes, qui sont parallèles. La lame de métal, engagée entre ces cylindres, est entraînée dans leur mouvement et passe entre eux, s'aplatissant plus ou moins, suivant que les cylindres sont plus ou moins rapprochés l'un de l'autre.

448. Ductilité. — Un métal est d'autant plus *ductile* qu'on peut, par passage à travers les trous de la *filière*, le réduire en fils plus fins.

La *filière* est constituée par une épaisse lame d'acier, fortement trempée, et percée de trous coniques de diamètre décroissant.

Quand on veut obtenir un fil métallique fin, on prend un fil gros, préparé par fusion, et on le fait passer successivement à travers les trous de plus en plus petits de la filière, jusqu'à ce qu'il se rompe sous l'effort de la traction exercée sur lui pour le faire passer.

Le passage à la filière se fait à froid.

L'ordre de ductilité décroissante des métaux est le suivant :

or, argent, platine, aluminium, fer, cuivre, zinc, étain, plomb.

L'action du laminoir ou de la filière, à froid, rend la plupart des métaux cassants, et leur fait perdre leur malléabilité et leur ductilité ; on dit que ces métaux s'*écrouissent.* Mais ils reprennent leurs qualités premières par le *recuit*, c'est-à-dire par l'action de la température du rouge sombre, suivie d'un refroidissement aussi lent que possible.

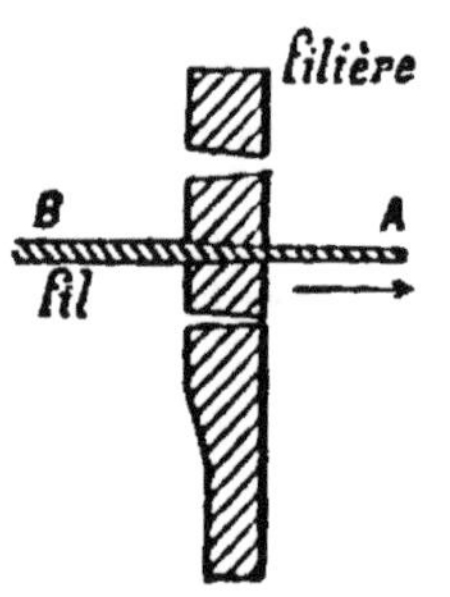

FILIÈRE. — Une épaisse plaque d'acier trempé est percée de trous coniques. On y fait passer, en tirant fortement, le fil métallique que l'on veut rendre plus fin.

449. Ténacité. — La *ténacité* d'un métal se mesure par la charge qu'un fil de ce métal peut supporter sans se rompre.

Un fil de deux millimètres de diamètre se rompt, pour les divers métaux usuels, sous les charges suivantes, exprimées en *kilogrammes :*

Cobalt	432		*Argent*	85
Nickel	320		*Or*	68
Fer	250		*Zinc*	50
Cuivre	137		*Étain*	16
Platine	125		*Plomb*	9

450. Dureté. — La *dureté* est mesurée par la facilité avec laquelle un métal use les autres corps ou est usé par eux. Le fer est assez dur pour rayer le marbre, le plomb assez mou pour être rayé par l'ongle.

L'ordre de dureté décroissante est le suivant :

nickel, fer, zinc, platine, cuivre, or, argent, étain, plomb.

Le *potassium* et le *sodium* sont mous comme la cire.

II. — PROPRIÉTÉS CHIMIQUES DES MÉTAUX ; CLASSIFICATION

451. Propriétés chimiques des métaux. — Les *métaux* sont susceptibles de se combiner entre eux et avec les métalloïdes ; ils sont aussi attaqués par les acides.

L'*oxygène*, le *soufre*, le *fluor*, le *chlore*, le *brome*, l'*iode*, le *phosphore* s'unissent directement à la plupart des métaux, soit à la température ordinaire, soit à chaud.

En étudiant les oxydes, les sulfures, les chlorures, les carbonates, les sulfates et les azotates, nous examinerons l'action, sur les métaux, des principaux métalloïdes et aussi des principaux acides.

452. Bases de la classification des métaux. — On a proposé pour les métaux diverses classifications. Aucune de ces classifications n'est *naturelle*, c'est-à-dire basée sur l'*ensemble* des propriétés des éléments ; aucune, par suite, n'est réellement satisfaisante.

Aussi nous contenterons-nous ici de l'ancienne *classification de Thenard*, légèrement modifiée. Cette classification, faite surtout au point de vue pratique des applications des métaux, est basée sur la facilité plus ou moins grande avec laquelle s'oxydent ces corps simples, soit au contact de l'air, soit au contact de l'eau ou des acides oxygénés.

453. Classification de Thenard. — Dans la classification de Thenard, les métaux sont classés en huit sections.

Première section. — Les métaux de cette section, sauf le potassium, ne s'oxydent pas à froid dans l'air sec, mais ils s'oxydent très rapidement quand la température s'élève, et brûlent alors avec incandescence.

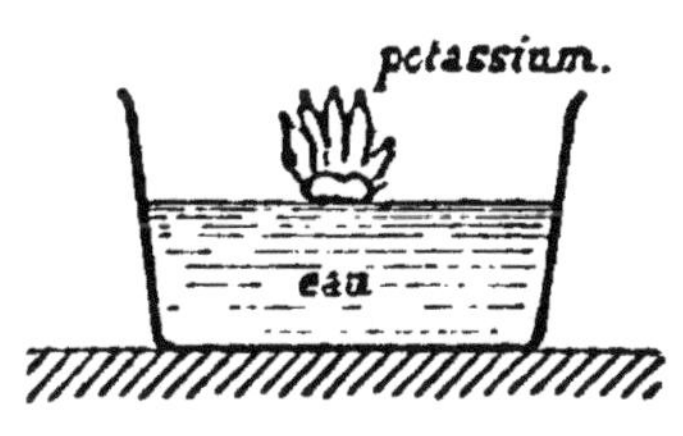

DÉCOMPOSITION DE L'EAU A FROID, PAR LE POTASSIUM. — Le *potassium*, mis sur l'eau, s'enflamme immédiatement, et se transforme en potasse caustique.

Leur oxydation dans l'air humide est rapide.

Ils décomposent l'eau immédiatement à la température ordinaire.

Leurs protoxydes sont indécomposables par la chaleur.

Les métaux de cette section présentent entre eux de grandes analogies, tant au point de vue physique qu'au point de vue chimique ; ils forment donc une véritable famille naturelle.

On les divise en deux groupes : les *métaux alcalins*, dont les deux principaux sont le *potassium* et le *sodium*; leurs oxydes portent le nom d'*alcalis*; et les *métaux alcalino-terreux* (*baryum, strontium, calcium*), ainsi nommés à cause de l'aspect terreux de leurs oxydes.

Seconde section. — Les métaux de la première section s'oxydent aussi à l'air humide, à la température ordinaire; ils brûlent dans l'oxygène ou dans l'air sec, à une température élevée; leurs oxydes sont indécomposables par la chaleur.

Mais ils ne décomposent l'eau qu'à partir de la température de 50 degrés :

magnésium, manganèse.

Troisième section. — L'*aluminium*, qui constitue à lui seul cette famille, s'oxyde très lentement à l'air, même à chaud, parce qu'il se recouvre d'une couche d'oxyde qui le préserve.

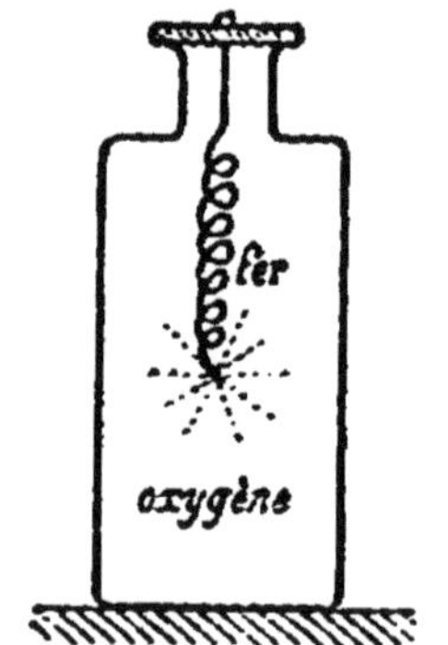

Combustion de fer dans l'oxygène. — Le *fer* brûle vivement dans l'*oxygène*, en produisant de l'oxyde magnétique.

Il décompose l'eau fort lentement pour la même raison.

Son oxyde est indécomposable par la chaleur et même par le charbon.

Quatrième section. — Ces métaux s'oxydent à froid dans l'air humide; à une température élevée ils brûlent avec incandescence dans l'air et surtout dans l'oxygène.

Ils décomposent l'eau au rouge, ou, à froid, en présence des acides. Leurs oxydes sont indécomposables par la chaleur :

fer, zinc, nickel, cobalt, chrome.

Cinquième section. — Dans cette section sont placés des métaux qui s'oxydent dans l'air aux températures élevées, en donnant des oxydes indécomposables par la chaleur, mais qui ne décomposent l'eau qu'au rouge vif. De plus ils la décomposent en présence des bases, à partir de 100 degrés, parce qu'ils produisent des oxydes susceptibles de réagir sur les bases en jouant le rôle d'acides :

étain, antimoine.

Sixième section. —Les métaux de la sixième section s'oxydent dans l'air sous l'influence de la chaleur, mais sans incandescence, en donnant des oxydes indécomposables par la chaleur.

Ils ne décomposent l'eau que très difficilement, à une température très élevée, et ne la décomposent à froid ni en présence des acides, ni en présence des bases :

cuivre, plomb, bismuth.

Septième section. — Le mercure, seul métal usuel de cette famille, s'oxyde à l'air vers 300 degrés, mais son oxyde est décom-

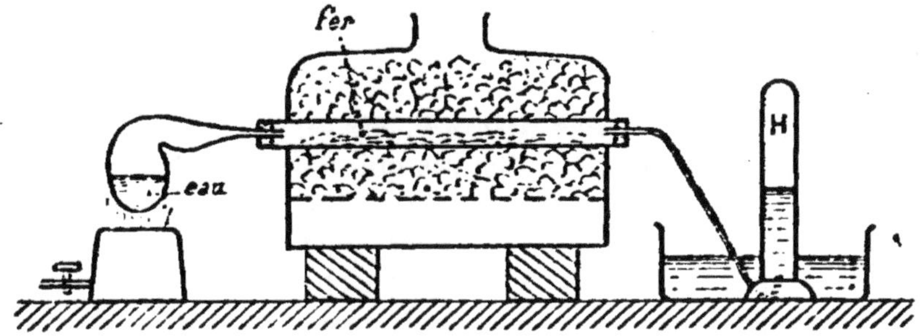

DÉCOMPOSITION DE L'EAU PAR LE FER AU ROUGE. — La *vapeur d'eau*, passant sur le fer, chauffé au rouge, est décomposée : il se produit de l'oxyde de fer, et l'hydrogène se dégage.

posable par la chaleur. Il ne décompose l'eau à aucune température.

Huitième section. — Les métaux de la huitième section sont inaltérables à l'air, sec ou humide, à toute température. Ils ne décomposent jamais l'eau. Leurs oxydes, obtenus par réaction indirecte, sont facilement décomposables par la chaleur :

argent, or, platine.

III. — ALLIAGES

454. Combinaison des métaux entre eux. — Les métaux sont susceptibles de se combiner entre eux ; ces combinaisons, nommées *alliages*, sont importantes.

Les alliages industriels ne sont pas des composés purs ; ce sont généralement des combinaisons définies de deux métaux, en dissolution dans un excès de l'un d'eux, ou même d'un troisième. C'est ce qui donne aux alliages leurs propriétés si variables.

Dans leur fabrication, on ne s'occupe donc pas des lois ordinaires des combinaisons chimiques. Quand aucun métal ne possède les qualités que l'on désire pour une application déterminée, on unit plusieurs métaux pour former un alliage, et on ajoute des quantités convenables de l'un ou de l'autre, jusqu'à ce qu'on ait obtenu les propriétés désirées.

Par exemple : l'or pur est trop mou, les monnaies faites d'or pur s'useraient trop rapidement. On ajoute un peu de cuivre, et on a un alliage aussi inaltérable que l'or, mais plus résistant.

Pour l'industrie, les alliages sont donc de véritables métaux, artificiellement formés par l'union de plusieurs autres. Ils ont autant d'importance, par leurs applications, que les métaux eux-mêmes.

Le *cuivre*, en première ligne, puis l'*or*, l'*argent*, l'*étain*, le *zinc*, l'*aluminium*, le *plomb*, l'*antimoine*, le *nickel*, le *bismuth*, sont les principaux éléments constitutifs des alliages.

455. Préparation des alliages. Propriétés. — Les alliages s'obtiennent par fusion. Les métaux qui doivent entrer dans leur composition étant pesés à l'avance, on les introduit dans un creuset chauffé au rouge; ils fondent et se mélangent.

On n'a plus qu'à laisser refroidir la masse pour avoir l'alliage en lingot.

Les propriétés physiques des alliages sont celles de véritables métaux, mais ces propriétés ne sont pas toujours intermédiaires entre celles des éléments constituants.

Ainsi certains alliages sont plus fusibles que le plus fusible des métaux constituants. L'*alliage Darcet*, formé de *plomb*, de *bismuth* et d'*étain*, fond à 94 degrés, tandis que l'étain, plus fusible que le plomb et que le bismuth, fond seulement à 228 degrés.

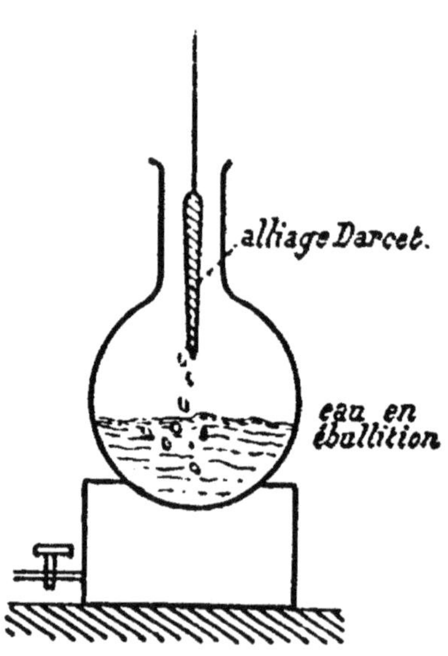

ALLIAGE DARCET. — L'alliage Darcet fond à une température inférieure à celle de l'eau bouillante.

Le *cuivre*, en s'unissant à un métal mou (*or, argent, étain*), lui communique une dureté souvent supérieure à la sienne propre. L'*étain*, l'*antimoine*, le *plomb* diminuent souvent la malléabilité et la ductilité des métaux auxquels on les allie.

Au point de vue chimique, chaque métal conserve ordinairement dans l'alliage ses propriétés caractéristiques.

On observe cependant de remarquables exceptions à cette règle. Ainsi l'alliage de *fer* et d'*aluminium* est aussi inoxydable que l'aluminium; le bronze d'aluminium (*cuivre* et *aluminium*) est moins attaquable par l'acide chlorhydrique que l'aluminium pur.

Par contre, les alliages d'*étain* et de *plomb*, ou d'*antimoine* et de *potassium,* brûlent vivement quand on les chauffe; cela tient à ce que, dans cette oxydation simultanée des deux métaux, il se produit un sel (*stannate de plomb* ou *antimoniate de potassium*).

450. Constitution des alliages; liquation. — On doit considérer les alliages comme formés de combinaisons définies des métaux entre eux, en dissolution dans un excès de l'un d'eux.

Diverses expériences permettent en effet de constater que les métaux sont susceptibles de se combiner en proportions définies, et que ces combinaisons définies existent dans divers alliages.

Ainsi, quand on jette des morceaux de sodium dans du mercure légèrement chauffé, la combinaison s'effectue avec un grand dégagement de chaleur et de lumière, et, par le refroidissement, le tout se prend en une masse cristalline formée d'aiguilles brillantes.

Quand on laisse refroidir doucement un alliage, il se forme, au sein de la masse encore liquide, des cristaux renfermant des proportions parfaitement définies des deux métaux, tandis que le métal en excès reste bientôt presque complètement isolé.

Cette séparation, en deux ou plusieurs parties, d'un alliage qui se refroidit lentement, a reçu le nom de *liquation.* On doit se mettre en garde contre ce phénomène chaque fois qu'on prépare une masse un peu considérable d'un alliage. Pour que le solide obtenu soit sensiblement homogène, il faut hâter le refroidissement autant que possible.

La liquation se produit aussi quand un alliage solide est chauffé graduellement, jusque dans le voisinage de sa température de fusion. Il se sépare, sans prendre l'état liquide, en couches différentes dont la composition et la densité varient de l'une à l'autre.

457. Principaux alliages usuels. — Voici l'énumération de quelques alliages usuels :

Alliages d'or et de cuivre. — L'alliage des monnaies d'or est à 0,900 d'or; celui des médailles d'or à 0,916; celui des bijoux à 0,750; ceux de la vaisselle et des ustensiles en or à 0,920, 0,840 et 0,750.

La composition de ces alliages est *légale* en France, et nul ne peut s'en écarter. En Prusse et en Autriche on emploie pour les bijoux divers alliages, dont le moins riche renferme seulement 0,226 d'or.

Sous le nom d'*or vert,* d'*or jaune,* d'*électrum,* on utilise en bijouterie divers alliages d'or et d'argent.

Alliages d'argent et de cuivre. — L'alliage des monnaies d'argent françaises est à 0,900 (pour les pièces de 5 francs) et à 0,835 (pour les monnaies divisionnaires d'argent). La vaisselle d'argent renferme 0,950 de métal précieux.

Bronzes. — Les bronzes sont des alliages de cuivre et d'étain, renfermant toujours au moins 75 pour 100 de cuivre. Ces alliages sont d'autant plus cassants et plus sonores qu'ils renferment plus d'étain ; ils sont au contraire d'autant plus tenaces qu'ils en renferment moins.

Le bronze des cloches est à 0,78 de cuivre et 0,22 d'étain ; celui des statues à 0,90 de cuivre et 0,10 d'étain ; on y ajoute souvent de petites proportions de plomb et de zinc.

Le bronze monétaire français contient aussi un peu de zinc : 0,95 de cuivre, 0,04 d'étain et 0,01 de zinc.

Laiton ou cuivre jaune. — Remarquable par sa dureté, cet alliage sert à la fabrication de pendules, de flambeaux, de garnitures de meubles, d'ustensiles de cuisine, d'instruments de physique. La fabrication des épingles en consomme en France pour plus de 10 millions de francs. Il renferme 0,77 de cuivre et 0,33 de zinc.

Caractères d'imprimerie. — Leur alliage renferme 0,80 de plomb et 0,20 d'antimoine.

Vaisselle d'étain. — Elle est composée par : étain 0,92, plomb 0,8.

Maillechort, alfénide, cuivre blanc. — Cet alliage, très dur et très brillant, employé surtout pour les ustensiles de table destinés à l'argenture, renferme : cuivre 50 à 62 pour 100 ; zinc 17 à 31 ; nickel 3 à 25.

Métal anglais. — L'alliage blanc, de faible dureté, dit métal anglais, renferme : étain 100 parties, antimoine 8, cuivre 4, bismuth 1.

Alliages d'aluminium. — Les alliages d'aluminium prennent chaque jour une importance plus grande. Le *bronze d'aluminium* renferme du cuivre et de l'aluminium. L'aluminium forme avec le fer un alliage très dur et peu altérable.

CHAPITRE II

OXYDES MÉTALLIQUES

458. Action de l'oxygène et de l'air sur les métaux. —
Tous les métaux, sauf ceux de la dernière section, se combinent
directement avec l'oxygène à une température suffisamment
élevée. Pour plusieurs, tels que le potassium, le fer, le zinc et le
magnésium, par exemple, l'oxydation peut même être une véritable combustion vive, avec incandescence et production d'une
lumière éclatante.

A la température ordinaire, le potassium seul s'oxyde dans l'air
sec. Les autres métaux s'oxydent lentement dans l'air humide
et chargé d'anhydride carbonique. Le *fer* se transforme en *rouille*,
ou oxyde ferrique hydraté; le *zinc*, le *plomb*, l'*étain*, le *cuivre*
se recouvrent d'une couche terne de carbonate hydraté de zinc,
de plomb, d'étain, de cuivre.

L'intervention d'un acide quelconque active encore l'oxydation
du métal au contact de l'air, même quand cet acide n'est pas
susceptible d'attaquer directement le métal. Ainsi, une lame de
couteau, qui a coupé un fruit acide, se rouille très rapidement; le
vert-de-gris se forme en quelques heures autour des gouttes
d'acide stéarique qui sont tombées d'une bougie sur un candé-
labre.

Le plus souvent, le composé produit forme à la surface du métal une couche imperméable qui empêche l'oxydation de gagner
en profondeur.

Le plomb, le zinc, l'étain, le cuivre se ternissent rapidement à
l'air; mais l'altération est toute superficielle.

La rouille, au contraire, formée de lamelles entre lesquelles
l'air peut passer, gagne peu à peu toute la masse, et après un
certain temps tout le fer est oxydé. On préserve le fer de cette
altération profonde en le recouvrant, selon les circonstances, de
peinture, d'émail, de zinc, d'étain, de cuivre ou de plomb.

Le *fer étamé* (ou *fer-blanc*) sert surtout à la confection des
ustensiles de cuisine, parce que l'étain n'est attaqué par aucune
des substances employées dans la préparation des aliments. Le fer
recouvert de zinc (ou *fer galvanisé*) ne peut être utilisé dans ces

circonstances, car le zinc est attaqué par le vinaigre, le verjus, le vin, l'eau salée, les corps gras, et donne naissance à des composés vénéneux.

Mais la préservation du fer par le zinc est plus efficace que sa préservation par l'étain. Dans l'étamage, quand le fer est mis à nu en un point, par suite de l'usure de la couche d'étain, l'oxydation commence aussitôt et gagne en profondeur et en étendue sous l'étain. Avec le zinc, au contraire, l'oxydation qui a commencé au point découvert ne s'étend jamais.

459. Circonstances de production des oxydes métalliques. — Les oxydes métalliques sont assez répandus dans la nature. On les trouve soit à l'état anhydre (oxyde ferrique, oxyde magnétique de fer, bioxyde de manganèse, bioxyde d'étain), soit à l'état hydraté (oxyde ferrique hydraté). Ils sont le plus souvent amorphes; mais parfois on les rencontre très nettement cristallisés (oxyde ferrique et surtout alumine Al^2O^3, dont les variétés cristallisées constituent le *corindon*, le *rubis oriental*, le *saphir oriental*).

Dans l'industrie ou dans les laboratoires, on prépare les oxydes métalliques de diverses manières.

Les oxydes des métaux communs s'obtiennent par *simple grillage* au contact de l'air (oxydes de zinc et de plomb dans l'industrie, oxyde de cuivre dans les laboratoires).

La *décomposition par la chaleur* des carbonates, des sulfates et des azotates métalliques permet d'obtenir les oxydes qui sont indécomposables par la chaleur. C'est en chauffant fortement le calcaire (ou carbonate de calcium) qu'on obtient la chaux vive :

$$CO^3Ca = CO^2 + CaO.$$

Enfin on isole les oxydes des sels métalliques en dissolution, en traitant la dissolution par une base capable de former avec l'acide un nouveau sel, conformément aux lois de Berthollet.

Par exemple, dans une dissolution de *carbonate de potassium* on verse un lait de *chaux*; il se produit du carbonate de calcium insoluble, et la potasse caustique reste en dissolution :

$$CO^3K^2 + CaO + H^2O = CO^3Ca + 2KOH.$$

Ou bien dans une dissolution d'*azotate d'argent* on verse une dissolution de *potasse caustique*. Il se forme de l'azotate de potassium qui reste en dissolution, et de l'oxyde d'argent se précipite :

$$2AzO^3Ag + 2KOH = 2AzO^3K + Ag^2O + H^2O.$$

460. Propriétés physiques. — Les oxydes métalliques sont solides, sans éclat métallique, mauvais conducteurs de la chaleur et de l'électricité. Quelques-uns sont vivement colorés. L'oxyde salin de plomb est rouge vif, de même que l'oxyde de mercure préparé par oxydation directe du mercure au contact de l'air; l'oxyde ferrique est rouge brique; l'oxyde de cuivre anhydre est noir; l'oxyde de cuivre hydraté est bleu.

Les oxydes qui ne se décomposent pas par la chaleur fondent en général, à une température plus ou moins élevée. Quelques-uns même, comme l'oxyde d'antimoine, sont volatils. La chaux et la magnésie n'ont pu encore être fondues.

La potasse et la soude sont très solubles dans l'eau; la chaux, la baryte, la strontiane et la magnésie le sont un peu. Les autres oxydes métalliques sont complètement ou presque complètement insolubles.

461. Propriétés chimiques. — La chaleur ramène ordinairement les oxydes très oxygénés à un degré inférieur d'oxyda-

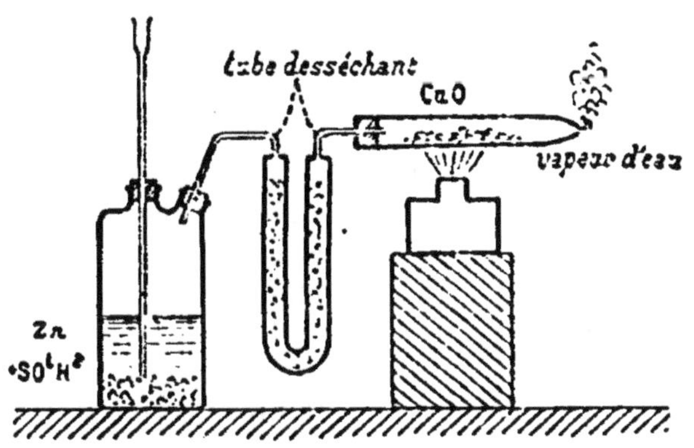

RÉDUCTION DE L'OXYDE DE CUIVRE PAR L'HYDROGÈNE. — L'hydrogène, préalablement desséché, arrive sur l'oxyde de cuivre chauffé au rouge sombre : il se dégage de la vapeur d'eau.

tion; mais il reste toujours un oxyde indécomposable (sauf pour les métaux des deux dernières sections).

Inversement, l'*oxygène* se combine, avec l'aide de la chaleur, à plusieurs oxydes pour les porter à un degré supérieur d'oxydation. Ainsi la baryte BaO absorbe l'oxygène au rouge sombre et donne le bioxyde de baryum BaO^2.

Un fort courant électrique dédouble presque tous les oxydes. L'oxygène se porte à l'électrode positive, et le métal à l'électrode négative.

Plusieurs métalloïdes sont susceptibles de décomposer les oxydes métalliques, en s'unissant soit au métal, soit à l'oxygène, soit à la fois au métal et à l'oxygène. Nous examinerons seulement les actions les plus importantes.

462. La plupart des oxydes métalliques sont réduits par l'*hydrogène*; il se forme de la vapeur d'eau, et le métal est mis en liberté. Avec l'*oxyde de cuivre*, la réaction commence au rouge sombre; elle dégage assez de chaleur pour produire ensuite une vive incandescence :

$$CuO + 2H = Cu + H^2O.$$

Avec le *sesquioxyde de fer*, il faut chauffer un peu plus, et il ne se produit pas d'incandescence. Le fer en poussière impalpable qui reste dans l'appareil est si facilement oxydable, qu'il devient incandescent quand on le projette dans l'air : on dit qu'il est *pyrophorique* :

$$Fe^2O^3 + 6H = 2Fe + 3H^2O.$$

La décomposition de l'*oxyde de zinc* n'a lieu qu'au rouge vif.

Les oxydes de la première section ne sont pas réduits, non plus que l'alumine Al^2O^3, ni la magnésie MgO.

463. Le *charbon* agit comme l'hydrogène. Quand on chauffe suffisamment le mélange du charbon avec un oxyde métallique, le métal est mis en liberté.

Il se forme de l'anhydride carbonique si la réduction se produit à une température qui ne soit pas très élevée (*oxyde de cuivre*), et de l'oxyde de carbone si la réduction est plus difficile (*oxyde de zinc*).

La propriété réductrice du charbon est la base de la plupart des réductions métallurgiques.

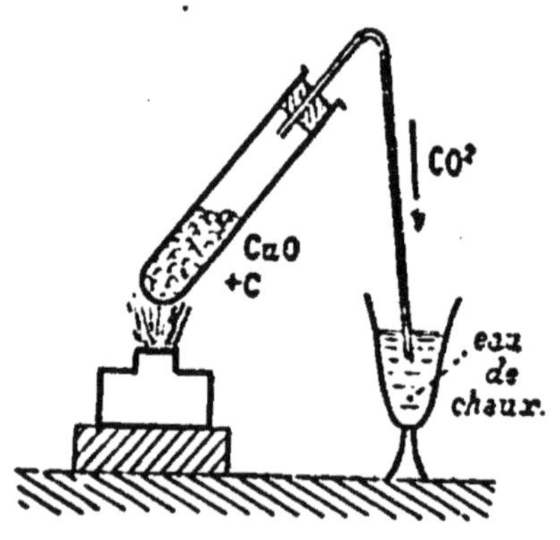

RÉDUCTION DE L'OXYDE DE CUIVRE PAR LE CHARBON. — Un mélange d'*oxyde de cuivre* et de *charbon*, chauffé dans un petit tube à essais, fournit un dégagement d'anhydride carbonique, qui trouble l'eau de chaux.

464. Le *chlore* décompose les oxydes métalliques en agissant seulement sur le métal, et mettant l'oxygène en liberté.

Un courant de *chlore* passant sur la *chaux* chauffée au rouge donne du chlorure de calcium et de l'oxygène.

L'alumine seule et les oxydes analogues résistent à l'action du chlore.

L'alumine, qui résiste aussi bien à l'action du chlore qu'à l'action du charbon, est décomposée quand on fait intervenir

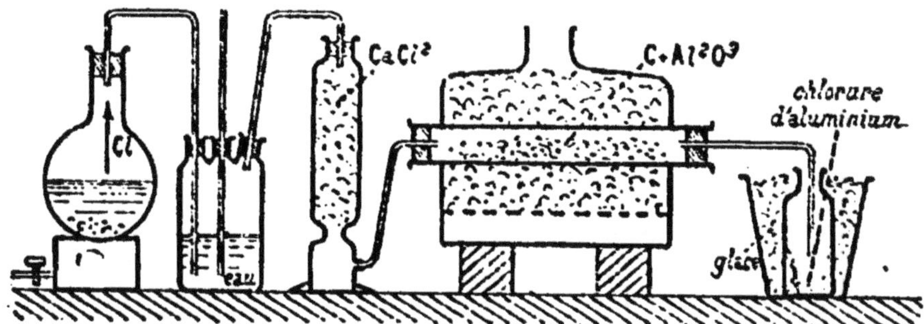

RÉDUCTION DE L'ALUMINE PAR L'ACTION COMBINÉE DU CHLORE ET DU CHARBON. — Le *chlore*, lavé et desséché, traverse un tube de porcelaine où se trouve un mélange, très fortement chauffé, d'*alumine* et de *charbon*. Il se produit de l'*oxyde de carbone* qui se dégage, et du *chlorure d'aluminium*, qui se condense dans un flacon entouré de glace, ou simplement d'eau froide.

simultanément ces deux éléments, à une température élevée; le chlore se combine au métal, et le charbon à l'oxygène :

$$Al^2O^3 + 3C + 6Cl = 3CO + 2AlCl^3.$$

Le *soufre* décompose aussi, à chaud, la plupart des oxydes métalliques, en s'unissant d'une part à l'oxygène, et d'autre part au métal.

465. *Action de l'eau et des acides.* — La plupart des oxydes métalliques sont susceptibles de se combiner à l'eau, avec dégagement de chaleur, pour former des *hydrates* qui ont les propriétés caractéristiques des *bases*.

Ainsi l'*oxyde de potassium* K^2O forme avec l'eau l'*hydrate de potasse* $K^2O,H^2O = 2KOH$ (*potasse caustique*). De même la *baryte* BaO forme la *baryte hydratée* $BaO,H^2O = BaO^2H^2$; l'*oxyde de cuivre* CuO forme l'*hydrate d'oxyde de cuivre* $CuO,H^2O = CuO^2H^2$; la *chaux* CaO forme la *chaux éteinte* $CaO,H^2O = CaO^2H^2$.

Ces hydrates sont d'ailleurs généralement décomposables par la chaleur; chauffés ils perdent leur eau et régénèrent l'oxyde anhydre. La potasse et la soude caustiques résistent à cette action.

Sous l'influence des acides, les *hydrates d'oxydes métalliques* donnent naissance à des sels, avec élimination d'eau :

$$BaO^2H^2 + SO^4H^2 = SO^4Ba + 2H^2O.$$

Les mêmes sels se forment encore par réaction des acides sur les oxydes anhydres :

$$BaO + SO^4H^2 = SO^4Ba + H^2O.$$

Plus rarement, les oxydes métalliques donnent encore naissance à des sels, sans élimination d'eau, au contact des anhydrides. Ainsi les vapeurs d'*anhydride sulfurique* SO³, passant sur de la *baryte* anhydre, chauffée au rouge sombre, produisent du sulfate de baryum, avec incandescence :

$$BaO + SO^3 = SO^4Ba.$$

De même l'*anhydride carbonique*, arrivant sur de la *chaux* vive portée au rouge, en détermine l'incandescence, avec formation de carbonate de calcium :

$$CaO + CO^2 = CO^3Ca.$$

466. Classification. — On a divisé les oxydes métalliques en cinq classes, d'après leur fonction chimique :

Les *oxydes basiques* sont ceux qui peuvent, soit directement, soit après hydratation, réagir sur les acides pour donner des sels (K²O, KOH, Na²O, NaOH, CaO, CaO²H², BaO, FeO, PbO, Ag²O).

Les *oxydes acides* sont ceux qui peuvent, soit directement, soit après hydratation, réagir sur les bases pour former des sels (SnO², PbO², CrO³).

Les *oxydes indifférents* peuvent former des sels, soit par combinaison avec les acides, soit par combinaison avec les bases (Al²O³, Fe²O³, Cr²O³).

Les *oxydes salins* peuvent être considérés comme des sels, résultant de l'action d'un oxyde basique sur un oxyde acide du même métal (Pb³O⁴ = (PbO)²PbO² ; Fe³O⁴ = FeO,Fe²O³).

Les *oxydes singuliers* (BaO², MnO²) ne jouent ni le rôle d'acide, ni le rôle de base.

467. Usages. — Plusieurs oxydes ont des usages importants. Tels sont la chaux vive CaO, qui entre dans la composition des mortiers ; la potasse et la soude caustiques KOH et NaOH employées en médecine et dans les laboratoires ; la baryte BaO, qui sert à la préparation industrielle de l'oxygène ; l'oxyde de zinc ZnO, utilisé en peinture sous le nom de *blanc de zinc* ; les oxydes de plomb, dont l'un, la *litharge* PbO, est surtout employé dans la fabrication du verre, et l'autre, le *minium* Pb³O⁴, employé aussi dans la fabrication du verre, sert encore à vernir les poteries communes, à décorer les papiers peints, à préparer des couleurs....

II. — POTASSE ET SOUDE

468. Potassium et sodium. — Le *potassium* et le *sodium* sont deux métaux qui présentent entre eux les plus grandes analogies. Ils sont solides, mais mous et malléables comme la cire. Ils sont si avides d'oxygène qu'ils décomposent l'eau à la température ordinaire. On ne peut les conserver que plongés dans le pétrole, à l'abri du contact de l'air et de tout corps oxygéné.

On les extrait des carbonates de potassium et de sodium, qu'on décompose par le charbon, à haute température :

$$CO^3K^2 + 2C = 3CO + 2K.$$

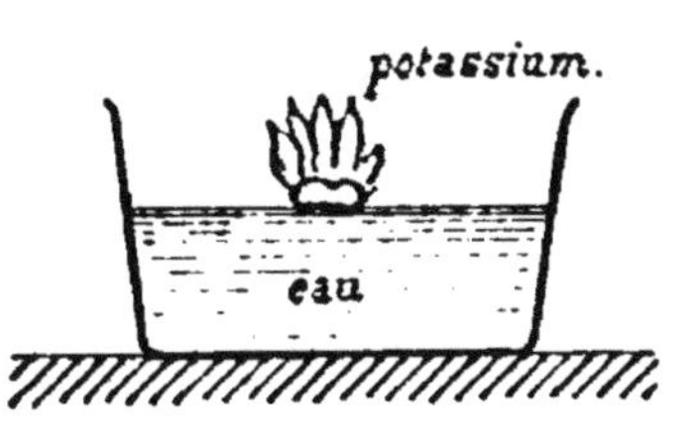

DÉCOMPOSITION DE L'EAU A FROID PAR LE POTASSIUM. — Le *potassium*, mis sur l'eau, s'enflamme immédiatement et se transforme en potasse caustique.

Ces métaux sont très répandus dans la nature à l'état de *chlorure de sodium*, de *chlorure de potassium*, d'*azotates*, de *sulfates*, de *silicates* de potassium et de sodium.

A l'état libre, le potassium et le sodium ont peu d'usages ; mais leurs composés, que nous aurons à étudier, ont une grande importance.

469. Potasse. — Le *potassium*, brûlant dans l'air sec, donne naissance à l'*oxyde anhydre* K^2O, lequel, chauffé à l'air, s'oxyde lui-même et se transforme en *peroxyde anhydre* K^2O^3. Ces deux composés n'ont aucune importance.

Il n'en est pas de même de la *potasse hydratée*, ou *potasse caustique* K^2O, $H^2O = 2KOH$.

On prépare la potasse caustique en traitant par la *chaux* une dissolution de *carbonate de potassium* :

$$CO^3K^2 + CaO + H^2O = CO^3Ca + 2KOH ;$$

le carbonate de calcium se précipite, et la potasse reste en dissolution.

Pour opérer on fait bouillir pendant une heure un mélange d'eau, de carbonate de potassium et de chaux. Puis on laisse reposer, on décante la dissolution de potasse, on chauffe le liquide pour évaporer l'excès d'eau, et on coule sur une plaque de fonte :

la potasse se solidifie en une masse blanche, de faible épaisseur, que l'on concasse. On conserve dans un flacon bien bouché, à l'abri de l'humidité de l'air.

La potasse ainsi obtenue, dite *potasse à la chaux*, renferme toutes les impuretés du carbonate de potassium employé à sa préparation. On la purifie en la dissolvant dans l'*alcool*; ce liquide dissout la potasse, mais non les impuretés. On décante, on distille l'alcool dans un alambic en verre, on achève de concentrer dans une capsule d'argent, et on coule sur une plaque de fonte. On a ainsi la *potasse à l'alcool*, presque complètement pure.

470. *Propriétés.* — La potasse caustique est un solide blanc, opaque. Il fond au rouge et se volatilise au rouge vif, sans être décomposé par la chaleur (peut-être y a-t-il une légère dissociation au rouge blanc).

Elle est extrêmement soluble dans l'eau, déliquescente à l'air; elle ramène au bleu la teinture rouge de tournesol.

A l'état solide, comme à l'état de dissolution, la potasse est un caustique énergique, qui dissout rapidement la peau et perfore les membranes.

Elle est décomposée, à une température élevée, par certains corps très avides d'oxygène, et notamment par le fer et le charbon.

Les acides se combinent aisément à la potasse, avec un dégagement de chaleur. pour former des sels dits *alcalins*, qui sont presque tous insolubles dans l'eau.

471. *Usages.* — La potasse est souvent employée dans les laboratoires. En médecine, on utilise ses propriétés caustiques pour la destruction des tissus; on l'emploie alors sous forme de pastilles ou de petits cylindres, constituant ce qu'on nomme la *pierre à cautère.*

L'industrie l'utilise pour la transformation de l'azotate de sodium en azotate de potassium, et pour la fabrication des savons. Mais dans ce cas elle prend naissance dans la série des opérations qui fournissent le savon, et elle n'est pas isolée à l'état solide.

472. Soude. — Les propriétés de la soude caustique ont une telle similitude avec celles de la potasse, que nous n'avons pas besoin d'y revenir.

De même le mode de préparation est absolument identique.

Les usages sont aussi les mêmes; mais la soude a une importance industrielle plus grande, à cause de son prix moins élevé.

III. — CHAUX

473. Calcium. — Le *calcium* est un métal jaune, brillant; il s'oxyde rapidement dans l'air humide, brûle avec flamme, et décompose l'eau à froid. La préparation du calcium à l'aide de ses composés est difficile; aussi n'a-t-il jamais été obtenu qu'en fort petites quantités.

Il est pourtant très répandu dans la nature; car le *carbonate de calcium* (ou *calcaire*) se rencontre partout, et le *sulfate de calcium* (ou *gypse*) est assez abondant aussi.

474. Chaux. — Dans l'industrie on prépare en grand la *chaux vive* ou *oxyde de calcium anhydre* CaO, en décomposant le *carbonate de calcium* par la chaleur. Les calcaires les plus propres à cette fabrication sont connus sous le nom de *pierres à chaux*.

L'opération se fait dans des fours en maçonnerie revêtus intérieurement de briques réfractaires. Sous les pierres empilées on allume un grand feu de fagots, capable d'élever la température au rouge vif; la cuisson dure plusieurs heures. Quand elle est terminée, on laisse le feu s'éteindre, et on retire la chaux.

Dans la grande fabrication, ces fours à *préparation intermittente* sont remplacés par des fours à *préparation continue*. Ces derniers ont jusqu'à dix mètres de hauteur et possèdent deux ouvertures inférieures : l'une qui sert de foyer, et l'autre destinée à retirer la chaux cuite.

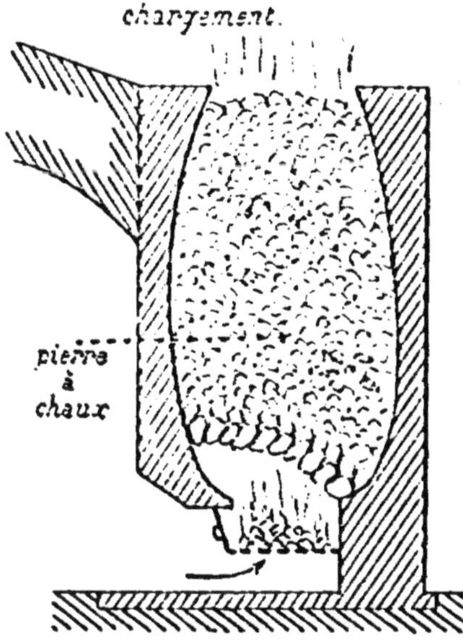

FABRICATION DE LA CHAUX DANS LE FOUR INTERMITTENT. — Les *pierres calcaires* sont empilées dans le four et portées au rouge pendant plusieurs heures par un feu très vif. Puis on laisse éteindre le feu, et on sort la chaux par l'ouverture du foyer.

475. Propriétés. — La *chaux vive* est un solide blanc, non cristallisé, d'une saveur caustique, infusible et indécomposable par la chaleur.

Elle a une grande affinité pour l'eau. Quand on l'arrose avec de l'eau, elle s'échauffe jusqu'à une température voisine de 300 degrés.

Puis elle se fendille, augmente de volume et tombe en poussière : on a alors la chaux hydratée CaO^2H^2, ou *chaux éteinte*.

Une plus grande quantité d'eau donne une pâte grasse et onctueuse. La quantité d'eau augmentant encore, on a par agitation un liquide blanc (*lait de chaux*), formé par de la chaux en suspension dans l'excès d'eau. On emploie le lait de chaux, en guise de peinture économique, pour badigeonner les murs.

Abandonné à lui-même, le lait de chaux laisse déposer un précipité. Il reste une dissolution limpide renfermant à peu près un gramme de chaux par litre (*eau de chaux*).

La chaux hydratée, et en particulier *l'eau de chaux*, est une base qui rougit la teinture de tournesol. Cette chaux hydratée, comme aussi la chaux vive, se combine aux acides pour former les sels de calcium. Ainsi elle absorbe l'anhydride carbonique de l'air, et forme du carbonate de calcium.

On doit donc conserver la chaux vive à l'abri de l'air.

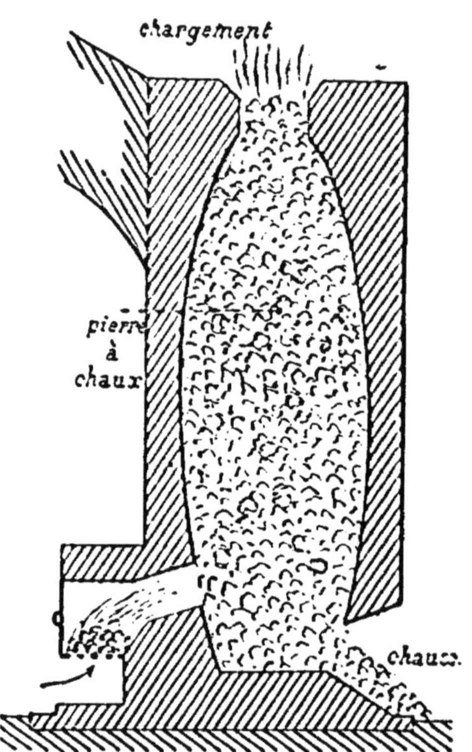

FABRICATION DE LA CHAUX DANS LE FOUR CONTINU. — Le feu reste constamment allumé. On retire la chaux, progressivement, par une ouverture spéciale, tandis qu'on charge à mesure par le haut avec la pierre calcaire.

476. Usages. — La chaux intervient dans la fabrication de la potasse, de la soude, de l'ammoniaque, dans le tannage des peaux, dans la fabrication du sucre, des chlorures décolorants et désinfectants, des acides gras. L'agriculture l'emploie comme amendement; la médecine utilise ses propriétés caustiques. Mais son usage de beaucoup le plus important est dans la fabrication des mortiers.

477. Diverses chaux industrielles. — Les chaux industrielles doivent aux impuretés, qu'elles contiennent toujours, des propriétés particulières. On les divise en *chaux aériennes* et *chaux hydrauliques*.

Les *chaux aériennes* sont dites *grasses* ou *maigres*, suivant qu'elles forment avec l'eau une pâte forte et liante, avec grand dégagement de chaleur, ou une pâte sèche et courte, avec un petit dégagement de chaleur.

Les chaux grasses proviennent de calcaires à peu près purs; les chaux maigres renferment de la magnésie, de l'oxyde de fer et de la silice.

Les *chaux hydrauliques* forment avec l'eau une pâte sèche et courte, comme les chaux maigres. Mais elles possèdent la propriété de *durcir dans l'eau*, ce qui les rend propres aux constructions hydrauliques. Elles proviennent de la calcination des calcaires renfermant de 10 à 40 pour 100 d'argile.

478. Mortiers aériens. — Les mortiers sont des mélanges destinés à lier les matériaux des constructions.

Les mortiers aériens sont formés d'un mélange de chaux aérienne éteinte et de sable (les chaux grasses sont les meilleures). Ce mélange a la propriété de durcir à l'air au bout d'un certain temps, de façon à former un véritable lut solide, qui lie fortement les matériaux les uns aux autres.

Ce durcissement est dû à ce que la chaux absorbe peu à peu l'anhydride carbonique de l'air, et se transforme en carbonate de calcium, ayant la consistance du calcaire ordinaire. Le sable empêche le fendillement qui résulte de la dessiccation; de plus, le calcaire formé adhère fortement au sable, ce qui augmente la consistance du bloc.

479. Mortiers hydrauliques. — Les chaux hydrauliques durcissent sous l'eau au bout de quelques jours et acquièrent une consistance supérieure à celle du calcaire même. Le durcissement est dû à l'argile que renferment ces chaux.

Pendant la cuisson, l'argile a perdu son eau et s'est transformée en *silicate anhydre d'aluminium*; sous l'eau, ce silicate s'hydrate de nouveau, en même temps qu'il se combine avec la chaux pour former un *silicate double hydraté d'aluminium et de calcium*, qui est un composé insoluble, doué d'une grande dureté. La chaux se prend d'autant plus rapidement, et le composé formé est d'autant plus dur, que la proportion d'argile est plus forte, pourvu qu'elle ne dépasse pas 40 pour 100.

On peut obtenir des *chaux hydrauliques artificielles* en mélangeant des chaux grasses avec certaines argiles préalablement cuites et pulvérisées.

Les *mortiers hydrauliques* sont ordinairement constitués par des mélanges de chaux hydrauliques et de sable. Même pour les constructions aériennes, ils sont considérés comme supérieurs aux chaux grasses.

Le *béton* est un mélange de chaux hydraulique, de sable et de cailloux. En appliquant des couches de béton les unes sur les autres sur un terrain humide, on le transforme en un sol imperméable, sur lequel on peut établir de solides fondations.

Le *ciment* est une chaux extrêmement hydraulique qui se prend sous l'eau au bout de quelques minutes. On fabrique des *ciments artificiels*, comme des chaux hydrauliques artificielles, en mélangeant de la chaux grasse avec de l'argile calcinée.

CHAPITRE III

SULFURES ET CHLORURES MÉTALLIQUES

I. — SULFURES MÉTALLIQUES

480. Action du soufre sur les métaux. — Nous avons vu que presque tous les métaux donnent naissance à des sulfures, quand on les chauffe au contact de l'air, et que la présence de l'eau facilite souvent la réaction.

481. Circonstances de production des sulfures métalliques. — Les sulfures métalliques sont très répandus dans la nature. Les plus abondants sont le sulfure de fer (*pyrite*, cristallisé), le *sulfure de zinc* (*blende*, cristallisé), le *sulfure de plomb* (*galène*, cristallisé), le *sulfure de mercure* (*cinabre*, cristallisé)....

Dans l'industrie ou dans les laboratoires, on prépare les sulfures métalliques de diverses manières.

Les sulfures de fer, de cuivre, de mercure s'obtiennent en chauffant directement le *soufre* au contact du *métal*.

Les sulfures de potassium, de sodium, se produisent en chauffant fortement, à l'abri de l'air, un mélange de *sulfate métallique* et de *charbon*. Il se forme de l'oxyde de carbone, qui s'en va à l'état gazeux, et un sulfure qui reste.

La plupart des sulfures, étant insolubles dans l'eau, prennent naissance quand on fait passer un courant d'*acide sulfhydrique* dans une dissolution d'un sel métallique. Ainsi, avec l'*azotate d'argent* en dissolution, on a

$$2AzO^3Ag + H^2S = Ag^2S + 2AzO^3H.$$

482. Propriétés physiques. — Les sulfures métalliques sont solides, ordinairement cristallisés; plusieurs sont doués de l'éclat métallique, bons conducteurs de la chaleur et de l'électricité. Ils sont souvent colorés, la coloration variant d'ailleurs, chez un même sulfure, avec le mode de production.

Ils sont généralement fusibles, quelques-uns sont volatils.

Les sulfures des métaux de la première section sont solubles dans l'eau; les autres sont insolubles.

483. Propriétés chimiques. — Les propriétés chimiques des sulfures sont, en bien des points, analogues à celles des oxydes.

La *chaleur* décompose partiellement les sulfures très sulfurés ; mais il reste toujours un sulfure indécomposable. Les sulfures d'or et de platine sont seuls complètement réduits en leurs éléments.

Le *courant électrique* dédouble les sulfures en soufre et métal.

Plusieurs métalloïdes sont susceptibles de décomposer les sulfures métalliques, en s'unissant soit au *soufre*, soit à la fois au *métal* et au *soufre*.

484. L'*hydrogène*, s'emparant du soufre pour former de l'acide sulfhydrique et mettant le métal en liberté, décompose, à chaud, les sulfures d'or, d'argent, de mercure, de plomb, d'antimoine.

Le *carbone* agit de même, également à chaud ; il se forme du sulfure de carbone, et le métal est mis en liberté.

Les *métaux* ont une action analogue. Le *cuivre*, par exemple, décompose, à chaud, les sulfures de fer, de zinc, de plomb, d'argent ; il se forme du sulfure de cuivre, et le métal du sulfure est mis en liberté.

Le *chlore*, au contraire, qui décompose tous les sulfures avec l'aide de la chaleur, se combine à la fois au métal pour former un chlorure, et au soufre pour former du chlorure de soufre.

485. L'action de l'*oxygène* est plus importante.

Chauffés au contact de l'air, c'est-à-dire soumis au *grillage*, les sulfures s'oxydent. Les sulfures des métaux de la première section se transforment en sulfates, difficilement décomposables par la chaleur :

$$K^2S + 4O = SO^4K^2.$$

Avec les sulfures très divisés, il n'est même pas besoin de chauffer ; projetés dans l'air, ils absorbent vivement l'oxygène et sont portés à l'incandescence. Tel est le sulfure *pyrophorique* de potassium qu'on obtient en chauffant, dans une cornue de grès, un mélange de sulfate de potassium et de charbon.

Quand le sulfate qui peut se former est décomposable par la chaleur, il prend encore naissance si le grillage se fait à une température relativement peu élevée, ou bien il se forme seulement un oxyde métallique, avec dégagement d'anhydride sulfureux :

$$ZnS + 3O = ZnO + SO^2.$$

Les métaux des deux dernières sections, dont les oxydes sont eux-mêmes décomposables par la chaleur, sont mis en liberté, avec dégagement d'anhydride sulfureux.

A l'air humide, il n'est pas nécessaire de chauffer pour qu'il se produise une oxydation. Les sulfures alcalins humides ou en dissolution absorbent rapidement l'oxygène de l'air. Les *sulfures de fer* très divisés jouissent de la même propriété : ils se transforment en sulfate ferreux hydraté. Parfois l'élévation de température qui accompagne cette oxydation est suffisante pour déterminer l'inflammation de la houille dans laquelle le sulfure de fer se trouve disséminé.

Les *corps oxydants* (bioxyde de manganèse, acide azotique, etc.) produisent des phénomènes d'oxydation analogues à ceux de l'oxygène lui-même.

A une température peu élevée, la *vapeur d'eau* décompose beaucoup de sulfures métalliques; on a un oxyde et de l'acide sulfhydrique.

486. L'acide *sulfhydrique* s'unit aux sulfures alcalins pour donner des *sulfhydrates de sulfures* analogues aux hydrates des oxydes alcalins :

$$K^2S + H^2S = 2KSH.$$

Les autres *acides* décomposent souvent les sulfures soit à froid, soit à chaud, avec dégagement d'acide sulfhydrique (**268**).

487. *Caractères distinctifs des sulfures métalliques.* — Les sulfures se reconnaissent aux caractères suivants.

Les sulfures en dissolution, traités par l'*acide chlorhydrique*, dégagent de l'acide sulfhydrique, dont l'odeur est caractéristique, et qui noircit un papier imbibé d'*acétate de plomb*.

Les sulfures insolubles, fondus au chalumeau sur un morceau de *charbon*, avec du *carbonate de sodium*, donnent du sulfure de sodium, soluble dans l'eau, et reconnaissable au caractère précédent.

488. Classification. — La classification des sulfures métalliques est analogue à celle des oxydes. On distingue de même des *sulfures acides* et des *sulfures basiques*, capables de se combiner les uns aux autres pour donner des composés analogues aux sels oxygénés, des *sulfures indifférents,* des *sulfures salins* et des *sulfures singuliers.*

Les formules de ces sulfures correspondent généralement aux formules des oxydes ayant la même fonction.

480. Usages. — Les sulfures ont peu d'usages. Les sulfures naturels ont cependant une grande importance, car ce sont les minerais desquels on extrait plusieurs métaux (argent, mercure, plomb, cuivre, zinc).

Le sulfure de fer naturel fournit le soufre nécessaire à la fabrication de l'acide sulfurique.

II. — CHLORURES MÉTALLIQUES

490. Action du chlore sur les métaux. — Le *chlore* se combine directement à tous les métaux pour donner des chlorures. Nous avons étudié cette action au paragraphe 189.

491. Circonstances de production des chlorures métalliques. — Les chlorures naturels ne sont pas très nombreux.

Dans l'eau de la mer on trouve en abondance des *chlorures de*

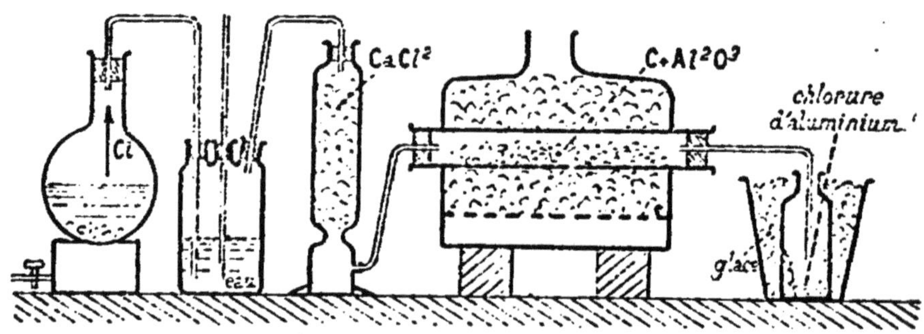

DÉCOMPOSITION DE L'ALUMINE PAR L'ACTION COMBINÉE DU CHLORE ET DU CHARBON. — Le *chlore*, lavé et desséché, traverse un tube de porcelaine où se trouve un mélange, très fortement chauffé, d'*alumine* et de *charbon*. Il se produit de l'oxyde de carbone qui se dégage, et du *chlorure d'aluminium* qui se condense dans un flacon entouré de glace ou simplement d'eau froide.

sodium, de *potassium* et de *magnésium*. Ces chlorures se rencontrent aussi, au sein de la terre, en gisements solides. Le *chlorure d'argent* se rencontre également dans la nature, mais peu abondant.

Dans l'industrie ou dans les laboratoires, on prépare les chlorures métalliques de diverses manières :

Par *action directe du chlore sur le métal* : procédé employé pour les chlorures volatils d'étain, d'antimoine, de fer.

Par l'action de l'*acide chlorhydrique sur le métal* ; par l'action de l'*eau régale sur les métaux* qui résistent à l'action de l'acide chlorhydrique ; par l'*action de l'acide chlorhydrique* sur les *oxydes*, les *carbonates*, les *sulfures* ; par l'action simultanée du *chlore* et du *charbon* sur un *oxyde métallique* (préparation du chlorure d'aluminium par décomposition de l'alumine Al^2O^3); par décomposition d'un *chlorure* à l'aide d'un *sel d'un autre métal.*

492. Propriétés physiques. — Quelques chlorures métalliques sont liquides à la température ordinaire (chlorure d'étain $SnCl^4$). Mais presque tous sont solides, sans odeur, plus souvent incolores que colorés, facilement fusibles.

Ils sont presque tous volatils, et d'autant plus qu'ils sont plus chlorurés.

Les chlorures sont généralement solubles dans l'eau. Le *chlorure d'argent* $AgCl$, le *chlorure de mercure* $HgCl$, le *chlorure de cuivre* $CuCl$ sont insolubles; le *chlorure de plomb* $PbCl^2$ est peu soluble.

493. Propriétés chimiques. — La *chaleur* est sans action sur la plupart des chlorures métalliques; l'*électricité* les dédouble tous en leurs éléments. La *lumière* noircit le *chlorure d'argent,* naturellement blanc, par suite de la mise en liberté d'une partie du métal.

Les *métalloïdes* et les *métaux* sont susceptibles de décomposer les chlorures soit en agissant sur le chlore, soit en agissant sur le métal, soit en agissant sur les deux éléments.

494. L'*hydrogène* réduit la plupart des chlorures, à une température élevée, en produisant de l'acide chlorhydrique et laissant le métal en liberté. Il est sans action sur les chlorures de la première section, les chlorures de magnésium et d'aluminium.

Les *métaux* agissent de même. Ainsi les *métaux alcalins* décomposent tous les chlorures (sauf ceux d'aluminium et de magnésium) pour donner un chlorure alcalin et mettre le métal en liberté.

L'*oxygène*, au contraire, se combine au métal et met le chlore en liberté; il ne décompose pas les chlorures de la première section, qui sont très stables, ni ceux de la dernière, à cause de sa faible affinité pour les métaux de cette section.

Le *soufre* et le *phosphore* décomposent à chaud un grand nombre de chlorures en s'unissant à la fois au métal et au chlore.

L'*eau* décompose plusieurs chlorures en produisant de l'acide chlorhydrique, en même temps qu'un oxyde. Avec le *chlorure d'antimoine* la décomposition a lieu à la température ordinaire.

Les chlorures de magnésium, d'aluminium, de fer, se dissolvent sans altération dans l'eau froide, mais ils dégagent de l'acide chlorhydrique et précipitent un oxyde par évaporation à chaud de la dissolution.

Plusieurs chlorures anhydres (chlorures d'antimoine, de calcium, de zinc) absorbent le *gaz ammoniac* pour former des composés définis, dissociables par la chaleur (**322**).

Les chlorures ont une grande tendance à s'unir entre eux pour former des chlorures doubles.

495. *Caractères distinctifs des chlorures métalliques.* — Traités par l'*acide sulfurique concentré*, les chlorures solides dégagent de l'acide chlorhydrique, dont les fumées blanches sont rendues plus visibles par l'approche d'un agitateur préalablement trempé dans l'alcali volatil.

Les chlorures en dissolution donnent avec l'*azotate d'argent* un précipité blanc caillebotté de chlorure d'argent, devenant violet à la lumière, insoluble dans l'acide azotique, mais soluble dans l'ammoniaque et dans l'hyposulfite de soude.

496. Classification. — Les *chlorures*, fort nombreux comme les oxydes et les sulfures, sont susceptibles d'une classification analogue.

On distingue des *chlorures acides* et des *chlorures basiques*, capables de se combiner les uns aux autres pour donner des chlorures doubles, des *chlorures indifférents*, des *chlorures salins* et des *chlorures singuliers*.

497. Usages. — L'importance du *chlorure de sodium* est considérable dans l'économie domestique, dans l'agriculture et dans l'industrie.

Le *chlorure de potassium* naturel, soit extrait des eaux de la mer, soit extrait des mines souterraines, sert à fabriquer tous les sels de potassium.

Parmi les autres chlorures, on emploie le *chlorure de magnésium* à la fabrication du magnésium, le *chlorure d'argent en photographie*, les *chlorures de zinc*, d'*antimoine*, de *mercure* en médecine.

III. — CHLORURE DE SODIUM

$$NaCl^4 = 97.$$

498. État naturel. — Le *chlorure de sodium* (ou *sel marin*) est très répandu dans la nature.

Les eaux de la mer en contiennent à peu près 28 kilogrammes par mètre cube.

Il s'en rencontre de nombreux gisements à l'état solide (*sel gemme*) en France et dans toute l'Allemagne. Les eaux qui ont passé dans ces gisements ressortent ensuite en nombreuses sources salées.

499. Extraction. — Le sel nécessaire aux besoins de l'industrie et de l'alimentation est tiré des gisements souterrains (sel gemme) et des eaux de la mer (sel marin).

Extraction du sel gemme. — Les gisements de *sel gemme* sont nombreux. Les plus importants en Europe sont ceux de *Wieliczka*, en Pologne, dont l'étendue est considérable, de *Stassfürt*, près de Magdebourg, en Prusse, et ceux de *Cordona*, en Espagne. En France, on exploite les gisements de *Dieuze* et de *Vic*, dans le département de la Meurthe, et de *Dax*, dans le département des Landes.

Quand le sel est en masses compactes assez pures (Wieliczka, Cordona), on l'exploite à ciel ouvert, ou au moyen de puits et de galeries, comme la houille. Puis on le pulvérise et on le livre en cet état à la consommation.

Mais, si le sel est mélangé de matières terreuses assez abondantes, il exige une purification par dissolution, puis cristallisation. Cette dissolution se pratique ordinairement sur le minerai en place, non extrait de la terre, par le procédé dit des *trous de sonde.*

On creuse un trou de sonde qui aboutit à la masse terreuse riche en chlorure de sodium, et l'on y fait descendre un long tube muni d'ouvertures à sa partie inférieure. On verse de l'eau entre le trou de sonde et le long tube. Le liquide, pénétrant dans le terrain, produit une dissolution dont les parties les plus saturées, et par suite les plus lourdes, descendent jusqu'au fond ; ce sont donc ces parties saturées qui entrent dans le long tube par les ouvertures inférieures. L'eau continuant d'affluer de l'extérieur, la dissolution concentrée s'élève dans le tube, et peut être montée par une pompe jusqu'aux bassins de clarification et aux chaudières d'évaporation.

L'évaporation se fait dans de grands bacs plats. On enlève les cristaux de sel à mesure qu'ils se forment, pour rejeter à la fin des *eaux mères* fort impures.

500. *Extraction des eaux de la mer.* — Les eaux de la mer fournissent beaucoup plus de sel que les gisements souterrains.

Ces eaux renferment en moyenne 37 kilogrammes de matières solides par mètre cube, constituées par 28 kilogrammes de chlorure de sodium, et 9 kilogrammes d'un mélange de chlorures de potassium et de magnésium, de sulfates de calcium et de magnésium, de bromures de sodium et de magnésium. On en retire le chlorure de sodium par évaporation. Nous indiquerons seulement les principes de l'extraction.

L'eau est amenée d'abord dans un vaste réservoir nommé

rasière. Là elle dépose presque toutes les matières qu'elle tient en suspension, et devient parfaitement limpide. Elle s'écoule alors dans une série de compartiments séparés les uns des autres par de petits sentiers unis, de quelques centimètres d'élévation. Dans ce parcours, l'eau est échauffée par les rayons du soleil, et soumise aussi à l'action desséchante du vent : elle s'évapore peu à peu. Ces nombreux bassins d'évaporation, qui, sur le bord de la mer, couvrent d'immenses étendues, forment ce qu'on nomme la *saline*.

Au bout de deux jours, la concentration est suffisante pour que la plus grande partie du sel se dépose sous forme de cristaux gris. On retire ce sel avec des rateaux, et on le laisse s'égoutter sur le bord, avant de le mettre en sac et de l'expédier.

L'exploitation dure seulement pendant l'été.

Les *eaux mères*, quand elles ont déposé le chlorure de sodium, sont fréquemment soumises à un traitement supplémentaire, qui a pour but d'en retirer du sulfate de sodium et du chlorure de potassium.

En France, les marais salants établis sur toutes les côtes de la Méditerranée occupent une surface totale de 25 000 hectares. Il y en a beaucoup moins sur les bords de l'Océan; les plus importants sont à Marennes (Charente-Inférieure) et au Croisic (Loire-Inférieure).

501. Propriétés. — Le chlorure de sodium est un solide blanc, sans odeur, doué d'une saveur que tout le monde connait. Il est peu soluble dans l'eau, et sa solubilité varie peu avec la température : 100 grammes d'eau dissolvent 36 grammes de sel à 0 degré, et 40 grammes à 100 degrés.

La dissolution concentrée, soumise à l'évaporation, laisse déposer des cristaux cubiques réunis en forme de pyramides à quatre faces. Ces cristaux, formés de sel anhydre, retiennent un peu d'eau interposée entre eux, ce qui les fait décrépiter sur les charbons ardents.

A l'état de pureté, le sel marin n'absorbe pas la vapeur d'eau atmosphérique; mais le sel ordinaire, contenant un peu de chlorure de magnésium, est notablement hygroscopique.

Fortement chauffé, le chlorure de sodium fond au rouge, sans décomposition. Au rouge blanc il se volatilise, surtout dans un courant d'air.

Le chlorure de sodium, indécomposable par la chaleur, est décomposé par plusieurs acides. L'acide sulfurique donne de l'acide chlorhydrique et du sulfate de sodium ; au rouge, la silice hydratée produit de l'acide chlorhydrique et du silicate de sodium.

Le potassium le décompose pour donner du sodium et du chlorure de potassium.

502. Usages. — La production du sel marin, en France seulement, atteint annuellement 700 000 tonnes.

La plus grande partie du chlorure de sodium sert directement à l'alimentation, et il semble que ce composé soit indispensable à notre existence. On évalue à une moyenne de 6 à 7 kilogrammes la consommation annuelle de sel, pour un homme adulte.

Outre son usage direct dans l'alimentation, le sel marin est employé en grandes masses pour la conservation des matières alimentaires, pour la fabrication de l'acide chlorhydrique et du sulfate de sodium, la préparation du sel ammoniac, la tannerie, le traitement des minerais d'argent, la préparation du sodium, du savon, le vernissage des poteries, la conservation des bois.

On l'utilise enfin en agriculture dans l'alimentation des bestiaux et l'amendement des terres.

CHAPITRE IV

PROPRIÉTÉS GÉNÉRALES DES SELS

503. Acides, bases, sels. — Les *acides*, tels que nous les avons définis, sont des composés hydrogénés doués d'une saveur aigre, et possédant en outre la propriété de rougir la teinture de tournesol.

L'hydrogène qu'ils renferment peut être uni, soit simplement à un métalloïde (comme cela a lieu dans l'acide chlorhydrique et l'acide sulfhydrique), soit à un métalloïde ou un métal, et à de l'oxygène (comme cela a lieu dans l'acide sulfurique SO^4H^2, dans l'acide azotique AzO^3H, dans l'acide stannique SnO^3H^2).

Les acides oxygénés peuvent être considérés comme provenant de la combinaison de l'*eau* avec un *anhydride* :

$$SO^3 + H^2O = SO^4H^2.$$

Les *bases* sont des composés hydrogénés doués d'une saveur caustique et styptique, et possédant la propriété de ramener au bleu la teinture de tournesol préalablement rougie par l'action d'un acide.

Dans les bases, l'hydrogène est combiné à de l'oxygène et à un métal. Ainsi la composition de la potasse caustique est donnée par la formule KOH et celle de la chaux éteinte par la formule CaO^2H^2.

Les bases peuvent être considérées comme provenant de la combinaison de l'eau avec des oxydes métalliques; aussi leur donne-t-on souvent le nom d'*hydrates*. Ainsi pour la *potasse caustique*, ou *hydrate de potasse*, on a

$$K^2O + H^2O = 2KOH.$$

504. Les *sels*, souvent sans action sur la teinture de tournesol, peuvent être considérés comme résultant du remplacement total ou partiel de l'hydrogène des acides par un métal.

Ce remplacement se fait de la manière la plus simple possible quand l'acide réagit directement sur le métal, avec dégagement d'hydrogène :

$$K + HCl = KCl + H;$$
$$2K + SO^4H^2 = SO^4K^2 + 2H;$$
$$Zn + 2HCl = ZnCl^2 + 2H;$$
$$Zn + SO^4H^2 = SO^4Zn + 2H.$$

Mais il arrive aussi que le sel prend naissance par suite de l'action d'un acide sur une base, avec élimination d'eau :

$$KOH + HCl = KCl + H^2O;$$
$$2KOH + SO^4H^2 = SO^4K^2 + 2H^2O;$$
$$ZnO^2H^2 + 2HCl = ZnCl^2 + 2H^2O;$$
$$ZnO^2H^2 + SO^4H^2 = SO^4Zn + 2H^2O.$$

Dans ce cas on peut admettre qu'il y a eu échange entre l'hydrogène de l'acide et le métal de la base. Mais on peut admettre tout aussi bien qu'il y a eu échange entre la portion de l'acide combinée à l'hydrogène et la portion de la base combinée au métal ; ainsi, dans la réaction de l'acide sulfurique sur l'hydrate de zinc, on peut admettre qu'il y a eu échange entre SO^4 et $(HO)^2$. Ce mode de substitution, d'une conception moins simple que le précédent, nous permettra bientôt de comprendre la formation des *sels basiques*.

505. Sels neutres, sels acides, sels basiques. — Quand un acide oxygéné renferme plusieurs atomes d'hydrogène, remplaçables par des atomes métalliques, il arrive que, selon les circonstances, la substitution est soit totale, soit partielle.

Nous avons vu que l'acide sulfurique, réagissant sur le chlorure de sodium, donne naissance au composé SO^4HNa à une température peu élevée, et au composé SO^4Na^2 à la température du rouge sombre. Il existe donc deux sulfates de sodium.

Quand tout l'hydrogène de l'acide est remplacé par un métal, comme cela a lieu dans le sulfate de sodium SO^4Na^2, *on a ce qu'on nomme un sel neutre.*

Quand la substitution est incomplète, comme cela a lieu dans le sulfate de sodium SO^4HNa, *on a ce qu'on nomme un sel acide.*

Cette seconde dénomination indique que le composé obtenu est à la fois un *sel* (puisqu'il renferme un métal qui s'est substitué à l'hydrogène) et un *acide* (puisqu'il renferme encore de l'hydrogène remplaçable par un métal).

Considérons au contraire une base métallique, telle que l'*hydrate de plomb* $PbO,H^2O = PbO^2H^2$. Cet hydrate peut réagir de deux manières différentes sur l'acide azotique AzO^3H.

Ou bien il y a substitution complète, et formation d'un *sel neutre*.

$$PbO^2H^2 + 2AzO^3H = (AzO^3)^2Pb + 2H^2O.$$

Ou bien il y a substitution incomplète de la molécule AzO^3 de l'acide à la molécule HO de la base, l'hydrate métallique ne perdant qu'une de ses molécules HO :

$$PbO^2H^2 + AzO^3H = PbOH(AzO^3) + H^2O.$$

L'azotate $PbOH(AzO^3)$ ainsi obtenu se nomme *azotate basique*. Il a encore, en effet, des propriétés basiques, puisque la molécule HO qui lui reste peut être, à son tour, remplacée par AzO^3, ce qui donne le sel neutre $(AzO^3)^2Pb$.

En résumé, les *acides bibasiques*, comme l'acide sulfurique SO^4H^2, peuvent donner avec les *métaux monovalents*, comme le potassium, des *sels acides* et des *sels neutres* :

$$SO^4H^2 \quad SO^4KO \quad SO^4K^2 ;$$

et les hydrates des *métaux bivalents*, comme l'hydrate de plomb PbO^2H^2, peuvent donner avec les *acides*, comme l'acide azotique, AzO^3H, des *sels basiques* et des *sels neutres* :

$$PbO^2H^2 \quad PbOH(AzO^3) \quad Pb(AzO^3)^2.$$

Un acide tribasique, comme l'acide orthophosphorique, donne deux sels acides et un sel neutre :

$$PhO^4H^3 \quad PhO^4NaH^2 \quad PhO^4Na^2H \quad PhO^4Na^3.$$

Le plus grand nombre des sels neutres n'ont aucune action sur la teinture de tournesol. Presque tous les sels acides la rougissent ; tous les sels basiques la bleuissent, quand elle a été préalablement rougie par un acide.

II. — PROPRIÉTÉS PHYSIQUES DES SELS

506. Propriétés organoleptiques. — Dans l'étude des sulfures et des chlorures nous avons passé en revue les propriétés spéciales de chacun de ces groupes de composés ; nous reprendrons cette étude particulière avec les *carbonates*, les *sulfates* et les *azotates*.

Mais il est indispensable d'examiner quelles sont les propriétés générales des sels, ces propriétés générales ayant une grande importance au point de vue des applications, et permettant souvent d'expliquer les réactions auxquelles les sels donnent naissance.

Les sels sont tous solides, généralement cristallisés, plus denses que l'eau. Beaucoup peuvent être fondus sans décomposition.

Le plus grand nombre des sels sont incolores. Les autres ont des colorations variables. Les sels hydratés de manganèse sont *roses*; les sels ferreux hydratés sont *vert bleuâtre*; les sels hydratés de cuivre sont *bleus* ou *verts*. Les sels formés par les acides colorés, comme l'acide chromique, sont toujours colorés.

La saveur des sels est variable et dépend généralement du métal qu'ils renferment. Ainsi les sels de sodium sont salés, ceux de manganèse amers, ceux de plomb astringents; les sels de fer, de cuivre, de mercure ont tous cette saveur particulière de l'encre, que chacun connaît.

507. Solubilité dans l'eau. — Beaucoup de sels sont insolubles dans l'eau; ceux qui sont solubles sont plus nombreux encore.

La solubilité des sels dans l'eau est constamment utilisée pour leur préparation et pour leur purification. Une dissolution chaude et saturée d'un sel, abandonnée au refroidissement, dans des conditions telles qu'il ne puisse y avoir *sursaturation*, laisse déposer le sel en cristaux plus ou moins nets. Il en est de même d'une dissolution froide et saturée, qu'on abandonne à l'évaporation spontanée.

Quand il se produit une dissolution pure et simple du sel dans l'eau, il y a abaissement de température, par suite du changement d'état. Le sel emprunte à l'eau, qui dès lors se refroidit, la chaleur nécessaire à sa liquéfaction (mélange réfrigérant d'*eau* et d'*azotate d'ammonium*).

Mais il y a souvent aussi une véritable combinaison de l'eau avec le sel (*eau* et *chlorure de calcium*). Dans ce cas on peut observer une élévation de température, si la chaleur de combinaison de l'eau et du sel l'emporte sur la chaleur latente de liquéfaction.

L'eau saturée d'un sel peut en dissoudre un autre; ainsi une solution saturée d'azotate de potassium dissout du chlorure de sodium.

Le point d'ébullition des solutions salines est plus élevé que celui de l'eau pure; il est constant pour chaque sel, quand la dissolution est saturée. Ainsi la dissolution saturée de *chlorure de potassium* bout à 108 degrés, celle d'*azotate de potassium* bout à 116 degrés, celle de *chlorure de calcium* bout à 179 degrés.

D'autre part le point de congélation se trouve abaissé, et d'autant plus que la dissolution renferme une plus grande proportion de sel.

508. Eau de cristallisation. — Une dissolution saline, abandonnée au refroidissement ou à l'évaporation, laisse déposer le sel à l'état de cristaux. Souvent ces cristaux ont la composition même du sel que l'on avait mis en dissolution; ils sont *anhydres*. Ainsi le sel marin $NaCl$ donne par évaporation de sa dissolution des cristaux cubiques de formule $NaCl$. A peine ces cristaux ont-ils pu emprisonner entre eux de très petites quantités d'eau, appelée *eau d'interposition*. Si on les place sur le feu, l'eau s'évapore rapidement, et la tension de la vapeur, déterminant une séparation brusque des lamelles cristallines, les projette dans tous les sens avec un bruit sec : on dit qu'il y a *décrépitation*.

Mais d'autres fois les cristaux formés sont constitués par une combinaison, en proportions définies, du sel anhydre et de l'eau; cette eau combinée au sel anhydre en proportions définies se nomme *eau de cristallisation*.

Ainsi le carbonate neutre de sodium CO^3Na^2 fournit, par cristallisation au sein de sa dissolution, le composé $CO^3Na^2 + 10H^2O$. De même le sulfate de manganèse SO^4Mn donne les cristaux

$$SO^4Mn + 8H^2O.$$

Cette eau de cristallisation est indispensable à l'existence des cristaux qui la renferment, et on ne peut en déterminer l'évaporation sans que les cristaux se trouvent en même temps détruits. Mais elle n'influe pas sur les propriétés chimiques du sel. L'action de la chaleur la chasse aisément, sans faire éprouver au sel aucune modification permanente. Mis de nouveau en contact avec l'eau, le sel se redissout et la dissolution reforme les cristaux primitifs, par refroidissement ou évaporation.

509. Efflorescence, déliquescence. — Certains sels, très avides d'eau, absorbent aisément l'humidité de l'air et se liquéfient peu à peu : tels sont le chlorure de calcium et l'azotate de calcium. Ces sels sont dits *déliquescents*. D'autres, au contraire, abandonnent peu à peu à l'air leur eau de cristallisation : tel est le *carbonate de sodium*. Ces sels sont dits *efflorescents*.

Debray a montré qu'il s'agit là de phénomènes en tout comparables aux phénomènes de *dissociation*.

Un sel renfermant de l'eau de cristallisation, abandonné dans une atmosphère limitée et sèche, émet de la vapeur jusqu'au moment où la tension de cette vapeur a atteint une valeur fixe, inférieure à la tension maximum de la vapeur d'eau correspondant à la température de l'expérience, et qui est une véritable *tension de la dissociation* du sel hydraté en eau et sel anhydre. Si la température s'élève, cette tension augmente, et le sel *s'effleurit* davantage; si la température s'abaisse, la tension diminue, le sel absorbe une partie de l'eau préalablement émise, et il est déliquescent dans ces conditions.

Il en résulte qu'un même sel peut être efflorescent dans l'air sec, et déliquescent dans l'air humide. Le chlorure de calcium n'est déliquescent, et le carbonate de sodium efflorescent, que dans les conditions moyennes d'humidité atmosphérique.

510. Action de la chaleur. — Beaucoup de sels anhydres peuvent fondre sous l'action de la chaleur avant d'éprouver aucune décomposition.

Les sels hydratés fondent plus aisément. En réalité ils se dissolvent d'abord, quand on les chauffe, dans leur eau de cristallisation : c'est la *fusion aqueuse*. Mais si on continue l'action de la chaleur, l'eau s'évapore peu à peu et le sel, désormais anhydre, reprend l'état solide. En chauffant davantage, le sel éprouve alors une véritable fusion, la *fusion ignée*, à moins qu'il ne se décompose.

III. — PROPRIÉTÉS CHIMIQUES DES SELS

511. Décomposition des sels par la chaleur. — Beaucoup de sels anhydres sont décomposés par la chaleur à des températures plus ou moins élevées. Tous les carbonates sont dans ce cas, sauf ceux de potassium et de sodium; il se dégage de l'anhydride carbonique, et l'oxyde métallique reste. Il en est de même des sulfates, sauf ceux de potassium, de sodium, de calcium, de baryum, de magnésium et de plomb; il se dégage de l'anhydride sulfurique, ou un mélange d'anhydride sulfureux et d'oxygène, tandis qu'il reste un oxyde métallique.

Tous les azotates, tous les chlorates, sont décomposables.

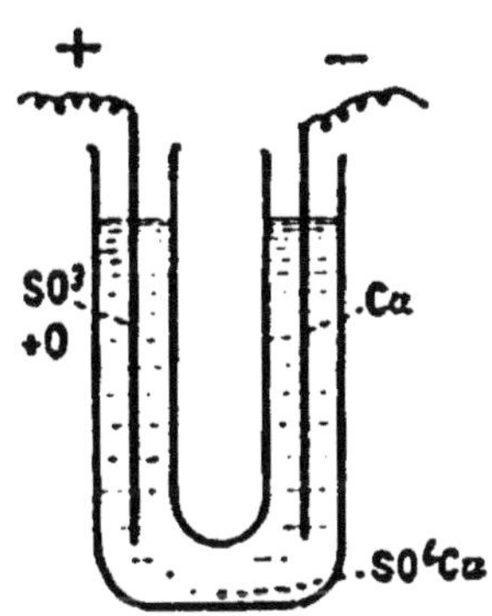

DÉCOMPOSITION DU SULFATE DE CUIVRE PAR LE COURANT ÉLECTRIQUE. — Le courant d'une pile, amené par des électrodes de platine, décompose le *sulfate de cuivre* : le cuivre se rend à l'électrode négative, l'*oxygène* et l'*anhydride sulfurique* (qui se combine de suite à l'eau de la dissolution) se rendent à l'électrode positive.

512. Action de l'électricité. — Le courant électrique décompose tous les sels. Le *métal* se rend à l'électrode négative, tandis que le reste du sel se rend au pôle positif.

Avec un chlorure ou un sulfure on a la décomposition

$$KCl = K + Cl.$$
$$- \qquad +$$

Avec un sulfate ou un azotate en solution dans l'eau on a :

$$SO^4Cu + H^2O = Cu + \underbrace{SO^4H^2 + O}.$$
$$- \qquad +$$

Avec les sels alcalins, le métal qui arrive à l'électrode négative y décompose immédiatement l'eau, ce qui fait que le mode de décomposition semble très différent :

$$SO^4K^2 + 3H^2O = \underbrace{2KOH + 2H} + \underbrace{SO^4H^2 + O}.$$
$$- \qquad +$$

513. Action des métalloïdes. — Il est difficile de rien dire de général sur l'action des métalloïdes sur les sels. Cette action est étudiée à propos de chaque classe de sels.

L'*oxygène* suroxyde plusieurs sels, soit à froid, soit à chaud.

Les corps réducteurs, et principalement l'*hydrogène* et le *charbon*, agissent à une température élevée pour enlever une partie ou la totalité de l'oxygène.

514. Action des métaux. — Quand on plonge une lame de *fer* bien décapé dans une dissolution de *sulfate de cuivre*, on la voit se recouvrir presque immédiatement d'une couche brillante de cuivre. Le fer a décomposé le sulfate, il s'est substitué au cuivre :

$$SO^4Cu + Fe = SO^4Fe + Cu.$$

C'est là un fait général. Un métal est toujours déplacé de ses dissolutions salines par les métaux plus oxydables que lui, c'est-à-dire par les métaux qui viennent avant lui dans le tableau de la classification des métaux.

Plaçons du *mercure* au fond d'un verre, puis versons dessus une dissolution d'*azotate d'argent*. Il se forme de l'azotate de mercure, tandis que l'argent déplacé cristallise en lamelles brillantes dans la dissolution, en formant l'*arbre de Diane* :

$$2AzO^3Ag + Hg = (AzO^3)^2 Hg + 2Ag.$$

515. Action des acides, des bases et des sels sur les sels. Lois de Berthollet. — En étudiant l'influence de l'état physique des corps sur les réactions chimiques (**66**), nous avons été amenés à énoncer les *lois de Berthollet*, relatives à l'action des acides, des bases et des sels sur les sels.

Ces lois peuvent s'énoncer d'une manière générale de la façon suivante : *Quand on fait agir un acide, une base ou un sel sur une dissolution d'un sel, il y a réaction complète et formation d'un nouveau sel, chaque fois qu'un corps insoluble ou volatil peut prendre naissance.*

En réalité les lois de Berthollet ne sont pas aussi générales que l'indique leur énoncé. On connaît un certain nombre de réactions qui sont en opposition avec ces lois. M. Berthelot a démontré que les réactions qui obéissent aux lois de Berthollet, comme celles qui n'y obéissent pas, sont *exothermiques*, c'est-à-dire qu'elles dégagent de la chaleur, conformément au *principe du travail maximum.*

516. *Cas où il ne se forme ni composé insoluble, ni composé volatil.* — Les lois de Berthollet ne nous donnent aucune indication sur le cas où il ne peut résulter ni composé insoluble, ni composé volatil, de l'adjonction d'un acide, d'une base ou d'un sel à une dissolution d'un sel.

Il n'en faut pas conclure qu'aucune réaction ne se produit. Il y a toujours alors, au contraire, une décomposition des corps en présence. Mais cette décomposition est incomplète; et il s'établit un *équilibre chimique* entre les parties des corps primitifs qui restent sans décomposition et les corps nouveaux qui se forment.

Ainsi, si l'on mélange une dissolution de *chlorure de potassium* à une dissolution d'*azotate de sodium*, il y a un échange *partiel* des métaux :

$$KCl + AzO^3Na = NaCl + AzO^3K,$$

et on a à la fois dans la dissolution les deux chlorures et les deux azotates.

Les lois de Berthollet ne sont qu'un cas particulier de cet équilibre général résultant de deux réactions réversibles, également possibles dans un sens et dans l'autre. Si, en effet, l'un des composés qui prend naissance est insoluble ou volatil, il se sépare de la dissolution, l'équilibre ne peut s'établir et la réaction continue jusqu'à ce qu'elle soit devenue complète.

CHAPITRE V

PRINCIPAUX GENRES DE SELS

I. — CARBONATES.

517. Circonstances de production. — On connaît des *carbonates neutres* [CO^3K^2], des *carbonates acides* [CO^3KH] et des *carbonates basiques* [$(CuOH)^2CO^3$]. Les premiers sont de beaucoup les plus importants.

On trouve dans la nature d'abondantes quantités de carbonates de baryum, de magnésium, de zinc, de fer, de cuivre et surtout de carbonate de calcium.

Les carbonates prennent naissance quand on fait agir l'anhydride carbonique sur un oxyde hydraté, ou même, à chaud, sur certains oxydes anhydres :

$$CO^2 + 2KOH = CO^3K^2 + H^2O,$$
$$CO^2 + CaO = CO^3Ca.$$

Mais ce mode de production n'est pas employé.

Les carbonates alcalins se préparent industriellement en décomposant, à chaud, les *sulfates* correspondants par un mélange de charbon et de *carbonate de calcium* naturel :

$$SO^4Na^2 + 2C + CO^3Ca = CaS + 2CO^2 + CO^3Na^2.$$

Les autres carbonates neutres, qui sont insolubles, s'obtiennent par double décomposition, en partant d'un carbonate alcalin :

$$CO^3Na^2 + BaCl^2 = CO^3Ba + 2NaCl.$$

Les bicarbonates se préparent en faisant passer un courant d'anhydride carbonique dans la dissolution d'un carbonate neutre, ou dans de l'eau tenant en suspension le carbonate neutre, si ce carbonate est insoluble.

518. Propriétés physiques. — Les carbonates sont solides, généralement incolores, inodores (le carbonate de sodium a l'odeur d'ammoniaque), fusibles quand ils ne sont pas décomposés par la chaleur.

Les carbonates alcalins sont solubles dans l'eau. Les autres, insolubles dans l'eau pure, se dissolvent dans l'eau chargée d'acide carbonique, ce qui explique leur présence dans les eaux courantes.

519. Propriétés chimiques. — La *chaleur* décompose tous les carbonates, sauf ceux de potassium et de sodium, à une température plus ou moins élevée :

$$CO^3Ca = CO^2 + CaO.$$

Un courant de gaz inerte, entraînant l'anhydride carbonique qui se dégage, favorise la dissociation. Un courant de vapeur d'eau détermine, par un effet analogue, la décomposition du carbonate de calcium au-dessous du rouge.

Le carbonate de potassium, indécomposable par la chaleur seule, est décomposé au rouge vif dans un courant de vapeur d'eau :

$$CO^3K^2 + H^2O = CO^2 + 2KOH.$$

L'*oxygène* détruit, à chaud, quelques carbonates comme celui de fer :

$$2CO^3Fe + O = 2CO^2 + Fe^2O^3.$$

Le *charbon* réduit les carbonates; si la température de réduction n'est pas très élevée, il se dégage de l'anhydride carbonique; si la température de réduction est très élevée, il se dégage de l'oxyde de carbone :

$$2CO^3Cu + C = 2Cu + 3CO^2;$$
$$CO^3Zn + 2C = Zn + 3CO.$$

Les *acides* décomposent les carbonates avec dégagement d'anhydride carbonique.

520. Caractères distinctifs. — Traités par un *acide*, les carbonates donnent un dégagement d'*acide carbonique*, qui éteint une allumette, trouble l'eau de chaux et rougit la teinture de tournesol. Ceux qui sont solubles donnent avec les *sels de baryte* un précipité blanc, soluble avec effervescence dans les acides.

521. Usages. — Nous étudierons les trois carbonates les plus importants, carbonates de potassium, de sodium et de calcium.

Les carbonates naturels de zinc, de fer, de cuivre sont des minerais desquels on retire les métaux correspondants.

Le carbonate de plomb (*céruse*) est employé en grande quantité en peinture.

II. — CARBONATE DE POTASSIUM

522. Carbonate neutre de potassium CO_3K_2. — Le *carbonate neutre de potassium* (ou *carbonate de potasse*) s'obtient à l'état de pureté dans les laboratoires en calcinant le *bitartrate de potassium*, ce qui donne un mélange de carbonate de potassium et de charbon. On traite par l'eau bouillante, on filtre, et on évapore la solution à siccité.

On peut aussi le préparer à l'état de pureté en purifiant les potasses commerciales par dissolution dans l'eau chaude, et cristallisation. Plusieurs cristallisations successives donnent le sel tout à fait pur.

C'est un sel blanc, pulvérulent, d'une saveur caustique, bleuissant la teinture de tournesol. Il est déliquescent à l'air humide. Il fond au rouge.

L'eau en dissout un poids égal au sien à la température ordinaire, et un poids double du sien à 135 degrés, température d'ébullition de la dissolution saturée.

Par refroidissement, la dissolution abandonne des cristaux de formule $CO_3K_2 + 3H_2O$.

Il est indécomposable par la chaleur seule, mais réductible au rouge par le charbon

$$CO_3K_2 + 2C = 3CO + 2K.$$

Il est aussi décomposé par la vapeur d'eau à une température élevée

$$CO_3K_2 + H_2O = CO_2 + 2KOH.$$

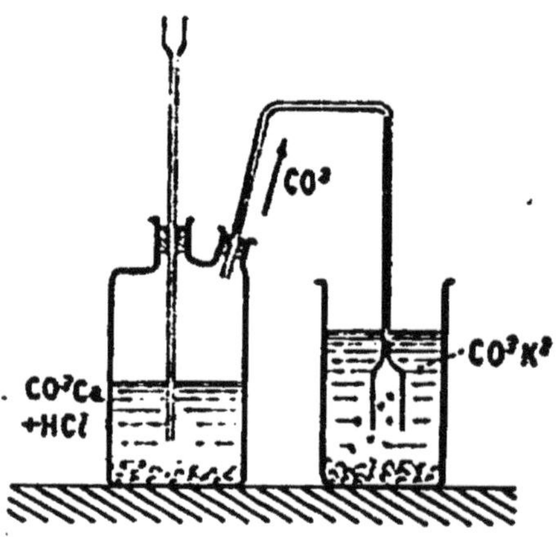

PRÉPARATION DU CARBONATE ACIDE DE POTASSIUM. — On prépare le *carbonate acide de potassium* en faisant passer un courant d'anhydride carbonique dans une dissolution concentrée de carbonate neutre de potassium.

523. Carbonate acide de potassium CO_3KH. — Le *carbonate acide de potassium* (ou *bicarbonate de potasse*) se prépare en faisant passer un courant d'anhydride carbonique dans une dissolution concentrée de carbonate neutre :

$$CO_3K_2 + H_2O + CO_2 = 2CO_3KH.$$

Le carbonate acide cristallise au fur et à mesure de sa formation à cause de sa solubilité relativement faible.

C'est un sel blanc, à réaction alcaline ; il est soluble dans trois fois son poids d'eau froide. Chauffé à 100 degrés, il perd de l'eau et de l'anhydride carbonique, et se transforme en carbonate neutre.

Il est utilisé en médecine.

524. Potasses du commerce. — On rencontre dans le commerce, et on utilise en grande quantité, sous le nom de *potasse*, du carbonate neutre de potassium plus ou moins impur, que l'industrie obtient par divers procédés.

Extraction de la potasse des cendres des végétaux terrestres. — En Amérique, en Russie, en Allemagne, dans les Vosges, on retire la potasse des cendres des végétaux terrestres.

Ces cendres proviennent de la combustion des plantes herbacées qui couvrent les steppes, ou des broussailles provenant de l'exploitation des forêts. Elles sont constituées par des éléments insolubles, formant 75 pour 100 de leur poids, et par un mélange de sels solubles, dans lesquels dominent le *carbonate* et le *sulfate de potassium.*

On les soumet à un *lessirage* méthodique par l'eau froide. La dissolution, soumise à l'évaporation à chaud, jusqu'à siccité, donne la *potasse brute*, qu'on calcine à l'air, pour brûler les matières organiques qu'elle renferme encore.

On a ainsi une masse grise, qui renferme souvent moins de la moitié de son poids de carbonate de potasse.

525. *Extraction de la potasse des vinasses de betteraves.* — Dans la fabrication du sucre de betterave, on obtient comme résidu une *mélasse* qui, abandonnée à la fermentation, puis distillée, fournit de l'alcool. Le liquide restant après la distillation est riche en sels de potassium et de sodium.

On concentre ce liquide par l'action de la chaleur, puis on le soumet à une nouvelle distillation qui permet de recueillir des produits volatils importants (alcool méthylique, ammoniaque, etc.). La distillation terminée, il reste dans les cornues une masse noire, nommée *salin de betterave*, qui renferme un tiers de son poids de carbonate de potassium, associé à du sulfate et du chlorure de potassium, du carbonate de sodium et des matières insolubles.

Le *salin*, traité par l'eau, fournit une dissolution que l'on concentre par la chaleur, puis qu'on abandonne au refroidissement. Le sulfate de potassium cristallise d'abord : on l'enlève. Le chlorure de potassium cristallise ensuite : on l'enlève. On concentre de nouveau, et un nouveau refroidissement donne des cristaux de carbonate double de potassium et de sodium. Le liquide restant après cette cristallisation est une dissolution de *carbonate de potassium* presque pur : on évapore à sec, on calcine pour détruire une petite quantité de matières organiques qui colorent le sel, et on a une *potasse* commerciale beaucoup plus pure que celle extraite des cendres.

Les autres produits obtenus (sulfate de potassium, chlorure de potassium, etc.) ont chacun leurs usages particuliers.

526. On retire aussi de grandes quantités de *potasse* des toisons de moutons (*laines en suint*), qui, lavées à l'eau froide, fournissent une dissolution très riche en sels de potassium.

Enfin on fabrique des *potasses artificielles* en partant du *sulfate de potassium*. Le procédé est le même que celui indiqué pour la soude (**531**).

527. Usages. — La production totale annuelle des potasses commerciales dépasse 50 millions de kilogrammes.

Leurs principaux usages sont la fabrication du chlorure décolorant et désinfectant à base de potasse, le blanchiment et le blanchissage des toiles, la fabrication du verre, du savon, du potassium, du salpêtre, de l'alun, du chlorate de potassium, de la potasse caustique, du silicate de potassium. On les utilise aussi dans l'amendement des terres.

Quand on a besoin d'une matière grossière (fabrication du verre commun, du savon mou, amendement des terres), on se sert des potasses tirées des cendres, qui sont toujours très impures. Pour d'autres usages (fabrication des verres fins, des savons fins, le blanchissage, etc.) on emploie les potasses presque pures provenant des autres modes d'extraction.

III. — CARBONATE DE SODIUM

$$CO^3 Na^2 = 106.$$

528. Carbonate neutre de sodium $CO^3 Na^2$. — Le *carbonate neutre de sodium* (ou *carbonate de soude*) présente les plus grandes analogies avec le carbonate de potassium.

On le prépare à l'état de pureté en traitant par l'eau bouillante le *carbonate de sodium du commerce* et laissant refroidir. Le sel cristallise. Une nouvelle dissolution, suivie d'une nouvelle cristallisation, achève d'enlever les impuretés.

C'est un sel blanc, à saveur âcre. Il est très soluble dans l'eau, et présente un maximum de solubilité à la température de 38 degrés. La dissolution est fortement alcaline. Par refroidissement, le sel produit de gros cristaux transparents de formule $CO^3 Na^2 + 10 H^2O$.

Abandonnés à l'air, ces cristaux s'effleurissent; ils perdent peu à peu 9 molécules d'eau, et se transforment en un sel pulvérulent de formule $CO^3 Na^2 + H^2O$.

Grâce à leur grande solubilité, les *cristaux de soude* fondent aisément dans leur eau de cristallisation. Mais quand l'eau s'est évaporée, le carbonate, devenu anhydre, reprend l'état solide. Il fond de nouveau au rouge.

Le carbonate de sodium est, comme celui de potassium, indécomposable par la chaleur, décomposable par le charbon, par la vapeur d'eau, au rouge.

Il est décomposable par les *acides gras*. Il se forme alors des sels de sodium (*stéarate*, *oléate*) solubles dans l'eau, qu'on nomme des *savons*. Cette propriété rend le carbonate de sodium éminemment propre au lessivage. Quand on trempe du linge sale dans une dissolution chaude de carbonate de sodium, il se forme des sels solubles avec les matières grasses qui souillent le linge; dès lors ces matières grasses s'en vont, entraînant avec elles les poussières qu'elles maintenaient sur le tissu.

Le carbonate de potassium a la même action sur les corps gras.

529. Carbonate acide de sodium $CO^3 NaH$. — Le *carbonate acide de sodium* (ou *bicarbonate de soude*) a les mêmes propriétés et se produit dans les mêmes circonstances que le carbonate acide de potassium.

On le prépare en grand à Vichy en utilisant l'anhydride carbonique qui sort spontanément des sources.

Ce sel est aussi employé en médecine; c'est en partie à lui que les eaux de Vichy doivent leurs propriétés. Il sert à la préparation de l'eau de Seltz dans les appareils domestiques.

530. Soudes du commerce. — Le carbonate de sodium impur du commerce, nommé simplement *soude*, a une importance beaucoup plus grande encore que celle des *potasses* commerciales. Nous indiquerons seulement les principales sources de production de ce composé.

Extraction de la soude des cendres des végétaux marins. — Les cendres des végétaux qui croissent spontanément sur le bord de la mer, ou qu'on y cultive, renferment beaucoup de carbonate de sodium.

Les végétaux, séchés au soleil, sont brûlés dans de grandes fosses. Les cendres à moitié fondues que l'on obtient constituent les *soudes brutes*, aujourd'hui peu importantes.

Ces soudes brutes renferment souvent moins de 25 pour 100 de carbonate de sodium, associé à du chlorure et du sulfate de sodium, et à d'abondantes matières insolubles.

531. *Soude artificielle : procédé Leblanc.* — Ce procédé a été imaginé par Leblanc en 1791.

Il consiste à décomposer le *sulfate de sodium* obtenu dans la préparation de l'acide chlorhydrique par un mélange de *carbonate de calcium* et de *charbon*, à une température élevée :

$$SO^4Na^2 + CO^3Ca + 4C = CO^3Na^2 + CaS + 4CO.$$

L'opération se fait en grand dans des *fours tournants*, dans lesquels les matières qui doivent réagir sont constamment brassées

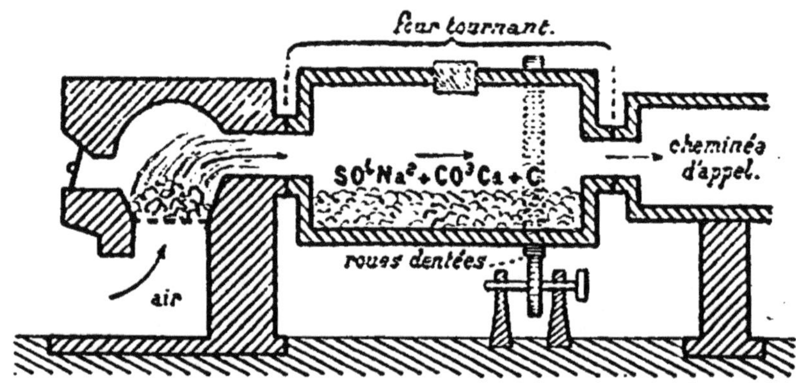

FABRICATION DE LA SOUDE ARTIFICIELLE PAR LE PROCÉDÉ LEBLANC. — Le mélange de *sulfate de sodium*, de *carbonate de calcium* et de *charbon* est placé dans un four cylindrique, mis en rotation continue par un système de roues dentées. Une ouverture, ménagée sur les parois du four, permet un chargement facile (quand elle est en haut) et un déchargement facile (quand elle est en bas).

par la rotation même du four. La flamme du foyer traverse le four et le porte à la température du rouge vif.

La *soude artificielle* ainsi obtenue, ou *soude brute*, est un mélange de carbonate de sodium, et de sulfure de calcium, avec un assez grand excès de carbonate de calcium, qu'on est obligé d'ajouter pour faciliter les réactions.

Si on veut l'avoir plus pure, on la lessive. L'eau dissout le carbonate de sodium soluble et laisse une grande partie des impuretés, insolubles. En faisant évaporer à sec la dissolution ainsi obtenue, on a une masse blanche, encore assez impure : c'est le *sel de soude*.

Si enfin on dissout le sel de soude dans l'eau chaude, qu'on filtre et qu'on fasse cristalliser par refroidissement, on a de gros cristaux de carbonate de sodium à peu près pur ($CO^3Na^2 + 10H^2O$), connus sous le nom de *cristaux de soude* (appelés simplement *cristaux* dans le commerce de détail).

532. *Soude artificielle : procédé à l'ammoniaque.* — A l'ancien procédé Leblanc se substitue actuellement, de plus en plus, le procédé dit *à l'ammoniaque,* qui permet de transformer directement le *chlorure de sodium* en carbonate, sans transformation préalable en sulfate de sodium.

Ce procédé est basé sur la décomposition du *chlorure de sodium* par le *carbonate acide d'ammonium* :

$$NaCl + CO^3(AzH^4)H = CO^3NaH + AzH^4Cl,$$

décomposition qui donne du carbonate acide de sodium CO^3NaH, et du chlorure d'ammonium AzH^4Cl.

On opère de la manière suivante.

Dans une dissolution concentrée et froide de *sel marin* on fait passer un courant *d'ammoniaque,* puis un courant *d'anhydride carbonique.* Il se forme d'abord du carbonate acide d'ammonium, puis, par double décomposition, du *chlorure d'ammonium,* qui reste en dissolution, et du *carbonate acide de sodium,* qui, peu soluble dans ces circonstances, se précipite.

On sépare le précipité par filtration, on le dessèche, et on le calcine légèrement pour le transformer en un carbonate neutre presque pur, immédiatement utilisable sans nouveau traitement :

$$2CO^3NaH = CO^3Na^2 + H^2O + CO^2.$$

Outre le chlorure de sodium, ce procédé consomme donc de l'ammoniaque et de l'anhydride carbonique.

L'ammoniaque, qui est le produit le plus coûteux, est constamment régénérée, avec une perte inférieure à 1 pour 10^3 pour chaque opération. Pour cela on chauffe l'*eau mère,* qui tient le chlorure d'ammonium en dissolution, avec de la *chaux éteinte,* qui met le gaz ammoniac en liberté pour l'opération suivante.

L'anhydride carbonique est produit par le four à chaux même qui sert à préparer la chaux dont on a besoin pour la régénération de l'ammoniaque; il résulte aussi de la calcination du carbonate acide d'après la réaction ci-dessus.

533. Usages. — La production totale annuelle des soudes commerciales dépasse certainement aujourd'hui un milliard de kilogrammes, dont au moins la moitié est fournie par le procédé à l'ammoniaque.

Les usages de ces *soudes* sont à peu près les mêmes que ceux des *potasses* : fabrication du chlorure décolorant et désinfectant à base de soude, blanchiment et blanchissage des toiles dans l'industrie, blanchissage domestique, fabrication du verre, du savon, du borax, des sulfites et hyposulfites de sodium. Il sert en teinture.

La médecine utilise le carbonate de sodium pur.

IV. — CARBONATE DE CALCIUM

$$CO^3Ca = 100.$$

534. État naturel. — Le *carbonate de calcium* (ou *carbonate de chaux*) ne se prépare pas dans les laboratoires. Il est extrêmement abondant dans la nature. On le rencontre sous les formes les plus diverses, mais toujours reconnaissable à son effervescence sous l'action des acides, et à sa transformation en chaux par l'application de la chaleur.

Cristallisé, il est tantôt transparent et incolore, tantôt opaque. Il est *dimorphe*, car on le rencontre sous deux formes cristallines incompatibles, constituant le *spath d'Islande* et l'*aragonite*.

Le *spath d'Islande* est en *rhomboèdres* (quatrième système cristallin) : il est transparent. L'*aragonite*, opaque et d'un blanc laiteux, est en *prismes droits à base de losange* (troisième système cristallin).

Amorphe, le carbonate de calcium constitue :

1° Les nombreuses variétés de *pierre à bâtir* appelées *calcaires*. Outre leurs usages dans les constructions, beaucoup de calcaires sont aussi employés à la fabrication de la chaux.

2° La *pierre lithographique*, carbonate dur, susceptible d'un beau poli, servant à la reproduction des dessins par les procédés de la lithographie.

3° L'*albâtre calcaire*, susceptible aussi d'être poli, et fort recherché pour l'ornementation à cause de ses couleurs agréables. L'*onyx* est le plus estimé des albâtres.

4° Le *marbre*, le plus dur des calcaires, susceptible d'un beau poli, orné des couleurs les plus variées et les plus vives. Il provient de la fusion du calcaire, à une température élevée, dans les couches profondes du sol. Cette fusion a été rendue possible par la pression des terrains supérieurs, pression qui empêchait le dégagement du gaz carbonique.

Le marbre blanc, dit *marbre statuaire*, est à grains cristallins, qui donne à sa cassure l'aspect du sucre. Sous une faible épaisseur il est presque transparent.

5° La *craie*, très friable, formée par l'accumulation des coquilles calcaires d'animaux microscopiques. Elle constitue le *blanc d'Espagne* avec lequel on polit les métaux, le *blanc à écrire* au tableau noir. Elle sert aussi à la fabrication de la chaux. Certaines craies sont assez dures pour être employées dans les constructions.

535. *Calcaire en dissolution dans l'eau* — Les eaux qui courent à la surface de la terre et dans les profondeurs du sol renferment toujours de l'anhydride carbonique. Aussi peuvent-elles dissoudre une notable proportion du carbonate de calcium qu'elles rencontrent sur leur route. Toutes les eaux naturelles sont plus ou moins calcaires. Ceci nous explique pourquoi elles se troublent par l'ébullition et incrustent à la longue l'intérieur des vases dans lesquels on les fait chauffer.

Les eaux souterraines, souvent très riches en anhydride carbonique, renferment quelquefois beaucoup de calcaire. Arrivées à l'air, elles abandonnent une partie de ce gaz, et le calcaire se dépose sur les objets environnants : l'eau est dite *incrustante*. Les sources incrustantes sont fort nombreuses en Auvergne.

Les eaux d'infiltration des grottes déposent peu à peu de longues aiguilles calcaires, nommés *stalactites*, qui pendent à la voûte. Au-dessous de chaque stalactite s'élève du sol une aiguille semblable, *stalagmite*, formée par les gouttes d'eau qui tombent de la voûte. Souvent les stalactites et les stalagmites se rejoignent et constituent des colonnes.

536. Propriétés. — *Le carbonate de calcium* est un solide cristallisable (dimorphe), blanc quand il est pur, insoluble dans l'eau ordinaire, mais soluble dans l'eau chargée d'anhydride carbonique. Cette dissolution se trouble sous l'action de la chaleur.

La chaleur dissocie le carbonate de calcium en *chaux vive* et *anhydride carbonique*. Quand on opère en vase clos, la décomposition s'arrête bientôt et le carbonate fond, prenant par refroidissement l'apparence du marbre.

Les acides décomposent presque tous le carbonate de calcium, en donnant un dégagement de gaz carbonique, conformément aux lois de Berthollet.

537. Usages. — Les principaux usages de ce composé ont été indiqués dans l'énumération de ses diverses variétés.

V. — SULFATES.

538. Circonstances de production. — On connaît des *sulfates neutres* (SO^4K^2), des *sulfates acides* (SO^4KH), et enfin des *disulfates* (SO^4Na^2,SO^3), provenant de l'acide disulfurique (**263**). Les sulfates neutres sont les seuls importants.

On en rencontre plusieurs dans la nature : sulfates de baryum, de magnésium, d'aluminium, de strontium et surtout sulfate de calcium. Ce dernier se rencontre en grandes masses, hydraté ($SO^4Ca + 2H^2O$), constituant le *gypse*, ou *pierre à plâtre*.

On prépare les sulfates en faisant agir l'*acide sulfurique* sur un *métal* (sulfates de zinc, de cuivre, de mercure), ou sur un *oxyde*, ou sur un *sel* à acide volatil :

$$2NaCl + SO^4H^2 = SO^4Na^2 + 2HCl.$$

On peut aussi griller les *sulfures naturels* (sulfates de fer et de cuivre).

Enfin on obtient les sulfates insolubles (sulfates de baryum, de plomb, d'argent), en décomposant l'*azotate* du métal correspondant par un *sulfate alcalin* :

$$2AzO^3Ag + SO^4K^2 = 2AzO^3K + SO^4Ag^2.$$

539. Propriétés physiques. — Les *sulfates* sont solides, inodores, généralement solubles dans l'eau. Ceux de baryte et de plomb sont insolubles; le sulfate d'argent et le sulfate mercureux sont peu solubles.

540. Propriétés chimiques. — La *chaleur* décompose tous les sulfates. La décomposition, difficile pour les sulfates alcalins, et pour les sulfates de calcium, de baryum, de magnésium et de plomb, est facile pour les autres.

Il se dégage, selon les cas, de l'anhydride sulfurique ou, plus souvent, un mélange d'anhydride sulfureux et d'oxygène; le métal reste généralement à l'état d'oxyde.

Les sulfates sont décomposés aussi par le *courant électrique*.

Ils sont réduits par l'*hydrogène*, le *charbon*; un métal plus oxydable que celui contenu dans le sulfate en dissolution déplace ce dernier métal :

$$SO^4Cu + Fe = SO^4Fe + Cu.$$

L'action réductrice du charbon est surtout intéressante. Avec les sulfates facilement réductibles, à la température du rouge sombre, on a un dégagement d'anhydride carbonique et d'anhydride sulfureux. Le métal reste libre ou à l'état d'oxyde, selon qu'il est lui-même facilement ou difficilement réductible :

$$SO^4Cu + C = SO^2 + CO^2 + Cu;$$
$$2SO^4Zn + C = 2SO^2 + CO^2 + 2ZnO.$$

Avec les sulfates difficilement réductibles, au rouge vif, comme le sulfate de baryum, il se forme un sulfure et de l'oxyde de carbone :

$$SO^4Ba + 4C = Ba S + 4CO.$$

541. *Caractères distinctifs.* — Les dissolutions des sulfates se reconnaissent au précipité blanc, insoluble dans l'acide azotique, qu'ils donnent avec l'azotate de baryum et l'azotate de plomb.

542. Usages. — Le *sulfate de calcium* naturel sert à la préparation du plâtre. Les *sulfates de zinc*, de *fer*, de *cuivre* sont employés en teinture; ce sont des antiseptiques puissants, employés comme tels dans une foule de circonstances. Les *aluns*, qui sont des sulfates doubles, servent également en teinture.

Les *sulfates de potassium* et de *sodium* interviennent dans la fabrication du verre, des potasses et des soudes artificielles. Le *sulfate d'ammonium* entre dans la constitution des engrais chimiques.

VI. — ALUNS

543. Alun ordinaire; préparation. — L'*alun* ordinaire, ou *alun potassique*, est un *sulfate double d'aluminium et de potassium*, répondant à la formule

$$(SO^4)^3Al^2 + SO^4K^2 + 24H^2O.$$

Il ne se rencontre qu'exceptionnellement dans la nature. L'industrie le produit en grand par divers procédés.

544. *Préparation par mélange des deux sulfates.* — A une dissolution chaude et concentrée de *sulfate d'aluminium* $(SO^4)^3Al^2$, on ajoute une dissolution chaude et concentrée de *sulfate de potassium* SO^4K^2. Il se forme de l'alun qui, par refroidissement, cristallise en *octaèdres réguliers*.

Le *sulfate de potassium* nécessaire à cette opération provient du traitement des *salins* de betterave (**525**), ou résulte de l'action de l'acide sulfurique sur le chlorure de potassium (**201**).

Le *sulfate d'aluminium* est préalablement obtenu en traitant des *argiles* assez pures (*silicate d'aluminium*) par l'*acide sulfurique*, ce qui donne un dépôt de silice insoluble, et une dissolution de sulfate d'aluminium.

545. *Préparation par l'alunite.* — On trouve dans la campagne de Rome et en Hongrie une roche insoluble nommée *alunite,* dont la composition se rapproche beaucoup de celle de l'alun. C'est une combinaison d'alun avec un grand excès d'alumine hydratée $Al^2O^3, 2H^2O$.

Cette roche, soumise à une calcination modérée, puis traitée par l'eau, se dédouble en alun soluble, et alumine insoluble.

La dissolution, soumise à l'évaporation, puis au refroidissement, fournit de l'alun cristallisé en *cubes*.

Ce mode de traitement a l'inconvénient de laisser perdre tout l'excès d'alumine qui était contenue dans l'*alunite*.

Il est préférable de traiter par l'acide sulfurique, qui fournit un excès de sulfate d'aluminium, et d'ajouter une quantité correspondante de sulfate de potassium. De cette manière, il n'y a plus aucune perte.

546. *Préparation par les schistes alumineux.* — Les *schistes alumineux*, très abondants en Angleterre, en Allemagne, dans le nord de la France, sont principalement constitués par un mélange de *silicate d'aluminium* (argile) et de *sulfure de fer* (pyrite). Ces schistes, d'abord grillés dans un courant d'air chaud, puis exposés au contact de l'air humide, subissent une oxydation qui transforme la pyrite en sulfate de fer et acide sulfurique, lequel, réagissant sur l'argile, donne du sulfate d'aluminium.

Un lessivage dissout les deux sulfates, d'aluminium et de fer. L'action de l'air continuant à se produire transforme le sulfate ferreux en sous-sulfate ferrique, peu soluble, qui se précipite, de sorte qu'il ne reste plus qu'une dissolution de sulfate d'aluminium, à laquelle on ajoute une dissolution de sulfate de potassium. L'alun cristallise en *octaèdres*; on le purifie par une nouvelle dissolution, suivie d'une nouvelle cristallisation.

547. Propriétés. — L'*alun* est un sel blanc, d'une saveur astringente, peu soluble dans l'eau froide, mais très soluble dans l'eau bouillante.

Par refroidissement l'alun cristallise en *cubes* (si la liqueur renferme un excès d'alumine hydratée) ou en *octaèdres* (si la liqueur est acide).

ALUN CALCINÉ. — Sous l'influence de la chaleur, l'alun perd son eau et augmente de volume.

Quand on chauffe l'alun, il fond vers 92 degrés dans son eau de cristallisation. Si l'on continue à chauffer, il devient peu à peu *anhydre*; en même temps il se boursoufle, de manière à former au-dessus du creuset une sorte de champignon spongieux extrê-mement léger et très friable, *l'alun calciné.*

A une température plus élevée, l'alun est décomposé, avec déga-gement d'anhydride sulfureux et d'oxygène :

$$(SO^4)^3Al^2 + SO^4K^2 = Al^2O^3 + 5SO^3 + 3O + SO^4K^2.$$

Au rouge blanc, le mélange de sulfate de potassium et d'alu-mine se décompose lui-même, et il reste de l'aluminate de potas-sium.

L'alun est décomposé au rouge par le *charbon.* Il reste dans un creuset un mélange d'*alumine,* de *sulfure de potassium* et de *charbon en excès,* qui s'enflamme spontanément quand on le projette dans l'air.

548. Usages. — Les usages de l'alun sont importants. On l'emploie dans la teinture, dans le tannage des cuirs, dans la fabrication du papier, dans la clarification des suifs. La médecine utilise les propriétés astringentes de l'alun ordinaire et les pro-priétés caustiques de l'alun calciné.

549. Aluns en général. — On nomme *aluns* des composés dont l'alun ordinaire est le type. Tous ces corps ont la même composition chimique, correspondant à la formule

$$(SO^4)^3M^2 + SO^4N^2 + 24H^2O,$$

dans laquelle M représente un métal qui, au lieu d'être l'alumi-nium, peut être le manganèse, le chrome, le fer, et N un métal qui, au lieu d'être le potassium, peut être le sodium, l'ammo-nium AzH⁴, le thallium....

Tous ces composés sont solides, plus ou moins solubles dans l'eau et capables de cristalliser en octaèdres réguliers. Ils sont tous isomorphes, et susceptibles de coexister en toutes propor-tions dans un même cristal.

VII. — AZOTATES

550. Circonstances de production. — Les azotates neutres, tels que l'azotate de potassium AzO^3K, ont seuls de l'importance.

On trouve peu d'azotates dans la nature (azotates de potas-sium, de sodium, de calcium, de magnésium).

Pour obtenir les azotates on fait agir l'*acide azotique* sur le *métal* (azotates d'argent, de cuivre, de mercure), ou sur l'*oxyde métallique* (azotate de plomb), ou sur un *sulfure* (azotate de baryum), ou sur un *carbonate* (azotate de calcium). On peut aussi opérer par *double décomposition*, comme nous le verrons à propos de la préparation de l'azotate de potassium.

551. Propriétés physiques. — Tous les azotates sont solides, solubles dans l'eau. Ils cristallisent tantôt anhydres, tantôt avec de l'eau de cristallisation. Beaucoup sont fusibles à une température inférieure à celle de leur décomposition par la chaleur.

552. Propriétés chimiques. — La *chaleur* décompose facilement tous les azotates.

Les *azotates alcalins*, chauffés au rouge, dégagent de l'oxygène et laissent un résidu d'azotite :

$$AzO^3K = AzO^2K + O.$$

A une température plus élevée, l'azotite donne de l'azote, de l'oxygène, du peroxyde d'azote et un alcali anhydre, qui attaque fortement le vase dans lequel on chauffe :

$$2AzO^3K = Az + O + AzO^2 + K^2O.$$

La plupart des autres azotates dégagent au rouge de l'oxygène et du peroxyde d'azote; l'oxyde métallique reste

$$(AzO^3)^2Pb = PbO + 2AzO^2 + O.$$

Grâce à cette instabilité, les azotates sont fréquemment aussi oxydants que l'acide lui-même. Les métalloïdes réducteurs (*soufre, carbone, phosphore*) les décomposent vivement.

Le *soufre* donne un sulfate et de l'oxyde azotique

$$2AzO^3K + S = SO^4K^2 + 2AzO;$$

un grand excès de soufre donne un sulfure, de l'anhydride sulfureux et de l'azote.

Le *charbon* produit un carbonate, de l'anhydride carbonique et l'azote :

$$4AzO^3K + 5C = 2CO^3K^2 + 3CO^2 + 4Az.$$

Pour mettre ces réductions en évidence, il suffit de mélanger un azotate pulvérisé (par exemple de l'*azotate de potassium*) avec du *soufre* ou du *charbon* en poudre, et de mettre le feu au mélange. On a une combustion vive dans laquelle intervient, au lieu de l'oxygène de l'air, l'oxygène fourni par l'azotate.

C'est en vertu de cette propriété que les azotates *fusent* sur les *charbons* incandescents.

Beaucoup de métaux sont oxydés par les azotates.

Les *acides fixes* (acides sulfuriques, phosphoriques) chassent l'acide azotique avec l'aide de la chaleur, conformément aux lois de Berthollet.

553. *Caractères distinctifs.* — On reconnaît l'acide azotique et les azotates aux caractères suivants.

L'acide azotique décolore l'*indigo*. Chauffé avec le *cuivre*, il donne un dégagement d'oxyde azotique, qui, à l'air, se transforme en vapeurs rutilantes. Il colore la *soie* en jaune.

Les azotates en dissolution, additionnés d'une petite quantité d'acide sulfurique, présentent les mêmes caractères.

La réaction la plus sensible est la suivante. On prend un peu du liquide à essayer, et l'on y ajoute quelques gouttes d'*acide sulfurique* pur; lorsque le mélange s'est refroidi, on y jette un cristal de *sulfate ferreux*, qui se colore en rose ou en brun, sous l'influence des plus petites quantités d'acide azotique.

554. Usages. — Le plus important des azotates est l'azotate de potassium, que nous allons étudier.

L'azotate d'ammonium entre dans la composition de certaines poudres explosives; il fournit, avec l'eau, un mélange réfrigérant quelquefois employé. L'azotate de sodium sert à la fabrication de l'acide azotique et de l'azotate de potassium; on l'utilise comme engrais. L'azotate de baryum sert en pyrotechnie. Enfin on utilise d'importantes quantités d'azotate d'argent en médecine, en photographie et dans l'argenture des miroirs.

VIII. — AZOTATE DE POTASSIUM

$AzO^5K = 101$

555. Production dans la nature. — *L'azotate de potassium* (ou *nitre, salpêtre*) se rencontre un peu partout dans la nature. Dans nos climats, il se produit dans les lieux humides (caves, écuries, étables), partout où se rencontrent des matières animales azotées. Dans les pays plus chauds (Indes, Égypte), il se forme à la surface du sol, en efflorescences cristallines, après les grandes pluies.

Dans l'un et l'autre cas l'ammoniaque, qui résulte de la fermentation des matières organiques azotées, est transformée en acide azotique par l'oxygène de l'air :

$$AzH^3 + 4O = AzO^5H + H^2O.$$

L'acide azotique ainsi formé se combine aux alcalis de la terre végétale ou du fumier, et donne des azotates de potassium et de sodium.

Cette *nitrification* de l'ammoniaque est un acte physiologique qui s'accomplit sous l'influence d'un *ferment* organisé dont l'existence a été établie par MM. Schlœsing et Müntz, et qui a été isolée par M. Winogradsky, qui lui a donné le nom de *nitromonade*.

556. Préparation. — Le salpêtre actuellement employé dans l'industrie a deux origines.

Salpêtre naturel. — On importe le salpêtre naturel d'Asie et d'Égypte.

Quand les efflorescences cristallines apparaissent à la surface du sol, on les enlève, en même temps qu'un peu de terre, et on lessive.

La dissolution est abandonnée à l'évaporation spontanée dans des bassins plats. L'azotate de potassium, peu soluble dans l'eau froide, se dépose peu à peu en gros cristaux, tandis que les autres azotates restent en dissolution.

On a ainsi le *salpêtre brut* des Indes ou d'Égypte, qui est généralement raffiné en Europe.

557. Salpêtre artificiel. — On trouve au Pérou et au Chili, presque à la surface du sol, des bancs épais d'*azotate de sodium.* On utilise ce sel à la préparation du salpêtre, par double décomposition avec le *chlorure de potassium*, qu'on extrait des eaux de la mer et des mines de Stassfurt (près de Magdebourg, en Prusse) :

$$AzO^3Na + KCl = AzO^3K + NaCl.$$

FABRICATION DU SALPÊTRE. — Dans une marmite de fonte, on chauffe le mélange des dissolutions *d'azotate de sodium* et de *chlorure de potassium*. A mesure que le chlorure de sodium prend naissance, il se dépose (étant peu soluble) dans un chaudron placé au milieu du liquide.

Pour opérer, on mélange les dissolutions des deux sels, et on concentre dans une grande chaudière en cuivre. Il se produit d'abord une réaction partielle (**516**). Mais bientôt la dissolution est assez concentrée pour que le chlorure de sodium, qui n'est guère plus soluble à chaud qu'à froid, se précipite. On l'enlève, et, l'équilibre se trouvant rompu, il se forme une nouvelle quantité de chlorure de sodium, qui se précipite à son tour, et ainsi de suite.

Quand la concentration est suffisante, on abandonne au refroidissement, en agitant constamment, pour que le salpêtre qui se dépose alors ne forme que de petits cristaux, emprisonnant peu d'*eau mère*.

558. *Raffinage*. — On raffine le salpêtre brut, pour lui enlever les 4 ou 5 pour 100 de sels étrangers qu'il renferme.

On dissout le salpêtre dans le tiers de son poids d'eau bouillante, puis on laisse cristalliser par refroidissement, en agitant constamment. Les impuretés restent presque complètement en dissolution dans l'eau mère.

Les cristaux obtenus sont mis à égoutter dans des bassins percés de trous, puis arrosés avec une dissolution froide et saturée de salpêtre pur, qui dissout les dernières traces d'impuretés, sans dissoudre le salpêtre.

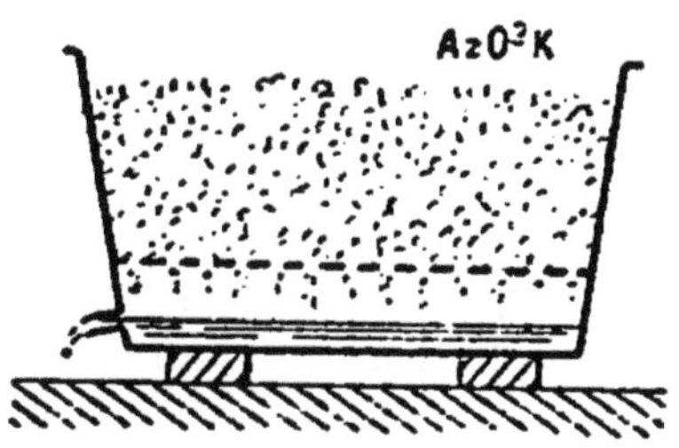

RAFFINAGE DU SALPÊTRE. — Le salpêtre, déjà purifié par une cristallisation supplémentaire, est arrosé d'eau saturée de salpêtre pur, eau qui entraîne les dernières impuretés.

On obtient ainsi un sel presque complètement pur.

559. Propriétés. — L'azotate de potassium est un solide qui cristallise anhydre, et se conserve à l'air sans altération, n'étant pas déliquescent. Il est peu soluble dans l'eau froide; l'eau bouillante en dissout plus de trois fois son poids.

Le salpêtre est, comme tous les azotates, facilement décomposable par la chaleur, et très oxydant. Mêlé soit avec du soufre, soit avec du charbon, il forme une poudre capable de brûler en vase clos avec une grande rapidité.

La combustion est encore plus vive avec un mélange d'azotate de potassium, de soufre et de charbon :

$$2AzO^3K + S + 3C = K^2S + 2Az + 3CO^2.$$

C'est ce mélange qu'on nomme *poudre à tirer*.

560. *Usages*. — La fabrication de la *poudre à tirer* consomme de grandes quantités de salpêtre, ainsi que celle de différents mélanges pyrotechniques. La préparation de la *nitroglycérine*, celle du *coton-poudre* en consomment aussi.

Mélangé avec du sucre ou avec du sel marin, il sert à la conservation de la viande.

La médecine l'utilise assez fréquemment.

IX. — POUDRE A TIRER

561. Combustion de la poudre. — La *poudre à tirer* (*poudre noire, poudre de guerre, poudre de chasse*) est un mélange de *salpêtre*, de *soufre* et de *charbon*.

Quand on met le feu à ce mélange, l'inflammation se propage dans toute la masse avec une extrême rapidité. La réaction

$$2AzO^3K + S + 3C = K^2S + 2Az + 3CO^2$$

détermine la production de deux gaz, azote et anhydride carbonique, qui, surtout à la température élevée qui résulte de l'explosion, ont un volume considérable (1 500 fois plus grand que celui de la poudre).

Si donc la combustion se fait en vase clos, la force expansive des gaz produits exercera une énorme pression sur les parois et déterminera une explosion. Si la combustion se fait dans un fusil ou dans un canon bouché par un projectile, ce projectile sera envoyé au loin avec une grande vitesse.

562. Composition de la poudre. — Dans la poudre on pourrait remplacer, théoriquement, l'azotate de potassium par tout autre corps oxydant (azotate de sodium, chlorate de potassium, etc.).

On pourrait également remplacer le soufre et le charbon par d'autres corps combustibles (phosphore, sciure de bois, sucre en poudre, etc.). L'expérience a montré que le mélange d'azotate de potassium avec le soufre et le charbon donne les meilleurs résultats.

La formule de la réaction conduit à une composition théorique correspondant à 202 parties de salpêtre, pour 32 de soufre et 36 de charbon. La *poudre de guerre* a, en effet, à peu de chose près cette composition. Elle renferme, pour 100 parties : 75 de de salpêtre, 12,5 de soufre et 12,5 de charbon

La *poudre de chasse* renferme une proportion de *charbon* un peu plus forte; dans la *poudre de mine*, le *soufre* est en excès.

563. Fabrication de la poudre. — Le *salpêtre* employé dans la fabrication de la poudre doit être très bien raffiné; s'il contenait des chlorures, il absorberait l'humidité de l'air, et l'inflammabilité de la poudre en serait notablement diminuée.

Le *soufre* est du soufre en canon.

Le *charbon* est préparé, par distillation, avec du bois léger de peuplier ou de bourdaine; il est très combustible.

Les trois substances, séparément pulvérisées, sont mélangées dans les proportions convenables, arrosées avec un peu d'eau, et soumises pendant plusieurs heures à l'action de pilons en bois ; on obtient ainsi un mélange parfaitement intime.

La galette humide que les pilons ont produite est passée à tra-

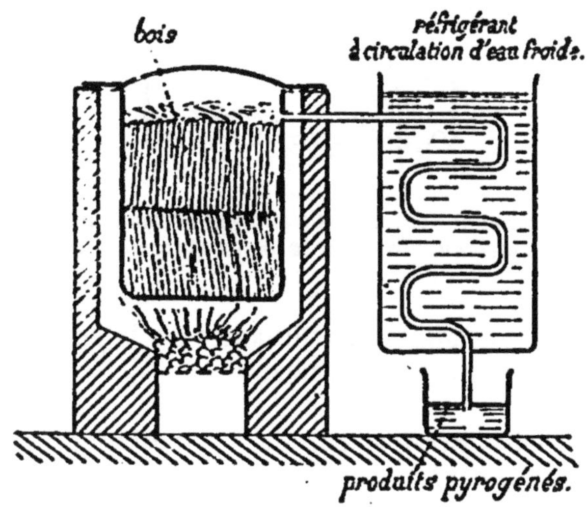

PRÉPARATION DU CHARBON DE BOIS PAR CALCINATION EN VASE CLOS. — Le *bois*, chauffé en vase clos, dégage divers composés volatils et il reste du charbon de bois dans la cornue.

vers un *crible*, qui la réduit en grains de grosseur très régulière ; il ne reste plus qu'à *lisser* ces grains, en les faisant tourner doucement dans une barrique pendant plusieurs heures : alors la

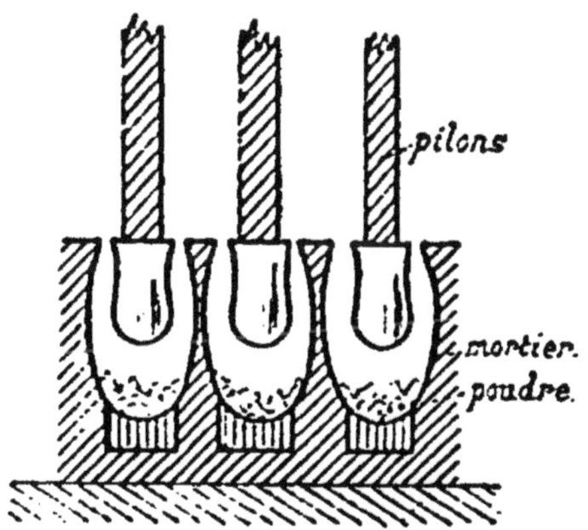

PILONS POUR LA FABRICATION DE LA POUDRE. — Ces *pilons* sont mus pas une roue hydraulique, qui les soulève et les laisse retomber alternativement.

poudre est terminée. Elle doit être conservée à l'abri de l'humidité, dans des tonneaux bien fermés.

La meilleure poudre, pour une arme donnée, est celle qui brûle d'une manière complète dans le temps que le projectile met à parcourir l'âme de la pièce, de manière à lui imprimer, non instantanément, mais successivement, toute la force de projection dont elle est susceptible.

C'est pour arriver à régler, par cette condition, la rapidité de la combustion, qu'on change pour chaque usage particulier les

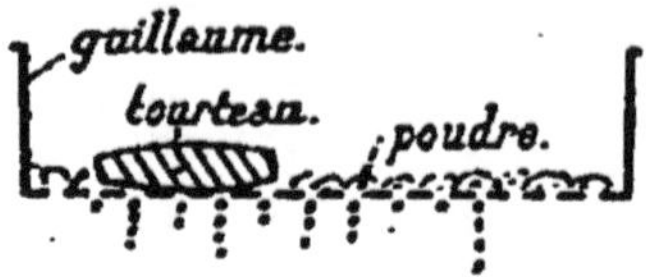

TAMIS POUR LE GRENAGE DE LA POUDRE. — Ce tamis se nomme *guillaume*; un disque de bois, nommé *tourteau*, glisse sur le tamis et force la poudre à passer par les trous.

proportions des substances constituantes de la poudre, ainsi que la forme et la dimension des grains.

564. Explosifs modernes. — L'importance de la poudre noire tend actuellement à diminuer de plus en plus. On la remplace, dans une foule de circonstances, par des produits explosifs obtenus en utilisant l'action de substitution de l'acide azotique sur les matières organiques (**309**).

. C'est ainsi que la *dynamite*, employée dans l'exploitation des mines, dans le percement des tunnels, est un mélange de *nitroglycérine*, explosif très puissant, et d'une terre argileuse spéciale, matière inerte qui rend plus facile et moins dangereux le maniement de la nitroglycérine.

De même, la *mélinite* employée en France pour le chargement des obus explosifs, la *poudre sans fumée* qui a remplacé la poudre noire pour le chargement des fusils et des canons, sont des mélanges complexes renfermant des explosifs analogues à la nitroglycérine et au fulmicoton.

CHAPITRE VI

FER, FONTE, ACIER

I. — FER

$$Fe = 56.$$

565. État naturel. — Le fer est très abondant dans la nature. Plusieurs de ses composés se trouvent en masses puissantes dans le sein de la terre. Ce sont principalement les divers oxydes du fer, anhydres ou hydratés, le carbonate de fer, le bisulfure (ou *pyrite*).

Le métal se trouve également à *l'état natif* et à *l'état météorite*, simplement allié à de petites quantités de nickel, de cobalt ou de manganèse.

En outre, le fer entre, en petites quantités, dans la constitution de presque toutes les roches qui composent l'écorce terrestre. Les eaux, les animaux et les végétaux en renferment d'une manière constante.

566. Préparation. — L'industrie produit des masses considérables de fer, par des procédés que nous indiquons plus loin.

Ce fer industriel, même le plus pur, renferme toujours une petite quantité de matières étrangères (carbone, phosphore, silicium).

On aurait du fer chimiquement pur en réduisant, au rouge, du *sesquioxyde de fer* par un courant d'*hydrogène*, et fondant ensuite, dans un courant d'hydrogène, le métal pulvérulent obtenu.

567. Propriétés physiques. — Le fer, lorsqu'il est pur ou presque pur, est un métal d'un gris bleuâtre, qui a beaucoup d'éclat lorsqu'il est poli. Il est susceptible de cristalliser dans le système cubique.

Sa densité est égale à 7,84. Sa température de fusion est comprise entre 1500 et 1600 degrés, température qu'on n'obtient qu'exceptionnellement dans les feux de forge.

Il est très *dur* et très *tenace*. Il est assez *malléable*, surtout à chaud, pour pouvoir être réduit en feuilles qui constituent la *tôle*; assez *ductile* pour être réduit en fils fins par passage à froid dans la filière.

Mais sous l'action du martelage, du laminage ou de la filière à froid, il devient cassant : on dit qu'il *s'écrouit*. On lui rend sa ductilité et sa malléabilité primitives en le *recuisant* et en le laissant refroidir lentement.

Fondu en lingots, il présente une cassure grenue. Le martelage le rend fibreux, et, par suite, capable de mieux résister aux chocs. Mais les effets mécaniques prolongés, comme la torsion et le choc, produisent une texture cristalline qui diminue considérablement sa ténacité. On explique, par ce changement de texture, les ruptures fréquentes des essieux de voitures, de wagons et des chaînes des ponts suspendus.

Le fer est très magnétique. Il s'aimante par influence dans le voisinage d'un aimant, et l'aimantation disparaît lorsqu'on éloigne ce dernier.

Par l'action de la chaleur, le fer devient pâteux bien avant d'atteindre sa température de fusion. Il peut alors aisément prendre toutes les formes sous l'influence du marteau, se souder à lui-même sans l'intermédiaire d'aucun autre métal.

568. Propriétés chimiques. — Le fer ne s'altère pas dans l'*oxygène* ou dans l'air sec; à l'air humide, il est rapidement attaqué et finit par se transformer en rouille $Fe^2O^3,3H^2O$, qui recouvre bientôt tout le métal, et pénètre même au sein de la masse (**458**).

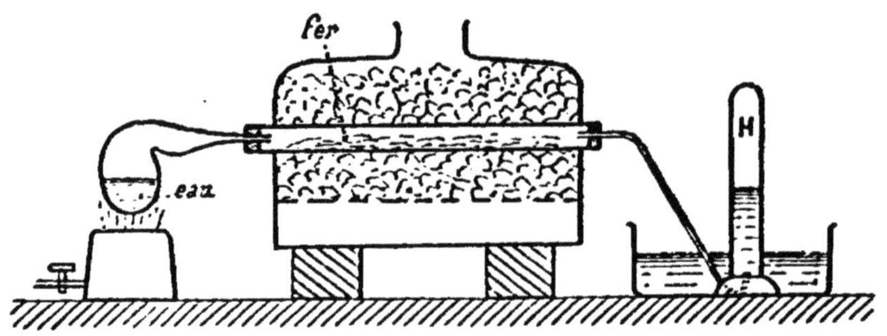

DÉCOMPOSITION DE L'EAU PAR LE FER AU ROUGE. — La *vapeur d'eau* est décomposée au rouge par le fer; il se dégage de l'*hydrogène* et il reste de l'oxyde de fer.

Presque tous les corps simples se combinent aisément au fer.

Avec le *chlore* et le *brome* l'action est rapide, même à la température ordinaire.

La combinaison avec le *soufre*, qui se produit avec l'aide de la chaleur, est accompagnée d'incandescence; sous l'action de l'humidité, le sulfure de fer se forme dès la température ordinaire.

Le *carbone* s'unit au fer pour former la *fonte*.

Le fer est attaqué par les *acides chlorhydrique, bromhydrique, sulfhydrique.*

Les *oxacides* (*acides sulfurique, azotique*) l'attaquent également, avec production de sulfate, d'azotate.... La présence des acides, même très étendus, active singulièrement l'oxydation du fer au contact de l'air.

L'eau est décomposée au rouge par le fer.

Avec les *métaux*, le fer forme de nombreux alliages. Ainsi dans l'*étamage* et la *galvanisation* du fer, il se produit, à la surface du métal que l'on veut préserver, des alliages de *fer* et d'*étain*, ou de *fer* et de *zinc*.

569. Fers industriels. — Le fer produit par l'industrie n'est jamais complètement exempt de matières étrangères.

Le plus pur, contenant moins de 2 millièmes d'impureté totale, est le plus ductile, le plus malléable : c'est le *fer doux.*

Les éléments étrangers sont constitués surtout par du *carbone,* du *silicium,* du *soufre,* de l'*arsenic,* du *phosphore.*

Le *carbone,* en notable quantité, communique au fer des qualités qui le rapprochent de l'*acier* : on a ce qu'on nomme le *fer aciéreux.*

L'*arsenic* et le *soufre* rendent le fer cassant à chaud ; le *phosphore* et le *silicium* le rendent fragile à froid, et sans résistance au choc. On devra donc conduire les opérations de la métallurgie de façon à éliminer aussi exactement que possible ces éléments.

Au contraire, une teneur de 2 millièmes d'*aluminium* rend le fer plus fusible et augmente sa ténacité. On prépare actuellement de grandes quantités d'un alliage de fer et d'aluminium qui, ajouté dans des proportions convenables au fer ordinaire, améliore considérablement sa qualité.

570. Usages. — Les usages du fer sont trop nombreux et trop connus pour qu'il soit nécessaire de les énumérer. On peut affirmer que c'est le métal par excellence, le principal facteur de toutes les branches du travail.

Il doit son importance à sa grande diffusion à la surface de la terre, et à ses précieuses qualités physiques de dureté, de ténacité, de ductilité, de malléabilité à froid et à chaud, à son ramollissement sous l'action de la chaleur.

Mais le fer proprement dit, le *fer doux,* tend actuellement à être remplacé, dans la plupart de ses usages, d'une part par les *fontes malléables,* d'autre part par les *aciers* plus ou moins riches en carbone. Chaque année voit décroître la production du fer doux et augmenter la production de l'acier.

II. — FONTE

571. Composition de la fonte. — La fonte est un mélange très complexe, et de composition très variable, renfermant de 85 à 98 pour 100 de *fer*, de 2 à 5 pour 100 de *carbone*, en même temps qu'un peu de *silicium*, de *phosphore*, de *soufre*, de *manganèse*.

Le *carbone*, qui est, avec le fer, l'élément indispensable de la fonte, peut s'y trouver à deux états différents.

Ou bien le *carbone* et le *silicium* sont disséminés au sein de la masse métallique à l'état de parcelles cristallines. Dans ce cas la fonte a une couleur qui varie du gris clair au gris foncé: sa structure est grenue ou finement écailleuse. On a la *fonte grise*.

Ou bien le *carbone* et le *silicium* sont combinés chimiquement au fer, formant un *carbure* et un *siliciure* de fer, qui sont intimement mélangés à l'excès de fer. Dans ce cas la masse est d'un blanc d'argent, avec l'éclat métallique : on a la *fonte blanche*.

Les fontes riches en silicium sont souvent *grises*. Les fontes contenant du soufre, du phosphore, du manganèse, sont plus souvent *blanches*.

Mais la couleur de la fonte, c'est-à-dire l'état dans lequel s'y trouvent le carbone et le silicium, dépendent également des circonstances de la production. La fonte blanche prend naissance surtout quand le traitement des minerais se fait à une température relativement peu élevée. La fonte grise, fondue, puis refroidie brusquement, se transforme en fonte blanche. La fonte blanche, fondue, puis refroidie très lentement, donne de la fonte grise.

572. Propriétés physiques. — A une composition si variable correspondent aussi des propriétés très variables.

La *fonte blanche* est dure, cassante, difficile à limer et à forer. Elle est plus fusible que la fonte grise (température de fusion inférieure à 1 100 degrés), mais elle ne devient jamais très fluide, ce qui empêche de pouvoir l'utiliser pour le moulage. On l'emploie peu directement : on la transforme en fer et en acier.

La *fonte grise* est beaucoup moins dure que la fonte blanche, beaucoup moins fragile aussi, car elle supporte sans se rompre le choc du marteau. Elle se laisse aisément limer, tourner, forer. Elle ne peut cependant être forgée ni à froid ni à chaud. Elle fond vers 1 200 degrés, et devient alors très fluide, parfaitement propre au moulage.

Chauffée au rouge, puis refroidie par immersion dans l'eau, la fonte devient plus dure et plus cassante : elle se *trempe*. Le *recuit* rend à la fonte trempée ses propriétés premières.

Les fontes qui renferment une quantité relativement faible de carbone, avec fort peu d'autres matières, ont des propriétés qui les rapprochent du fer et de l'acier : ce sont les *fontes malléables*.

573. Propriétés chimiques. — Les propriétés chimiques de la fonte s'éloignent peu de celles du fer.

Elle est cependant moins facilement attaquée par les réactifs, et particulièrement par les acides. Cette propriété permet d'employer la fonte pour la construction de diverses cornues industrielles, pour lesquelles l'usage du fer serait impossible (fabrication de l'acide azotique, par exemple).

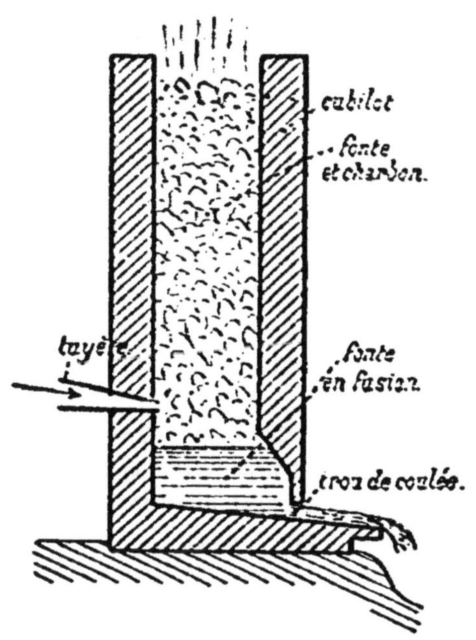

SECONDE FUSION DE LA FONTE. — Le *cubilot* a une hauteur très grande par rapport à son diamètre. On le charge de couches alternatives de charbon allumé et de fonte, et on donne du vent avec la tuyère. On coule le métal, quand il est fondu, soit directement dans les moules, soit dans des poches en fer, avec lesquelles on le coule dans les moules. La marche du cubilot est continue ; on peut faire plusieurs coulées successives sans éteindre le feu.

574. Usages. — Le principal usage de la fonte est la fabrication du *fer* et de l'*acier*. On consomme, pour cet usage, à peu près 75 pour 100 de la production totale de la fonte.

Mais la fonte est aussi employée pour façonner directement divers objets qui n'ont pas besoin d'une ténacité aussi grande que celle du fer.

La fonte n'étant malléable ni à froid, ni à chaud, on opère par *moulage*. Pour cela on se sert exclusivement de la fonte grise, moins cassante, et qui devient parfaitement fluide par fusion.

On se sert de moules en sable, dont toutes les parties sont maintenues par des châssis en fer.

Les objets de grande dimension sont obtenus en faisant arriver directement la fonte, du *haut fourneau* producteur, dans le moule : on a ainsi de la *fonte de première fusion*.

Pour les objets de petites dimensions, on fait subir au métal une seconde fusion dans un petit fourneau cylindrique appelé *cubilot* : on a de la *fonte de seconde fusion*.

III. — ACIER

575. Composition de l'acier. — L'*acier* s'écarte beaucoup moins du fer que ne le fait la fonte. Toutes les matières étrangères ayant été presque complètement éliminées, il renferme seulement une proportion de carbone comprise entre 7 et 18 millièmes. Ce carbone est à l'état de carbure de fer, mélangé à un grand excès de métal.

Comme pour le fer, de très petites quantités de soufre, d'arsenic, de phosphore, de silicium, restant dans l'acier, le rendent cassant soit à froid, soit à chaud.

576. Propriétés. — L'acier est d'un blanc gris clair, sans grand éclat, mais susceptible d'un beau poli. Sa cassure est grenue et homogène, d'autant plus fine que sa qualité est meilleure; on n'y voit jamais, ni la structure à gros grains de la fonte, ni la structure fibreuse du fer doux.

Il a la plupart des propriétés physiques du fer : il est plus flexible, plus dur, plus malléable, mais moins ductile que le fer. Il fond au feu de forge, vers 1 500 degrés. Ramolli par l'action de la chaleur, il peut, comme le fer, être alors coupé, forgé, soudé.

Par sa fusibilité il a les avantages de la fonte; par sa malléabilité, à froid et à chaud, les avantages du fer.

Mais l'acier se distingue essentiellement du fer par une propriété nouvelle, la *trempe*. Lorsqu'il a été rougi au feu, puis brusquement refroidi par immersion dans l'eau, il acquiert une extrême dureté, en même temps qu'il devient plus élastique et plus cassant.

Les effets de la trempe disparaissent par le *recuit*. L'acier trempé, porté à une température plus ou moins élevée, puis refroidi lentement, reprend sa souplesse et sa malléabilité, d'autant plus complètement qu'il a été plus fortement chauffé. Par l'emploi habilement combiné de la trempe et du recuit, on communique à l'acier les degrés de dureté et de malléabilité les plus convenables pour chaque usage particulier.

La dureté communiquée par la trempe dépend de la proportion de carbone. A moins de 6 millièmes de carbone, l'acide trempé ne durcit plus assez pour faire feu au briquet : on a seulement du *fer aciéreux*. A plus de 18 millièmes de carbone, l'acier n'a plus qu'une très faible ténacité; il n'est plus malléable à chaud, et ne peut plus se souder à lui-même : on a déjà presque de la fonte.

En somme on peut passer progressivement, tant sont nombreuses les variétés de fer, d'acier et de carbone, du fer le plus doux à la fonte la plus cassante, sans aucune solution de continuité.

L'acier est magnétique comme le fer, mais il est susceptible de conserver l'aimantation qui lui a été communiquée, propriété que ne possède pas le fer doux.

Au point de vue chimique, l'acier ne diffère pour ainsi dire pas du fer.

577. Usages. — Les usages de l'acier deviennent de jour en jour plus importants, et la consommation de ce métal s'accroît avec une grande rapidité, tandis que diminue celle du fer.

Les aciers fins servent à la fabrication des objets de coutellerie qui devront être trempés : couteaux, rasoirs, instruments de chirurgie, rabots, cisailles, limes, burins, bijouterie d'acier, ressorts de montres, sabres, scies, ressorts de voitures, instruments aratoires, etc.

Les aciers moins fins tendent à remplacer le fer, auquel ils sont supérieurs, dans la plupart de ses usages. On fait maintenant en acier les canons, les rails de chemins de fer, etc. Les tôles d'acier ont une résistance bien supérieure à celle des tôles de fer.

Les aciers dans lesquels on a incorporé un peu d'*aluminium* au moment de la fabrication ont, en particulier, une très grande ténacité et une très grande ductilité.

IV. — MÉTALLURGIE DE LA FONTE

578. Minerais de fer. — Les *minerais de fer*, c'est-à-dire les composés dont on retire industriellement le fer, sont les suivants.

L'*oxyde magnétique* Fe^3O^4, le plus pur et le meilleur des minerais de fer; on le trouve surtout en Suède, en Norvège et en Algérie.

Le *sesquioxyde anhydre* Fe^2O^3, qui porte le nom de *fer oligiste* quand il est cristallisé, et d'*hématite rouge* quand il est en masses compactes.

Le *sesquioxyde de fer* hydraté Fe^2O^3,H^2O, appelé, selon son aspect, *limonite, hématite brune, fer oolithique*. Ce minerai est très répandu en France (Normandie, Berry, Bourgogne, Lorraine, Franche-Comté).

Le *carbonate de fer* CO^3Fe, appelé *sidérose*, ou *fer spathique*. On le trouve un peu partout, et particulièrement en Angleterre, en France, en Saxe, en Bohême, dans le Tyrol, la Styrie, etc.

Le bisulfure de fer FeS^2, quoique très abondant dans la nature, n'est pas employé comme minerai de fer : son traitement serait trop coûteux.

319. Traitement mécanique. — Les minerais qu'on retire de la terre ne sont jamais purs. Ils sont toujours mélangés à une proportion de matières terreuses qui peut être considérable ; ces matières terreuses constituent ce qu'on nomme la *gangue*.

De là la nécessité d'un *traitement physique*, destiné à enlever mécaniquement la plus grande partie de la gangue. On com-

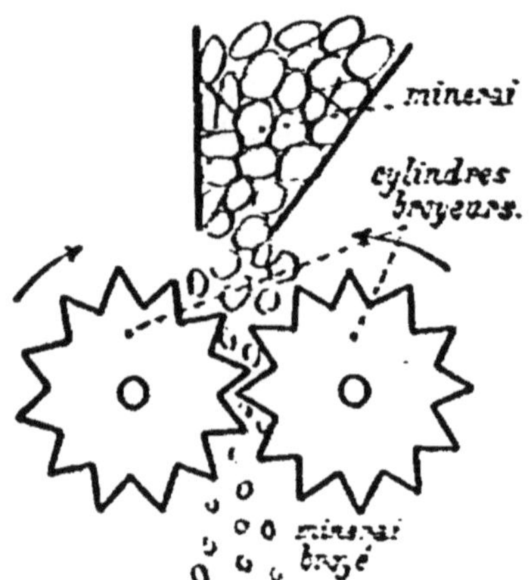

CYLINDRES BROYEURS POUR CONCASSER LE MINERAI DE FER. — Le minerai tombe au-dessus des cylindres cannelés qui, dans leur rotation, le brisent en morceaux plus petits, destinés à être *bocardés*, puis *lavés*.

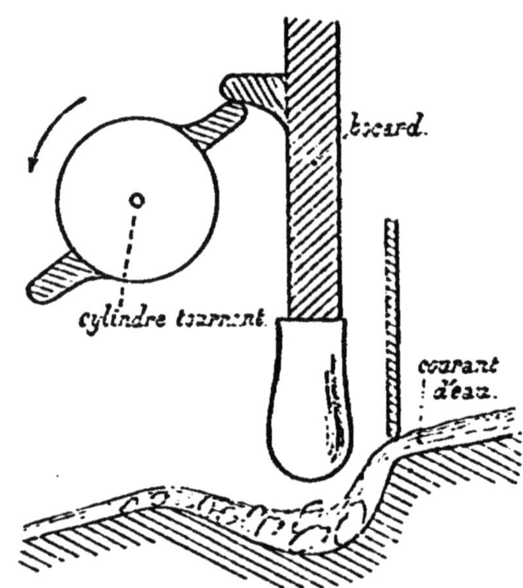

BOCARDAGE DU MINERAI DE FER. — Le minerai, concassé par les cylindres, est soumis à l'action de lourds pilons, mus par une force hydraulique. En même temps un courant d'eau agit sur le minerai et en commence le lavage.

mence par concasser le minerai ; d'abord en le faisant passer entre des *cylindres cannelés*, en fonte, dits *cylindres broyeurs* ; puis en le soumettant à l'action de lourds *pilons*, appelés *bocards*, mus par une roue hydraulique.

On obtient ainsi un mélange de morceaux de minerai presque pur, et de morceaux de gangue, sans adhérence les uns avec les autres.

On soumet ce mélange à l'action d'un rapide courant d'eau, sur une table légèrement inclinée, à laquelle on imprime des secousses continues. Le mélange glisse doucement le long de la table ; les morceaux de minerai, très lourds, s'arrêtent à la partie inférieure, tandis que la gangue, bien plus légère, est en grande partie entraînée par le courant d'eau.

Souvent on complète cette première partie du traitement par un *grillage* à l'air, dans un four à réverbère spécial. On rend ainsi le composé plus friable et plus facilement réductible.

580. Réactions fondamentales du traitement chimique. — Le traitement chimique a pour but la décomposition du minerai et la mise en liberté du métal.

Ce traitement repose sur la propriété réductrice du *charbon* et de l'*oxyde de carbone*, à la température du rouge. Avec un oxyde on a :

$$Fe^3O^4 + 2C = 3Fe + 2CO^2,$$
$$Fe^3O^4 + 4CO = 3Fe + 4CO^2.$$

Avec le carbonate, la réaction est du même genre ;

$$2CO^3Fe + C = 2Fe + 3CO^2,$$
$$CO^3Fe + CO = Fe + 2CO^2.$$

On effectue l'opération en mélangeant le *minerai* et le *charbon*, et en faisant brûler ce mélange dans un fort courant d'air. Le charbon fournit la chaleur nécessaire à la réaction, en même temps qu'il agit comme réducteur du minerai.

Mais, dans la réalité, la réaction n'est pas aussi simple.

Malgré les soins apportés au traitement mécanique, le minerai est encore mélangé de *gangue*. Le plus souvent cette gangue est constituée par de l'*argile (silicate d'aluminium)* : nous examinerons seulement ce cas-là.

Dès lors, pendant la réduction, l'argile se combine avec une partie de l'oxyde de fer, et forme un *verre* grossier, facilement fusible, le *silicate double d'aluminium et de fer*, qui s'écoule en emportant ainsi une partie du métal d'autant plus grande que l'argile était plus abondante. De là une diminution considérable dans le rendement.

Pour éviter cette diminution, on ajoute au mélange de minerai et de charbon un *fondant* capable de se combiner avec l'argile.

Dans le cas qui nous occupe, ce fondant est du *calcaire* (appelé *castine* en métallurgie). Le calcaire, réagissant sur l'argile, forme un *silicate double d'aluminium et de calcium*, avec dégagement de l'anhydride carbonique du calcaire. Ce silicate double, fusible comme le verre, constitue un résidu sans valeur, désigné sous le nom de *laitier*.

Mais les deux réactions fondamentales du *charbon* sur le *minerai* et de la *castine* sur la *gangue* ne sont pas les seules qui interviennent. Par suite des impuretés contenues dans le minerai, dans la gangue, dans le charbon et dans la castine, il se produit des réactions complexes, desquelles résulte la mise en liberté de silicium, de soufre, de phosphore, de manganèse, etc., qui s'incorporent au fer mis en liberté. En même temps une notable proportion de carbone se combine également au métal.

On obtient donc, dans ce traitement, le produit complexe que nous avons étudié sous le nom de *fonte*.

La transformation de la *fonte* en *fer* ou en *acier* nécessitera une purification ultérieure.

581. Haut fourneau. — Le traitement se fait exclusivement dans des fours de très grandes dimensions, nommés *hauts fourneaux*.

Le *haut fourneau*, dont la hauteur totale dépasse ordinairement 20 mètres, présente intérieurement la forme de deux troncs de cône réunis par leur grande base; les parois en sont en briques très réfractaires.

La partie la plus élargie se nomme *ventre*; au-dessus du ventre est la *cuve*, au-dessous sont les *étalages*. La partie supérieure de la cuve se termine par l'ouverture de chargement, ou *gueulard*. La partie inférieure des étalages se continue par un cylindre, l'*ouvrage*, qui se termine par le *creuset*. Dans l'*ouvrage* débouchent trois tuyaux coniques (les *tuyères*), qui laissent passer les *buses* des machines soufflantes qui amènent l'air dans le haut fourneau. Le *creuset* est fermé, en avant, par une pierre plate, la *dame*, percée d'une ouverture supérieure pour l'écoulement du laitier, et d'une ouverture inférieure (*trou de coulée*), ordinairement bouchée par un tampon d'argile, pour la *coulée* de la fonte.

La mise en train se fait en garnissant le creuset de braise incandescente, donnant du vent par les tuyères, et remplissant complètement le fourneau de charbon. Puis, à mesure que la charge s'affaisse par suite de la combustion du charbon, on ajoute par le gueulard des doses déterminées de minerai, de castine et de charbon.

A partir de ce moment la marche est continue, et ne s'arrête

que lorsque le haut fourneau a besoin de réparations (la marche
normale dure de 15 à 20 mois).

Les réactions se produisent, le laitier et la fonte, coulant à tra-

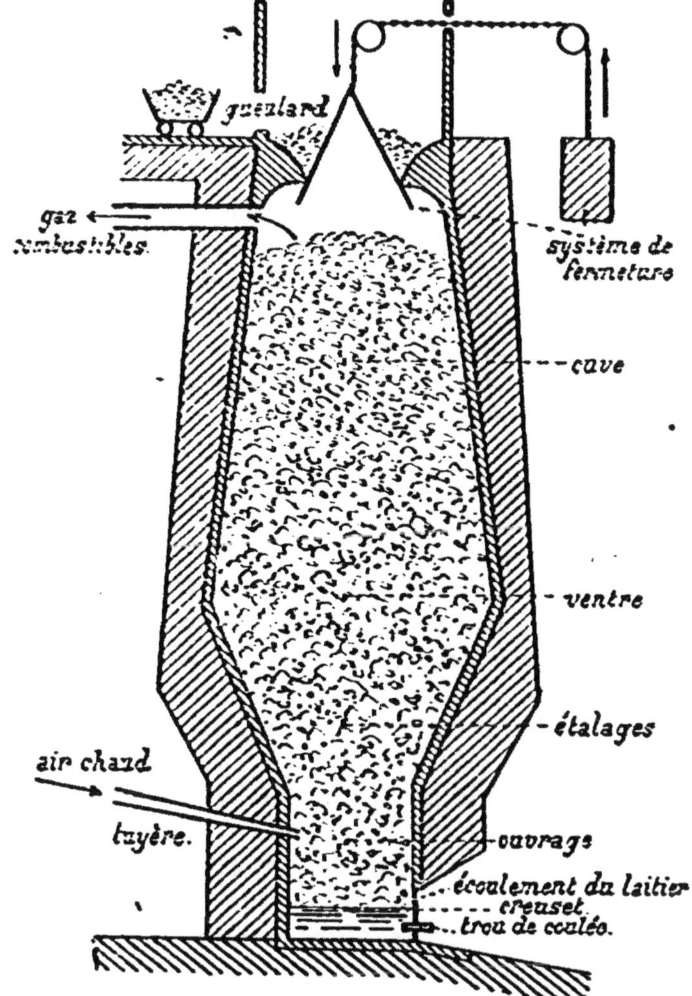

HAUT FOURNEAU. — A mesure que les réactions se produisent sous l'action de l'air
injecté par les tuyères, la *fonte* se forme et se rend dans le creuset en même
temps que la *gangue* et la *castine* (sous forme de *laitier*). Le charbon, réduit à
l'état d'oxyde de carbone et d'anhydride carbonique, s'en va par la partie supérieure. On charge constamment par le gueulard, maintenu fermé par une
cloche à contrepoids. Les gaz combustibles se dégagent par un conduit qui
s'ouvre au-dessous de la cloche; ils sont envoyés dans les appareils où ils
doivent être utilisés à chauffer l'air injecté par les tuyères.

vers la masse, se réunissent dans le creuset, et s'y superposent
par ordre de densité. Le laitier, plus léger, s'écoule progressivement par l'ouverture supérieure de la *dame*. Quand le creuset est

plein de fonte, on débouche le trou de coulée ; et le liquide se rend dans des rigoles en sable siliceux, où il se solidifie sous forme de gros lingots prismatiques appelés *gueuses*.

Le combustible employé est presque exclusivement le *coke*. Le charbon de bois, qui donnait une excellente fonte, dite *fonte au bois*, est aujourd'hui délaissé à peu près partout, à cause de son prix trop élevé.

582. *Réactions dans le haut fourneau.* — L'air, arrivant en abondance par les *tuyères*, détermine la combustion du charbon, avec production d'un mélange d'anhydride carbonique et d'oxyde de carbone. Ce mélange s'élève à travers la colonne de charbon incandescent qui remplit les *étalages*, et l'anhydride carbonique se trouve entièrement ramené à l'état d'oxyde de carbone.

Cet oxyde de carbone, rencontrant le minerai contenu dans le *ventre* et la *cuve*, minerai qui est à la température du rouge sombre, le réduit, en produisant du fer, et régénérant de l'anhydride carbonique.

Il s'échappe donc par le gueulard un mélange gazeux très chaud, dont les éléments principaux sont l'azote de l'air, l'oxyde de carbone en excès et l'anhydride carbonique.

A travers ce courant gazeux qui traverse le haut fourneau de bas en haut, descend au contraire la masse solide introduite constamment par le *gueulard*. Au sommet de la *cuve*, il se produit simplement une dessiccation. Plus bas, à la partie inférieure de la *cuve* et dans le *ventre*, là où la température commence à être assez élevée, le minerai est réduit par l'action combinée du charbon et de l'oxyde de carbone : le fer prend naissance.

Ce fer descend doucement, en même temps que la *gangue* et la *castine*, à mesure que la combustion fait disparaître le charbon qui remplit les *étalages* et l'*ouvrage*. Dans les étalages, la température étant beaucoup plus élevée, le *laitier* prend naissance par la combinaison de la *gangue* et de la *castine*; il fond et s'écoule vers le creuset. En même temps le fer qui était resté pâteux devient lui-même liquide. Il dissout un peu de charbon, les éléments provenant des impuretés du charbon, de la castine et de la gangue, et se rend également dans le creuset, à l'état de *fonte*.

Il en sort, à chaque *coulée*, pour se solidifier sous forme de *gueuses*.

583. *Utilisation des gaz du gueulard.* — Le mélange gazeux qui s'échappe par le gueulard est assez riche en oxyde de carbone pour être combustible. On utilise sa combustion pour porter à une température élevée l'air injecté par les tuyères. Cette introduction d'air chaud dans le haut fourneau est très avantageuse, et elle se traduit par une grande économie de charbon.

584. Production de la fonte. — La production annuelle totale de la fonte dans le monde entier dépasse actuellement 30 milliards de kilogrammes.

Dans ce total, les États-Unis d'Amérique entrent pour presque 10 milliards de kilogrammes, la Grande-Bretagne pour 8 milliards, l'Allemagne pour presque 5 milliards, et la France pour 2 milliards. Ce sont là les principaux pays producteurs.

Un quart à peu près de cette quantité est employé directement à l'état de fonte. Le reste est transformé en fer ou en acier.

V. — MÉTALLURGIE DU FER

585. Principes de l'affinage de la fonte. — Pour transformer la fonte en fer, il faut enlever aussi exactement que possible toutes les impuretés : carbone, silicium, soufre, phosphore, manganèse. Cette opération se nomme *affinage*.

L'*affinage* consiste à soumettre la fonte, préalablement liquéfiée par la chaleur, à l'action oxydante d'un courant d'air chaud. Le *carbone* est éliminé à l'état d'oxyde de carbone, le *soufre* à l'état d'anhydride sulfureux, le *phosphore* à l'état de phosphate de fer, le *silicium* à l'état de *silicate de fer*, le *manganèse* à l'état d'*oxyde de manganèse*. Ces trois derniers composés, n'étant pas volatils, constituent des scories qui restent dans le four d'affinage, ou qui sont séparées du fer par l'action du marteau-pilon.

On préfère pour l'affinage les *fontes blanches*, généralement moins carburées que les grises.

L'élimination complète du *soufre* et du *phosphore* est indispensable si l'on veut avoir du fer de bonne qualité; mais elle est difficile et ne se fait pas sans qu'une notable quantité de fer ne soit entraînée dans les scories. Pour cette raison, on n'affine, autant que possible, que les fontes pauvres en soufre et en phosphore.

La présence du *manganèse*, au contraire, facilite l'affinage et le rend plus parfait; les fontes manganésifères donnent les meilleurs fers et les meilleurs aciers. Aussi ajoute-t-on souvent, aux fontes ordinaires que l'on veut affiner, des fontes très manganésifères préparées spécialement pour cet objet.

586. Affinage au four à puddler. — Actuellement l'affinage se fait presque exclusivement par le procédé anglais, dans un four dit *four à puddler*. Ce mode d'affinage se nomme *puddlage*.

Le four à puddler est un four à réverbère, dont la voûte, surbaissée, peut être portée au rouge blanc par la flamme de la houille brûlée sur la grille. Une sole plate, communiquant avec le dehors par une ouverture latérale, est destinée à recevoir la fonte que l'on veut affiner.

Le four étant préalablement bien chauffé, on place les *gueuses* sur la sole. Elles ne tardent pas à être fondues. Sur le liquide on ajoute des *battitures*, oxyde salin Fe^3O^4 qui provient de l'oxydation du fer au contact de l'air; cet oxyde se forme en abondance dans le martelage du fer rouge, et tombe en lamelles plates tout autour

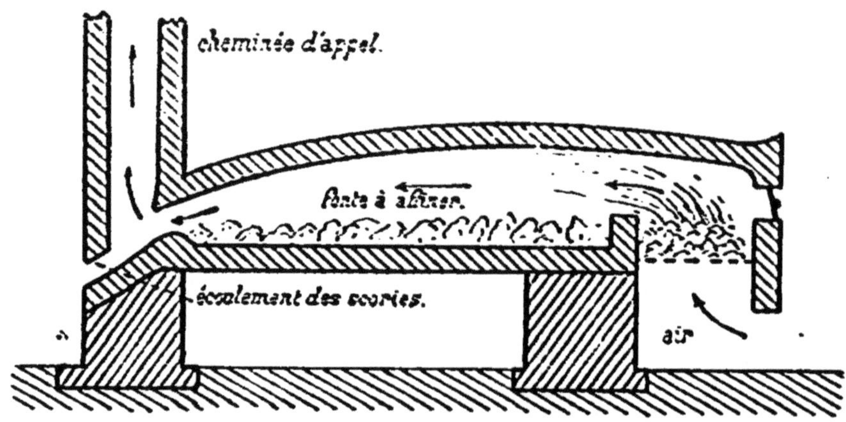

AFFINAGE DE LA FONTE. — La fonte est fortement chauffée dans un courant d'air, sur la sole du four à puddler. Le charbon est brûlé, et les scories s'écoulent à mesure de leur formation pour un conduit placé au fond du four.

des enclumes sur lesquelles on forge le métal. A défaut de battitures, on ajoute à la fonte de vieilles ferrailles rouillées.

La fonte liquide est donc en contact, d'une part avec l'oxygène de l'air, contenu en excès dans les gaz venant du foyer, et d'autre part avec l'oxyde de fer ajouté, qui se comporte comme un corps oxydant vis-à-vis des impuretés à éliminer.

On brasse constamment la masse au *ringard*, par l'ouverture latérale, de façon à renouveler les surfaces de contact avec l'air et avec l'oxyde de fer.

A mesure que l'opération s'avance, la fonte devient de plus en plus pâteuse. On élève de plus en plus la température, et, à la fin, on réduit la masse en une *loupe*, que l'on *cingle* au marteau-pilon, pour la rendre plus compacte et en extraire les scories.

On donne ensuite au fer, de nouveau chauffé au rouge blanc, les formes de barres ou de lames sous lesquelles il est livré au commerce.

VI. — MÉTALLURGIE DE L'ACIER

587. Divers modes de production de l'acier. — L'acier provient soit d'une faible carburation du fer, soit d'une décarburation incomplète de la fonte.

En général les aciers provenant de la carburation du fer sont les plus fins. On a pu, en effet, par un affinage soigné, pratiqué sur des fontes pauvres en soufre et en phosphore, obtenir un fer très doux, presque chimiquement pur. En y ajoutant du charbon, on a donc un acier sans impuretés, de qualité supérieure.

Les aciers provenant, au contraire, d'une décarburation partielle

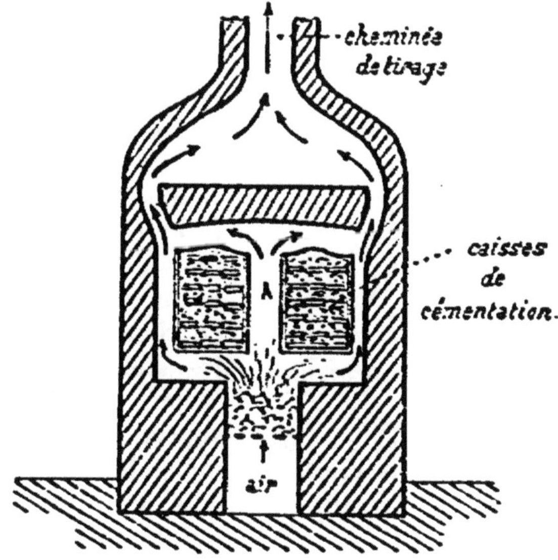

FABRICATION DE L'ACIER PAR CÉMENTATION. — Les caisses de cémentation, garnies de couches alternatives de *fer* et de *cément*, sont maintenues pendant quinze jours à la température du rouge vif. Au bout de ce temps on laisse refroidir, et on retire les barres métalliques.

de la fonte conservent en général, en même temps qu'une partie de leur charbon, une partie des impuretés qui diminuent sa malléabilité, sa ténacité et sa ductilité. Toutefois, avec de bonnes fontes blanches manganésifères, pauvres en soufre et en phosphore, on peut encore obtenir de bons aciers par décarburation partielle.

D'ailleurs la qualité de l'acier dépend en outre de son homogénéité. L'acier préparé par simple ramollissement est parfois fort irrégulier dans sa composition, certaines parties de la masse étant beaucoup plus riches en charbon que d'autres. On remédie à ce défaut d'homogénéité en réduisant le métal en barres, et en martelant ensuite ensemble les barres, chauffées au rouge blanc, de façon à les souder les unes aux autres.

On y remédie d'une façon plus complète par une fusion effectuée après coup : on a alors l'acier dit *acier fondu*.

Nous indiquerons seulement les trois modes les plus importants de fabrication de l'acier.

388. Acier de cémentation. — Des barres de fer de qualité supérieure sont rangées parallèlement les unes aux autres dans de grandes caisses en briques réfractaires, ayant la forme de parallélépipèdes rectangles. Les couches successives de barres de fer sont séparées les unes des autres par un *cément*, formé par un mélange de charbon de bois en poudre, de cendre et de sel marin.

Les caisses étant ensuite fermées hermétiquement, on les maintient, pendant quinze jours sans interruption, à une température inférieure à celle au point de fusion de l'acier. Peu à peu le fer se combine avec le charbon qui l'entoure et se transforme en acier.

Mais la carburation est superficielle. On rend le métal homogène en martelant les barres du rouge blanc, en contact les unes avec les autres, ou en les faisant passer plusieurs fois au laminoir. On a ainsi l'*acier corroyé*.

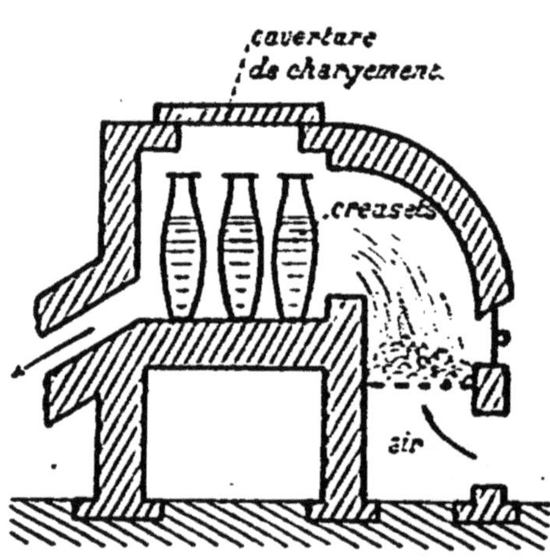

FUSION DE L'ACIER DE CÉMENTATION. — On opère dans de petits creusets, capables de contenir 25 kilogrammes d'acier. Le four est chauffé à la houille, à la température du rouge blanc.

Par fusion dans de petits creusets, renfermant chacun de 20 à 40 kilogrammes de matière, puis réduction en barres, on a l'*acier fondu raffiné*.

La *cémentation* n'est employée que pour obtenir les aciers tout à fait supérieurs, destinés à la fabrication des limes, des objets de quincaillerie, de coutellerie fine.

389. Acier puddlé. — Le puddlage de la fonte, en vue de la préparation de l'acier, se pratique dans les mêmes fours et par les mêmes procédés que le puddlage de la fonte en vue de la préparation du fer. Mais on arrête l'opération avant décarburation complète.

Les aciers puddlés, même ceux obtenus avec des fontes blanches manganésifères, sont loin d'avoir la qualité des aciers de cémentation. Ils sont moins purs et manquent davantage d'homogénéité.

580. Acier Bessemer. — Le *convertisseur Bessemer* est fondé sur un principe tout différent.

L'appareil est constitué par un grand *cubilot* en forme de poire, mobile autour d'un axe horizontal; il est constitué par des plaques de tôle garnies intérieurement d'une épaisse couche de terre réfractaire. Le fond porte une plaque de forte tôle trouée, laissant passer des tuyères également garanties par de la terre réfractaire. Par ce fond arrive de l'air comprimé, venant d'un tuyau qui s'alimente quelle que soit la position de l'appareil autour de son axe.

Le cubilot, d'abord rempli de charbon allumé, est porté à une température très élevée. On renverse alors l'appareil pour le vider, puis, lui donnant la position horizontale, on y fait arriver la fonte liquide. On redresse le cubilot, qu'on place verticalement, et on donne du vent.

Aussitôt les impuretés contenues dans la fonte entrent en combustion et produisent en brûlant assez de chaleur pour maintenir la masse en fusion, sans l'intervention

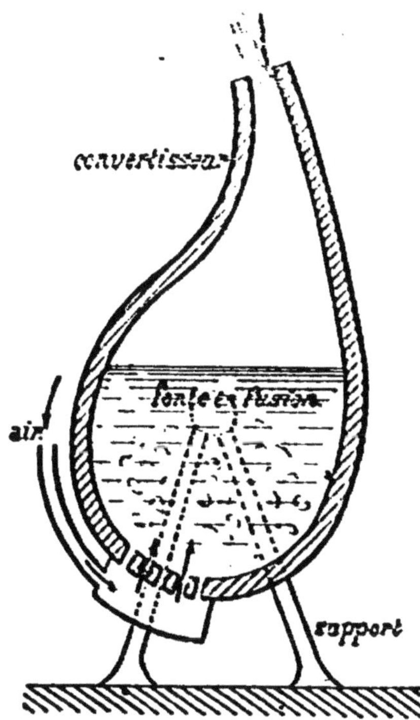

CONVERTISSEUR BESSEMER. — La *fonte* en fusion, versée dans le *convertisseur*, est traversée par un rapide courant d'air comprimé, qui détermine l'*affinage*. Quand l'opération est terminée, on fait tourner le convertisseur autour de son axe de suspension, et l'on verse ainsi l'*acier fondu* dans une poche.

d'aucun combustible extérieur, même alors que, la décarburation étant devenue complète, toute la fonte a été transformée en fer, fusible seulement à 1500 degrés.

On continue le vent jusqu'à décarburation complète. A ce moment, on ajoute dans le cubilot une quantité convenable d'une bonne fonte manganésifère, et on donne encore du vent pendant cinq minutes. La fonte introduite donne une quantité de charbon suffisante pour carburer la masse au degré que l'on juge convenable. Quant au manganèse qu'elle renferme, il aide à l'élimination complète du silicium, en formant une scorie oxydée fusible, qui surnage au-dessus du métal fondu.

Le liquide étant devenu bien homogène, on le verse dans une poche qui permet de le transporter et de le couler immédiatement.

Avec de bonnes fontes on obtient ainsi, en une seule opération qui dure 30 minutes, dix mille kilogrammes d'un *acier fondu*, de qualité satisfaisante, dont on a déterminé rigoureusement la teneur en charbon, d'après l'usage auquel il est destiné.

L'acier Bessemer est employé en grandes quantités à la fabrication de la tôle pour chaudières à vapeur, des bandages des roues, des essieux de voitures, des rails, des canons, des projectiles et en général de tous les objets lourds et durs.

CHAPITRE VII

THÉORIE ATOMIQUE

591. Équivalents et poids atomiques. — Au début de ces leçons, nous avons donné une définition purement pratique des *poids atomiques.*

Nous avons considéré le *poids atomique* d'un corps simple comme l'*un des nombres proportionnels de ce corps simple* (par rapport à 1 d'hydrogène), *choisi arbitrairement* pour la commodité des formules et des calculs numériques relatifs aux réactions.

Le choix du nombre proportionnel de chaque corps simple qu'on nomme son *poids atomique* est en effet arbitraire et purement conventionnel. Mais on s'efforce de s'appuyer, pour fixer ce choix, sur des considérations rationnelles et assez générales pour s'appliquer au plus grand nombre des corps simples.

Dans le système, aujourd'hui presque délaissé, des *équivalents,* le choix du nombre proportionnel de chaque élément est déterminé surtout par ces deux conditions : 1° que les composés soient représentés par des formules aussi simples que possible ; 2° que les composés analogues soient représentés par des formules analogues.

Les nombres proportionnels déterminés en s'appuyant sur ces considérations sont nommés *équivalents.*

Dans le système que nous avons adopté, dit *système atomique,* les considérations sur lesquelles on s'appuie pour fixer le nombre proportionnel qu'on nomme *poids atomique* sont différentes.

Nous allons indiquer rapidement quelles sont ces considérations.

592. Hypothèse de la constitution moléculaire de la matière. — Dès l'antiquité grecque, les philosophes considéraient la matière comme n'étant pas divisible à l'infini, mais comme formée, au contraire, de particules insécables, indivisibles par les agents physiques, nommées *molécules.*

Au commencement du xix° siècle, Dalton reprit cette idée. Il admit que les *molécules* insécables sont placées à une certaine distance les unes des autres, et exécutent des mouvements dans les espaces qui les séparent.

Les propriétés les plus essentielles des corps, et particulièrement la dilatabilité et la contractilité, ne seraient pas explicables sans cette hypothèse.

Nous admettrons donc que les corps sont formés de *molécules*, et que *la molécule d'un corps est la plus petite quantité de ce corps qui puisse exister à l'état libre.*

593. Hypothèse d'Avogadro. — A l'hypothèse de la constitution moléculaire des corps s'en ajoute une autre, formulée pour la première fois en 1811 par le chimiste italien *Avogadro*, et reprise par *Ampère* en 1818.

Les expériences de Gay-Lussac avaient démontré que tous les gaz, pris dans des conditions telles qu'ils soient suffisamment éloignés de leur liquéfaction, ont le même coefficient de dilatation. On savait déjà, depuis les expériences de Mariotte, qu'ils suivent la même loi de compressibilité sous l'influence d'une pression extérieure.

Pour Avogadro et pour Ampère, on ne peut s'expliquer ce fait de l'égale compressibilité et de l'égale dilatabilité des gaz qu'en admettant qu'*ils renferment, sous le même volume, le même nombre de molécules,* quand on les prend à la même température, et sous la même pression.

594. Poids moléculaires des gaz. — L'hypothèse d'Avogadro va nous permettre de déterminer les poids relatifs des molécules des gaz.

Si *deux gaz*, pris dans les mêmes conditions de température et de pression, *renferment, sous le même volume, le même nombre de molécules,* le rapport des poids de leurs molécules est égal au rapport des poids de volumes égaux de ces gaz.

Supposons par exemple qu'il y ait n molécules d'hydrogène dans un litre de gaz, et que p représente le poids d'une molécule d'hydrogène. Le poids P d'un litre d'hydrogène sera dès lors :

$$P = np.$$

De même nous aurons pour un litre d'oxygène :

$$P' = np',$$

n ayant la même valeur dans les deux cas, d'après l'hypothèse d'Avogadro.

On a donc

$$\frac{P}{P'} = \frac{p'}{p}.$$

Et comme le rapport des poids de volumes égaux de deux gaz,

pris dans les mêmes conditions de température et de pression, est égal au rapport des densités de ces deux gaz, il vient, pour le cas considéré,

$$\frac{p'}{p} = \frac{1,1056}{0,0695} = 16 \text{ (sensiblement)}.$$

Une molécule d'oxygène est donc, presque exactement, seize fois plus lourde qu'une molécule d'hydrogène.

On voit de même que le rapport des poids d'une molécule d'ammoniaque et d'une molécule d'hydrogène est

$$\frac{p'}{p} = \frac{0,5910}{0,0695} = 8,5 \text{ (sensiblement)}.$$

Si on connaissait le poids de la molécule d'un gaz quelconque, on calculerait immédiatement le poids de la molécule de tous les autres gaz, et de toutes les autres vapeurs, dont on connait la *densité normale* (30).

Dans l'impossibilité où l'on est de peser la molécule d'un gaz, on prend arbitrairement un nombre quelconque comme représentant le poids d'une molécule déterminée, et on calcule les autres d'après celui-là.

Pour des raisons que nous indiquerons bientôt, on prend le nombre 2 comme représentant le poids de la molécule d'hydrogène (l'hydrogène est le plus léger de tous les gaz). On trouve alors, pour poids moléculaires des gaz les plus importants, les nombres suivants (en posant $p = 2$) :

Hydrogène.	2	Vapeur d'eau.	18
Chlore.	71	Oxyde azoteux	44
Brome.	160	Oxyde azotique.	36
Iode.	154	Ammoniaque.	17
Oxygène.	32	Anhydride carbonique.	44
Soufre.	64	Oxyde de carbone.	28
Azote	28	Anhydride sulfureux.	64
Phosphore	124	Acide chlorhydrique.	36,5

Chacun de ces nombres a été obtenu en doublant ($p = 2$) le rapport qui existe entre la densité du gaz correspondant et la densité de l'hydrogène, c'est-à-dire *en doublant la densité du gaz par rapport à l'hydrogène.*

593. Poids atomiques des gaz simples. — Isolons maintenant par la pensée une *molécule* d'un corps composé. Cette molécule, étant identique à toutes celles qui, par leur réunion, constituent le corps, est elle-même composée. Elle renferme donc des parties, plus petites encore, des corps simples.

On nomme *atomes* ces dernières particules des corps simples qui, par leur réunion, constituent les *molécules* des corps composés.

D'après cette conception, la *molécule* d'un corps composé étant *la plus petite quantité de ce corps composé qui puisse exister à l'état libre*, l'*atome* d'un corps simple est *la plus petite quantité de ce corps simple pouvant entrer dans une combinaison.*

Dans une molécule de *vapeur d'eau*, dont le poids est 18, il y a un ou plusieurs atomes d'*oxygène*, un ou plusieurs atomes d'*hydrogène*. Dans une molécule d'*acide chlorhydrique*, dont le poids est 36,5, il y a un ou plusieurs atomes de *chlore*, un ou plusieurs atomes d'*hydrogène*.

Il faut déterminer, si c'est possible, ces nombres d'atomes, et le poids relatif de chacun d'eux.

Remarquons d'abord qu'un *atome* d'hydrogène n'est pas nécessairement identique à une *molécule* d'hydrogène.

La *molécule* d'hydrogène est la plus petite quantité d'hydrogène qui puisse exister à l'état libre; l'*atome* d'hydrogène est la plus petite quantité d'hydrogène qui puisse entrer dans une combinaison. On conçoit qu'une *molécule* d'hydrogène, insécable par les procédés physiques, inséparable en éléments plus petits susceptibles d'exister à l'état libre, soit au contraire susceptible de se diviser sous l'influence des affinités chimiques, en deux ou plusieurs atomes capables d'entrer dans les combinaisons.

Si cela était, on devrait considérer la molécule d'hydrogène comme étant une véritable combinaison d'atomes, tout aussi bien que la molécule de vapeur d'eau ou la molécule d'acide chlorhydrique. Seulement les atomes constituants seraient identiques entre eux dans la molécule d'hydrogène, tandis qu'ils sont différents dans la molécule de vapeur d'eau ou d'acide chlorhydrique.

Proposons-nous donc de déterminer le poids relatif d'un atome d'hydrogène, poids qui n'est pas nécessairement égal à celui d'une molécule, et qui peut être deux, trois, quatre... fois moindre.

Cherchons, pour cela, le poids moléculaire de tous les composés gazeux dans lesquels entre de l'hydrogène, et écrivons en regard la composition de chacun d'eux.

Le calcul vient de nous montrer que le poids moléculaire de la vapeur d'eau est 18. D'autre part les travaux de Dumas ont établi que 9 grammes d'eau contiennent 8 grammes d'oxygène et 1 gramme d'hydrogène. Un poids moléculaire d'eau pesant 18 unités de poids renferme donc un poids d'oxygène égal à 16 et un poids d'hydrogène égal à 2. En raisonnant de même sur les autres composés hydrogénés gazeux, on établit le tableau suivant :

Nom du composé	Poids moléculaire	Composition	
		Hydrogène	Autre élément
Eau.	18	2	Oxygène. . 16
Acide chlorhydrique	36,5	1	Chlore . . 35,5
Acide sulfhydrique.	34	2	Soufre . . . 32
Ammoniaque	17	3	Azote. . . . 14
Hydrogène phosphoré.	34	3	Phosphore. 31
Acétylène.	26	2	Carbone. . 24
Éthylène	28	4	Carbone. . 24
Formène	16	4	Carbone. . 12

L'examen de ce tableau montre que le *plus petit poids d'hydrogène* qui entre dans un poids moléculaire de l'un quelconque de ses composés est égal à 1 (acide chlorhydrique). Nous en concluons que l'*atome d'hydrogène* pèse 1, et qu'il y a 2 atomes d'hydrogène dans une molécule d'eau, 3 atomes d'hydrogène dans une molécule d'ammoniaque, 4 atomes d'hydrogène dans une molécule de formène....

Par suite : *le poids atomique de l'hydrogène est 1, et il y a 2 atomes d'hydrogène dans une molécule d'hydrogène.*

C'est pour arriver à ce poids atomique de l'hydrogène égal à 1, et éviter les nombres fractionnaires, qu'on a fixé conventionnellement à 2 le poids de la molécule d'hydrogène (**594**).

Cherchons de même le poids atomique de l'azote. Nous formerons pour cela le tableau suivant :

Nom du composé	Poids moléculaire	Composition	
		Azote	Autre élément
Oxyde azoteux.	44	28	Oxygène . . . 16
Oxyde azotique	30	14	Oxygène . . . 16
Peroxyde d'azote.	46	14	Oxygène . . . 31
Ammoniaque	17	14	Hydrogène . . 3
Cyanogène.	52	28	Carbone . . . 24

L'examen de ce tableau montre que le *plus petit poids d'azote* qui entre dans un poids moléculaire de l'un quelconque de ses composés est égal à 14. Nous en concluons que l'*atome d'azote* pèse 14, et qu'il y a 1 atome d'azote dans une molécule d'oxyde azotique ou d'ammoniaque, 2 atomes d'azote dans une molécule d'oxyde azoteux ou de cyanogène.

Par suite : *le poids atomique de l'azote est 14*; et, comme d'autre part nous avons fixé à 28 son poids moléculaire, nous en concluons qu'*il y a 2 atomes d'azote dans une molécule d'azote.*

On opérerait exactement de la même manière pour l'oxygène, le soufre, le chlore, le phosphore....

On obtient de la sorte les résultats inscrits dans la liste ci-dessous :

Nom du gaz simple	Poids moléculaire	Poids atomique	Nombre d'atomes dans la molécule
Hydrogène.	2	1	2
Chlore	71	35,5	2
Brome (vapeur)	160	80	2
Iode (vapeur)	254	127	2
Oxygène.	32	16	2
Soufre (vapeur)	64	32	2
Azote.	28	14	2
Phosphore (vapeur).	124	31	4
Arsenic (vapeur).	300	75	4
Mercure (vapeur)	200	200	1

596. Atomicité des molécules. — On traduit en langage ordinaire les nombres contenus dans ce tableau en disant que le mercure est *monoatomique*, que l'*hydrogène*, le *chlore*, le *brome*, l'*iode*, l'*oxygène*, le *soufre*, l'*azote*... sont diatomiques, que le *phosphore*, l'*arsenic*,... sont *tétratomiques*.

597. Poids atomique du carbone. — Le carbone n'est pas connu à l'état gazeux, mais il forme de nombreux composés gazeux, qui permettent de déterminer son *poids atomique* à l'aide d'un tableau analogue aux précédents.

En faisant intervenir les poids moléculaires de l'anhydride carbonique, de l'oxyde de carbone, du sulfure de carbone, du cyanogène, de l'acétylène,... on trouve que le *plus petit poids de carbone* qui entre dans le poids moléculaire de l'un quelconque de ses composés gazeux est égal à 12.

Par suite, *le poids atomique du carbone est* 12.

Mais la densité de vapeur de cet élément étant inconnue, on n'a pu calculer son poids moléculaire, et, par suite, on ne sait pas combien il y a d'atomes dans une molécule de carbone.

Des considérations analogues ont permis de fixer le poids atomique d'un certain nombre d'éléments (silicium, bore, antimoine, étain...), qui, n'étant pas assez volatils eux-mêmes pour qu'on ait pu déterminer leur densité de vapeur, forment cependant des composés volatils.

598. Les poids atomiques forment un système de nombres proportionnels. — Nous savons (**11**) que les nombres proportionnels des corps simples, déterminés uniquement par l'expérience, en dehors de toute hypothèse, sont les *poids proportionnellement auxquels ces corps simples se combinent entre eux.*

D'autre part les poids atomiques, que nous venons de déterminer en partant des densités des gaz, représentent évidemment des poids proportionnellement auxquels les corps simples entrent dans leurs combinaisons.

Quand bien même les molécules et les atomes n'existeraient pas, quand l'hypothèse d'Avogadro serait abandonnée, il n'en resterait pas moins ce *fait expérimental* : que 18 unités de poids d'eau renferment 2 unités de poids d'hydrogène et 16 d'oxygène; que 36,5 unités de poids d'acide chlorhydrique renferment 1 unité de poids d'hydrogène et 35,5 de chlore.... Et, par suite, les nombres 1, 16, 35,5 que nous avons appelés *poids atomiques* de l'hydrogène, de l'oxygène et du chlore, représentent justement les poids proportionnellement auxquels l'hydrogène, l'oxygène et le chlore se combinent entre eux.

Nos *poids atomiques* représentent donc, *en dehors de toute hypothèse,* un *système de nombres proportionnels.* Ce sont ces nombres proportionnels-là que l'on symbolise par les lettres H, O, Cl... et que l'on fait intervenir dans tous les calculs relatifs aux réactions.

Mais, en outre, *sous le couvert des hypothèses précédemment admises, les poids atomiques sont proportionnels aux poids des atomes, et les poids moléculaires sont proportionnels aux poids des molécules.*

399. Volumes moléculaires et volumes atomiques. — Les poids moléculaires des gaz représentent, d'après le calcul qui nous a servi à les fixer (394), les poids de volumes égaux de ces gaz.

Des poids d'hydrogène, d'oxygène, de vapeur de soufre, de vapeur d'eau, d'anhydride carbonique,... respectivement égaux à 1, 16, 32, 18, 44,... occupent tous le même volume, à la même température et sous la même pression.

Et par suite les symboles H^2 (une molécule ou deux atomes d'hydrogène), O^2 (une molécule ou deux atomes d'oxygène), S^2 (une molécule ou deux atomes de soufre), P^4 (une molécule ou quatre atomes de phosphore), H^2O (une molécule de vapeur d'eau), CO^2 (une molécule d'anhydride carbonique), représentent des volumes égaux de ces divers gaz, pris dans les mêmes conditions de température et de pression.

Si donc on prend pour unité de volume le volume occupé par un poids atomique d'hydrogène, tous les symboles représentatifs des poids moléculaires correspondront à deux volumes.

Pour les gaz composés, on prend toujours pour formule celle

qui correspond au poids moléculaire calculé d'après la densité de vapeur.

Pour les gaz simples (le symbole représentant le poids de l'atome), la *molécule, correspondant à deux volumes*, s'écrit H^2, O^2, S^2, Ph^4.... Et il en résulte que le volume correspondant au poids atomique est 1 pour l'hydrogène, l'oxygène, 1/2 pour le phosphore, l'arsenic....

Pour le *carbone*, le *silicium* et les autres éléments non volatils, mais entrant dans des composés volatils, on connaît le poids atomique, sans connaître le poids moléculaire, et par suite on ne sait quel volume correspond au poids atomique.

Toutefois l'étude de la composition de l'oxyde de carbone et de l'anhydride carbonique nous a conduit à *supposer* que le poids atomique du carbone occupe un volume égal à 1, et que, par suite, la molécule de carbone renferme 2 atomes. Le carbone serait donc *diatomique*.

II. — POIDS ATOMIQUES DES ÉLÉMENTS NON VOLATILS

600. Loi de Dulong et Petit, ou loi des capacités calorifiques des atomes. — Parmi les éléments dont on a pu déterminer le *poids atomique* par la considération de la densité de leur vapeur, *ou de celles de leurs composés*, il en est qui sont solides à la température ordinaire, ou qui se solidifient aisément par refroidissement (brome, iode, soufre, sélénium, tellure, phosphore, arsenic, antimoine, carbone, silicium, bore, fer, étain, mercure, zinc).

Quand on multiplie, pour chacun de ces éléments, la *chaleur spécifique*, mesurée à l'état solide, par le *poids atomique*, on trouve un produit sensiblement constant, et ne s'écartant jamais beaucoup de 6. Ainsi on a, pour quelques-uns de ces éléments :

Nom du corps simple	Chaleur spécifique	Poids atomique	Produit
Antimoine	0,0523	120	6,3
Arsenic	0,0830	75	6,2
Iode	0,0541	127	6,8
Phosphore	0,1890	31	5,9
Carbone (diamant)	0,4590	12	5,5

Dulong et Petit ont donc pu énoncer la loi suivante, qui porte leur nom : *le produit de la chaleur spécifique d'un corps simple, mesurée à l'état solide, par son poids atomique, est constant.*

A la vérité cette loi n'est que grossièrement approchée, mais il ne saurait en être autrement.

Nous savons, en effet, que la chaleur fournie à un corps est employée, non seulement à élever sa température, mais encore à effectuer le travail de la dilatation, et à produire en outre des travaux intérieurs, correspondant à des modifications dans la structure moléculaire.

Il en résulte que le nombre brut que nous mesurons expérimentalement, et que nous donnons comme représentant la chaleur spécifique, est un nombre complexe. Dans ce nombre figure la chaleur spécifique vraie du corps, correspondant simplement à l'échauffement, plus la chaleur employée à effectuer le travail de dilatation, plus la chaleur employée à effectuer les travaux intérieurs.

Ceci explique comment il se fait que la chaleur spécifique d'un solide est un nombre qui varie parfois beaucoup avec l'état physique.

Il est à croire que le produit serait moins variable si l'on pouvait y faire intervenir la chaleur spécifique vraie, c'est-à-dire la quantité de chaleur uniquement employée à produire l'élévation de la température.

Si l'on admet la loi de Dulong et Petit comme suffisamment exacte, il en résulte que *la capacité calorifique de l'atome est la même pour tous les corps simples* (le produit du poids d'un corps par sa chaleur spécifique représentant la *capacité calorifique* de ce corps, c'est-à-dire la quantité de chaleur à fournir pour l'échauffer de 1 degré).

601. Application de la loi de Dulong et Petit. — La *loi des capacités calorifiques des atomes* s'est trouvée vérifiée, d'une façon suffisante, pour tous les éléments dont on a déterminé directement, par la considération des densités des gaz, la valeur du poids atomique.

Si dès lors on la considère comme une loi générale, on peut la faire intervenir pour la détermination des poids atomiques des éléments non volatils, et qui n'entrent pas dans la constitution de composés volatils.

Dans ce cas on prend pour *poids atomique celui des nombres proportionnels qui, multiplié par la chaleur spécifique de l'élément pris à l'état solide, donne le produit le plus voisin de 6.*

C'est par cette considération qu'on a fixé les poids atomiques de l'*argent*, du *cuivre*, du *platine*....

602. Loi de l'isomorphisme. — Mitscherlich a énoncé, en 1819, la loi relative à la composition des substances isomorphes: *les composés isomorphes ont la même composition chimique.*

Cette loi a été vérifiée pour toutes les susbtances isomorphes dont on connait la formule chimique, c'est-à-dire pour toutes les substances isomorphes dans lesquelles n'entrent que des éléments dont le poids atomique a été fixé, soit par la densité à l'état gazeux, soit par la chaleur spécifique à l'état solide.

Ainsi le chlorure de potassium KCl et le chlorure de sodium $NaCl$ sont isomorphes; le sulfate hydraté de zinc $SO^4Zn + 7H^2O$ et le sulfate hydraté de magnésium $SO^4Mg + 7H^2O$ sont isomorphes; l'alun ordinaire $(SO^4)^3Al^2 + SO^4K^2 + 24H^2O$ et l'alun de chrome $(SO^4)^3Cl^2 + SO^4K^2 + 24H^2O$ sont isomorphes.

La loi de Mitscherlich étant donc considérée comme générale, on peut la faire intervenir pour déterminer le poids atomique des éléments, fort peu nombreux, dont on ne connait ni la densité de vapeur, ni la chaleur spécifique à l'état solide.

Le *calcium*, par exemple, a été fort peu étudié à l'état libre; on ne connait ni sa densité de vapeur ni sa chaleur spécifique. D'autre part ses composés ne sont pas volatils. On ne peut donc déterminer lequel de ses nombres proportionnels (20, 40, 60) peut être choisi pour représenter son poids atomique.

On emploie la loi de l'isomorphisme pour lever l'indétermination.

Le *carbonate de calcium* cristallise en *rhomboèdres (spath d'Islande)*, isomorphes du carbonate de zinc CO^3Zn et du carbonate de magnésium CO^3Mn. Il cristallise aussi en *prismes droits (aragonite)*, et est alors isomorphe du carbonate de plomb CO^3Pb. On doit donc lui donner, pour qu'il obéisse à la loi de l'isomorphisme, la formule CO^3Ca.

Par suite le poids atomique du calcium est le poids de cet élément qui s'unit à 12 de carbone et à $3 \times 16 = 48$ d'oxygène pour former le carbonate de calcium. L'analyse chimique montre que ce poids est égal à 40; par suite le calcium a 40 pour poids atomique.

COMPOSÉS ORGANIQUES

CHAPITRE I

COMPOSITION DES MATIÈRES ORGANIQUES

I. — PROPRIÉTÉS GÉNÉRALES

603. Définition des matières organiques. — La chimie organique a pour objet l'étude des *matières organiques*. On désigne ainsi les composés qui prennent naissance dans les végétaux et dans les animaux, ainsi que les composés qui en dérivent.

On donne plus spécialement le nom de *substances organisées* aux matières organiques qui font partie constitutive des organes, et qui ont une structure spéciale, analogue à celle des êtres organisés dont elles proviennent. Ces matières se présentent en masses globulaires ou arrondies; elles ne sont pas susceptibles de cristalliser, ou de se volatiliser sans se détruire (*amidon, gluten, albumine, cellulose*, etc.).

D'autres substances, plus nombreuses, reçoivent plus spécialement le nom de *substances organiques*. Ce sont celles qui, présentant les mêmes caractères généraux que les espèces minérales, peuvent souvent cristalliser, se fondre, se volatiliser (*sucre, acide acétique, urée*, etc.).

Le groupe des substances organiques renferme aussi des composés qu'on ne trouve pás tout formés dans la nature, et que nous préparons dans les laboratoires, soit par la réaction des substances organiques les unes sur les autres, soit par la combinaison directe des éléments.

604. Éléments constitutifs des matières organiques. — Les composés organiques sont constitués par un très petit nombre d'éléments. Le *carbone*, l'*hydrogène*, l'*oxygène* et l'*azote* forment à eux seuls l'immense majorité des composés organiques. D'autres éléments (soufre, phosphore, fer,...) entrent dans la constitution d'un nombre relativement petit de ces matières, et toujours en faible proportion.

En particulier, le *carbone* se rencontre dans toutes les matières organiques ; de telle sorte qu'on peut définir la chimie organique : *l'étude des composés de carbone.*

Les composés les plus nombreux sont ceux qui renferment du *carbone et de l'hydrogène (carbures d'hydrogène)* ; ceux qui renferment du *carbone avec l'hydrogène et l'oxygène (composés ternaires)* ; et enfin ceux qui renferment du *carbone avec l'hydrogène, l'oxygène et l'azote (composés quaternaires).*

605. Isomérie, polymérie. — Quoique le nombre des éléments constituants des matières organiques soit très restreint, les composés qui résultent de la combinaison de ces éléments sont excessivement variés.

Ces composés sont distincts à la fois par la proportion et par l'arrangement des éléments.

Il n'est pas nécessaire, en effet, que deux matières organiques aient une composition chimique différente pour que ces matières soient douées de propriétés physiques et chimiques distinctes.

Quand deux matières organiques de même composition centésimale ont en même temps le même poids moléculaire, c'est-à-dire la même formule, ces matières sont dites *isomères.*

Quand la composition centésimale est la même, mais que le poids moléculaire est différent (le poids moléculaire de l'une des substances étant 2, 3, 4 fois plus grand que le poids moléculaire de l'autre), les deux substances sont dites *polymères.*

L'essence de térébenthine $C^{10}H^{16}$ et l'essence de citron $C^{10}H^{16}$ sont *isomères* ; *l'acétylène* C^2H^2 et la benzine C^6H^6 sont *polymères.*

Dans ces composés de même composition centésimale, les différences de propriétés proviennent sans doute d'un groupement différent des atomes pour constituer la molécule.

606. Propriétés physiques générales. — Au point de vue des propriétés physiques, les matières organiques sont toutes solides ou liquides à la température ordinaire.

Les unes sont volatiles et peuvent être distillées ou sublimées sans décomposition (alcool, éther, camphre...). Les autres sont fixes et se décomposent sous l'action de la chaleur, quand on cherche à les volatiliser (sucre, fibrine, huiles grasses...).

607. Propriétés chimiques générales. — Les matières organiques sont très instables. Elles sont détruites plus ou moins complètement par beaucoup de corps simples et de corps composés.

Nous indiquerons seulement l'action de la chaleur et celle de l'oxygène.

608. *Décomposition des matières organiques par la chaleur.* — Toutes les matières organiques sont décomposables par la chaleur.

Les produits de la décomposition dépendent de la composition du corps chauffé et de la température à laquelle on le soumet.

Lorsque l'action de la chaleur est ménagée, les nouvelles substances produites peuvent avoir encore une composition assez complexe, et être fort nombreuses. Elles prennent, à cause de leur origine, le nom de *produits pyrogénés*.

Le bois, par exemple, chauffé en vase clos, fournit de nombreux

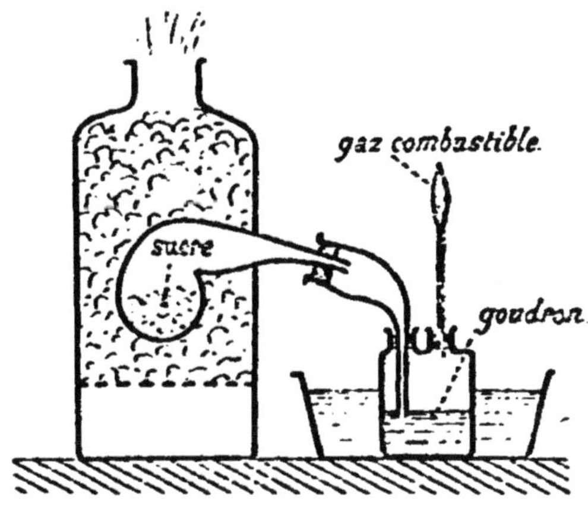

ÉCOMPOSITION D'UNE MATIÈRE ORGANIQUE PAR LA CHALEUR. — Du *sucre* fortement chauffé dans une cornue laisse un résidu de charbon. Il se dégage de nombreux produits volatils; les uns, constituant le goudron, se condensent dans un flacon refroidi, les autres peuvent être allumés à la sortie.

produits pyrogénés gazeux ou volatils : formène, éthylène, anhydride carbonique, oxyde de carbone, hydrogène, acide acétique, esprit-de-bois, benzine, eau.

La décomposition de toute autre matière organique fixe donnerait un résultat analogue.

Ainsi, en chauffant du sucre dans une cornue, et faisant passer dans un flacon laveur les produits de la combustion, on obtient un goudron de composition fort complexe et, à la sortie du flacon laveur, des produits gazeux constituant un mélange combustible.

Si, au lieu de recueillir les produits pyrogénés dès leur sortie de la cornue, on les soumet de nouveau à l'action de la chaleur, en les faisant passer dans une série de tubes de porcelaine très fortement chauffés, ils sont eux-mêmes décomposés, et on obtient un plus petit nombre de produits plus simples et moins facilement décomposables (eau, anhydride carbonique, formène). Si le composé est azoté, on obtient en outre de l'ammoniaque.

Les matières organiques volatiles sont de même décomposées par la chaleur, quand on fait passer leur vapeur dans un tube de porcelaine chauffé au rouge.

609. *Combustion vive des matières organiques.* — Les matières organiques sont combustibles.

Lorsqu'elles brûlent au contact d'un excès d'oxygène, leur carbone se transforme en anhydride carbonique, leur hydrogène en eau, tandis que leur azote devient libre.

Les produits de la combustion complète des matières organiques sont donc très simples, très peu nombreux et toujours les mêmes.

610. *Décomposition spontanée des matières organiques.* — Abandonnées pures et sèches au contact de l'air sec, les matières organiques se conservent presque toutes sans altération.

Mais l'action simultanée de l'air et de l'eau détermine généralement une altération rapide, qui n'est autre chose qu'une oxydation lente (fermentation des sucs végétaux, aigrissement du lait, rancissement des corps gras, putréfaction des matières azotées).

La série des transformations qui peuvent ainsi se produire se termine par la transformation du carbone er anhydride carbonique, de l'hydrogène en eau et de l'azote en ammoniaque.

Ces oxydations lentes se produisent sous l'action d'êtres organisés microscopiques, dont les germes sont apportés par l'air.

II. — RECHERCHE DE LA COMPOSITION

611. Analyse immédiate. — Les organes des animaux ou des végétaux renferment le plus souvent diverses matières organiques distinctes, mélangées les unes aux autres.

Avant d'entreprendre l'étude de chacune de ces substances, il est donc nécessaire de les séparer les unes des autres, de les isoler à l'état de pureté. Toute substance organique, douée de caractères bien définis, et dont on ne peut plus extraire deux ou plusieurs corps distincts, est dite *principe immédiat*. La séparation des principes immédiats constitue l'*analyse immédiate*.

L'analyse immédiate présente souvent une grande difficulté, due au défaut de stabilité des matières organiques. On n'y peut employer que des procédés et des réactifs qui ne soient pas de nature à déterminer des décompositions.

Prenons pour exemple l'analyse immédiate du *blé*.

1° Les opérations purement mécaniques de la *mouture* et du *blutage* séparent le *son* de la *farine*. Le son est principalement formé par un principe immédiat, le *ligneux*, qui constituait l'écorce du grain. La farine renferme plusieurs principes qu'il faut isoler.

2° En mélangeant la farine avec un peu d'eau, de manière à obtenir une pâte très ferme, et en la malaxant sous un mince filet d'eau, on finit par n'avoir plus dans les mains que le *gluten*, la matière azotée du blé.

3° L'eau blanche, qui s'est écoulée pendant l'opération précédente, laisse déposer au bout de quelques instants l'*amidon* de la farine; on le sépare par décantation et dessiccation à l'air.

4° Dans l'eau qu'on a décantée, restent en dissolution de l'albumine, du sucre et quelques sels minéraux. Si l'on chauffe cette eau jusqu'à l'ébullition, l'*albumine* se coagule, et forme des filaments blancs, qu'on peut recueillir sur un filtre.

5° Enfin, l'évaporation complète de l'eau filtrée donnera un dépôt de *sucre*, mélangé avec une petite quantité de sels minéraux.

612. Analyse élémentaire. — L'*analyse élémentaire* a pour but le dosage des éléments constituants d'un principe isolé à l'état de pureté.

Nous supposerons que la matière à analyser ne renferme rien autre chose que du *carbone*, de l'*hydrogène*, de l'*oxygène* et de l'*azote*.

Dans ce cas on fait toujours l'analyse en brûlant la matière organique par un excès d'oxygène, et pesant la vapeur d'eau et l'anhydride carbonique qui résultent de cette combustion complète.

Du poids de la vapeur d'eau on tire le poids de l'hydrogène; du poids de l'anhydride carbonique on tire le poids du carbone; le poids de l'azote est mesuré directement, et le poids de l'oxygène est égal à la différence entre le poids de la matière soumise à l'analyse et la somme des poids des trois autres éléments.

Le procédé employé pour faire l'opération n'est pas tout à fait le même, selon que le principe immédiat renferme ou non de l'azote.

On reconnaît qu'une matière organique est azotée lorsque, chauffée dans un petit tube avec un fragment de potasse, elle donne un dégagement d'ammoniaque, facile à distinguer à son odeur.

613. Analyse élémentaire d'une matière non azotée.

— On obtient la combustion de la matière en la chauffant jusqu'au rouge au contact de l'*oxyde de cuivre*, qui lui cède aisément son oxygène.

Un long tube de cuivre, dont l'une des extrémités, effilée en pointe, est fermée, reçoit un peu d'oxyde de cuivre, puis quelques décigrammes de la matière organique (pesée avec soin) mélangée avec de l'oxyde de cuivre, puis encore de l'oxyde de cuivre.

Ce tube, couché horizontalement sur une grille à gaz ou à charbon, reçoit un tube à dégagement qui communique avec des tubes en U renfermant de la pierre ponce imprégnée d'*acide sulfurique*,

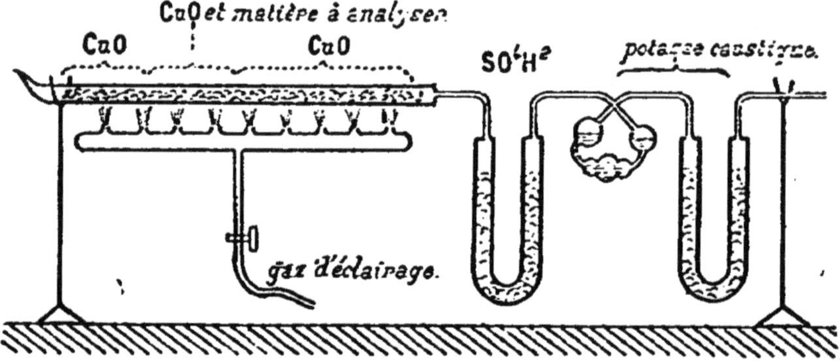

ANALYSE ÉLÉMENTAIRE D'UNE MATIÈRE ORGANIQUE NON AZOTÉE. — On chauffe le tube en commençant par la droite. Les gaz (*vapeur d'eau* et *anhydride carbonique*) qui résultent de la combustion de la matière organique, sont absorbés par les tubes à acide sulfurique et à potasse.

pour retenir la vapeur d'eau, et de la *potasse caustique*, pour retenir l'anhydride sulfurique.

On chauffe le tube, en commençant par l'extrémité la plus rapprochée des tubes en U. La matière organique est complètement oxydée par l'oxyde de cuivre.

À la fin de l'opération, on brise la pointe effilée, et on fait passer dans le tube un lent courant d'oxygène pur et sec, qui entraîne les dernières traces d'anhydride carbonique et de vapeur d'eau.

L'augmentation de poids des tubes absorbants (qui avaient été tarés avant l'expérience) donne le poids de l'anhydride carbonique et le poids de la vapeur d'eau.

614. Analyse élémentaire d'une matière azotée. — Quand la matière organique renferme de l'azote, on commence par déterminer, par l'expérience précédente, le poids de *carbone* et le poids d'*hydrogène* qu'elle renferme. Quelques précautions doivent simplement être prises pour éviter la formation de composés oxygénés de l'azote absorbables par la potasse.

Par une seconde expérience on détermine le poids de l'azote. Au fond du tube à combustion on met un peu de *carbonate acide de sodium*, puis successivement de l'*oxyde de cuivre*, un mélange d'*oxyde de cuivre* et de la matière à analyser, de l'*oxyde de cuivre*, et enfin de la *tournure de cuivre*. Ce tube, placé sur une grille, est muni d'un *tube de Liebig* contenant une dissolution de potasse; un tube à dégagement, qui aboutit à une cuve à mercure, termine l'appareil.

On commence par chauffer l'extrémité postérieure du tube,

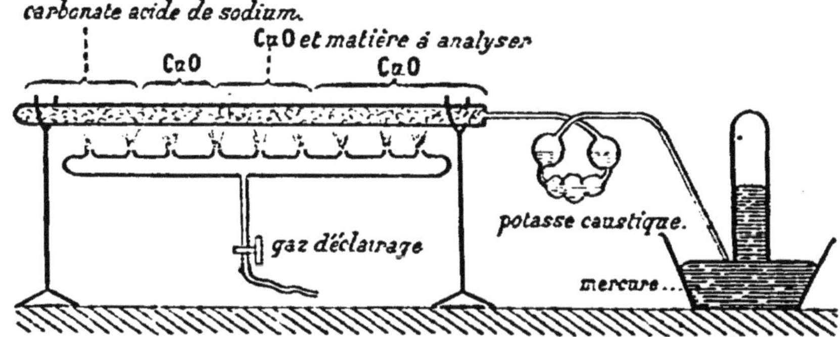

ANALYSE ÉLÉMENTAIRE D'UNE MATIÈRE ORGANIQUE AZOTÉE. — On chauffe d'abord un peu le carbonate acide de sodium, puis le reste du tube, en commençant par la droite, puis de nouveau le carbonate. L'anhydride carbonique et la vapeur d'eau sont absorbés par le tube à boules; l'azote se dégage et est recueilli sur le mercure.

remplie de carbonate acide de sodium; il se produit aussitôt un courant d'anhydride carbonique qui chasse l'air contenu dans l'appareil. On enlève alors les charbons, et on les porte à l'extrémité antérieure du tube, que l'on chauffe progressivement; en même temps on recouvre l'extrémité du tube à dégagement d'une éprouvette remplie de mercure. La vapeur d'eau et l'anhydride carbonique sont absorbés par le tube de Liebig, et l'azote se dégage de l'éprouvette.

L'opération terminée, on chauffe de nouveau le carbonate acide de sodium; l'anhydride carbonique dégagé chasse dans l'éprouvette l'azote qui restait dans le tube.

On n'a plus qu'à mesurer le volume d'azote recueilli, et à calculer son poids d'après son volume, sa température et sa pression.

615. Détermination de la formule. — Quand l'analyse élémentaire a donné la proportion des éléments constitutifs d'une matière organique, il reste à déterminer la formule de cette matière.

Ainsi la composition centésimale de l'*éther*, donnée par l'analyse élémentaire, est : *carbone* 64,87; *hydrogène* 13,51 ; *oxygène* 21,62.

Si *m*, *n*, *p* sont les nombres d'atomes des éléments qui entrent dans la formule de l'éther, on doit avoir :

$$\frac{64,87}{12m} = \frac{13,51}{n} = \frac{21,62}{16p}, \text{ ou } \frac{5,41}{m} = \frac{13,51}{n} = \frac{1,35}{p}.$$

Ces égalités, simplifiées, deviennent, à peu près exactement :

$$\frac{4}{m} = \frac{10}{n} = \frac{1}{p}.$$

La formule de l'éther est donc $C^4H^{10}O$, ou un de ses multiples.

Mais la densité de vapeur de l'éther étant 2,565, son *poids moléculaire* est $\dfrac{2 \times 2,565}{0,0695} = 74$, et ce nombre 74 est justement égal à

$$4 \times 12 + 10 + 16 = 74.$$

La formule définitive de l'éther est donc bien $C^4H^{10}O$.

Si le composé n'était pas volatil, la solution ne serait pas aussi simple.

CHAPITRE II

PRODUCTION DES MATIÈRES ORGANIQUES

I. — FORMATION DES PRINCIPES IMMÉDIATS PAR ANALYSE

616. Analyse par décomposition. — Les animaux et les végétaux nous fournissent un grand nombre de principes immédiats naturels, qui ont pris naissance en dehors de notre influence.

Mais nous pouvons, à l'aide de ces substances naturelles, en produire d'autres plus simples. Ce mode de production des matières organiques par analyse a même été, pendant longtemps, le seul qui fût à notre disposition.

Partons par exemple de la *cellulose* fournie par les végétaux, dont la formule est un multiple de $C^6H^{10}O^5$. En la traitant par l'acide sulfurique étendu d'eau, on la transforme en *glucose* $C^6H^{10}O^6$, composé déjà moins complexe.

Sous l'influence de la levure de bière, le glucose se dédouble en *anhydride carbonique* CO^2 et *alcool* C^2H^6O, plus simple que le glucose.

L'acide sulfurique, agissant sur l'*alcool*, le décompose en anhydride carbonique et *éthylène* C^2H^4, plus simple encore.

L'*éthylène*, porté au rouge vif, donne naissance à de l'*hydrogène libre* et à de l'*acétylène* C^2H^2.

Enfin l'*acétylène* lui-même se détruit complètement, au rouge blanc, en produisant de l'*hydrogène* et du *carbone*.

Par décompositions successives, on a préparé plusieurs matières organiques distinctes, en partant de la cellulose.

617. Analyse par combustion. — On arriverait à des résultats analogues par l'intervention modérée de l'oxygène.

Partons de l'*alcool* C^2H^6O. Soumis à l'influence de l'oxygène, il peut perdre son hydrogène par degrés successifs, et fournir d'abord de l'*aldéhyde* C^2H^4O, puis de l'*acide acétique* $C^2H^4O^2$, puis de l'*acide oxalique* $C^2H^2O^4$.

L'acide oxalique, chauffé au contact de la *glycérine*, se dédouble en *anhydride carbonique* et *acide formique* CH^2O^2. L'*acide formique* peut être encore réduit en *eau* et *oxyde de carbone*.

Là encore, par une marche un peu différente, en ajoutant un

élément nouveau, l'oxygène, à la matière organique, on a donné naissance à des principes immédiats de plus en plus simples.

Par ces deux procédés d'analyse on a pu, non seulement produire dans les laboratoires des principes immédiats naturels, mais encore créer les principes artificiels, qu'on ne rencontre pas dans la nature.

II. — FORMATION DES PRINCIPES IMMÉDIATS PAR SYNTHÈSE

618. Difficultés de la synthèse organique. — Le *carbone* et l'*hydrogène*, qui sont les éléments fondamentaux les plus constants des matières organiques, ne s'unissent pas directement.

Aussi, pendant longtemps a-t-il été impossible de produire aucune matière organique dans les laboratoires autrement que par les procédés d'analyse cités plus haut, c'est-à-dire en partant de principes naturels plus complexes.

A peine quelques substances très voisines des composés minéraux, telles que l'*urée*, avaient-elles pu être obtenues par synthèse; mais il ne s'agissait là que d'exemples isolés.

Pendant la seconde moitié de ce siècle, les exemples de synthèse se sont multipliés, grâce surtout aux travaux de M. Berthelot.

« Aujourd'hui, dit M. Berthelot, la fécondité des méthodes de synthèse est plus grande qu'on ne saurait l'imaginer. En effet, les lois générales sur lesquelles ces méthodes s'appuient permettent non seulement de reproduire les êtres naturels, mais aussi de créer une infinité d'êtres artificiels, inconnus dans la nature et susceptibles des applications les plus fécondes, soit dans le domaine de la science pure, soit dans le domaine de l'industrie. »

619. Exemples de synthèse organique. — La *synthèse de l'acétylène* (**380**) a été le point de départ d'une longue série de synthèses organiques.

En effet ce gaz peut s'unir à l'hydrogène naissant pour donner de l'*éthylène* C^2H^4.

L'*éthylène* a été combiné aux éléments de l'eau et a ainsi formé l'*alcool* C^2H^6O.

D'un autre côté on peut combiner l'*acétylène* à l'oxygène, en présence de l'eau et d'un alcali, et former l'*acide acétique* $C^2H^4O^2$. Dans d'autres conditions expérimentales, l'oxydation de l'acétylène produit l'*acide oxalique* $C^2H^2O^4$.

L'étincelle électrique détermine la combinaison de l'azote et de l'acétylène, ce qui forme l'*acide cyanhydrique* HCAz.

D'autres synthèses ont été réalisées avec un point de départ différent.

Ainsi l'*oxyde de carbone* et l'*eau*, obtenus séparément par synthèse, se combinent l'un à l'autre quand on les laisse longtemps en contact d'une dissolution de *potasse*. Il se forme du *formiate de potassium* CHO^2K.

620. Les substances organisées ne peuvent s'obtenir par synthèse. — Les *substances organisées* qui constituent les organes des animaux et des végétaux ont une constitution intime toute particulière : elles sont formées de cellules, visibles au microscope, et vivantes.

Dans le laboratoire on peut obtenir par synthèse des corps ayant la même composition chimique que les substances organisées, mais nous ne saurions leur communiquer la structure qui se développe seulement sous l'action de la force vitale.

Jamais la science ne permettra de former de toutes pièces une graine capable de germer, un muscle, ni même une simple cellule.

CHAPITRE III

CLASSIFICATION DES SUBSTANCES ORGANIQUES

621. Classification des substances organiques d'après leur fonction chimique. — Les substances organiques peuvent être partagées en un certain nombre de groupes, ou *fonctions chimiques*, d'après leur composition et leurs propriétés générales.

La classification établie par M. Berthelot comporte sept groupes ou fonctions. Nous allons les examiner rapidement, en indiquant les caractères distinctifs de chacun d'eux.

1. Les *carbures d'hydrogène*, renfermant seulement deux éléments, le carbone et l'hydrogène.

2. Les *alcools* (carbone, hydrogène, oxygène), principes neutres dont la fonction caractéristique est de pouvoir se combiner directement aux acides pour former des principes neutres nommés *éthers*.

3. Les *aldéhydes* (carbone, hydrogène, oxygène), principes neutres résultant d'une oxydation ménagée des alcools, oxydation qui leur enlève seulement une partie de leur oxygène.

4. Les *acides* (carbone, hydrogène. oxygène), dont la fonction caractéristique est de pouvoir réagir sur les *alcalis* pour donner des sels.

5. Les *éthers* (carbone, hydrogène, oxygène), provenant de la combinaison d'un alcool avec un acide, avec un aldéhyde ou avec un autre alcool.

6. Les *alcalis* (carbone, hydrogène, oxygène, azote), dont la fonction caractéristique est de pouvoir réagir sur les *acides* pour donner des sels.

7. Les *amides* (carbone, hydrogène, oxygène, azote), composés neutres, alcalins ou acides, provenant de la combinaison de l'ammoniaque avec les acides.

622. Carbures d'hydrogène. — Ce groupe comprend tous les composés organiques renfermant seulement du carbone et de l'hydrogène; ces carbures sont d'ailleurs fort nombreux. Ils sont tous neutres. Leurs propriétés générales sont celles des carbures que nous connaissons : acétylène, formène, éthylène, benzine.

On divise les carbures d'hydrogène en *séries*, telles que tous les carbures compris dans une série aient entre eux de grandes analogies.

Considérons par exemple le *formène* CH^4. A ce carbure type correspond une série d'autres carbures dont les formules s'obtiennent en ajoutant successivement CH^2 au carbure précédent, ce qui donne les formules C^2H^6, C^3H^8, C^4H^{10}.... Une telle série constitue ce qu'on appelle une série de termes homologues.

Les corps homologues sont les composés remplissant les mêmes fonctions chimiques et ne différant entre eux que par + ou — CH^2.

Cette considération de l'*homologie* a une importance telle, qu'elle permet de prévoir la plus grande partie des propriétés de chacun des termes de la série, l'un de ces termes étant connu.

On a ainsi divisé les hydrocarbures en cinq séries de corps homologues.

1. Les *carbures forméniques* C^nH^{2n+2}, comprenant le *formène* CH^4, l'*éthane* C^2H^6, le *propane* C^3H^8, le *butane* C^4H^{10}....

Le *pétrole* est un mélange d'un grand nombre de carbures forméniques. La *paraffine* $C^{24}H^{50}$ en est un aussi.

2. Les *carbures éthyléniques* C^nH^{2n}, comprenant le *méthylène* CH^2, l'*éthylène* C^2H^4, le *propylène* C^3H^6, le *butylène* C^4H^8....

3. Les *carbures acétyléniques* C^nH^{2n-2}, comprenant l'*acétylène* C^2H^2, l'*allylène* C^3H^4, le *crotonylène* C^4H^6....

4. Les *carbures camphéniques* C^nH^{2n-4}, renfermant l'*essence de térébenthine* $C^{10}H^{15}$, et un grand nombre d'autres essences végétales.

5. Les *carbures benzéniques* C^nH^{2n-6}, renfermant la *benzine* C^6H^6, le *toluène* C^7H^8, le *xylène* C^8H^{10}....

Comme nous l'avons dit, quand on connaît les propriétés de l'un des termes de chacune de ses séries homologues, on peut prévoir les propriétés des autres carbures de la série, tant sont grandes les analogies.

En particulier, au point de vue physique, les premiers carbures de chaque série sont généralement gazeux ou très volatils, les suivants sont liquides, les autres solides; la température d'ébullition va s'élevant, comme aussi la densité de vapeur (en même temps que le poids moléculaire).

623. Alcools. — Les *alcools* sont des principes neutres, composés de carbone, d'hydrogène et d'oxygène, capables de s'unir directement avec les acides et de les neutraliser, en formant des *éthers*; cette union est accompagnée de la séparation des éléments de l'eau.

Ainsi l'*alcool de vin* C^2H^6O, en réagissant sur l'*acide acétique* $C^2H^4O^2$, forme l'*éther acétique* $C^2H^5O\,(C^2H^3O)$:

$$C^2H^6O + C^2H^4O^2 = C^2H^5O\,(C^2H^3O) + H^2O.$$

Les alcools sont les composés ternaires les plus simples que l'on puisse obtenir par synthèse, au moyen des carbures d'hydrogène. Ils dérivent, en effet, des carbures par addition d'oxygène, ce qui nous montre que le nombre des alcools doit être au moins aussi considérable que celui des carbures, puisque, avec chaque carbure, on peut former au moins un alcool correspondant.

On divise les alcools en séries de *corps homologues* différant les uns des autres par + ou —CH^2. Ces séries correspondent exactement à celles des carbures; elles sont caractérisées par les formules :

$$C^nH^{2n}+^2O,$$
$$C^nH^{2n}\ \ O,$$
$$C^nH^{2n}-^2O,$$
$$C^nH^{2n}-^4O,$$
$$C^nH^{2n}-^6O.$$

Aux alcools se rattachent les *phénols*. Les *phénols*, dont le type est l'acide phénique C^6H^6O, ont la propriété de se combiner aux acides, avec élimination d'eau, pour donner des éthers. Mais ils se distinguent des alcools par plusieurs propriétés chimiques, et en particulier par la manière dont ils se comportent en présence du chlore, du brome, de l'iode et de l'acide azotique.

674. Aldéhydes. — On nomme *aldéhydes* des corps qui dérivent des alcools par élimination d'hydrogène. Tout alcool placé en présence de corps susceptibles de lui enlever une partie de son hydrogène donne naissance à un aldéhyde correspondant.

Ainsi l'*alcool ordinaire* C^2H^6O produit l'*aldéhyde ordinaire* C^2H^4O, quand on lui enlève deux atomes d'hydrogène.

Les aldéhydes peuvent encore prendre naissance par oxydation des carbures et par désoxydation partielle des acides.

L'*éthylène* C^2H^4, soumis à l'action d'un corps oxydant, se transforme en aldéhyde ordinaire C^2H^4O.

L'*acide acétique* $C^2H^4O^2$, partiellement désoxydé par divers procédés de réduction indirecte, forme aussi l'aldéhyde ordinaire C^2H^4O.

Inversement, tout aldéhyde peut donner naissance, dans des circonstances convenables, à un carbure d'hydrogène, ou à un acide, ou à un alcool.

Dans le groupe des aldéhydes sont contenus l'*aldéhyde ordinaire*, l'*essence d'amandes amères*, le *camphre*, les *sucres*.

675. Acides. — Les *acides organiques* sont des corps qui s'unissent aux bases pour former des sels.

Les acides sont extrêmement nombreux, car chaque alcool peut donner naissance à un acide correspondant, par oxydation. Ainsi l'alcool ordinaire C^2H^6O donne naissance à l'acide acétique $C^2H^4O^3$:

$$C^2H^6O + 2O = C^2H^4O^3 + H^2O.$$

Les propriétés chimiques caractéristiques des acides organiques sont les mêmes que celles des acides minéraux. Lorsqu'ils sont en dissolution, ils se combinent instantanément avec les bases dissoutes pour former des sels; ils attaquent la plupart des métaux avec dégagement d'hydrogène.

De même, les sels à acides organiques ont les mêmes propriétés générales que les sels à acides minéraux; ils sont cristallisables.

Les uns sont *monobasiques*, d'autres sont *bibasiques*, quelques-uns *tribasiques* comme l'acide phosphorique.

Ainsi l'*acide acétique* $C^2H^4O^3$ est *monobasique*. Il donne naissance à un seul sel avec les métaux alcalins : l'*acétate de sodium* a pour formule $C^2H^3O^3Na$.

L'*acide oxalique* $C^2H^2O^4$, bibasique, donne deux sels distincts avec les métaux alcalins :

$$\text{oxalate neutre de sodium } C^2O^4Na^2,$$
$$\text{oxalate acide de sodium } C^2O^4HNa.$$

L'*acide citrique* $C^6H^8O^7$, tribasique, donne trois citrates :

$$\text{citrate neutre de sodium } C^6H^5O^7Na^3,$$
$$\text{citrate bisodique} \qquad C^6H^6O^7Na^2,$$
$$\text{citrate monosodique} \qquad C^6H^7O^7Na.$$

626. Éthers. — Les *éthers* résultent de l'union des acides et des alcools, avec élimination d'eau.

Inversement ils peuvent, en fixant les éléments de l'eau, dans des circonstances convenables, reproduire l'acide et l'alcool qui leur ont donné naissance.

L'*éther acétique* C^2H^3O (C^2H^3O) reforme ainsi l'alcool et l'acide acétique

$$C^2H^3O (C^2H^3O) + H^2O = C^2H^6O + C^2H^4O^2.$$

Chaque alcool est susceptible de se combiner avec tous les acides oxygénés et hydrogénés que l'on étudie en chimie organique et en chimie minérale : aussi le nombre des éthers qu'il serait possible de préparer en partant de tous les alcools est-il peut-être de plusieurs millions.

D'ailleurs il existe des *alcools polyatomiques*, de même qu'il existe des *acides polybasiques*; chacun de ces alcools peut fournir, avec un même acide, plusieurs éthers.

Les éthers peuvent encore avoir une autre origine que celle que nous venons d'indiquer. Les alcools sont susceptibles de se combiner entre eux : les composés ainsi formés se nomment des *éthers mixtes*.

627. Alcalis. — On donne le nom d'*alcalis organiques*, ou *alcaloïdes*, à des produits retirés des animaux ou des végétaux, ou fabriqués artificiellement par des procédés particuliers, et qui se comportent comme de véritables bases à l'égard des acides organiques et minéraux.

Ces composés ramènent au bleu la teinture de tournesol; ils se combinent immédiatement avec les acides, à la température ordinaire, et fournissent de véritables sels parfaitement déterminés.

Les alcools aussi ont la propriété de se combiner avec les acides; mais la combinaison n'est pas immédiate, et les composés formés, ou *éthers*, n'ont aucune des propriétés des sels métalliques. Les alcools ne peuvent donc pas être confondus avec les alcaloïdes.

La combinaison des alcalis organiques avec les acides se fait sans élimination d'eau.

Ainsi le *chlorhydrate d'éthylamine* C^2H^7Az, $HCl = C^2H^8AzCl$ résulte de la combinaison de l'*éthylamine* C^4H^7Az avec l'*acide chlorhydrique* HCl, sans élimination d'eau.

Les alcalis sont des composés quaternaires, renfermant du carbone, de l'hydrogène, de l'oxygène et de l'azote.

Outre les *alcalis naturels*, on connaît des *alcalis artificiels*, qu'on peut préparer en grand nombre par des méthodes générales.

L'*aniline* est un alcali artificiel; la *morphine*, la *quinine*, la *strychnine*,... sont des alcalis naturels.

628. Amides. — Les *amides* sont aussi des composés quaternaires. Ils prennent naissance dans la réaction de l'ammoniaque sur les acides, avec élimination d'eau.

Il en résulte que les *amides* diffèrent des sels ammoniacaux seulement par les éléments de l'eau.

Réciproquement, les amides peuvent, dans certaines circonstances, fixer les éléments de l'eau et reproduire l'ammoniaque et l'acide générateur.

L'*urée* est une amide. Dans le groupe des *amides* rentrent aussi les composés azotés neutres que l'on rencontre dans les organes des animaux et des végétaux (*albumine, fibrine, caséine, gluten*).

TABLE DES MATIÈRES

NOTIONS GÉNÉRALES

CHAPITRE I. — LOIS NUMÉRIQUES DES COMBINAISONS

CHAPITRE II. — PROPRIÉTÉS PHYSIQUES DES CORPS

CHAPITRE III. — PROPRIÉTÉS CHIMIQUES DES CORPS

CHAPITRE IV. — NOTIONS PRATIQUES GÉNÉRALES

MÉTALLOIDES

CHAPITRE I. — EAU ET AIR ; COMBUSTIONS

CHAPITRE II. — CHLORE, BROME, IODE, FLUOR

CHAPITRE III. — SOUFRE

CHAPITRE IV. — COMPOSÉS DE L'AZOTE

CHAPITRE V. — PHOSPHORE

CHAPITRE VI. — CARBONE.

COMPOSÉS ORGANIQUES

26519. — Imprimerie Lahure, rue de Fleurus, 9, à Paris.